本书相关内容得到国家自然科学基金(51475144,510751[illegible])的资助

滚动轴承振动与噪声研究

Research on Vibration and Noise of Rolling Bearing

夏新涛　刘红彬　著

国防工业出版社

·北京·

内 容 简 介

这是一本论述滚动轴承振动与噪声原理、谐波控制与实验评估方法的学术专著。全书4篇14章,第1篇滚动轴承振动与噪声原理,论述轴承振动与噪声研究的发展过程、轴承振动与噪声的基本原理、轴承振动与噪声的关系、轴承噪声的谐波控制原理;第2篇滚动轴承磨削谐波分布理论,研究谐波分布理论的基本概念、谐波生成原理、谐波控制方法、振动与噪声的综合控制问题、谐波与圆度的评估方法;第3篇滚动轴承无心磨削与超精研过程的动态性能,研究无心磨削工艺系统的动态性能与无心超精研过程的动态性能;第4篇滚动轴承振动性能的实验评估与预测,研究轴承振动的影响因素与品质聚类、轴承振动品质实现可靠性、轴承振动性能不确定性的静态评估与动态预测、轴承振动时间序列变异的泊松过程。

本书可供从事滚动轴承设计、制造、测试、应用的理论研究与生产实践的科技人员阅读,也可作为高等学校机械类教师、研究生与本科生的参考用书。

图书在版编目(CIP)数据

滚动轴承振动与噪声研究/夏新涛,刘红彬著.—北京:国防工业出版社,2015.9

ISBN 978-7-118-10356-4

Ⅰ.①滚… Ⅱ.①夏… ②刘… Ⅲ.①滚动轴承—轴承振动—研究 ②滚动轴承—噪声—研究 Ⅳ.①TH133.3

中国版本图书馆CIP数据核字(2015)第218412号

※

国防工業出版社出版发行

(北京市海淀区紫竹院南路23号 邮政编码100048)

北京嘉恒彩色印刷有限责任公司

新华书店经售

*

开本 710×1000 1/16 **印张** 23¼ **字数** 450千字

2015年9月第1版第1次印刷 **印数** 1—3000册 **定价** 89.00元

(本书如有印装错误,我社负责调换)

国防书店:(010)88540777 发行邮购:(010)88540776

发行传真:(010)88540755 发行业务:(010)88540717

前　言

滚动轴承是应用广泛的关键机械基础部件,在国防安全、国家基础建设与经济运行中具有重要的关节作用,其振动与噪声性能直接影响且警示工作主机的运行势态。轴承振动与噪声主要来自轴承制造与装配过程中形成的质量因素与轴承服役期间内部零件出现的故障。对于前者,目前国产轴承振动与噪声普遍存在很大的不稳定性,原因是仅仅关注质量的外在表现,尚未有效控制制造质量的内涵要素;对于后者,现有研究仅仅关注轴承零件的故障诊断问题,尚未有效实施故障萌生与演变过程的评估与预测。

关于有效控制制造质量的内涵要素问题,轴承企业为了提高轴承振动与噪声品质,单纯提高质量指标,例如过度地降低圆度误差,不仅解决不了轴承振动与噪声的不稳定问题,还导致成本上升。原因在于对质量内涵缺乏认识。圆度是一个综合质量指标,不能正确反映误差的幅值、频率与相位 3 个内涵要素,其中幅值和频率属于谐波范畴。谐波是影响轴承振动与噪声的本质误差因素。

关于有效实施故障萌生与演变的动态预测问题,应关注如何预测异常振动与噪声的演变,而无需关注轴承内部哪一个零件出现了故障。轴承内部出现故障,可以表现为振动与噪声异常,据此进行诊断以发现轴承的哪个零件有故障。这对正服役的轴承意义不大,因为此时不会且不能去更换有故障的零件(通常轴承是不可拆解的一个整体,若有问题应更换整套轴承)。在轴承服役期间,通过对轴承振动与噪声的实时评估,有效实施故障萌生与演变的动态预测,可以提前发现失效隐患,及时采取措施,避免重大事故发生。

本书从设计、制造与检测等方面,重点研究滚动轴承振动与噪声的形成与谐波控制问题,还从轴承振动与噪声的实时评估、有效实施故障萌生与演变的动态预测方面探讨滚动轴承性能失效与可靠性预测问题。

本书在滚动轴承振动与噪声机理与控制理论方面,提出了谐波生成与控制理论和无心磨削准动力学成圆理论,揭示出滚动轴承振动与噪声的内在谐波分布机制并提出了有实用价值的谐波控制方法;在滚动轴承振动性能静态评估方面,提出了轴承振动品质实现可靠性的新概念,将可靠性概念引入到企业产品品质保证体系,对轴承企业控制与提升产品振动品质水平有重要的理论意义与应用价值;在滚动轴承振动性能动态评估方面,提出了轴承振动变异强度的新概念和轴承振动性能可靠性的灰自助泊松预测方法,揭示出轴承振动性能变异的新特性。

本书是作者多年以来在滚动轴承振动与噪声研究中,对有效控制制造质量的内涵要素问题以及有效实施故障萌生与演变的动态预测问题的已经出版与发表的部分工作总结,而滚动轴承振动与噪声研究,在理论上的突破仍然需要一个十分漫长的过程。为此,作者希望将本书献给关注和致力于滚动轴承振动与噪声研究的人们。

本书相关内容得到了国家自然科学基金(51475144,51075123 和 U1404517)的资助。

本书由河南科技大学夏新涛(负责第 2 篇、第 4 篇与附录)和刘红彬(负责第 1 篇和第 3 篇)撰写,夏新涛通稿。河南科技大学的研究生尚艳涛、孟艳艳、秦园园、白阳、史永生、陈士忠、董淑静、朱文换与叶亮等参与了本书的部分辅助工作。

作 者

2015 年春

目　录

第1篇　滚动轴承振动与噪声原理

第2篇　滚动轴承磨削谐波分布理论

第3篇　滚动轴承无心磨削与超精研过程的动态性能

第1篇　滚动轴承振动与噪声原理

本篇由第1章~第4章构成，主要涉及滚动轴承振动与噪声研究中的问题，滚动轴承噪声的基本原理，滚动轴承振动与噪声的关系，以及滚动轴承噪声的谐波控制原理等内容。

第1章从滚动轴承性能谈起，论述滚动轴承振动与噪声研究中存在的问题、发展过程与发展状态，还引出了本书的主要内容，即从设计、制造与检测等方面重点研究滚动轴承振动与噪声的形成与控制问题，以及从轴承振动与噪声的实时评估、有效实施故障萌生与演变的动态预测方面探讨滚动轴承性能失效与可靠性预测问题。第2章构建滚动轴承振动与噪声的数学模型，并进行基于模型仿真的滚动轴承声压级分析。第3章研究滚动轴承振动与噪声的统计关系与灰关系问题。第4章建立滚动轴承声压级与谐波分布参数之间的函数关系，并对谐波分布与声压级进行优化设计。

第1章 绪 论

本章从滚动轴承性能谈起，论述滚动轴承振动与噪声研究中存在的问题，并引出本书的主要内容，即从设计、制造与检测等方面重点研究滚动轴承振动与噪声的形成与控制问题，以及从轴承振动与噪声的实时评估、有效实施故障萌生与演变的动态预测方面探讨滚动轴承性能失效与可靠性预测问题；还对滚动轴承振动与噪声研究的发展过程与发展状态进行评述。

1.1 滚动轴承振动与噪声问题的提出

1.1.1 从滚动轴承性能谈起

滚动轴承是广泛使用的关键机械基础部件，在国家基础建设与国民经济运行中具有重要关节作用。滚动轴承的服役性能可靠性直接影响工作主机的运行状态与势态。随着航空航天、高速客车与新能源等领域的快速发展，对许多滚动轴承，如航空航天轴承、舰艇轴承、核反应堆轴承、高速铁路轴承以及风力发电机轴承等，工程界与学术界日益重视其性能寿命与可靠性研究，以确保工作主机安全可靠运行[1-4]。在轴承正常运行且性能满足要求的服役期间，迫切需求及时预测未来时间的性能寿命与可靠性信息，以发现失效隐患，尽早采取措施，避免恶性事故发生[4-7]。

长期以来，滚动轴承可靠性理论主要涉及疲劳失效与静态可靠性问题，并假设寿命服从 Weibull 分布或对数正态分布。但是，滚动轴承有很多性能指标要求，用途不同，考核的主要性能不同[1,4,5,7]。在轴承服役期间，有些性能退化与失效概率分布信息被认为是已知的，也有很多性能退化与失效概率分布信息是未知或未确知的。例如，振动与噪声、摩擦力矩、零件断裂、密封性、粘结与烧伤等趋势规律和失效概率分布，至今仍然是未知或未确知的[5,8-11]。即使是同一性能，在新轴承研发与已有轴承改进时，新轴承性能退化规律和失效概率分布均可能与原始的不同。

尤其是，滚动轴承性能退化属于非平稳过程，具有非线性动力学特征，通常经历初期退化、渐进退化、快速退化与急剧退化等阶段，性能趋势、性能失效轨迹与概率分布、性能可靠性函数等信息随之变化。

1.1.2 滚动轴承性能研究的现状

近年来，滚动轴承可靠性研究，在寿命设计与实验评估、失效分析与故障诊断、性能退化评估等方面效果显著。

1. 寿命设计与实验评估

王黎钦[4]基于润滑与热行为，提出了陶瓷轴承失效模式和设计准则。楼洪梁[8]和 Shimizu[9]分别考虑贝叶斯无信息先验分布与多疲劳联动作用，建立了轴承 Weibull 寿命新模型。Gao[11]考虑接触载荷、几何参数与可靠性参数，建立了转盘轴承滚动接触疲劳寿命模型。Sinha[12]研究了微型球轴承磨损寿命的影响因素。Morales - Espejel[13]考虑表面微观几何形貌，推荐了标准轴承表面参数的微观弹性流体动力润滑评估方法。Ju[14]考虑高温效应建立了轴承寿命 - 载荷加速无失效实验模型。

2. 失效分析与故障诊断

Mukhopadhyay[6]和 Jiang[7]基于材料学，分别研究了轴承零件断裂的焊接因素与磨损失效的温升原因。Siegel[15]和 Soylemezoglu[16]分别用健康评估与马田法，对轴承失效进行了曲线拟合估计。Arakere[17]用交叉检验法，分析了碳化硅球轴承表面裂纹失效概率的不确定性。Xia[18]和朱德馨[19]分别用乏信息与贝叶斯理论探讨了无失效数据的累积失效概率。Nadabaica[20]用状态光谱法检测出轴承损伤失效原因。Ma[21]提出了大参数随机共振轴承失效特征提取方法。陈渭[22]阐明了不同涡动条件下轴承打滑机理。沈长青[23]基于分析形态学滤波原理的结构元素选择法，提取出轴承振动信号中的冲击响应特征。鲁文波[24]和彭畅[25]分别用近场声全息技术与快速峭度图法诊断出轴承故障。胥永刚[26]和杨宇[27]分别提出了双树复小波包变换与支持向量机、局部特征尺度分解与核最近邻凸包分类的轴承故障诊断方法。

3. 性能退化分析

Wang[28]和丛华[29]分别用改进的经验模式分解与特征参量遗传优化方法，实施了轴承多状态智能诊断及性能退化程度评估。潘玉娜[30]和肖文斌[31]基于频谱熵、小波包变换、隐马尔可夫概念，建立了性能退化评估模型。申中杰[32]、Zhang[33]和王英[34]分别基于集成学习、多变量支持向量机和随机滤波法，预测了轴承剩余寿命。Cong[35]基于柯尔莫哥罗夫 - 斯米尔诺夫检验法，检测出轴承初期微弱缺陷的异常表现。Pasaribu[36]用黏度相似的多种润滑油进行寿命实验，发现了影响轴承性能的化学反应机制。崔立[37]考虑空间 Euler - Bernoulli 杆单元，分析了柔性转子轴承系统的混沌行为。Kostek[10]模拟出深沟球轴承从周期到混沌的振动演变。Bhattacharyya[2]探讨了滚动接触导致轴承钢表面塑性区演变问题。

1.1.3 滚动轴承振动与噪声研究中的问题

振动与噪声是滚动轴承的重要性能之一，直接影响且警示工作主机的运行势态。

滚动轴承振动与噪声主要来自轴承制造过程中形成的质量与轴承服役期间内

部零件出现的故障。对于前者,目前国产轴承振动与噪声普遍存在很大的不稳定性,原因是仅仅关注质量的外在表现,尚未有效控制制造质量的内涵要素;对于后者,现有研究仅仅关注轴承零件的故障诊断问题,尚未有效实施故障萌生与演变的动态预测。

1. 有效控制制造质量的内涵要素问题

轴承企业为了提高轴承振动与噪声品质,单纯提高质量指标,例如过度地降低圆度误差,不仅解决不了轴承振动与噪声的不稳定问题,还导致成本上升。原因在于对质量内涵缺乏认识。圆度是一个综合质量指标,不能正确反映误差的幅值、频率与相位等 3 个内涵要素。其中幅值和频率属于谐波范畴。现有的研究认为,谐波是影响轴承振动与噪声的本质误差因素。

2. 有效实施故障萌生与演变的动态预测问题

应关注如何预测异常振动与噪声的演变,而无需关注轴承内部哪一个零件出现了故障。轴承内部出现故障,可以表现为振动与噪声异常,据此进行诊断以发现轴承的哪个零件有故障[38-43]。这对正服役的轴承意义不大,因为此时不会且不能去更换有故障的零件(通常轴承是不可拆解的一个整体,若有问题应更换整套轴承)。在轴承服役期间,通过对轴承振动与噪声的实时评估,有效实施故障萌生与演变的动态预测,可以提前发现失效隐患,及时采取措施(例如更换轴承),避免重大事故发生[44-51]。

鉴于此,本书将从设计、制造与检测等方面,重点研究滚动轴承振动与噪声的形成与控制问题,还从轴承振动与噪声的实时评估、有效实施故障萌生与演变的动态预测方面探讨滚动轴承性能失效与可靠性预测问题[52-58]。

1.2 滚动轴承振动与噪声研究的发展过程

1953 年,为了在电机中以滚动轴承代替滑动轴承,欧洲就已经开始研究滚动轴承的振动与噪声问题。在 20 世纪 60 年代以前,美国、德国、日本、瑞典和中国等国家,已开始将滚动轴承的运转噪声列入质量控制标准。例如,1954 年美国制定了军用标准 MIL - B - 17931《舰艇技术条件》,该标准对后来的轴承振动与噪声研究产生了广泛的影响,1960 年日本制定了世界上第一个轴承噪声的国家标准 JISB 1548《滚动轴承声压级测量方法》,1970 年美国制定了国家标准《滚动轴承振动与噪声(测量方法)》,相关的产品被称为"低噪声轴承"[58]。

考虑到噪声测量受测量环境的限制,在生产实践和理论研究中,大多数国家一般通过控制振动速度或加速度来间接控制轴承产品的噪声,而不直接涉及噪声问题。因此,"低噪声轴承",实际上是"低振动轴承"。而且,问题的研究仍然拘泥于振动学领域,而不是噪声学领域。日本 NSK 标准和我国滚动轴承"十五"规划中提出的"静音轴承"和"超静音轴承"这些名称,仍然不是真正意义上的"低噪声轴承”。

随着超静音机械技术的迅猛发展及其产品的不断涌现,工作主机对滚动轴承的噪声指标要求越来越高,人们开始聚焦噪声的直接控制问题。20 世纪 80 年代左右,便捷式滚动轴承噪声测量仪申请了专利。这给轴承噪声的生产现场测量与控制带来了一线希望,并使大批量生产低噪声轴承成为可能。1989 年以来,洛阳工学院(现河南科技大学)在轴承滚动表面谐波生成理论和控制理论、轴承振动的谐波控制理论以及低噪声轴承 CAD 技术等问题的系列研究,为轴承振动和噪声的理论和应用奠定了必要的基础。在 1997 年,我国机械工业部技术发展基金资助的项目“轴承降噪研究”,由洛阳轴承研究所、洛阳工学院和人本集团轴承有限公司联合攻关,全面地研究了轴承噪声声压级的产品设计、制造、测量和标准等问题,标志着我国已经启动了低噪声轴承的研究和开发工作[58-61]。

轴承噪声的主要技术指标为轴承以一定转速转动时所产生声音的强度和频率(统称噪声)以及强度和频率保持的时间(称为噪声寿命)。在测量噪声时,用高品质传声器在规定的背景噪声环境下,以一定的距离和方向提取轴承噪声的时域信号。轴承振动和噪声的测量方法示意图如图 1-1 和图 1-2 所示。这时,轴承工业才具有了真正意义上的“低噪声轴承”,有人称为“高品质低噪声轴承”,相应的研究涉及到轴承运转时的声场问题。

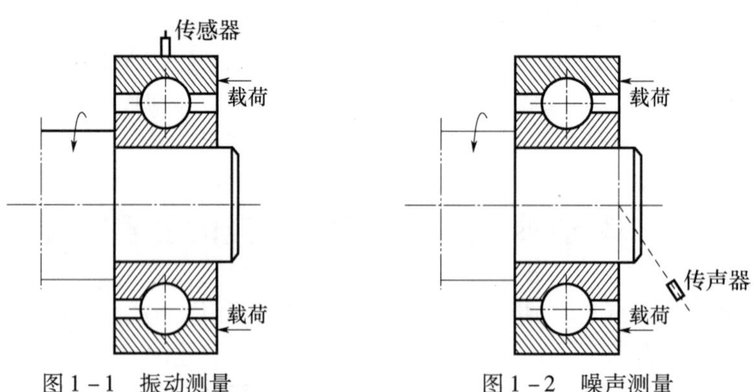

图 1-1　振动测量　　图 1-2　噪声测量

多年来,对轴承噪声声场的研究主要用于主轴系统性能的监视和故障诊断。借助 AE(Acoustic Emission)监控法,可以估计轴承内部零件表面缺陷的严重性。噪声的直接测量也被用于检测滚动轴承内部零件的缺陷,借助声压测量,可以研究表面不规则性在滚动接触时对噪声的影响,还可以研究无故障的好轴承所产生的声压。

然而,轴承在制造中产生的缺陷和在工作中产生的故障是不同的,在轴承工业,必须设计和制造出符合用户要求的无故障的低噪声轴承。目前,在轴承工程界和理论界,低噪声轴承的噪声产生机理和工程应用问题仍处于探讨阶段,相关研究是以声学为基础的。声学理论认为,结构振动辐射声特性取决于激励力强度、响应及结构响应,声音的强度依赖于它的声强级(或声压级)和频率。因此,从理论上讲,轴承噪声的研究应当考虑两个概念:声压和频率[58-61]。

在轴承噪声研究的初始阶段,滚动表面的谐波误差和轴承产品噪声的关系问题就倍受关注,尽管这种关注是展望性的。在轴承振动的漫长研究过程中,“谐波”这个数学与物理概念是逐渐被研究者所接受的,到现在,已经占据了十分重要的地位,轴承振动的谐波控制理论也用于生产实践。

最新的研究成果涉及到滚动轴承振动性能与可靠性乏信息变异过程的评估方法,主要内容包括:乏信息过程的基本概念,滚动轴承振动性能数据序列的乏信息融合原理,滚动轴承振动性能的非线性动力学特征,滚动轴承振动性能变异过程乏信息评估与预测,滚动轴承振动性能变异过程乏信息假设检验,滚动轴承性能可靠性变异过程乏信息预测,基于 3 参数 Weibull 分布的可靠性乏信息检验,缺陷深沟球轴承接触应力与动力学的有限元分析等[38-48,56]。

1.3 滚动轴承振动与噪声研究的发展趋势

1. 噪声的测量和测量标准

主要是研制便携式噪声测量仪,实现噪声的现场测量与分析。该问题的解决是批量生产低噪声轴承的基本条件。日本已经报道了有关轴承噪声的测量标准。国外虽然研制出了便携式噪声测量仪,但除了使用不方便外,最重要的问题还是没有攻克研制这种噪声测量仪的两个主要难点:背景噪声的隔离效果和噪声时域信号的拾取误差。传声器相对测量轴承的角度和距离是测量标准必须考虑的。

2. 轴承噪声声压级的不确定度研究

在轴承噪声测量中,测量不确定度的评估是一个很重要的问题,要研究小样本测量轴承噪声声压级的扩展不确定度,以此来评价每一套轴承噪声声压级的扩展不确定度,并预测大批量生产低噪声轴承的声压级的范围。

轴承噪声的不确定度研究将依赖于模糊集合理论、灰色系统理论、最大熵原理或者贝叶斯理论等,其难点在于少的测量数据和未知的概率密度函数[56-58]。

3. 噪声机理和噪声诊断理论的研究

必须突破轴承振动研究的现状,引入摩擦振动与声学、冲击振动与声学以及非线性动力学等理论,注重研究不确定信息的有序性和随机性问题。FFT 频谱图上那些看似随机误差的谐波构成,不能不怀疑是非线性因素的表现。

滚动体的质量(重量)是噪声机理和噪声诊断理论研究不能回避的因素。滚动体和套圈滚道的非线性接触变形必然引起滚动体的非线性振动。保持架的运动、兜孔间隙以及滚动体运动等之间的相互作用(碰撞、摩擦等)是噪声机理和噪声诊断理论研究的难点。许多非量化和模糊性因素(例如,清洗、润滑脂等)对噪声贡献的定量描述仍然是噪声理论和噪声实践相统一的屏障。

轴承噪声的谐波设计与工艺控制是有效的方法之一。其中,谐波的大小和频率要素将出现在工艺文件中,而日益引人注目的要素是“频率”。

必须指出,尤其应当研究噪声的传播与能量问题。该问题的研究成果可以实现低噪声轴承噪声的实用设计和工艺控制。

4. 噪声标准的制定

噪声标准是亟待解决的问题。目前,可以参照国际知名公司的产品和用户的要求寻求相对标准。噪声标准的制订不能不考虑国内轴承行业的普遍状态,但是,也必须立足于高的起点,努力接近国际先进水平[24,62]。

5. 噪声寿命设计

噪声寿命设计在目前条件下只能靠经验来完成,理论上的解决仍然需要一个漫长的过程。噪声寿命与可靠性研究,不仅对滚动轴承设计,而且对可靠性理论也是新颖的。这显然是一个不同于传统的轴承疲劳寿命与可靠性的问题。

1.4 本章小结

滚动轴承振动与噪声的研究,应当从设计、制造与检测等方面重点研究滚动轴承振动与噪声的形成与控制问题,以及从轴承振动与噪声的实时评估、有效实施故障萌生与演变的动态预测方面探讨滚动轴承性能失效与可靠性预测问题。

阻碍国产滚动轴承振动与噪声品质与技术水平的关键问题是缺乏基础理论研究以及基础理论研究上的突破。

第 2 章　滚动轴承噪声的基本原理

振动学是研究声源的理论基础。滚动轴承声压级模型是以轴承振动系统为主要声源和基础的,本章在建立了轴承振动的数学模型之后,用声学原理建立噪声模型,再结合实验结果对模型进行修正,最后,经过计算机模型仿真进一步分析影响轴承噪声的结构参数和谐波参数等因素。

2.1 假设条件

本章研究基于如下基本假设[58]:

(1) 在研究接触变形时,假定套圈具有弯曲刚性,即不考虑套圈的弯曲变形,所有的变形仅为弹性接触变形,变形规律符合 Hertz 弹性接触理论。

(2) 球与滚道之间为平接触,球在滚道上做纯滚动,不考虑滑动因素。

(3) 假定外圈不绕其轴线转动,刚性外圈有 5 个运动自由度。

(4) 驱动轴轴线不发生位移。

(5) 假定驱动轴转速恒定,即不考虑转速的波动,并假定内圈与轴颈刚性配合。

2.2 振动模型

2.2.1 球轴承的几何模型

1. 套圈

如图 2-1 所示,内外套圈沟道的表面形貌分别用 3 个参数来描述。参数的上角标用 1,2,…,6 标识,外圈用单数号,内圈偶数号。

$P_{(\theta)}^{(1)}$,$P_{(\theta)}^{(2)}$ 为外圈、内圈沟道的沟曲率半径;$P_{(\theta)}^{(3)}$,$P_{(\theta)}^{(4)}$ 为外圈、内圈沟道半径;$P_{(\theta)}^{(5)}$,$P_{(\theta)}^{(6)}$ 为外圈、内圈沟曲率中心的轴向位置量,是圆周位置角的函数。

$P_{(\theta)}^{(s)}$ ($s=1,2,\cdots,6$) 可用数学表达式描述:

$$P_{(\theta)}^{(s)} = P_0^{(s)} + \Delta P^{(s)}(\theta) \tag{2-1}$$

式中:$P_0^{(s)}$ 为参数 $P^{(s)}$ 的公称值或理想值;$\Delta P^{(s)}(\theta)$ 为参数 $P^{(s)}$ 的工艺误差(也可以包括其他缺陷)。

工艺误差 $\Delta P^{(s)}(\theta)$ 可以描述为

$$\Delta P^{(s)}(\theta) = \sum_{\lambda=1}^{\infty} R_{\lambda}^{(s)} \cos(\lambda\theta + \psi_{\lambda}^{(s)}) \tag{2-2}$$

参数的误差由一系列谐波组成。λ 是沟道圆周上分布的谐波波数，$R_{\lambda}^{(s)}$ 是相应谐波的幅值，$\psi_{\lambda}^{(s)}$ 是其相位角。

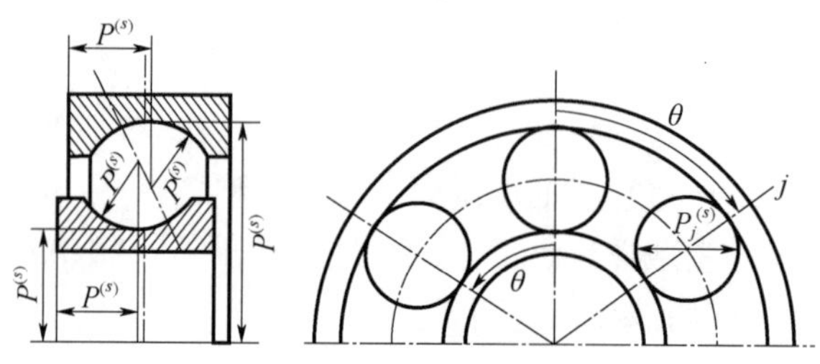

图 2－1　结构参数示意图

2. 球

一组球直径有所不同，且各球有形状误差，为简化起见，假定各球在过其球心的任意截面内的轮廓相同。这样，第 j 号球的直径可以描述成：

$$P_j^{(7)} = P_0^{(7)} + \Delta j + \sum_{\lambda=1}^{\infty} R_{j\lambda} \{\cos(\lambda\theta + \psi_{j\lambda}) + \cos[\lambda(\theta + \pi) + \psi_{j\lambda}]\} \tag{2-3}$$

式中：$P_0^{(7)}$ 为球的公称直径，或球组的平均直径；Δj 为 j 号球直径与公称直径的相对偏差；$R_{j\lambda}$ 为 j 号球的谐波幅值，相应的相位角用 $\psi_{j\lambda}$ 表示。

式(2－3)可以改写成：

$$P_j^{(7)} = P_0^{(7)} + \Delta P_j^{(7)} \tag{2-4}$$

$$\Delta P_j^{(7)} = \Delta j + \sum_{\lambda=1}^{\infty} 2R_{j2k} \cos(2k\theta + \psi_{j2k}) \tag{2-5}$$

这样，将 $\Delta P_j^{(7)}$ 称为球误差。它包含球径偏差和表面谐波。

3. 球圆周分布

为简化起见，假定 N 个球均匀分布在沟道上，球间距角为 $2\pi/N$。

2.2.2　球轴承物理模型

建立轴承物理模型的步骤是：求出整个轴承系统的弹性变形势能 E_P，动能 E_K，再利用动力学方法和第 2 类拉格朗日方程建立轴承运动的微分方程。解微分方程，得到外圈 x,y,z,α,β 共 5 个自由度的方程解。

1. 弹性势能

1）坐标系

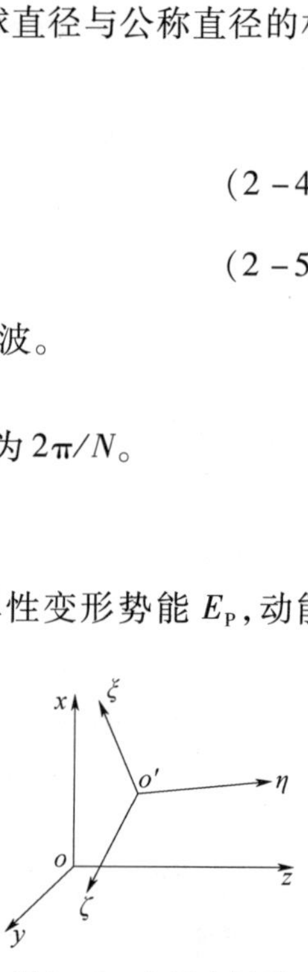

如图 2－2 所示，$oxyz$ 为固定坐标系，z 轴与内圈轴线重合，x 轴铅垂向上，y 轴水平，x、y 和 z 轴方向符合右手

图 2－2　空间坐标系

螺旋法则。$o'\xi\zeta\eta$ 为动坐标系，固连于外圈，η 轴穿过外圈轴心，各轴方向仍属于右手螺旋系。外圈不发生自旋，仅绕 x，y 轴转动。当外圈先绕 y 轴转过 β 角再绕 x 轴转 α 角后，$o'\xi\zeta\eta$ 坐标系与 $oxyz$ 坐标系之间的变换关系可通过2次坐标旋转变换而得。首先，$o'\xi\zeta\eta$ 绕 y 轴正转 β 角，动系中(ξ,ζ,η)点在固系中的位置为

$$\begin{cases} x = \eta\sin\beta + \xi\cos\beta \\ y = \zeta \\ z = \eta\cos\beta - \xi\sin\beta \end{cases} \tag{2-6}$$

然后，再绕 x 轴正转 α 角，其位置变为

$$\begin{cases} x = \eta\sin\beta + \xi\cos\beta \\ y = \zeta\cos\alpha - (\eta\cos\beta - \xi\sin\beta)\sin\alpha \\ z = \zeta\sin\alpha + (\eta\cos\beta - \xi\sin\beta)\cos\alpha \end{cases} \tag{2-7}$$

用矩阵表示为

$$\begin{bmatrix} x \\ y \\ z \end{bmatrix} = \begin{bmatrix} \cos\beta & 0 & \sin\beta \\ \sin\alpha\sin\beta & \cos\alpha & \sin\alpha\cos\beta \\ -\cos\alpha\sin\beta & \sin\alpha & \cos\alpha\cos\beta \end{bmatrix} \begin{bmatrix} \xi \\ \zeta \\ \eta \end{bmatrix} \tag{2-8}$$

2）沟曲率中心坐标

若 j 号钢球接触副处各参数用 $\boldsymbol{P}_j^{(s)}$ $(j=1,2,\cdots,N)$ 来表示，设 $S=1,2,\cdots,7$，则 $\boldsymbol{P}_j^{(s)}$ 可用一组向量来表示

$$\boldsymbol{P}_j^{(s)} = \{P_j^{(1)}, P_j^{(2)}, P_j^{(3)}, P_j^{(4)}, P_j^{(5)}, P_j^{(6)}, P_j^{(7)}\} \tag{2-9}$$

若与 j 号钢球接触的内外圈沟曲率中心坐标分别用 X_{1j}, Y_{1j}, Z_{1j} 和 (X_{2j}, Y_{2j}, Z_{2j}) 来表示，则

$$\begin{cases} X_{2j} = (\boldsymbol{q}, \boldsymbol{P}_j)\cos\varphi_{j1} \\ Y_{2j} = (\boldsymbol{q}, \boldsymbol{P}_j)\sin\varphi_{j1} \\ Z_{2j} = P_j^{(6)} \end{cases} \tag{2-10}$$

式中：$\boldsymbol{q} = \{0,1,0,1,0,0,0\}$；$\varphi_j$ 为 j 号钢球的位置角。

外圈沟曲率中心在动坐标系的位置为

$$\begin{cases} \xi = (\boldsymbol{r}, \boldsymbol{P}_j)\cos\varphi_j \\ \zeta = (\boldsymbol{r}, \boldsymbol{P}_j)\sin\varphi_j \\ \eta = P_j^{(5)} \end{cases} \tag{2-11}$$

式中：$\boldsymbol{r} = \{-1,0,1,0,0,0,0\}$。

将式(2-11)代入式(2-7)即得

$$\begin{cases} x_{1j} = x + (\boldsymbol{r}, \boldsymbol{P}_j)\cos\beta\cos\varphi_{je} + P_j^{(5)}\sin\beta \\ y_{1j} = y + (\boldsymbol{r}, \boldsymbol{P}_j)\cos\alpha\sin\varphi_{je} - [P_j^{(5)}\cos\beta - (\boldsymbol{r}, \boldsymbol{P}_j)\cos\varphi_{je}\sin\beta]\sin\alpha \\ z_{1j} = z + (\boldsymbol{r}, \boldsymbol{P}_j)\sin\alpha\sin\varphi_{je} + [P_j^{(5)}\cos\beta - (\boldsymbol{r}, \boldsymbol{P}_j)\cos\varphi_{je}\sin\beta]\cos\alpha \end{cases} \tag{2-12}$$

3）沟曲率中心距 R_j

在 j 号球接触处的内外圈沟曲率中心距 R_j 为

$$R_j = \sqrt{(x_{1j} - x_{2j})^2 + (y_{1j} - y_{2j})^2 + (z_{1j} - z_{2j})^2} \tag{2-13}$$

将式(2－10)及式(2－12)代入式(2－13)得

$$R_j = \{[(\boldsymbol{r},\boldsymbol{P}_j)\cos\varphi_{je}\cos\beta + P_j^{(5)}\sin\beta - (\boldsymbol{q},\boldsymbol{P}_j)\cos\varphi_{ji} + x]^2 +$$
$$[(\boldsymbol{r},\boldsymbol{P}_j)\sin\varphi_{je}\cos\alpha + (\boldsymbol{r},\boldsymbol{P}_j)\cos\varphi_{jr}\sin\alpha\sin\beta - P_j^{(5)}\sin\alpha\cos\beta - (\boldsymbol{q},\boldsymbol{P}_j)\sin\varphi_{ji} + y]^2 +$$
$$[(\boldsymbol{r},\boldsymbol{P}_j)\sin\varphi_{je}\sin\alpha + P_j^{(5)}\cos\alpha\cos\beta - (\boldsymbol{r},\boldsymbol{P}_j)\cos\varphi_{je}\cos\alpha\sin\beta + z - P_j^{(6)}]^2\}^{0.5} \tag{2-14}$$

4）趋近量

当内圈与外圈的相对位移很小，球心与套圈接触接近一条线，则 j 号钢球处法向总趋近量为

$$\delta_{nj} = R_j - (P_j^{(1)} + P_j^{(2)} + P_j^{(7)}) = R_j - (\boldsymbol{e},\boldsymbol{P}_j) \tag{2-15}$$

式中：$\boldsymbol{e} = \{1,1,0,0,0,0,-1\}$。

5）弹性势能

j 号球接触副处的弹性势能为

$$E_{\mathrm{PS}j} = \frac{2}{5}K_{nj}\delta_{nj}^{\frac{5}{2}} \tag{2-16}$$

K_{nj}是 j 号球接触副处的弹性系数，它取决于接触体实际接触副处的各主曲率大小。由于受误差和内外圈振动位移的影响，球在套圈滚道上不同的位置处，各主曲率是发生变化的，因而 K_{nj}也是一个变量，当然由于误差和振动位移与各主曲率半径相比毕竟很小，因而 K_{nj}的相对变化量就很小了。出于计算的简化，认为 K_{nj}是一个不随圆周位置不同而变化的量，其大小取决于轴承基本尺寸和预载荷，去掉下脚标 j，式(2－16)改写为

$$E_{\mathrm{PS}j} = \frac{2}{5}K_{n}\delta_{nj}^{\frac{5}{2}} \tag{2-17}$$

总的弹性势能为所有球体接触副处的弹性势能之和：

$$E_{\mathrm{P}} = \sum_{j=1}^{N} E_{\mathrm{PS}j} = \sum_{j=1}^{N} \frac{2}{5}K_{n}\delta_{nj}^{\frac{5}{2}} \tag{2-18}$$

2. 动能

动能由 3 部分组成：内圈部分、外圈部分和球部分。

1）内圈动能

若考虑内圈角速度不变，则内圈动能是一个常量：

$$E_{\mathrm{K2}} = \frac{1}{2}J_{s2}\omega_0^2 \tag{2-19}$$

式中：J_{s2}为内圈绕其轴心线的质量惯性矩。

2）外圈动能

$$E_{\mathrm{K1}} = \frac{1}{2}M(x^2 + y^2 + z^2) + \frac{1}{2}J_x\alpha^2 + \frac{1}{2}J_y\beta^2 \tag{2-20}$$

式中:M 为外圈质量;J_x,J_y为外圈绕固定坐标系 x,y 轴的质量惯性矩。

依惯性矩定义,有

$$\begin{cases} J_x = \sum m(y^2 + z^2) \\ J_y = \sum m(x^2 + z^2) \end{cases} \tag{2-21}$$

将式(2-7)代入式(2-21)得

$$\begin{cases} J_x = J_\xi \cos^2\beta + J_\zeta \sin^2\beta - J_{\xi\eta}\sin 2\beta \\ J_y = J_\xi \sin^2\alpha \sin 2\beta + J_\zeta \sin^2\alpha \cos^2\beta + J_\zeta \cos^2\alpha + \\ J_{\xi\eta}\sin^2\alpha \sin 2\beta + J_{\zeta\eta}\sin 2\alpha \cos\beta - J_{\xi\zeta}\sin 2\alpha \sin\beta \end{cases} \tag{2-22}$$

式中:J_ξ,J_ζ,J_η,$J_{\xi\eta}$,$J_{\zeta\eta}$,$J_{\xi\zeta}$为套圈绕自身坐标系的惯性矩:

$$\begin{cases} J_\xi = \sum m(\zeta^2 + \eta^2) \\ J_\zeta = \sum m(\xi^2 + \eta^2) \\ J_\eta = \sum m(\xi^2 + \zeta^2) \\ J_{\xi\zeta} = \sum m\xi\zeta \\ J_{\xi\eta} = \sum m\xi\eta \\ J_{\zeta\eta} = \sum m\zeta\eta \end{cases} \tag{2-23}$$

若不计算几何误差的影响,对于几何形状理想的外圈,有

$$J_{\xi\zeta} = J_{\xi\mu} = J_{\zeta\eta} = 0 \tag{2-24}$$

若记 J_{s1} 为外圈绕轴心线的质量惯性矩,J_{p1} 为外圈绕中心平面内坐标轴的质量惯性矩,则式(2-22)简写为

$$\begin{cases} J_x = J_{p1}\cos^2\beta + J_{s1}\sin^2\beta \\ J_y = J_{p1}(\sin^2\alpha \sin^2\beta + \cos^2\alpha) + J_{s1}\sin^2\alpha \cos^2\beta \end{cases} \tag{2-25}$$

3)球部分

单个球体的动能为

$$E_{\mathrm{K\,b}j} = \frac{1}{2}m_{\mathrm{b}j}(x_{\mathrm{b}j}^2 + y_{\mathrm{b}j}^2 + z_{\mathrm{b}j}^2) + \frac{1}{2}J_{\mathrm{b}j}\omega_{\mathrm{b}j}^2 \tag{2-26}$$

式中:$m_{\mathrm{b}j}$为球的质量;$J_{\mathrm{b}j}$为球体绕球心轴的质量惯性矩;$\omega_{\mathrm{b}j}$为球的绝对角速度;$x_{\mathrm{b}j}^2$,$y_{\mathrm{b}j}^2$,$z_{\mathrm{b}j}^2$为球心速度的坐标投影。以上各参数均与球号 j 有关,故标有下角标 j。

略去轴承工艺误差和振动位移对上面参数 $m_{\mathrm{b}j}$,$J_{\mathrm{b}j}$,$\omega_{\mathrm{b}j}$带来的微小差别,并去掉符号下的标记j,式(2-26)可以写成

$$E_{\mathrm{Kb}j} = \frac{1}{2}m_{\mathrm{b}}(x_{\mathrm{b}j}^2 + y_{\mathrm{b}j}^2 + z_{\mathrm{b}j}^2) + \frac{1}{2}J_{\mathrm{b}}\omega_{\mathrm{b}}^2 \tag{2-27}$$

球心位置近似在内、外圈沟道曲率中心位置的中部,因而有

$$\begin{cases} x_{bj} = (x_{1j} + x_{2j})/2 \\ y_{bj} = (y_{1j} + y_{2j})/2 \\ z_{bj} = (z_{1j} + z_{2j})/2 \end{cases} \tag{2-28}$$

对式(2－28)求导,可得到球心速度。整个球组的动能为所有球动能之和:

$$E_{\mathrm{Kb}} = \sum_{k=1}^{N} E_{\mathrm{Kb}j} = \sum_{j=1}^{N} \frac{1}{2} m_{\mathrm{b}} (\dot{x}_{\mathrm{b}j}^{2} + \dot{y}_{\mathrm{b}j}^{2} + \dot{z}_{\mathrm{b}j}^{2}) + \frac{1}{2} N J_{\mathrm{b}} \omega_{\mathrm{b}}^{2} \tag{2-29}$$

4）系统动能之和

$$E_{\mathrm{K}} = E_{\mathrm{K1}} + E_{\mathrm{K2}} + E_{\mathrm{Kb}} \tag{2-30}$$

3. 广义力

作用在内圈上的广义力仅有驱动力矩 M_z 和阻力矩 M_r,作用在外圈上的广义力有 5 个:F_x,F_y,F_z,M_x,M_y。F_x,F_y,F_z 为外圈所受的力载荷,M_x,M_y 为转矩载荷。

2.2.3 振动方程的建立

$$\frac{\mathrm{d}}{\mathrm{d}t}\left(\frac{\partial(E_{\mathrm{K}} - E_{\mathrm{P}})}{\partial \dot{q}_i}\right) - \frac{\partial(E_{\mathrm{K}} - E_{\mathrm{P}})}{\partial q_i} = Q_i \tag{2-31}$$

式中:q_i 为广义坐标;$\dot{q}_i$ 为广义速度;Q_i 为广义力。

利用方程(2－31)可以得到轴承系统的 6 个微分方程,其中一个是关于内圈的运动方程:

$$M_z - M_{\mathrm{r}} = J_{\mathrm{s2}} \frac{\mathrm{d}\omega_0}{\mathrm{d}t} \tag{2-32}$$

其余 5 个是关于外圈的运动方程:

$$\begin{cases} \frac{\mathrm{d}}{\mathrm{d}t}\left(\frac{\partial E_{\mathrm{K}}}{\partial \dot{x}}\right) - \frac{\partial E_{\mathrm{K}}}{\partial x} = F_x - \frac{\partial E_{\mathrm{P}}}{\partial x} \\ \frac{\mathrm{d}}{\mathrm{d}t}\left(\frac{\partial E_{\mathrm{K}}}{\partial \dot{y}}\right) - \frac{\partial E_{\mathrm{K}}}{\partial y} = F_y - \frac{\partial E_{\mathrm{P}}}{\partial y} \\ \frac{\mathrm{d}}{\mathrm{d}t}\left(\frac{\partial E_{\mathrm{K}}}{\partial \dot{z}}\right) - \frac{\partial E_{\mathrm{K}}}{\partial z} = F_z - \frac{\partial E_{\mathrm{P}}}{\partial z} \\ \frac{\mathrm{d}}{\mathrm{d}t}\left(\frac{\partial E_{\mathrm{K}}}{\partial \dot{\alpha}}\right) - \frac{\partial E_{\mathrm{K}}}{\partial \alpha} = M_x - \frac{\partial E_{\mathrm{P}}}{\partial \alpha} \\ \frac{\mathrm{d}}{\mathrm{d}t}\left(\frac{\partial E_{\mathrm{K}}}{\partial \dot{\beta}}\right) - \frac{\partial E_{\mathrm{K}}}{\partial \beta} = M_y - \frac{\partial E_{\mathrm{P}}}{\partial \beta} \end{cases} \tag{2-33}$$

若令等效质量及惯性矩为

$$\begin{cases} M_{\mathrm{v}} = M + \frac{1}{4} N m_{\mathrm{b}} \\ J_{\mathrm{v}} = J_{\mathrm{P1}} + \frac{1}{8} N m_{\mathrm{b}} (\boldsymbol{r}, \boldsymbol{P}_0)^2 \end{cases} \tag{2-34}$$

方程经线性简化之后可近似为

$$
\begin{cases}
M_{v}\ddot{x}+K_{r}x-K_{\tau}\beta\cos\tau_{0}=F_{x}+(\boldsymbol{A},\boldsymbol{D}_{x})\\
M_{v}\ddot{y}+K_{r}y+K_{\tau}\alpha\cos\tau_{0}=F_{y}+(\boldsymbol{A},\boldsymbol{D}_{y})\\
M_{v}\ddot{z}+K_{a}z=F_{z}+F_{0}-(\boldsymbol{B},\boldsymbol{D}_{x})\\
J_{v}\ddot{\alpha}+K_{\tau}y\cos\tau_{0}+K_{\tau}l_{0}\alpha=M_{x}+(\boldsymbol{C},\boldsymbol{D}_{y})\\
J_{v}\ddot{\beta}-K_{\tau}x\cos\tau_{0}+K_{\tau}l_{0}\beta=M_{y}-(\boldsymbol{C},\boldsymbol{D}_{x})
\end{cases}
\tag{2-35}
$$

式中:$K_r, K_a, K_\tau, \tau_0, l_0$为参量;$\boldsymbol{A}, \boldsymbol{B}, \boldsymbol{C}$ 为常数向量;$\boldsymbol{D}_x, \boldsymbol{D}_y, \boldsymbol{D}_z$ 为误差激励向量。

轴向预紧载荷为

$$
F_{a}=K_{n}N\delta_{n_0}^{\frac{3}{2}}\sin\tau_{0}
\tag{2-36}
$$

由式(2-35)可以求解轴承在 x, y, z, α 和 β 共 5 个自由度的运动。

上面建立了滚动轴承的振动模型,该模型涉及轴承振动的 5 个自由度:轴向运动、两个径向和角向运动。这些运动构成了轴承的复杂振动。在本研究中,轴承振动主要来源于轴承的结构参数、内圈转速参数、形位误差参数和滚动表面谐波误差参数。这些参数激励轴承振动,并成为影响噪声的重要因素。

2.3 噪声模型

2.3.1 基本假设

噪声模型是以内圈和外圈滚道表面以及球表面谐波为基础激励的。内圈、外圈和球表面谐波与噪声的关系,是以理论力学和声学理论为基础建立数学模型的。

噪声模型是建立在声学理论基础之上的,以波动方程为基础和起点,通过把轴承的几何结构分解简化成各种声学理论常用的声源结构,计算出各声源结构在测点产生的声压,然后进行综合,最终求出测点处的近似声压值。所使用的声源结构模型有球振源、点声源、活塞器和摆动圆柱。简述这 5 个典型的声源结构模型之后将详细论述噪声数学模型。首先介绍噪声数学模型的声学假设条件。

声音是一种机械振动状态的传播现象,它表现为一种机械波——声波。产生声音的条件是:有做机械振动的物体——声源;有能传播机械振动的介质。

在声学理论中,对介质有如下假设:

(1) 介质是理想的流体介质,“理想”是指介质在运动过程中没有能量损耗;

(2) 介质是连续的;

(3) 介质是静态的,而且是均匀的。

本章所研究的介质是空气。

2.3.2 噪声的数学模型

声学理论按声源振幅与声波波长之比将振动波分为小振幅波和大振幅波。当声源振幅不大于声波波长时,声波传播规律为小振幅波,是线性的;当声源振幅不小于声波波长时,声波传播规律以大振幅波为特征,必须考虑波动方程非线性的高阶无穷小量的影响。本章所涉及的均为小振幅波的传播规律。

声源的振动频率可分为高频和低频两种情况。本章研究的是低频振动。在介质中,声波所涉及的区域统称为声场。本章探讨的是近场的声压分布方程。

数学模型的声源模型部分都是以理想流体介质中小振幅波传播的波动方程为基础构建的:

$$\frac{1}{c^2}\cdot\frac{\partial^2 p}{\partial t^2}-\nabla^2 p=0 \tag{2-37}$$

式中:c 为声速;p 为声压;t 为时间。

波动方程(2-37)反映了声压 $p(x,y,z,t)$ 随空间 (x,y,z) 和时间 t 变化的时间和空间的联系。

在推导过程中只利用介质属性的基本关系式,并不涉及具体的波形和发射形式,因而波动方程只反映介质中声波传播物理过程的共同特征,而不论声波产生原因和具体波形。

为了对时间积分的方便,声源声压方程的推导基于波动方程的另一种形式——速度势波动方程:

$$\nabla^2\boldsymbol{\Psi}-\frac{1}{c^2}\cdot\frac{\partial^2\boldsymbol{\Psi}}{\partial t^2}=0 \tag{2-38}$$

式中:$\boldsymbol{\Psi}(x,y,z,t)$ 为速度势函数。

1. 点声源

点声源指半径 r_0 比声波波长小很多,满足 $kr_0\ll 1$ 条件的脉动球源(脉动球源是在球源表面上各点沿径向作同振幅、同相位振动的球面声源)。利用这种模型可得到点声源的声压方程,点声源的组合可处理任何复杂的面声源。

设有一半径为 r_0 的球体,其表面在 r_0 附近以微量 $\xi=\mathrm{d}r$ 辐射声波。球面坐标形式的波动方程:

$$\frac{\partial^2 p}{\partial r^2}+\frac{2}{r}\cdot\frac{\partial p}{\partial r}=\frac{1}{c^2}\cdot\frac{\partial^2 p}{\partial t^2} \tag{2-39}$$

式(2-39)的一般解为

$$p=\frac{A}{r}\cdot \mathrm{e}^{\mathrm{j}(\omega t-kr)}+\frac{B}{r}\cdot \mathrm{e}^{\mathrm{j}(\omega t+kr)} \tag{2-40}$$

式中:$k=2\pi/\lambda_0$,λ_0 为波长;j 表示虚部。

第 1 项代表向外辐射(发散)的球面波;第 2 项代表向心球面反射(会聚)的球面波。这里假设向无界空间辐射的自由行波情形,因而没有反射波,即 $B=0$。则式(2-40)为

$$p=\frac{A}{r}\cdot \mathrm{e}^{\mathrm{j}(\omega t-kr)} \tag{2-41}$$

式中:A 一般是复数,A/r 的模即为声压振幅。

2. 球振模型

振动球源就是声学中的 1 阶球源。若球心以速度

$$u_{\mathrm{A}}(\theta)=u_{\mathrm{A}}\cos\theta \tag{2-42}$$

沿极轴振动,如图 2-3 所示,则其近场声压方程为

$$p=\mathrm{j}B_1\cos\theta\frac{1+\mathrm{j}kr}{(kr)^2}\mathrm{e}^{\mathrm{j}(\omega t-kr)} \tag{2-43}$$

式中:$B_1=\rho c\dfrac{u_{\mathrm{A}}}{D_1(kr_0)}\mathrm{e}^{\mathrm{j}\delta_1(kc)}$。

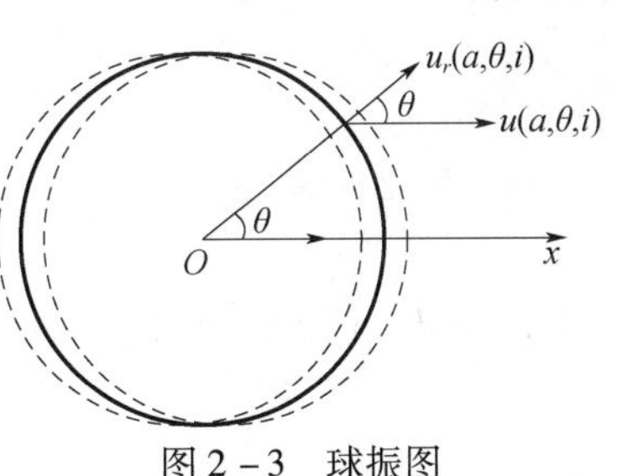

图 2-3 球振图

当 $z\ll l+\dfrac{1}{2}$ 时

$$D_{l>0}(z)\approx\frac{1\cdot3\cdot5\cdots(2l-1)(l+1)}{z^{l+2}} \tag{2-44}$$

$$\delta_{l>0}(z)\approx\frac{-lz^{2l+1}}{1^2\cdot3^2\cdot5^2\cdots(2l-1)^2(2l+1)(l+1)} \tag{2-45}$$

取声压方程的振幅,有

$$p=-\rho_0c_0\frac{(kr_0)^3u_{\mathrm{A}}}{2(kr)^2}\cdot\sqrt{(kr)^2+1} \tag{2-46}$$

3. 活塞器模型

推导活塞器的速度势方程所用的瑞利方程为

$$\phi_0=\frac{1}{2\pi}\iint\limits_{(s_0)}\frac{u_0\mathrm{e}^{-\mathrm{j}kr}}{r}\mathrm{d}s \tag{2-47}$$

其隐含条件为:镶在无限大刚硬屏幕上的平面辐射器向半无限空间发射。

设活塞面振动速度均匀,其值为 $u_0\mathrm{e}^{\mathrm{j}\omega t}$,振动方向垂直于活塞面。声场中 M 点到活塞面中心 o 点的距离为 r,oM 声线与面的法线 oz 交角为 α。观察点 M 处的速度势可用式(2-47)计算。

当活塞面的半径比波长大时,式(2-47)中相位因子随积分元面 $\mathrm{d}s$ 变化很大,即各元面辐射波到 M 点的振动不同相,所以当 M 的位置改变时,各 $\mathrm{d}s$ 面源传来声波相互程差也改变,M 点的势函数即是空间坐标的函数。但是,圆形活塞辐射器具有中心对称形式,所以辐射场中速度势的分布是以面中心点的法线为对称轴的。由此取坐标 xoy 和活塞面重合,而中心取为原点,如图 2-4 所示。由于场的对称性,M 点取在 xoz 平面中。这并不影响推导结论的普

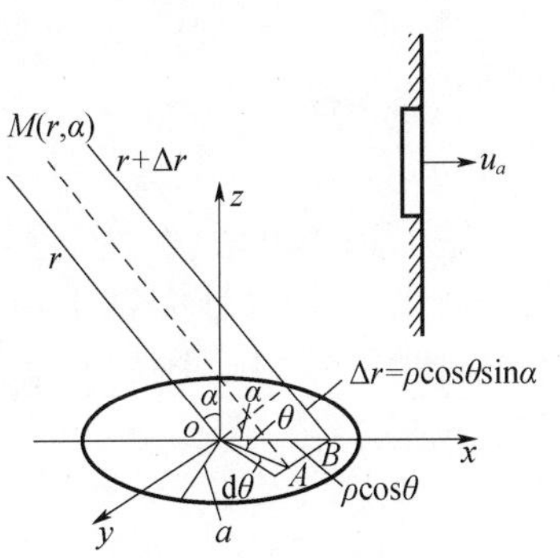

图 2-4 圆柱活塞辐射器坐标图

遍性。

以下计算声场中速度势 $\psi_M(r,\alpha,t)$。

取活塞面上任意元面积 $\mathrm{d}Q$，若以 xoy 平面中极坐标表示，有 $\mathrm{d}Q=\rho\mathrm{d}\theta\mathrm{d}\rho$。$M$ 点的速度势可表示为

$$\psi_M(r,\alpha,t) = u_0\iint_{(s)}\frac{\mathrm{e}^{\mathrm{j}(\omega t-kr_{\mathrm{A}})}}{2\pi r_{\mathrm{A}}}\mathrm{d}s \tag{2-48}$$

为了简化计算，做如下考虑：

$$r_{\mathrm{A}}\approx r+\Delta r \tag{2-49}$$

式中：r_{A}为 $\mathrm{d}s$ 到 M 距离影。

由图 2-4 可见

$$\Delta r=\rho\cos\theta\cdot\sin\alpha \tag{2-50}$$

并且，在分母中可令 $r_{\mathrm{A}}\approx r$，代入式(2-48)，得到活塞辐射面辐射场中 $M(r,\alpha)$ 点的速度势，再利用贝塞耳公式可求得速度势：

$$\psi(r,\alpha,t)=\frac{u_0\mathrm{e}^{\mathrm{j}(\omega t-kr)}}{2\pi r}\cdot\frac{2\pi}{k\sin\alpha}[b\cdot J_1(k\cdot b\cdot\sin\alpha-a\cdot J_1(k\cdot a\cdot\sin\alpha)] \tag{2-51}$$

于是

$$P(r,\alpha,t)=\mathrm{j}\omega\rho_0\frac{u_0\mathrm{e}^{\mathrm{j}(\omega t-k\cdot r)}}{k\cdot r\cdot\sin\alpha}[b\cdot J_1(k\cdot b\cdot\sin\alpha)-a\cdot J_1(k\cdot a\cdot\sin\alpha)] \tag{2-52}$$

由低频近场，有

$$J_1(Z_0)\approx\frac{Z_0}{2} \tag{2-53}$$

得

$$P(r,\alpha,t)=\mathrm{j}\omega\rho_0\frac{u_0\mathrm{e}^{\mathrm{j}(\omega t-kr)}}{2r}(b^2-a^2) \tag{2-54}$$

取实部

$$P(r,\alpha,t)=-\omega\cdot\rho_0\cdot(b^2-a^2)\cdot\frac{u_0\sin(\omega t-kr)}{2r} \tag{2-55}$$

在轴承噪声模型中，活塞器模型用于推导外圈端面的振动。

4. 摆动柱

设套圈柱面为无限长柱。在无限介质中垂直于柱的轴(沿 x 方向，$\varphi=0$)以振速 $u_a(t)=u_0\mathrm{e}^{\mathrm{j}\omega t}$进行摆动。取 z 轴与柱面轴重合，则声压 p 与 z 坐标无关。声场中声压可取为(振源表面边界条件如图 2-5所示)：

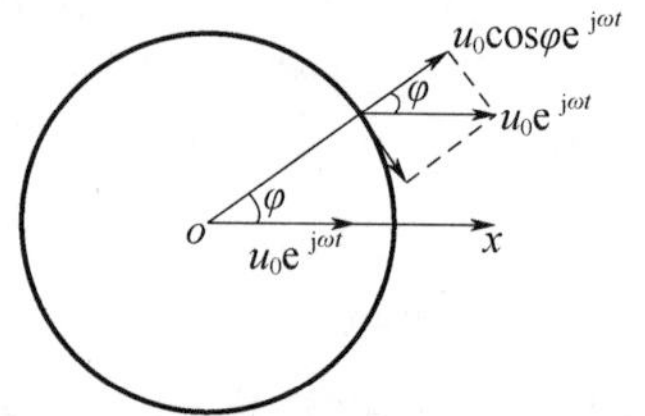

图 2-5　柱面摆动速度的分解

$$p(r,\varphi,t)=A_1\cdot H_1^{(2)}(kr)\cdot\cos\varphi\cdot\mathrm{e}^{\mathrm{j}\omega t} \tag{2-56}$$

式中

$$A_1 = -\mathrm{j}\rho_0 c_0 \cdot \frac{u_0}{\dfrac{\mathrm{d}[H_1^{(2)}(ka)]}{\mathrm{d}(ka)}} = \frac{-\mathrm{j}\rho_0 c_0 u_0}{J'_1(ka) - \mathrm{j}N'(ka)} \tag{2-57}$$

代入式(2－56)中,有

$$p(r,\varphi,t) = -\mathrm{j}\rho_0 c_0 \frac{u_0}{\dfrac{\mathrm{d}H_1^{(2)}(ka)}{\mathrm{d}(ka)}} \cdot H_1^{(2)}(kr) \cdot \cos\varphi \cdot \mathrm{e}^{\mathrm{j}\omega t}$$

$$= \frac{-\mathrm{j}\rho_0 c_0 u_0 \cdot \mathrm{e}^{\mathrm{j}\omega t}}{J'_1(ka) - \mathrm{j}N'_1(ka)}[J_1(kr) - \mathrm{j}N_1(kr)] \cdot \cos\varphi \tag{2-58}$$

在低频发射的情况下,即 $a \ll \lambda_0, ka \ll 1$ 时,由贝塞耳函数的展开式知道,当 $z_0 \ll 1$ 时

$$\begin{aligned} J_1(z_0) &\approx \frac{z_0}{2}, \quad N_1(z_0) \approx -\frac{2}{\pi z_0} \\ J'_1(z_0) &\approx \frac{1}{2}, \quad N'_1(z_0) \approx -\frac{2}{\pi z_0^2} \end{aligned} \tag{2-59}$$

将式(2－59)代入式(2－58),有

$$p(r,\varphi,t) = -\frac{\rho_0 c_0 u_0(\mathrm{j}\cos\omega t - \sin\omega t)}{\dfrac{1}{4} + \left(\dfrac{2}{\pi k^2 a^2}\right)^2} \cdot$$

$$\left[\left(\frac{kr}{4} - \frac{4}{\pi^2 k^2 r a^2}\right) + \mathrm{j}\left(\frac{1}{\pi kr} + \frac{r}{\pi k a^2}\right)\right] \cdot \cos\varphi \tag{2-60}$$

令

$$A = -\frac{\rho_0 c_0 u_0}{\dfrac{1}{4} + \left(\dfrac{2}{\pi k^2 a^2}\right)^2} \cdot \cos\varphi \tag{2-61}$$

$$B_{\mathrm{r}} = -\left(\frac{kr}{4} - \frac{4}{\pi^2 k^3 a^2 r}\right) \cdot \sin\omega t - \left(\frac{4}{\pi k^2 a^2} + \frac{r}{\pi k a^2}\right) \cdot \cos\omega t \tag{2-62}$$

$$B_{\mathrm{i}} = -\left(\frac{kr}{4} - \frac{4}{\pi^2 k^3 a^2 r}\right) \cdot \cos\omega t - \left(\frac{4}{\pi k^2 a^2} + \frac{r}{\pi k a^2}\right) \cdot \sin\omega t \tag{2-63}$$

则有

$$p(r,\varphi,t) = A \cdot (B_{\mathrm{r}} + \mathrm{j}B_{\mathrm{i}}) \tag{2-64}$$

取实部

$$p(r,\varphi,t) = \frac{\rho_0 c_0 u_0}{\dfrac{1}{4} + \left(\dfrac{2}{\pi k^2 a^2}\right)^2} \cdot \cos\varphi\left[\left(\frac{kr}{4} - \frac{4}{\pi^2 k^3 a^2 r}\right) \cdot \sin\omega t\right.$$

$$\left. - \left(\frac{4}{\pi k^2 a^2} + \frac{r}{\pi k a^2}\right) \cdot \cos\omega t\right] \tag{2-65}$$

圆柱声源结构用于轴承套圈的径向振动。

2.4 典型声源结构在滚动轴承噪声模型中的应用

下面将详细说明 5 个声源结构是怎样用于轴承这一复杂的动态实体的[58]。

为了对轴承这样具有复杂几何形状的声源建立声压分布方程,首先将轴承的几何形状分解成声学中所用到的典型声源结构,根据其振动方式确定振动模型,得到声压分布方程。各模型的声压在测点处的综合便得到了轴承在近场的声压分布方程。

轴承被分解后的结构如图 2-6 所示,轴承结构引起的振动用点声源模型算出声压方程,套圈端面和保持架侧面的振动用活塞器模型,套圈柱面用圆柱模型,球振动则用到了摆动球振源。

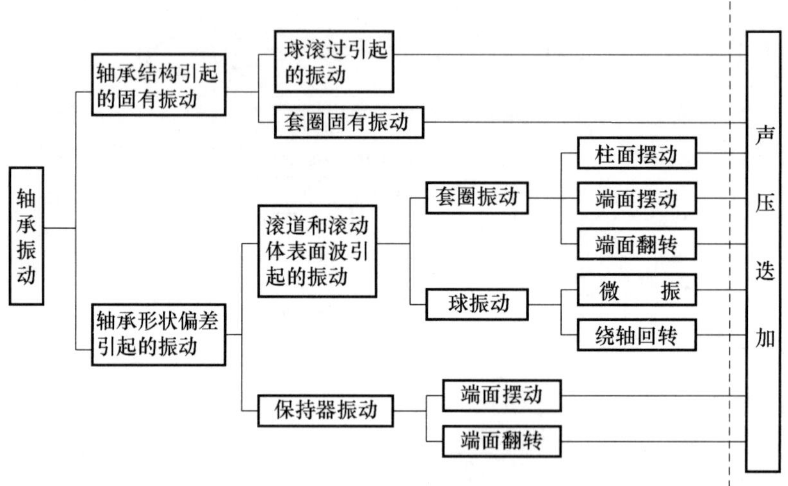

图 2-6 振动与噪声模型框图

2.4.1 轴承结构引起固有振动所产生的声压

即使不存在几何误差,在各零件材料各向同性,滚动体和套圈之间产生纯净的连续流体油膜的条件下,轴承仍然会产生振动,其原因在于轴承本身,换句话说,是由于结构性质。产生结构振动的原因主要有 2 项:

第 1 是来自球方向的作用力引起的轴承套圈的弹性变形。轴承套圈的变形与球一起旋转,如图 2-7 所示,在承受来自球方向的接触负荷作用下产生弯曲变形。传播到周围零件中或周围介质中(如空气)产生声波—噪声。该振动频率为滚动体转动频率 kf_c。球

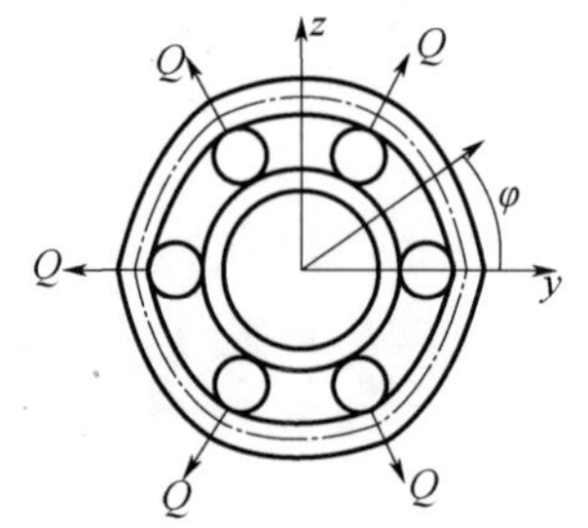

图 2-7 轴承结构变形

的数目为 $k=1,2,\cdots,n$；保持架转动频率为 f_c。

第2是由于径向载荷的作用，轴承旋转时，刚度会变化，变化的结果同样产生与第一种情况相同频率的轴承套圈的相对位移。

在测振状态下，由于径向载荷（自重）远远小于轴向载荷，于是仅讨论第一种情况。

假设轴承受纯轴间载荷 F_0，并且 F_0 均匀地分布到 N_b 个球上，在与球接触的每点上，作用在外圈上的径向载荷成分等于

$$Q = F_0 \cot\tau / N_b \tag{2-66}$$

式中：τ 为接触角。

引入图2-8所示的极坐标系，取决于角 φ 的偏差表示为 $\mu(\varphi)$，把函数分解成

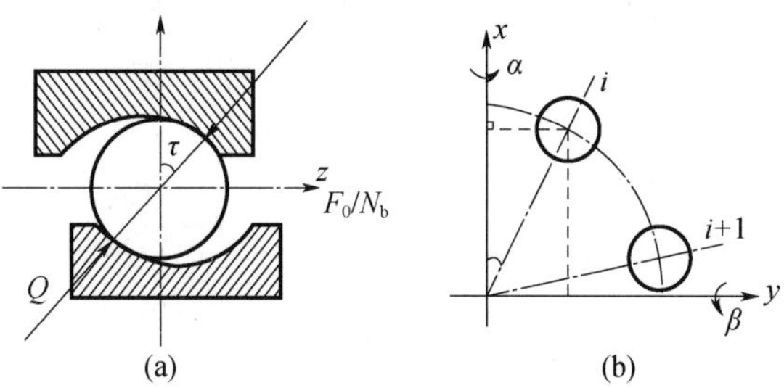

图2-8 钢球受力

$$\mu(\varphi) = \sum_{i=2}^{\infty} (a_i \cos i\varphi + b_i \sin i\varphi) \tag{2-67}$$

为了确定 a_i 和 b_i 的幅值，研究位移 $\delta\mu = \delta a_i \cos i\varphi$ 和 $\delta\mu = \delta b_i \sin i\varphi$。第 j 个球完成的虚功为

$$\delta A_j = Q \delta a_i \cos i\varphi_j \tag{2-68}$$

式中

$$\varphi_j = \frac{2\pi}{N_b}(j-1) \tag{2-69}$$

总虚功按所有钢球合成来确定，令 $\delta a_j = \delta$，有

$$\delta A = \sum_{j=1}^{N_b} \delta A_j = Q\delta \sum_{j=1}^{N_b} \cos i\varphi_j \tag{2-70}$$

套圈的弹性弯曲势能由级数确定

$$T = \frac{EI\pi}{2R^3} \cdot \sum_{i=2}^{\infty} (i^2-1)^2 \cdot (a_i^{\ 2} + b_i^{\ 2}) \tag{2-71}$$

式中：E 为弹性模量；I 为套圈径向截面的惯性；R 为套圈平均半径。

运用式(2-71)，得到势能的增量形式：

$$\delta T = \frac{\delta T}{\delta a_i}\delta a_i = \frac{EI\pi}{R^3}(i^2-1)^2 a_i \delta a_i \tag{2-72}$$

使式(2-70)和式(2-72)相等并进行转化得

$$a_i = \frac{QR^3}{EI\pi\,(i^2-1)^2}\cdot\sum_{j=1}^{N_b}\cos i\varphi_j \tag{2-73}$$

同理,由虚位移 $\delta\mu=\delta b_i\sin i\varphi$ 得

$$b_i = \frac{QR^3}{EI\pi\,(i^2-1)^2}\sum_{j=1}^{N_b}\sin i\varphi_j \tag{2-74}$$

将式(2-69)代入式(2-73)和式(2-74),考虑已知的等量关系

$$\begin{cases}\sum\limits_{j=1}^{N_b}\sin\left[i\cdot\dfrac{2\pi}{N_b}\cdot(j-1)\right]=0\\ \sum\limits_{j=1}^{N_b}\cos\left[i\cdot\dfrac{2\pi}{N_b}\cdot(j-1)\right]\equiv\begin{cases}N_b, & j=kN_b\\ 0, & j\neq kN_b\end{cases}, \quad k\in N\end{cases} \tag{2-75}$$

得到

$$\begin{cases}a_i=\begin{cases}\dfrac{QR^3N_b}{EI\pi\,(i^2-1)^2}, & i=kN_b\\ 0, & i\neq kN_b\end{cases}\\ b_i\equiv 0\end{cases} \tag{2-76}$$

将式(2-76)代入式(2-67),最终得到套圈弯曲变形的主形式:

$$\mu(\varphi) = \frac{F_0R^3\cot\tau}{EI\pi}\sum_{i=2}^{\infty}\mu_n^i\frac{\cos i\varphi}{(i^2-1)^2} \tag{2-77}$$

式中:

$$\mu_n^i=\begin{cases}1, & i=kN_b\\ 0, & i\neq kN_b\end{cases}\quad k\in N \tag{2-78}$$

考虑到球是以 ω_c 旋转的,所以

$$\mu(\varphi,t) = \frac{F_0R^3\cot\tau}{EI\pi}\sum_{i=2}^{\infty}\left[\mu_n^i\frac{\cos(\omega_c t+i\varphi)}{(i^2-1)^2}\right] \tag{2-79}$$

$$\frac{\partial[\mu(\varphi,t)]}{\partial t} = -\omega_c\frac{F_0R^3\cot\tau}{EI\pi}\sum_{k=1}^{\infty}\frac{\sin(\omega_c t+kN_b\varphi)}{(k^2N_b{}^2-1)^2},\quad k\in N \tag{2-80}$$

为了求出套圈结构振动的声压分布公式,这里用到了点声源模型。点声源是指半径 r_0 比声波波长小很多的脉动球源。声学理论中经常用点声源来组合处理较复杂声源,这里是求发生弹性变形的外套圈。

对于一般的声源,有

$$u=u_A e^{j\omega} \tag{2-81}$$

$$Q_0=4\pi\cdot r_0^2\cdot u_A \tag{2-82}$$

由点声源声压方程有

$$dp = j\frac{k\rho_0 c_0}{4\pi h(\theta,z)}dQ_0 e^{j[\omega \cdot t - k \cdot h(\theta,z,t) - \alpha(\theta,z,t)]} \tag{2-83}$$

$$p = \iint_S j\frac{k\rho_0 c_0}{4\pi h(\theta,z)}u_A e^{j[\omega \cdot t - kh(\theta,z) - \alpha(\theta,z,t)]}dS \tag{2-84}$$

将式(2-80)代入式(2-84),有

$$p = -\iint_S \omega_c \frac{F_0 R^3 k\rho_0 c_0 \cot\tau}{4\pi^2 h(\theta,z)EI}\sum_{k=1}^{\infty}\frac{\sin[\omega_c t + kN_b\varphi - kh(\theta,z) - \alpha(\theta,z,t)]}{(k^2 N_b{}^2 - 1)^2}d\theta dz \tag{2-85}$$

式中 $h(\theta,z)$ 可用以下关系求出(见图 2-9)

$$\overline{AC} = \sqrt{\overline{AB'}^2 + \overline{B'C}^2}$$

$$\overline{AB'} = \overline{AB} + \overline{BB'}$$

$$\overline{B'C} = \sqrt{\overline{B'O'}^2 + \overline{O'C}^2 - 2\,\overline{B'O'} \cdot \overline{O'C} \cdot \cos\theta} \tag{2-86}$$

$$\begin{aligned} h(\theta,z) &= \overline{AC} = \sqrt{(\overline{AB} + \overline{BB'})^2 + \overline{B'O'}^2 + \overline{O'C}^2 - 2 \cdot \overline{B'O'} \cdot \overline{O'C} \cdot \cos\theta} \\ &= \sqrt{(h_2 + z)^2 + h_1^2 + R^2 - 2h_1 R\cos\theta} \end{aligned} \tag{2-87}$$

进一步明细式(2-85)为

$$p(r,\theta,t) = -\int_0^{2\pi}\int_0^{B_e}\omega_c \frac{F_0 R^3 k\rho_0 c_0 \cot\tau}{4\pi^2 h(\theta,z)EI}$$
$$\sum_{k=1}^{\infty}\frac{\sin[\omega_c t + kN_b\theta - kh(\theta,z) - \alpha(\theta,z,t)]}{(k^2 N_b{}^2 - 1)^2}d\theta dz \tag{2-88}$$

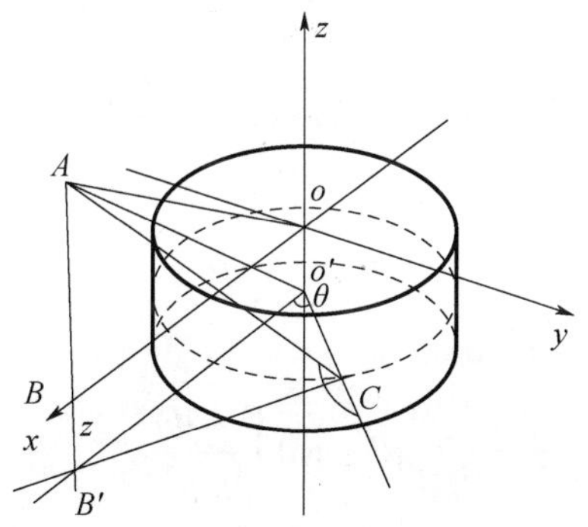

图 2-9　轴承结构振动的测点声压

2.4.2　轴承套圈振动引起的声压

套圈的振动被分解为套圈柱面摆动,套圈端面摆动和翻转。

环面翻转模型中,保持架由薄环面表示,与套圈的端面相似。由瑞利公式可推导出轴承端面翻转所产生的声压分布方程。

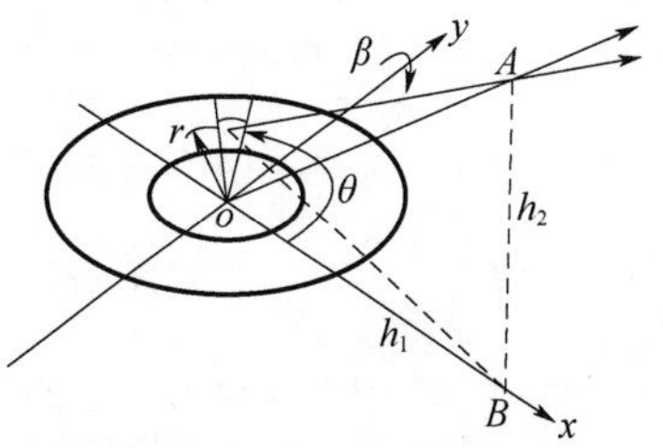

图 2-10　轴承端面的翻转

设端面上任一单元面 $\mathrm{d}r\mathrm{d}\theta$ 的中心翻转速度为(图 2-10)

$$u_a = r \cdot \sin\theta \cdot \beta \tag{2-89}$$

式中:β 为绕 y 轴旋转的角度。

一般地,有

$$u_a = r \cdot \sin\theta \cdot \beta_0 \cdot \omega \cdot \cos(\omega t + \varphi_0) \tag{2-90}$$

轴承端面翻转的速度势为

$$\begin{aligned}\Phi_0 &= \frac{1}{2\pi}\iint_{(S)} [\sin\theta \cdot \beta_0 \cdot \omega \cdot \cos(\omega t + \varphi_0)] \cdot \mathrm{e}^{-\mathrm{j}kr}\mathrm{d}s \\ &= \frac{\beta_0 \cdot \omega \cdot \cos(\omega t + \varphi_0)}{2\pi}\iint_{(S)} \sin\theta \cdot \mathrm{e}^{-\mathrm{j}kr}\mathrm{d}s\end{aligned} \tag{2-91}$$

于是,可得到声压分布方程

$$\begin{aligned}p(r,\alpha,t) &= \rho_0 \frac{\partial \Phi_0}{\partial t} = -\frac{\rho_0 \cdot \beta_0 \cdot \omega^2 \cdot \sin(\omega t + \varphi_0)}{2\pi}\iint_{(S)} \sin\theta \cdot \mathrm{e}^{-\mathrm{j}k \cdot r}\mathrm{d}s \\ &= -\frac{\rho_0 \cdot \beta_0 \cdot \omega^2 \cdot \sin(\omega t + \varphi_0)}{2\pi}\int_0^{2\pi}\int_a^b \sin\theta \cdot \mathrm{e}^{-\mathrm{j}k \cdot r}\mathrm{d}\rho\mathrm{d}\theta\end{aligned} \tag{2-92}$$

式中

$$r = \sqrt{h_2^2 + 2h_2\rho \cdot \cos\theta + \rho^2} \tag{2-93}$$

外圈柱面的摆动公式可由式(2-65)直接得出。

外圈的端面轴向摆动公式可由式(2-55)直接得出。

2.4.3 球振动引起的声压

球在测点处产生的声压为

$$P = \sum_{i=1}^{N} P_i \tag{2-94}$$

用式(2-43)代入式(2-94),有

$$p = \sum_{i=1}^{N} \mathrm{j}B_1\cos\theta \frac{1 + \mathrm{j}kr}{(kr)^2}\mathrm{e}^{\mathrm{j}(\omega t - kr)} \tag{2-95}$$

式中:r 为球心到测点的距离;θ 为球的摆动方向与球心到测点方向的夹角。

r 和 θ 可由 $\triangle ACD$ 的边角关系可求出(图 2-11):

$$\cos\theta = \frac{\overline{AD}^2 - (\overline{AC}^2 + \overline{CD}^2)}{2 \cdot \overline{AC} \cdot \overline{CD}} \tag{2-96}$$

$$\overline{AC}^2 = \overline{AB'}^2 + \overline{B'C}^2 \tag{2-97}$$

$$\overline{AB'} = h_1 + \frac{B}{2} \tag{2-98}$$

$$\begin{aligned}\overline{B'C}^2 &= \overline{O'B'}^2 + \overline{O'C}^2 - 2\,\overline{O'B'} \cdot \overline{O'C} \cdot \cos\theta \\ &= h_2^2 + R^2 - 2 \cdot h_3 \cdot R \cdot \cos\theta\end{aligned} \tag{2-99}$$

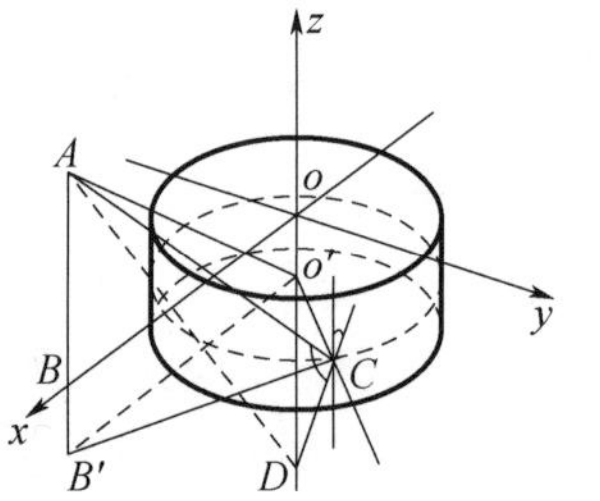

图 2-11　钢球球阵的振动

$$\overline{CD} = \overline{O'C}/\sin\theta con = R/\sin\theta con \tag{2-100}$$

$\overline{AD}$在平面 $ABCD$ 内,所以有

$$\overline{AD}^2 = \left(h_2 + \frac{B}{2} + \overline{O'D}\right)^2 + \overline{OB}^2 = \left(h_2 + \frac{B}{2} + \overline{O'C} \cdot \cot\theta con\right)^2 + h_1^2$$

$$= \left(h_2 + \frac{B}{2} + Rx \cdot \cot\theta con\right)^2 + h_1^2 \tag{2-101}$$

2.5 滚动轴承声压级的计算

轴承声压级的计算公式为

$$L_P = 20\lg(P/P_0) \tag{2-102}$$

式中:L_P为轴承的声压级(dB);P 为各个声源的总声压(Pa,即 N/m^2);P_0为基准声压(1000Hz 时可听阈声压取 2×10^{-5}Pa)。

各声源的总声压 P 可以表示为

$$P = \sqrt{\sum_{i=1}^{n} P_i^2} \tag{2-103}$$

式中:P_i为第 i 个声源的声压 $i=1,2,\cdots,n$;n 为声源的个数。

第 i 个声源的声压 P_i为

$$P_i = \sqrt{\sum_{j}^{M} P_{ij}^2} \tag{2-104}$$

2.6 实验与仿真

2.6.1 实验条件

本实验研究要求采集轴承产品的噪声数据和轴承零件滚动表面的谐波误差数据。实验试件采用了生产现场生产的 6201 和 6202 密封深沟球轴承,已经按标准游隙装配好,每种 15 套,是随机抽取的。由于对每一套轴承都进行正反两面安装测量噪声,而且,谐波测量也是在正反两面安装时相应的沟道接触角处表面测量的,因此,实际获得的测量数据可以按 30 套轴承分析。在标准噪声室里测量各套轴承的声压级以后,将轴承拆套,再用圆度仪测量外圈沟道和内圈沟道的谐波误差,也测量了个别钢球的表面谐波误差。

在实验中,规定外圈端面标有一点的为轴承的正面,另一面为反面;测量轴承声压级时,要求正面按顺时针 120°分别测量 1、2、3 三点,反面也按顺时针 120°分别测量 1、2、3 三点,第 1 点测量为外圈端面标有一点处;用符号 A 表示轴承振动质量较好(凭经验判断出轴承振动速度的无“异音”)。

采用冲压保持架,同型号轴承配用同一批保持架。轴承是非接触式密封轴承。同型号轴承配用同一批钢球(G10 级)。油脂统一为同一牌号。普通游隙(CM)。公差等级为 P5。

噪声测量是在洛阳轴承研究所特制的消声室内进行的,除地板外,消声室的四壁和天花板均有吸声材料覆盖表面。消声室的门是双层的,气密性很好。实验设备见表 2-1。

表 2-1 实验设备

设备名称	型号	生产厂家
声压计	2209	B&K
传声器	4165	B&K
频谱分析仪	3582A	HP
测速仪	HT-446	上海转速表厂
静止变频器	ZYS-NBJ10/350/2000	洛阳轴承研究所
轴承噪声测量驱动装置		洛阳轴承研究所

其中轴承噪声测量驱动装置、测速仪、声压计和传声器是在消声室中的,静止变频器和频谱分析仪则因为其自身的风扇和电子噪声过大被置于噪声室外。轴承噪声测量驱动装置放在噪声室的一张桌子上。被测量的轴承样品装在主轴上,内圈随主轴旋转。声压计水平支在三脚架上,可通过调整三角架来调整声压计的高低以符合实验要求,平行移动三角架即可使声压计前后移动。传声器装在从声压计一端伸出的可调音腔的顶部。可弯曲传声器使之以合适的角度对准轴承中心。

2.6.2 实验与仿真结果

仿真计算时需要输入的参数名称见表 2-2。

表 2-2 仿真时应输入数据名称

轴承零件	尺寸参数	谐波
外圈	沟曲率半径	
	沟道半径	
	沟位置尺寸	沟道表面谐波
	外径	
	挡边直径	
	宽度	
内圈	沟曲率半径	
	沟道半径	沟道表面谐波
	沟位置尺寸	
滚动体	直径	滚动体表面谐波

（续）

轴承零件	尺寸参数	谐波
保持架	直径偏差	
	外径	
	内径	
	质量	
	偏心率	
	兜孔半径	

图 2－12 和图 2－13 给出了实验结果和仿真结果。

仿真结果是根据轴承的结构参数和表面谐波情况，用上述理论模型推算出声压级的。由于理论模型忽略了系统的阻尼、钢球与保持架的碰撞等因素，并对模型进行了线形简化。再考虑到软件算法误差以及误差的传递、实验条件的随机性等因素，必须结合实验结果对理论模型进行修正。

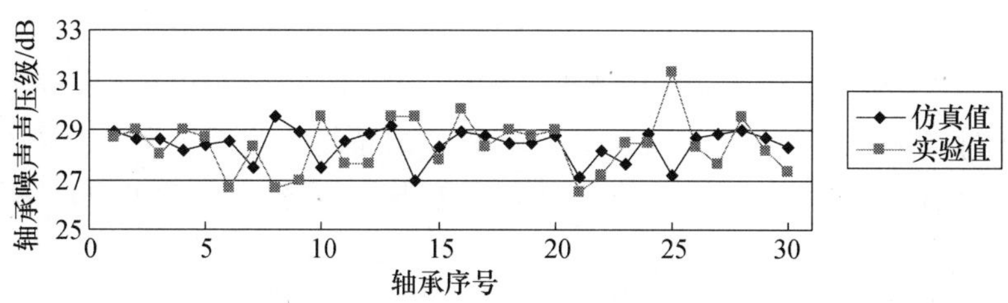

图 2－12　6201（A）轴承仿真与实验结果

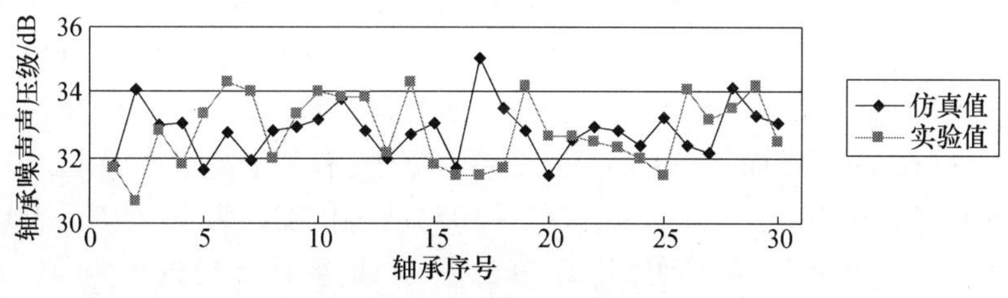

图 2－13　6203（A）轴承仿真与实验结果

修正后的数学模型为

$$Z = \frac{1}{a + \frac{b}{L_P}} \tag{2-105}$$

式中：Z 为修正后的轴承声压级仿真值（dB）；L_P 为修正前的轴承声压级仿真值（dB）；a,b 为修正系数。

修正系数 a 和 b 按下式计算：

$$a = a_1 + (a_2 - a_1)(d - d_1)/(d_2 - d_1) \tag{2-106}$$

$$b = b_1 + (b_2 - b_1)(d - d_1)/(d_2 - d_1) \tag{2-107}$$

式中：d 为轴承内圈的内径(mm)。

其他常数 a_1, a_2, b_1, b_2, d_1 和 d_2 由表 2-3 确定。

表 2-3　轴承噪声仿真常数表

项目	d_1	d_2	a_1	a_2	b_1	b_2
数值	12	17	0.02913	0.03409	0.3147	-0.1691

在图 2-12 和图 2-13 中，前 15 个实验数据用来建立式(2-105)即表 2-3，后 15 个数据用来预测噪声。从图 2-12 和图 2-13 可以看出仿真预测结果与实验结果的趋势一致性比较好。

预测的误差为

$$\delta Z = |Z_S - Z| \tag{2-108}$$

式中：δZ 为噪声的预测误差(dB)；Z_S 为实测的轴承噪声，即噪声的实际值(dB)。

表 2-4 给出了所有实验数据和仿真数据，以便分析预测误差和各种数据的均值以及均方根差。

在计算中，钢球表面谐波固定不变。6201 轴承的钢球表面谐波来自测量序号为 1 的钢球，6203 轴承的钢球表面谐波来自测量序号为 5 的钢球。计算表明，使用其他钢球表面谐波数据，轴承的声压级变化不大，变化量约在 0.001dB 的数量级上。

2.6.3　实验结果和仿真结果的对比分析

由表 2-4 可以看出，对 6201 轴承声压级的最大预测误差为 4.16dB，对 6203 轴承声压级的最大预测误差为 3.53dB。因此，预测误差的最大值为 4dB 左右。

在表 2-4 中，对 6201 轴承而言，30 个预测误差数据中，有 4 个超过 2dB，占 13.33%。对 6203 轴承而言，30 个预测误差数据中，有 3 个超过 2dB，占 10%。如果允许预测误差在 2dB 之内，那么，式(2-105)的可信度约为 86.67% ~90.00%。

表 2-4 给出的均值表明，仿真值的数学期望十分接近实验值，再考虑图 2-12和图 2-13 中点的变化情况，可以看出，仿真数据和实验数据之间基本上是没有系统误差的。这意味着仿真结果和实验结果是比较吻合的。

在仿真计算中，两种轴承的结构参数是固定不变的，变化的仅是轴承沟道的谐波分布，即计算的声压级随沟道的谐波分布不同而有差异。这表明，在目前的轴承沟道加工质量下，轴承沟道的谐波分布状态对轴承声压级有一定影响。

另一方面，从均值上看，较小轴承(6201)的声压级均值小，较大轴承(6203)的声压级均值大。从均方根差上看，两种轴承的均方根差值十分接近，即声压级的均方根差和轴承的大小几乎无关。这进一步表明，谐波对声压级的影响总是存在的，无论轴承的结构是大还是小。

表2-4　轴承声压级的预测误差

6201(A)轴承				6203(A)轴承			
序号	实验值	仿真预测值	预测误差	序号	实验值	仿真预测值	预测误差
1	28.67	28.95	0.19	1	31.67	31.78	0.11
2	29.00	28.62	0.38	2	30.67	34.10	3.43
3	28.00	28.60	0.60	3	32.83	32.98	0.15
4	29.00	28.19	0.81	4	31.83	33.05	1.22
5	28.67	28.38	0.29	5	33.33	31.66	1.67
6	26.67	28.58	1.91	6	34.33	32.79	1.54
7	28.33	27.51	0.82	7	34.00	31.95	2.05
8	26.67	29.49	2.82	8	32.00	32.85	0.85
9	27.00	28.95	1.95	9	33.33	32.92	0.41
10	29.50	27.48	2.02	10	34.00	33.17	0.83
11	27.67	28.53	0.86	11	33.83	33.79	0.04
12	27.67	28.85	1.18	12	33.83	32.83	1.00
13	29.50	29.16	0.34	13	32.17	31.96	0.21
14	29.50	27.00	2.50	14	34.33	32.70	1.63
15	27.83	28.34	0.51	15	31.83	33.05	1.22
16	29.83	28.91	0.92	16	31.50	31.70	0.20
17	28.33	28.77	0.44	17	31.50	35.03	3.53
18	29.00	28.48	0.52	18	31.67	33.53	1.86
19	28.76	28.46	0.30	19	34.17	32.85	1.32
20	29.00	28.78	0.22	20	32.67	31.46	1.21
21	26.50	27.09	0.59	21	32.67	32.55	0.12
22	27.16	28.16	1.00	22	32.50	32.92	0.42
23	28.50	27.62	0.88	23	32.33	32.83	0.50
24	28.50	28.82	0.32	24	32.00	32.39	0.39
25	31.33	27.17	4.16	25	31.50	33.21	1.71
26	28.33	28.69	0.36	26	34.08	32.36	1.72
27	27.67	28.87	1.20	27	33.17	32.18	0.99
28	29.50	28.97	0.53	28	33.50	34.13	0.63
29	28.17	28.70	0.53	29	34.17	33.27	0.90
30	27.33	28.31	0.98	30	32.50	33.05	0.55
均值	28.39	28.41	1.00	均值	32.80	32.83	1.08
均方根差	1.07	0.64	0.91	均方根差	1.06	0.79	0.88

计算表明,钢球表面谐波的变化,引起轴承声压级的变化不大。这并不意味着钢球表面谐波对轴承声压级影响很小(和沟道表面谐波一样,钢球表面谐波对轴承声压级也有重要影响),而是说明,目前,相对沟道而言,钢球加工质量(实验用钢球)已经达到这样的水平:表面谐波分布的变化量已经很小,以至于不会对轴承声压级的变化造成太大影响。因此,从谐波而言,大批量生产的 G10 级钢球基本上可以满足某些轴承噪声的要求(例如,表 2-4 中的噪声情况)。

2.7 基于模型仿真的滚动轴承声压级分析

2.7.1 谐波分布参数对声压级的影响

本章的重要特点是将滚动表面谐波的概念用于轴承声压级的研究,因此,有必要进一步探讨谐波对轴承声压级的影响规律。

谐波分布状态是谐波概念的重要组成部分,谐波分布状态函数一般表示为[59]

$$F_p = a_p j^{-b_p} \tag{2-109}$$

式中:p 为轴承零件符号,$p=\mathrm{e}$ 表示外圈,$p=\mathrm{i}$ 表示内圈,$p=\mathrm{w}$ 表示钢球;F_p为零件 p 的滚动表面谐波分布函数(μm);a_p为零件 p 的滚动表面谐波分布参数(μm);b_p为零件 p 的滚动表面谐波分布参数,无量纲;j 为第 j 次谐波次数,$j=2,3,\cdots,n$,n 为所研究的最高谐波次数,这里 $n=256$。

参数 a_p和 b_p对轴承振动有影响,因此,可以预测 a_p和 b_p对轴承噪声也有影响。下面通过模型仿真来进行分析。

分析采用正交实验法。表 2-5 是考虑 6201 轴承的谐波实验结果而拟订的参数 a_p和 b_p的取值表,每个参数取 3 个水平。这是一个 4 因素 3 水平的正交实验,实验方案为 $L_9(3^4)$,如表 2-5 和表 2-6 所列。

表 2-5 因素和水平表

水平	因素			
	a_e/μm	b_e	a_i/μm	b_i
1	4.76	3.98	1.95	3.26
2	1.85	2.46	0.76	2.00
3	0.08	1.01	0.03	0.50

表 2-6 正交实验方案与结果分析

模型仿真序号	a_e	b_e	a_i	b_i	Z/dB
1	1	1	1	1	19.519
2	1	2	2	2	29.995
3	1	3	3	3	31.815

（续）

模型仿真序号	a_e	b_e	a_i	b_i	Z/dB
4	2	1	2	3	30.921
5	2	2	3	1	28.762
6	2	3	1	2	31.494
7	3	1	3	2	47.330
8	3	2	1	3	31.424
9	3	3	2	1	28.873

由表2-6可以看出，谐波分布参数 a_e，b_e，a_i和 b_i及其组合对声压级 Z 有很大影响。一般来说，最重要的是这些谐波参数的相互协调问题，应当在特定条件下对参数 a_p和 b_p进行优化分析，以获取它们的最优组合。

对于一种轴承而言，如果声压级 Z 有标准要求值的话，则可以通过模型仿真来仿真出满足声压级要求的 a_p和 b_p值。这就是轴承声压级的谐波设计。a_p和 b_p作为谐波分布参数，在机械制造过程中是可以控制的，因此，在产品设计和制造过程中，预测和控制装配后的成品轴承噪声有可能变为现实。

2.7.2 轴承结构参数对声压级的影响

1. 沟曲率半径对声压级的影响

表2-7和表2-8分别是外圈沟曲率半径 R_e和内圈沟曲率半径 R_i对轴承声压级影响的模型仿真结果。仿真实验轴承是6201(A)。

表2-7 外圈沟曲率半径对声压级的影响(R_i=3.06mm)

R_e/mm	3.12	3.22	3.32	3.82	4.52	4.82
Z/dB	28.95	28.822	28.764	28.712	28.805	28.854

表2-8 内圈沟曲率半径对声压级的影响(R_e=3.12mm)

R_i/mm	3.00	3.06	3.12	3.22	3.42	3.52	5.12
Z/dB	29.12	28.95	28.849	28.752	28.655	28.627	28.447

从上述2个表中可以看出，套圈沟曲率半径对轴承声压级有影响。对6201(A)轴承的模型仿真结果认为：外圈沟曲率半径过大或过小都会使轴承声压级增大，存在着最优的外圈沟曲率半径值，使声压级为最小；随着内圈沟曲率半径的增大，声压级有所减小。研究中所用轴承的沟曲率半径值(R_e = 3.12mm，R_i = 3.06mm)对声压级来说，并不是最佳的。

因此，一般而言，应当优化选择套圈沟曲率半径值，使轴承声压级为最小，而将轴承的疲劳寿命作为约束条件。

2. 挡边直径对声压级的影响

图 2－14 给出挡边直径变化对轴承声压级的影响情况。可以看出,当内圈直径不变时,轴承声压级随着外圈挡边直径的增大而增大。因此,在轴承噪声的设计中,外圈挡边的直径不宜过大。

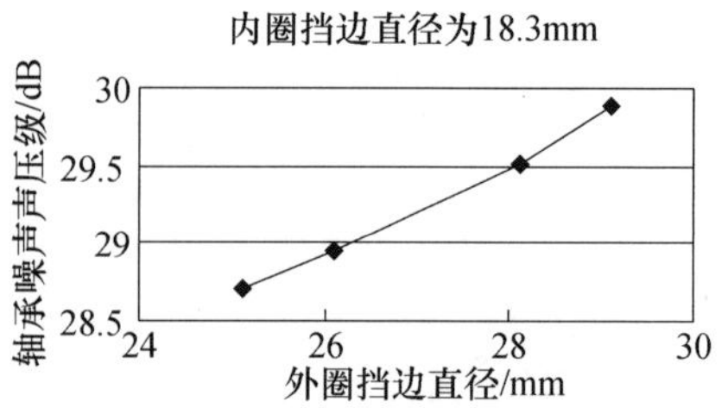

图 2－14　6201(A)轴承外圈挡边直径对轴承声压级的影响

3. 沟道直径对声压级的影响

表 2－9 给出沟道直径变化对轴承声压级的影响情况。在表 2－9 中,为了减小轴承游隙的影响,内圈和外圈的直径是同步同值变化的。由表 2－9 的模型仿真结果可以看出,沟道直径过大或过小都将使轴承声压级增大,存在着最佳的沟道直径,使轴承声压级为最小。因此,在轴承噪声的设计中,应当用优化理论合理地选择轴承的沟道直径。

表 2－9　沟道直径变化对轴承声压级的影响情况

序号	外圈沟道直径/mm	内圈沟道直径/mm	轴承声压级/dB
1	30.164	18.247	29.73
2	29.164	17.247	29.57
3	28.164	16.247	28.95
4	27.164	15.247	28.99
5	26.164	14.247	29.10
6	25.164	13.247	29.78

4. 游隙变化对轴承声压级的影响

图 2－15 给出游隙的变化对轴承声压级的影响情况。图 2－15 中,内圈沟道直径不变,为 16.247mm,仅改变外圈的沟道直径,这就相当于轴承的径向游隙发生了变化。

由图 2－15 模型仿真结果可以清楚地看出,游隙的变化对轴承声压级有重要的影响。大游隙和小游隙都将使轴承声压级增加,存在着最佳游隙,使轴承声压级为最小。

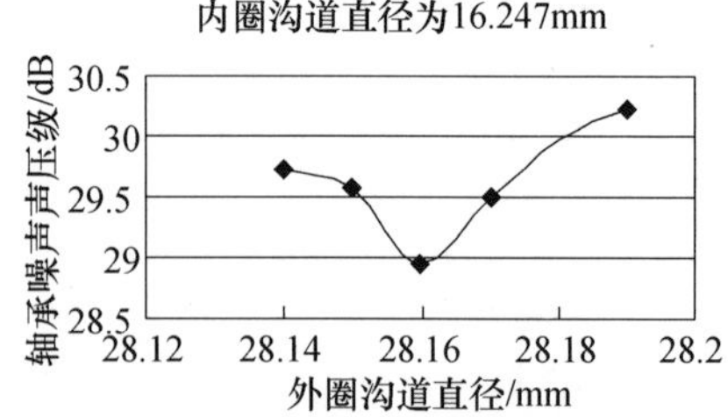

图 2－15　6201(A)轴承游隙的变化对轴承声压级的影响情况

上述模型仿真研究表明,轴承表面谐波和轴承结构参数对轴承声压级有重要影响,在轴承噪声的设计中,必须重新考虑结构参数的选择问题,而不能简单地照搬现有的疲劳寿命的设计方法,还应当将谐波的概念引入到轴承声压级的设计及其产品制造的文件中。

2.8 滚动轴承结构参数

在仿真中采用的滚动轴承结构参数如表 2－10 所列。

表 2－10 轴承结构参数

轴承型号	6201	6202	6203	6204
D 外经/mm	32	35	40	47
d 内径/mm	12	15	17	20
B 宽度/mm	10	11	12	14
D_2 外圈挡边直径/mm	26. 1	29. 4	33. 4	39. 7
d_2 内圈挡边直径/mm	18. 3	21. 6	24. 6	29. 3
a_e 外沟位置尺寸/mm	5	5. 5	6	7
a_i 内沟位置尺寸/mm	5	5. 5	6	7
D_e 外圈沟道直径/mm	28. 164	31. 464	35. 758	42. 451
d_i 内圈沟道直径/mm	16. 247	19. 547	22. 253	26. 562
R_e 外圈沟曲率半径/mm	3. 12	3. 12	3. 53	4. 16
R_i 内圈沟曲率半径/mm	3. 06	3. 06	3. 46	4. 08
D_w 滚动体直径/mm	5. 953	5. 953	6. 747	7. 938
Z 滚动体数	7	8	8	8
D_{wp}滚动体节圆直径/mm	22. 2	25. 5	29	34. 5
R 装配倒角/mm	1	1	1	1. 5
R_8 倒角/mm	0. 3	0. 3	0. 3	0. 3
D_{cp}保持架节圆直径/mm	22. 2	25. 5	29	34. 5
D_c 保持架外径/mm	24. 9	28. 2	32	38. 1
D_{c1}保持架内径/mm	19. 5	22. 8	26	30. 9
M_e 外圈质量/g	17. 9	20. 8	30. 6	45. 7
M_i 内圈质量/g	9. 8	14	20	33. 8
M_c 保持架质量/g	0. 86	1. 4	1. 7	3. 6

2.9 本章小结与建议

建立了轴承声压级的数学模型,并对模型进行了实验修正。结合 6201 和 6203 轴承,用所建模型进行了仿真计算,计算结果和实验结果相吻合,最大预测误差约为 4dB。

振动是轴承噪声的重要声源。轴承振动不是单一的外圈径向振动,还有轴向振动、角向振动、钢球的振动和保持架的振动等。这些振动的每一个都是噪声源,都会对轴承声压级做出贡献,不能人为地强调某一个振动的重要性。例如,外圈的径向振动仅是多个噪声源中的一个,它对轴承声压级的贡献并非总是比其他振源大得多。

轴承零件的运动是轴承噪声的声源。在接触角方向,套圈的受力变形和钢球的周期运动,将引起钢球的通过噪声。

套圈沟道表面的谐波分布状态可以影响轴承声压级。各个谐波分布参数及其组合对声压级有很大影响。一般来说,最重要的是这些谐波参数的相互协调问题,应当在特定条件下对谐波分布参数进行优化分析,以获取它们的最优组合。如果声压级有标准要求值,则可以通过模型仿真来仿真出满足声压级要求的谐波分布参数值。这就是轴承声压级的谐波设计。由于在机械制造过程中是可以控制谐波分布参数,因此,在产品设计和制造过程中,预测和控制装配后的成品轴承噪声有可能变为现实。

钢球表面谐波的变化,引起轴承声压级的变化不大。这并不意味着钢球表面谐波对轴承声压级影响很小,而是说明,目前,相对沟道而言,钢球加工质量(实验用钢球)已经达到这样的水平:表面谐波分布的变化量已经很小,以至于不会对轴承声压级的变化造成太大影响。

套圈沟曲率半径对轴承声压级有影响。对 6201(A)轴承的模型仿真结果认为:外圈沟曲率半径过大或过小都会使轴承声压级增大,存在着最优的外圈沟曲率半径值,使声压级为最小;内圈沟曲率半径增大有利于声压级的减小。因此,一般而言,应当优化选择套圈沟曲率半径值,使轴承声压级为最小,而将轴承的疲劳寿命作为约束条件。

套圈挡边直径对轴承声压级的影响情况。当内圈直径不变时,轴承声压级随着外圈挡边直径的增大而增大。因此,在轴承噪声的设计中,外圈挡边的直径不宜过大。

沟道直径对声压有影响。沟道直径过大或过小都将使轴承声压级增大,存在着最佳的沟道直径,使轴承声压级为最小。在轴承噪声的设计中,应当用优化理论合理地选择轴承的沟道直径。

游隙对轴承声压级有影响。大游隙和小游隙都将使轴承声压级增加,存在着最佳游隙,使轴承声压级为最小。

在低噪声轴承的结构设计上,应当以声压级为主要目标函数,优化选择套圈的沟曲率半径、挡边直径、沟道直径和游隙等参数,考虑一定的约束条件,使轴承的声压级为最小。

鉴于谐波对轴承声压级的影响,应当将滚动表面的谐波分布状态引入轴承噪声的设计和制造文件中,作为控制套圈和钢球质量的内部标准。

轴承噪声的研究远比轴承振动复杂得多,而且,现行的轴承振动测量仅仅是测量外圈的径向振动。径向振动不能代表轴承的所有振动,更不能单独地用径向振动来描述轴承的声压级,应当将轴承声压级作为低噪声轴承的性能控制指标。

噪声标准是亟待解决的问题。目前,可以参照国际知名公司的产品和用户的要求寻求相对标准。噪声标准的制订不能不考虑国内轴承行业的普遍状态,但是,也必须立足于高的起点,努力接近国际先进水平。

应当开始轴承噪声寿命设计以及噪声寿命可靠性设计的研究工作。轴承噪声寿命设计,在目前条件下只能靠经验完成,理论上的解决仍然需要一个漫长的过程。轴承噪声寿命的可靠性研究,不仅对滚动轴承设计,而且对可靠性理论也是新颖的。这显然是一个不同于传统的轴承疲劳寿命可靠性的问题。

第3章　滚动轴承振动与噪声的关系

本章以实验为基础，研究滚动轴承振动与噪声之间的关系，实验采用的轴承是6201和6203密封轴承。所研究的轴承振动包括加速度、速度和速度峰值等，噪声指声压级。借助数理统计理论，对实验数据进行了较全面的统计处理。数据处理结果表明：轴承振动加速度和声压级的统计关系不明显；仅从低频、中频或高频的单个频段考虑，在各个频段里，轴承速度和峰值对声压级的影响不具有统计相关性；若综合考虑3个频段，则轴承速度和峰值对声压级影响有时确定，有时不确定。因此，应当在概念上区分低噪声轴承和低振动轴承。不宜用振动代替噪声，应当单独研究轴承噪声问题，制订轴承噪声标准和噪声测量标准以及相应的工艺标准。

3.1　概　　述

滚动轴承的噪声一直是国内外轴承工程界关注的问题。在20世纪60年代以前，德国、日本、瑞典和中国等国家，已开始将滚动轴承的运转噪声列入质量控制标准，相关的产品被称为“低噪声轴承”。考虑到噪声测量受测量环境的限制，在生产实践和理论研究中，通常是通过测量振动加速度和速度来间接评价轴承产品噪声的，而不直接涉及噪声问题。因此，“低噪声轴承”，实际上是“低振动轴承”[58]。

一般而言，噪声和振动有某些联系，但振动并不完全等于噪声。从测量方法和指标上讲，轴承振动的主要技术指标为轴承在一定轴向载荷下内圈以一定转速转动时外圈的纯径向振动加速度或振动速度有效值，用加速度或速度传感器提取轴承的时域信号。轴承噪声的主要技术指标为轴承以一定转速转动时所产生声音的强度和频率（统称噪声）以及强度和频率保持的时间（称为噪声寿命）。在测量噪声时，使用高品质的传声器在规定的背景噪声环境下以一定的距离和方向提取轴承噪声的时域信号。不难看出，轴承噪声与轴承振动是有区别的。例如，套圈的纯轴向跳动，不能反映为轴承振动仪显示的振动，但能反映为轴承噪声仪显示的噪声；振动仪喇叭发出的声音实质上仍属于轴承径向振动的时域信号，并非轴承的真正噪声等[61]。

在工作中，对于超静音机械而言，一般将声音的声压级dB值作为性能指标要素，这是低振动轴承难以胜任的，应当代之以低噪声轴承。在生产实际中，和振动测量相比，噪声的测量是很困难的。因此，有必要以噪声研究为基础，分析振动和噪声的关系，评价现有振动指标和噪声指标的相关性，研讨能否通过振动控制参数来控制噪声。这正是本章的研究目的。

本章将以6201轴承和6203轴承为具体例子,用数理统计方法研究轴承振动和噪声的关系问题。研究将涉及振动速度、振动速度峰值、振动加速度和声压级等重要参数。

3.2 实验安排与噪声的实验数据

3.2.1 实验安排

为方便研究,表3-1列出本章使用的符号及其含义。实验安排如表3-2所列。

表3-1 符号含义

序号	符号	含义	备注
1	X_1	正面低频段振动速度	dBFaceL
2	X_2	正面中频段振动速度	dBFaceM
3	X_3	正面高频段振动速度	dBFaceH
4	X_4	反面低频段振动速度	dBBackL
5	X_5	反面中频段振动速度	dBBackM
6	X_6	反面高频段振动速度	dBBackH
7	X_7	正面低频段振动速度峰值	FFaceL
8	X_8	正面中频段振动速度峰值	FFaceM
9	X_9	正面高频段振动速度峰值	FFaceH
19	X_{10}	反面低频段振动速度峰值	FBackL
11	X_{11}	反面中频段振动速度峰值	FBackM
12	X_{12}	反面高频段振动速度峰值	FBackH
13	X_{13}	正面振动加速度	AdBFace
14	X_{14}	反面振动加速度	AdBBack
15	Y_1	正面声压级	Fjt3 +
16	Y_2	反面声压级	Fjt3 -

表3-2 实验安排

序号	轴承型号	等级	数量	取样要求	测量内容
1	6201 6203	A	各30套	冲压保持架,同型号轴承配用同一批保持架;非接触式密封轴承;同型号轴承配用同一批钢球(G10);油脂统一为同一牌号;普通游隙(CM);精度等级为P5	振动速度; 振动速度峰值; 声压级

(续)

序号	轴承型号	等级	数量	取样要求	测量内容
2	6201 6203	C	各30套	冲压保持架,同型号轴承配用同一批保持架;接触式密封轴承;同型号轴承配用同一批钢球(G10);油脂统一为同一牌号;普通游隙(CM);等级为P5	振动速度; 振动速度峰值; 速度峰值因子; 振动加速度; 声压级

在表3-2中,符号A表示轴承振动质量较好,C表示轴承振动质量较差(凭经验判断出轴承振动速度的"异音"比较严重和明显)。

3.2.2 噪声的实验数据

轴承噪声的实验数据如图3-1~图3-4所示。

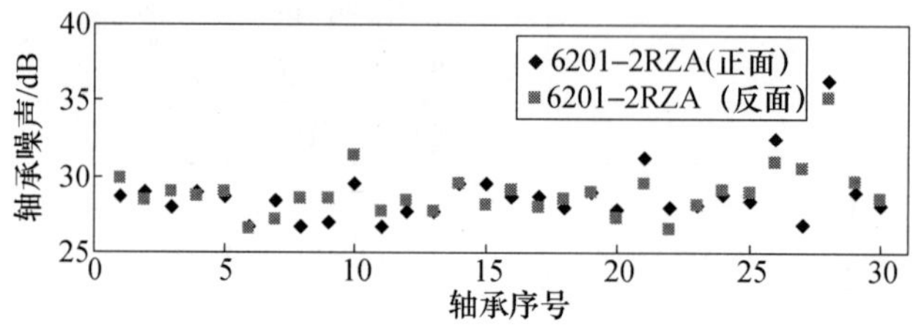

图3-1 6201(A)轴承噪声实验数据

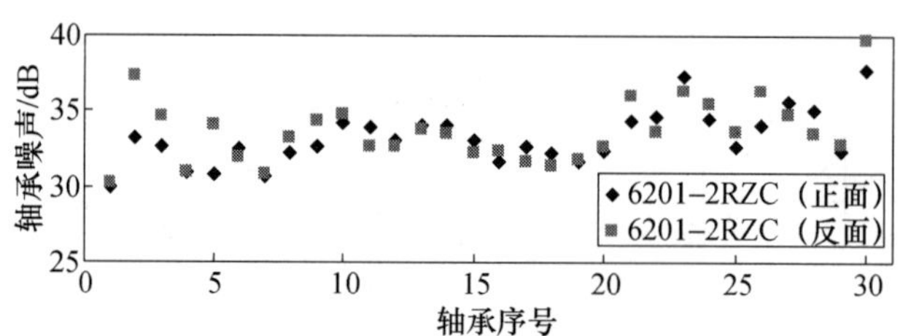

图3-2 6201(C)轴承噪声实验数据

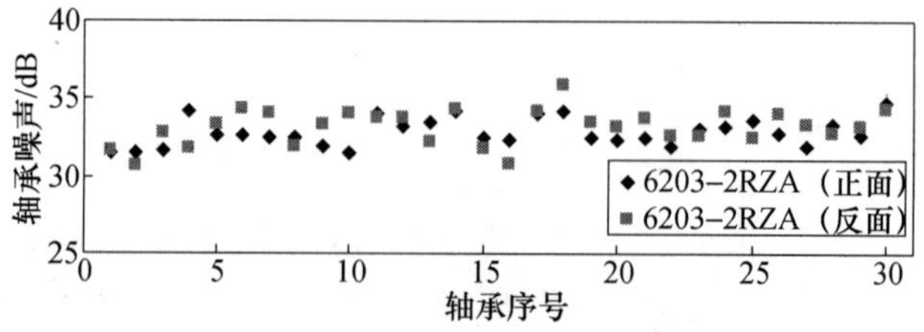

图3-3 6203(A)轴承噪声实验数据

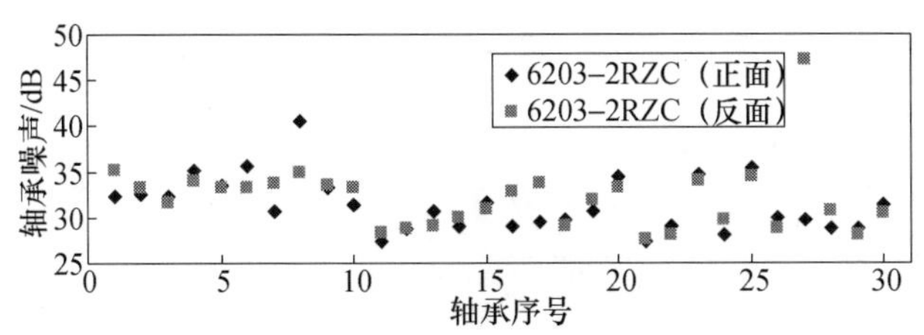

图 3 – 4　6203(C)轴承噪声实验数据

由图不难看出,轴承正面和反面的噪声数据不是完全相同,但有较强的统计关系。表 3 – 3 列出了轴承正面和反面测量时的噪声统计关系。

表 3 – 3　轴承正面和反面测量时的噪声统计关系

序号	轴承型号	回归方程/dB	相关系数	标准差/dB	线性相关性
1	6201(A)	$Y_1 = 2.217642 + 0.917161 Y_2$	0.790	1.188	相关
2	6201(C)	$Y_1 = 11.476712 + 0.646121 Y_2$	0.762	1.174	相关
3	6203(A)	$Y_1 = 21.583105 + 0.340476 Y_2$	0.428	0.835	相关
4	6203(C)	$Y_1 = 21.124730 + 0.319847 Y_2$	0.396	2.791	相关

由表 3 – 3 可以看出,虽然正面和反面测量的轴承噪声数据统计相关,但是,标准差比较大,因此,在生产实践中,必须正面和反面都测量,绝对不能只测量一面的噪声,而另一面通过换算间接得到。

3.3　滚动轴承振动与噪声关系的统计分析

3.3.1　加速度和声压级之间的统计关系

图 3 – 5 和图 3 – 6 给出了轴承振动加速度的实验数据。通过数据处理可以知道轴承振动和噪声的统计关系,如表 3 – 4 所列。

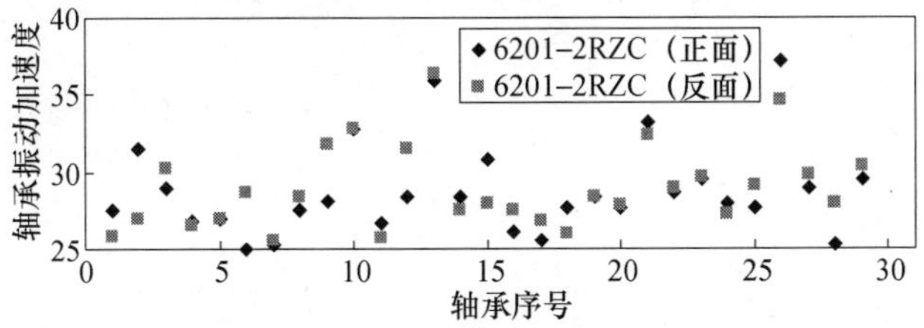

图 3 – 5　6201(C)轴承加速度实验数据

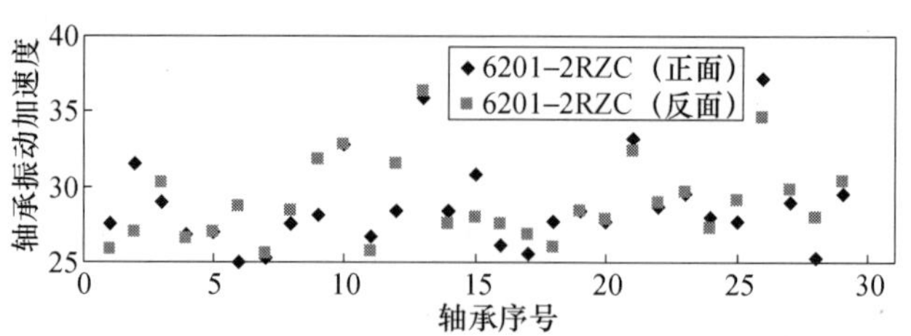

图 3－6　6203(C)轴承加速度实验数据

表 3－4　轴承振动加速度和噪声的统计相关关系(显著性水平为 0.05)

序号	轴承型号	回归方程/dB	相关系数或 F 统计量	标准差/dB	相关性或显著性
1	6201(C)（正面）	$Y_1 = 29.720421 + 0.122011X_{13}$	0.205	1.773	不相关
2	6201(C)（反面）	$Y_2 = 29.407152 + 0.147231X_{14}$	0.199	2.093	不相关
3	6203(C)（正面）	$Y_1 = 314.224838 - 18.799227X_{13} + 0.310962X_{13}$	10.402	0.835	显著
4	6203(C)（反面）	$Y_2 = 29.254470 + 0.091111X_{14}$	0.077	3.755	不相关

由表 3－4 可以看出，在 4 组数据中，只有 6203(C)(正面)1 组的振动加速度和声压级的相关性显著(而且是非线性相关的)，其他 3 组的振动加速度和声压级相关性很差。因此，很难证明轴承振动加速度和噪声密切相关。这表明：对滚动轴承而言，振动加速度和声压级是有较大差异的，一般不能用振动加速度来描述声压级，也不能通过控制振动来控制噪声。

3.3.2　速度和声压级之间的统计关系

图 3－7～图 3－12 给出了 6201 轴承振动速度在各频段的实验数据，图 3－13～图 3－18 给出了 6203 轴承振动速度在各频段的实验数据。表 3－5 和表 3－6 是

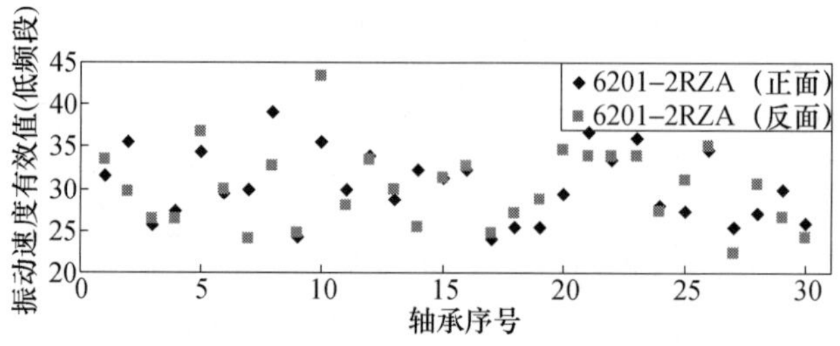

图 3－7　6201(A)轴承振动速度数据(低频段)

这2种轴承各个频段振动速度和声压级关系的单因素统计处理结果。表3-7和表3-8是这两种轴承所有3个频段振动速度和声压级关系的多因素统计处理结果。

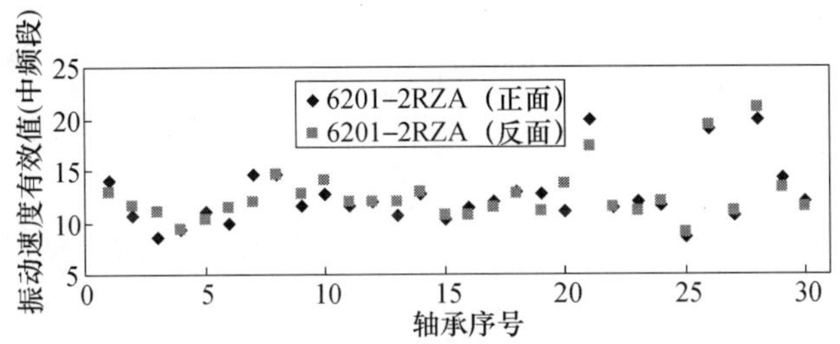

图3-8　6201(A)轴承振动速度数据(中频段)

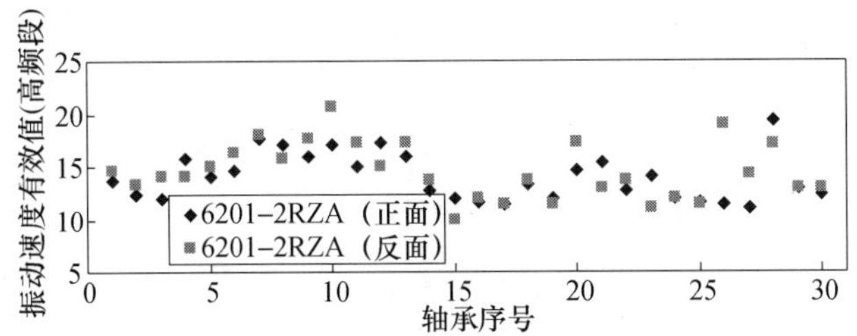

图3-9　6201(A)轴承振动速度实验数据(高频段)

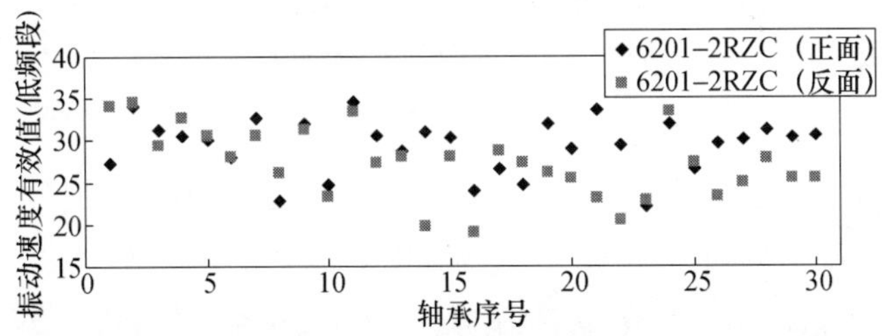

图3-10　6201(C)轴承振动速度数据(低频段)

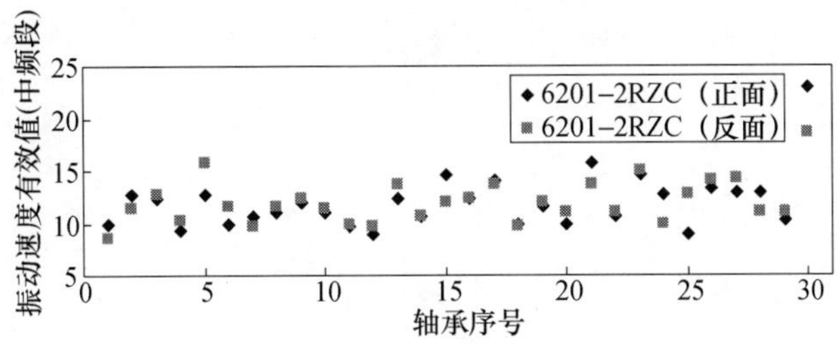

图3-11　6201(C)轴承振动速度数据(中频段)

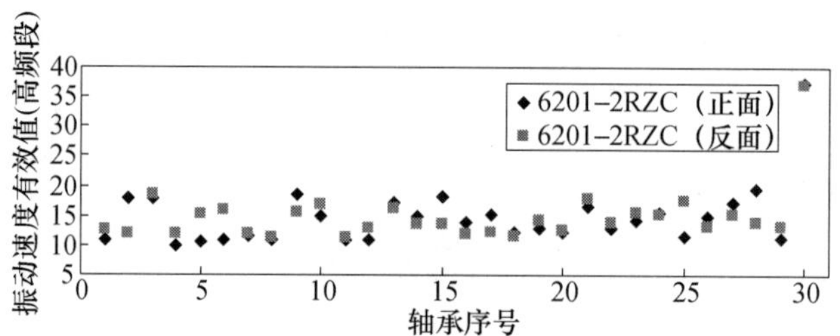

图 3－12　6201(C)轴承振动速度实验数据(高频段)

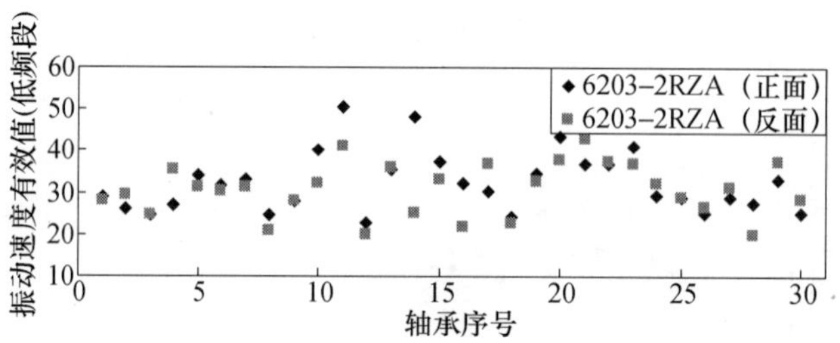

图 3－13　6203(A)轴承振动速度实验数据(低频段)

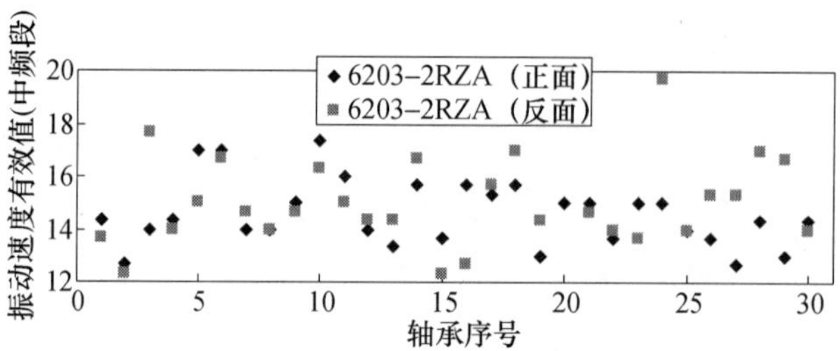

图 3－14　6203(A)轴承振动速度实验数据(中频段)

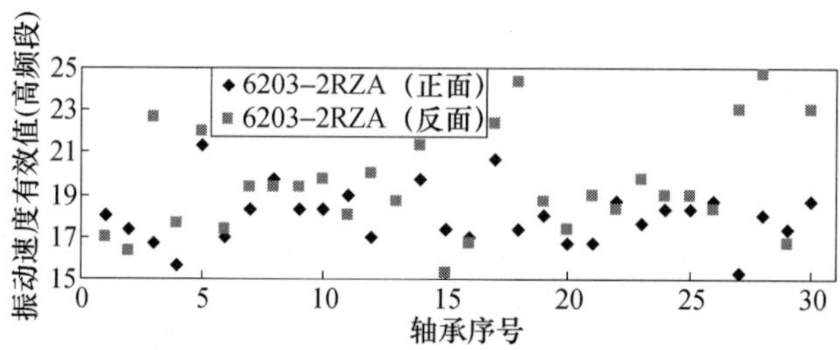

图 3－15　6203(A)轴承振动速度实验数据(高频段)

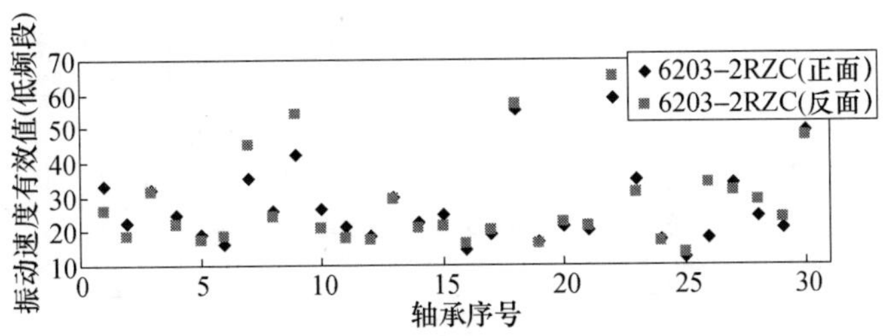

图 3-16　6203(C)轴承振动速度实验数据(低频段)

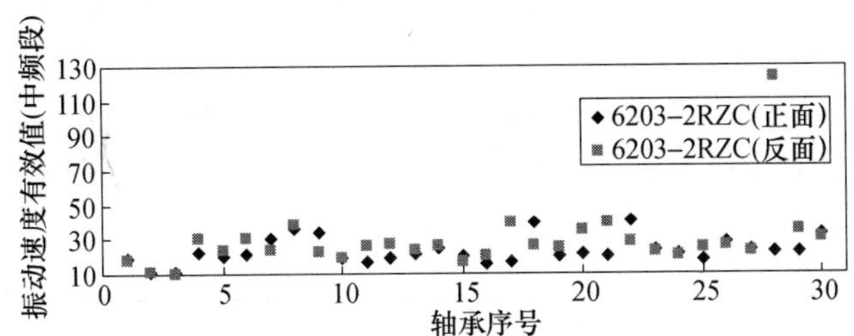

图 3-17　6203(C)轴承振动速度实验数据(中频段)

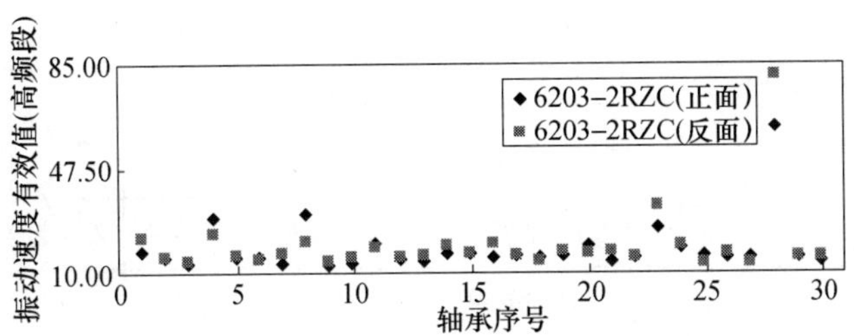

图 3-18　6203(C)轴承振动速度实验数据(高频段)

表 3-5　6201 轴承振动速度和噪声的单因素统计关系(显著性水平为 0.05)

序号	轴承	自变量选择	使用的回归方程类型	相关性	显著性	频段与标准差
1	6201(A)(正面)	X_1	线性,非线性	不相关	不显著	低频段
		X_2	$Y_1 = 37.174841 - 1.626684X_2 + 0.072418X_2^2$	相关	显著	中频段。标准差:1.144
		X_3	$Y_1 = 73.27259 - 6.389317X_3 + 0.223553X_3^2$	相关	显著	高频段。标准差:1.570
2	6201(A)(反面)	X_4	线性,非线性	不相关	不显著	低频段
		X_5	$Y_2 = 37.902618 - 1.6027959X_5 + 0.067747X_5^2$	相关	显著	中频段。标准差:1.100
		X_6	线性,非线性	不相关	不显著	高频段

(续)

序号	轴承	自变量选择	使用的回归方程类型	相关性	显著性	频段与标准差
3	6201(C)(正面)	X_1	线性,非线性	不相关	不显著	低频段
		X_2	$Y_1=28.315548+0.406642X_2$	相关	显著	中频段。标准差:1.419
		X_3	$Y_1=23.499912X_3^{0.129551}$	相关	显著	高频段。标准差:1.351
4	6201(C)(反面)	X_4	线性,非线性	不相关	不显著	低频段
		X_5	$Y_2=25.63216+0.664995X_5$	相关	显著	中频段。标准差:1.579
		X_6	$Y_2=20.898129X_6^{0.17752}$	相关	显著	高频段。标准差:1.578

表 3-6 6203 轴承振动速度和噪声的单因素统计关系(显著性水平为 0.05)

序号	轴承	自变量选择	使用的回归方程类型	相关性	显著性	频段与标准差
1	6203(A)(正面)	X_1	线性,非线性	不相关	不显著	低频段
		X_2	$Y_1=-18.385888+6.807204X_2-0.224187X_2^2$	相关	显著	中频段。标准差:0.828
		X_3	线性,非线性	不相关	不显著	高频段
2	6203(A)(反面)	X_4	线性,非线性	不相关	不显著	低频段
		X_5	$Y_2=-3.404795+4.353975X_5-0.126400X_5^2$	相关	显著	中频段。标准差:0.798
		X_6	$Y_2=11.250808+1.970177X_6-0.042729X_6^2$	相关	显著	高频段。标准差:0.962
3	6203(C)(正面)	X_1	线性,非线性	不相关	不显著	低频段
		X_2	线性,非线性	不相关	不显著	中频段
		X_3	$Y_1=21.457429+0.767640X_3-0.010235X_3^2$	相关	显著	高频段。标准差:2.666
4	6203(C)(反面)	X_4	线性,非线性	不相关	不显著	低频段
		X_5	线性,非线性	不相关	不显著	中频段
		X_6	线性,非线性	不相关	不显著	高频段

表 3-7 6201 轴承振动速度和噪声的多因素统计关系(显著性水平为 0.05)

序号	轴承型号	自变量选择	使用的回归方程类型	显著性	标准差
1	6201(A)(正面)	X_1、X_2、X_3	$Y_1 = 15.987914 + 1.174616X_1 + 0.504157X_2 - 1.284808X_3 - 0.003472X_1^2 - 0.089329X_1X_2 + 0.012663X_1X_3 + 0.116713X_2^2 - 0.040164X_2X_3 + 0.0437138X_3^2$	显著	0.784
2	6201(A)(反面)	X_4、X_5、X_6	$Y_2 = 58.322310 - 1.426804X_4 - 0.679385X_5 - 0.422717X_6 + 0.024341X_4^2 - 0.045582X_4X_5 + 0.030838X_4X_6 + 0.079368X_5^2 + 0.016811X_5X_6 - 0.030788X_6^2$	显著	0.801
3	6201(C)(正面)	X_1、X_2、X_3	$Y_1 = 28.777086X_1^{-0.069525}X_2^{0.017808}X_3^{0.12503}$	显著	1.361
4	6201(C)(反面)	X_4、X_5、X_6	$Y_2 = 18.379569X_4^{-0.009454}X_6^{0.139882}X_6^{0.107671}$	显著	1.514

由表 3-5 可知,如果将低、中和高这 3 个频段分开,单独研究振动和噪声的关系,那么,对 6201 轴承而言,低频段的振动速度对声压级的影响不明显,中频段和高频段的振动速度都对声压级有明显影响。

由表 3-7 可知,如果将低、中和高这 3 个频段联合起来,综合研究振动和噪声的关系,那么,对 6201 轴承而言,振动速度都对声压级有明显影响。

由表 3-6 可知,如果将低、中和高这 3 个频段分开,单独研究振动和噪声的关系,那么,对 6203 轴承而言,低频段的振动速度对声压级的影响不明显,中频段和高频段的振动速度都对声压级的影响不确定,有的有影响,有的没有影响。

由表 3-8 可知,如果将低、中和高这 3 个频段联合起来,综合研究振动和噪声的关系,那么,对 6203 轴承而言,振动速度对声压级的影响不确定,有的轴承有影响,有的轴承没有影响。

表 3-8 6203 轴承振动速度和噪声的多因素统计关系(显著性水平为 0.05)

序号	轴承型号	自变量选择	使用的回归方程类型	显著性	标准差
1	6203(A)(正面)	X_1、X_2、X_3	$Y_1 = 13.490301 + 0.132008X_1 + 6.130961X_2 - 3.213667X_3 + 0.009914X_1^2 - 0.058544X_1X_2 + 0.003333X_1X_3 - 0.090002X_2^2 - 0.082792X_2X_3 + 0.121485X_3^2$	显著	0.780
2	6203(A)(反面)	X_4、X_5、X_6	$Y_2 = 14.114846X_4^{0.033101}X_5^{0.140313}X_6^{0.121827}$	显著	0.833
3	6203(C)(正面)	X_1、X_2、X_3	线性,非线性	不显著	
4	6203(C)(反面)	X_4、X_5、X_6	线性,非线性	不显著	

3.3.3 速度峰值和声压级之间的统计关系

图3－19～图3－24给出了6201轴承振动速度峰值在各频段的实验数据，图3－25～图3－30给出了6203轴承振动速度峰值在各频段的实验数据。表3－9和表3－10是这两种轴承各个频段振动速度峰值和声压级关系的单因素统计处理结果。表3－11和表3－12是这2种轴承所有3个频段振动速度峰值和声压级关系的多因素统计处理结果。

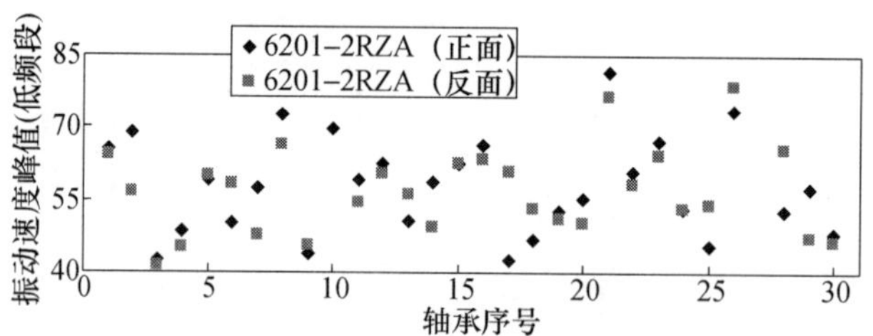

图3－19　6201(A)轴承振动速度峰值(低频段)

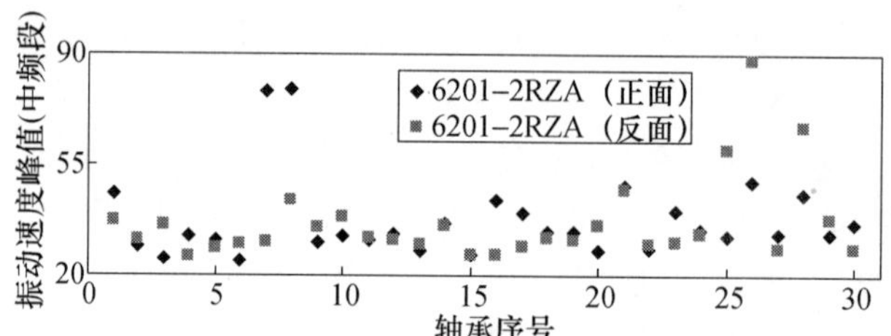

图3－20　6201(A)轴承振动速度峰值(中频段)

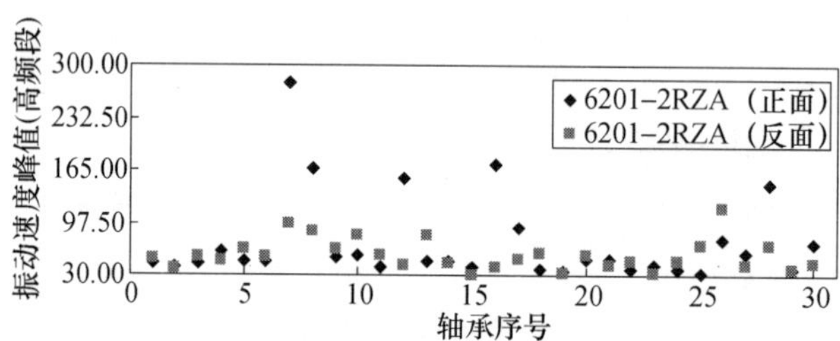

图3－21　6201(A)轴承振动速度峰值(高频段)

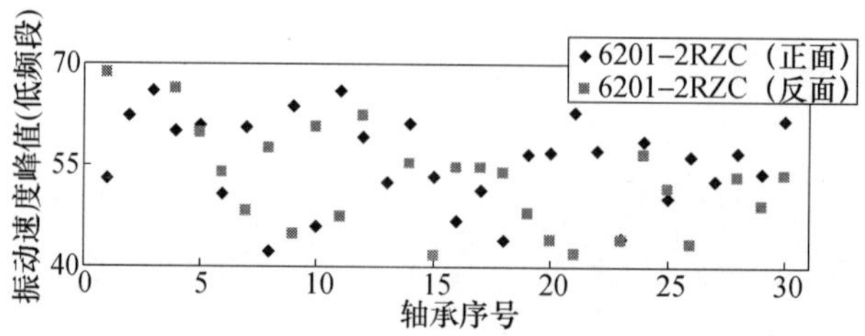

图3－22　6201(C)轴承振动速度峰值(低频段)

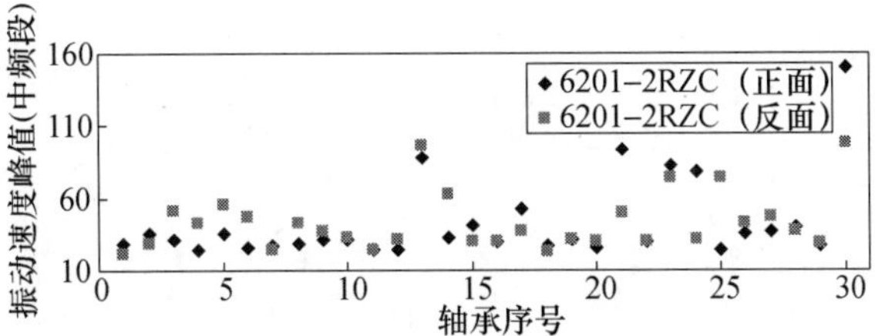

图 3-23　6201(C)轴承振动速度峰值(中频段)

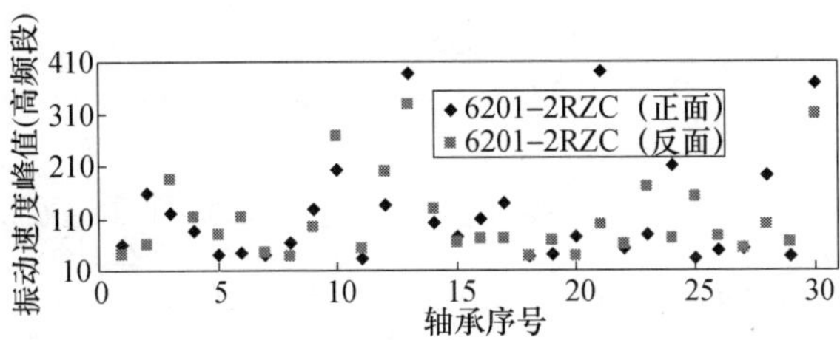

图 3-24　6201(C)轴承振动速度峰值(高频段)

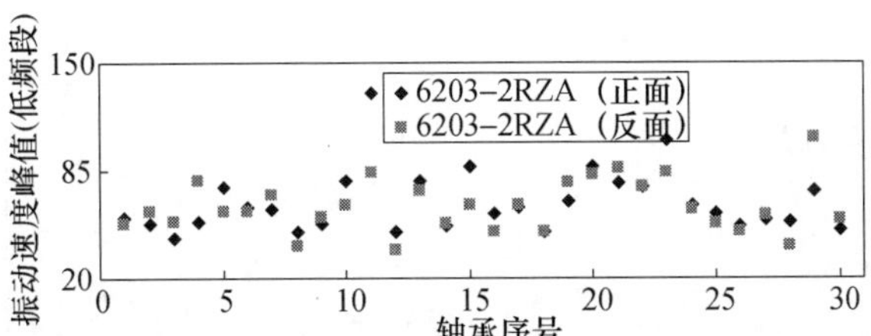

图 3-25　6203(A)轴承振动速度峰值(低频段)

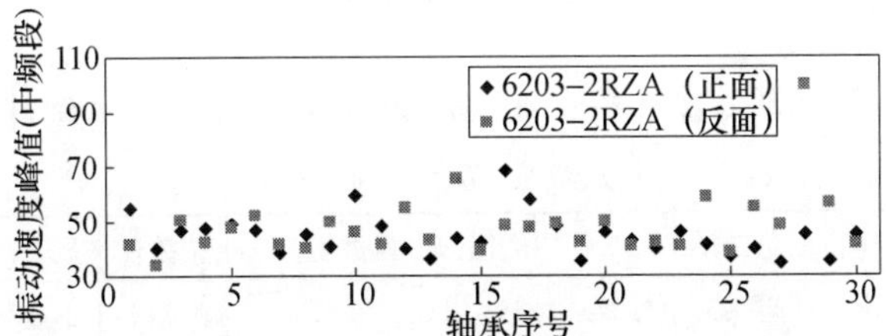

图 3-26　6203(A)轴承振动速度峰值(中频段)

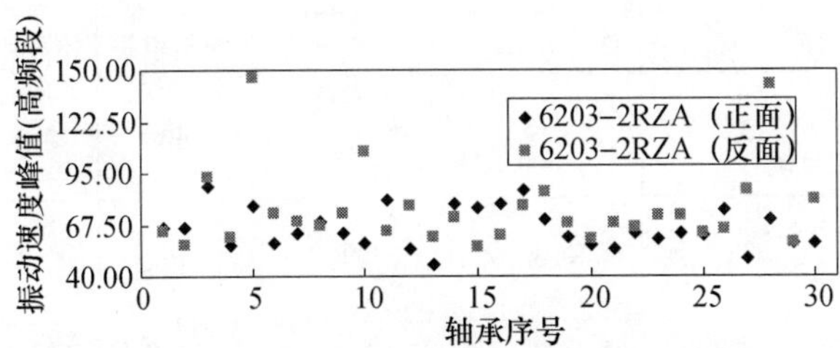

图 3-27　6203(A)轴承振动速度峰值(高频段)

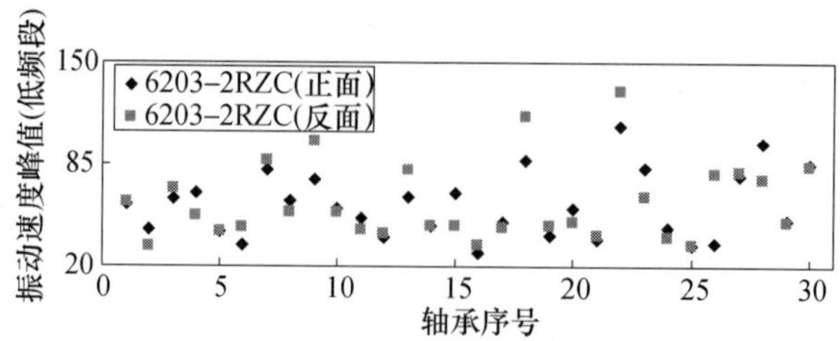

图 3-28　6203(C)轴承振动速度峰值(低频段)

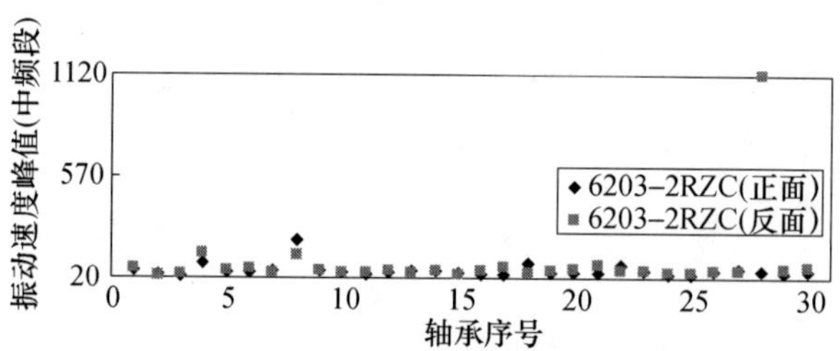

图 3-29　6203(C)轴承振动速度峰值(中频段)

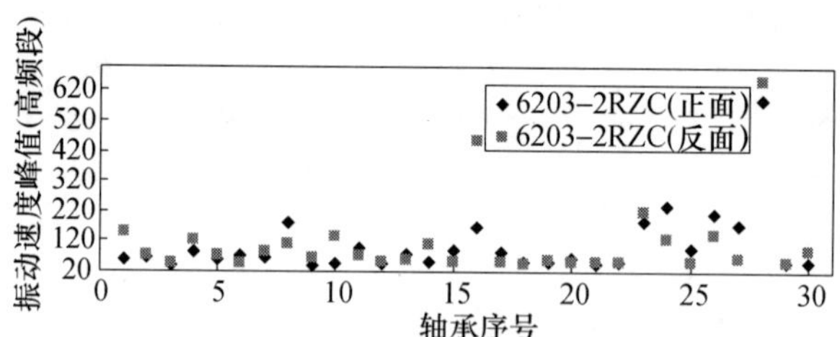

图 3-30　6203(C)轴承振动速度峰值(高频段)

表 3-9　6201 轴承振动速度峰值和噪声的单因素统计关系(显著性水平为 0.05)

序号	轴承型号	自变量选择	使用的回归方程类型	相关性	显著性	频段与标准差
1	6201(A)(正面)	X_7	线性,非线性	不相关	不显著	低频段
		X_8	$Y_1=18.541888+0.451301X_8-0.004245X_8^2$	相关	显著	中频段。标准差:1.643
		X_9	线性,非线性	不相关	不显著	高频段
2	6201(A)(反面)	X_{10}	$Y_2=40.634950-0.451219X_{10}+0.004167X_{10}^2$	相关	显著	低频段。标准差:1.481
		X_{11}	$Y_2=19.192378X_{11}^{0.114957}$	相关	显著	中频段。标准差:1.330
		X_{12}	线性,非线性	不相关	不显著	高频段

（续）

序号	轴承型号	自变量选择	使用的回归方程类型	相关性	显著性	频段与标准差
3	6201(C)（正面）	X_7	线性,非线性	不相关	不显著	低频段
		X_8	$Y_1 = 25.454354X_8^{0.073362}$	相关	显著	中频段。标准差:1.346
		X_9	$Y_1 = 32.255674 + 0.081287X_9$	相关	显著	高频段。标准差:1.596
4	6201(C)（反面）	X_{10}	线性,非线性	不相关	不显著	低频段
		X_{11}	$Y_2 = 24.926168X_{11}^{0.081253}$	相关	显著	中频段。标准差:1.794
		X_{12}	$Y_2 = 27.592197X_{12}^{0.044013}$	相关	显著	高频段。标准差:1.903

表 3-10　6203 轴承振动速度峰值和噪声的单因素统计关系(显著性水平为 0.05)

序号	轴承型号	自变量选择	使用的回归方程类型	相关性	显著性	频段与标准差
1	6203(A)（正面）	X_7	线性,非线性	不相关	不显著	低频段
		X_8	线性,非线性	不相关	不显著	中频段
		X_9	线性,非线性	不相关	不显著	高频段
2	6203(A)（反面）	X_{10}	线性,非线性	不相关	不显著	低频段
		X_{11}	$Y_2 = 24.612759 + 0.278475X_{11} - 0.001978X_{11}^2$	相关	显著	中频段。标准差:1.00
		X_{12}	$Y_2 = 22.290005 + 0.235782X_{12} - 0.001124X_{12}^2$	相关	显著	高频段。标准差:0.931
3	6203(C)（正面）	X_7	线性,非线性	不相关	不显著	低频段
		X_8	线性,非线性	不相关	不显著	中频段
		X_9	线性,非线性	不相关	不显著	高频段
4	6203(C)（反面）	X_{10}	线性,非线性	不相关	不显著	低频段
		X_{11}	$Y_2 = 24.6127600 + 0.278475X_{11} - 0.001979X_{11}^2$	相关	显著	中频段。标准差:1.001
		X_{12}	$Y_2 = 22.290005 + 0.235783X_{12} - 0.001125X_{12}^2$	相关	显著	高频段。标准差:0.930

表 3-11 6201 轴承振动速度峰值和噪声的多因素统计关系(显著性水平为 0.05)

序号	轴承型号	自变量选择	使用的回归方程类型	显著性	标准差
1	6201(A)(正面)	X_7、X_8、X_9	$Y_1 = 16.162946 + 0.223742X_7 - 0.127904X_8 + 0.194849X_9 - 0.004256X_7^2 + 0.015635X_7X_8 - 0.003811X_7X_9 - 0.013914X_8^2 + 0.003941X_8X_9 - 0.000524X_9^2$	显著	1.412
2	6201(A)(反面)	X_{10}、X_{11}、X_{12}	$Y_2 = 43.442423 - 0.405267X_{10} - 0.012233X_{11} - 0.0109739X_{12} + 0.001733X_{10}^2 - 0.001747X_{10}X_{11} + 0.004997X_{10}X_{12} + 0.008390X_{11}^2 - 0.008298X_{11}X_{12} + 0.000695X_{12}^2$	显著	0.988
3	6201(C)(正面)	X_7、X_8、X_9	$Y_1 = 28.737447 + 0.104333X_7 - 0.040833X_8 + 0.010726X_9 - 0.001153X_7^2 + 0.001136X_7X_8 + 0.000044X_7X_9 + 0.001467X_8^2 - 0.000892X_8X_9 + 0.000102X_9^2$	显著	1.390
4	6201(C)(反面)	X_{10}、X_{11}、X_{12}	$Y_2 = 29.482033X_{10}^{-.042743}X_{11}^{0.062892}X_{12}^{0.015165}$	显著	1.830

表 3-12 6203 轴承振动速度峰值和噪声的多因素统计关系(显著性水平为 0.05)

序号	轴承型号	自变量选择	使用的回归方程类型	显著性	标准差
1	6203(A)(正面)	X_7、X_8、X_9	线性,非线性	不显著	
2	6203(A)(反面)	X_{10}、X_{11}、X_{12}	$Y_2 = -9.70256927521776) + 0.414424X_{10} + 0.187766X_{11} + 0.639605X_{12} - 0.00054X_{10}^2 - 0.002230X_{10}X_{11} - 0.003347X_{10}X_{12} + 0.003330X_{11}^2 - 0.004872X_{11}X_{12} - 0.000954X_{12}^2$	显著	0.850
3	6203(C)(正面)	X_7、X_8、X_9	$Y_1 = 29.803733 - 0.022307X_7 + 0.052346X_8 - 0.003468X_9$	显著	2.565
4	6203(C)(反面)	X_{10}、X_{11}、X_{12}	线性,非线性	不显著	

由表 3-9 可知,如果将低、中和高这 3 个频段分开,单独研究振动和噪声的关系,那么,对 6201 轴承而言,低频段和高频段的振动速度峰值对声压级的影响不明显,中频段的振动速度峰值对声压级有明显影响。

由表 3-11 可知,如果将低、中和高这 3 个频段联合起来,综合研究振动和噪声的关系,那么,对 6201 轴承而言,振动速度峰值对声压级有明显影响。但是,应当注意,回归方程标准差的值在 0.988 ~ 1.830dB 之间,是比较大的。

由表 3 - 10 可知,如果将低、中和高这 3 个频段分开,单独研究振动和噪声的关系,那么,对 6203 轴承而言,低频段、中频段和高频段的振动速度峰值对声压级的影响不确定,有的有影响,有的没有影响。

由表 3 - 12 可知,如果将低、中和高这 3 个频段联合起来,综合研究振动和噪声的关系,那么,对 6203 轴承而言,振动速度峰值对声压级的影响不确定,有的轴承有影响,有的轴承没有影响。对有影响的轴承来说,应当注意,回归方程标准差的值在 0.850 ~ 2.565dB 之间,是比较大的。

3.3.4 统计结果的综合分析

在数理统计意义上,标准差是回归方程精度或误差的表征。标准差越小,回归方程的精度越高;相反,标准差越大,回归方程的精度越低。在轴承声压级的研究中,即使要求比较宽松,按 4σ 准则控制噪声,标准差是大是小的界限最大也要为 1,此时,回归方程的误差为 4dB。由此看来,在前述研究中,大多数回归方程的标准差都超过 1 或接近 1,误差是比较大的。因此,即使回归方程显著,也不能肯定其工程应用意义显著。

再来分析表 3 - 13,表 3 - 13 是上述统计结果的综合表。由表 3 - 13 可以看出,如果振动速度和声压级有关系的话,例如,6201 轴承,那么,在分析振动速度对声压级的影响时,不宜单独考虑某一个频段,应当综合考虑 3 个频段;但更多的情况是,在 3 个频段中,单独某个频段的振动速度以及峰值和声压级没有明显的统计关系;有时,即使 3 个频段振动速度的综合效应也和声压级没有统计学意义上的显著关系。

由表 3 - 13 还可以看出,振动加速度和声压级之间没有明显关系。

从统计结果不能看出轴承振动质量较好和较差对声压级的影响关系。

表 3 - 13 统计结果综合

序号	轴承	速度在各频段对噪声的影响				速度峰值在各频段对噪声的影响				加速度对噪声的影响	振动质量对噪声的影响
		低频	中频	高频	频段综合	低频	中频	高频	频段综合		
1	6201	×	√	?	√	?	√	?	√	×	?
2	6203	×	?	?	?	×	?	?	?	?	?
注:× 表示无影响;? 表示不确定;√表示有影响											

对于一般的机械而言,噪声和振动是密切相关的。但是,对于滚动轴承却有不同的现象。这并不意味着振动与噪声没有关系,一个主要原因是,目前轴承振动的测量与评价方法不能全面反映轴承振动,仅反映了轴承的径向自由度的振动。实

际上，噪声不仅包含径向自由度的振动，而且还包含其它许多自由度的振动。只有当噪声源是以径向振动为主时，轴承噪声和振动的关系才变得很明显；而当噪声源不是以径向振动为主时，轴承噪声和振动的关系会不明显。这也说明为什么前述统计结果中，有些轴承的噪声和振动有显著关系，有些轴承的噪声和振动没有显著关系。

对加速度而言，轴承振动和声压级没有统计学意义上的显著关系。对速度而言，当振动质量好时，声压级和振动的回归方程显著性好，标准差小；当振动质量差时，声压级和振动的回归方程，要么显著性不好，要么标准差大。

对滚动轴承而言，噪声不仅包含轴承各个自由度的振动和冲击，而且还包含轴承零件运动、润滑、滚动摩擦、滑动摩擦等产生的声强和频率。因此，不能肯定所测量的振动和声压级有密切关系；但可以肯定，所测量的噪声和振动是有差异的。

不宜用振动代替噪声，应当单独研究轴承噪声问题，制订轴承噪声标准和噪声测量标准以及相应的工艺标准。

全面反映各自由度振动的振动测量方法和标准的制订与实施，不会比噪声测量方法和标准的制订与实施更简单，直接测量和控制噪声才可以更好地解决低噪声轴承的噪声问题。

3.4 滚动轴承振动与噪声关系的灰分析

前面的研究主要采用了统计学理论，本节采用灰色系统理论，通过实验研究6201 和 6203 轴承振动与噪声的灰关联性。振动用加速度描述，噪声指声压级。实验数据处理结果表明，轴承振动与噪声的关系不明显并具有很大的不确定性，有时轴承振动与噪声之间会出现系统性误差。因此，不宜用轴承的振动代替轴承的噪声，应单独研究轴承的噪声问题，制订轴承噪声标准和相应的工艺标准。

研究中，主要采用了灰关联度和灰绝对关联度的概念，从不同角度论述轴承振动与噪声的关系。

3.4.1 灰关联度分析

1. 灰关联分析的基本概念

目前对滚动轴承振动，尤其是噪声的概率分布问题研究很少，另外，受测量成本限制，噪声测量数据一般比较少。这样用统计理论分析轴承振动与噪声的关系就有较大难度。而灰色系统理论允许采样数据的个数很少，对数据的概率分布也无严格要求，比较适合本问题的研究。研究采用邓聚龙教授提出的灰关联分析的概念[57]。灰关联分析是一个十分重要的数据处理新方法，已经在社会科学与自然科学的理论与实践研究中得到广泛应用。

灰关联分析主要是根据测量数据序列之间的几何形状的相似性来评价各数据

序列之间关联性的。

例如,图3-31有3个数据序列(用曲线描述),以曲线 $X_1(t)$ 为主要研究对象,从直观上可以看出:曲线 $X_1(t)$ 和 $X_2(t)$ 的形状比较相似,因此,二者的关联度比较大;曲线 $X_1(t)$ 和 $X_3(t)$ 的形状有比较大差异,因此,二者的关联度就比较小。

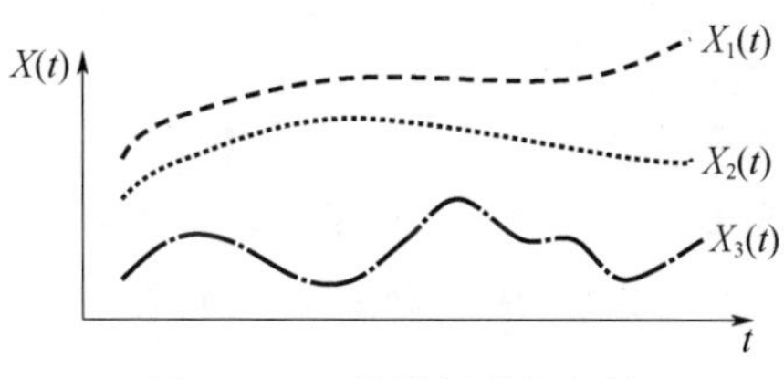

图3-31　曲线间的相似性

设数据序列 $Y_i(k)$ 和 $Y_j(k)$ 分别表示为

$$Y_i(k)=(y_i(1),y_i(2),\cdots,y_i(k),\cdots,y_i(n));i=1,2,\cdots;k=1,2,\cdots,n \tag{3-1}$$

$$Y_j(k)=(y_j(1),y_j(2),\cdots,y_j(k),\cdots,y_j(n));j=1,2,\cdots;k=1,2,\cdots,n \tag{3-2}$$

对数据序列 $Y_i(k)$ 和 $Y_j(k)$ 分别进行预处理,可以得到新的数据序列:

$$X_i(k)=(x_i(1),x_i(2),\cdots,x_i(k),\cdots,x_i(n));i=1,2,\cdots;k=1,2,\cdots,n \tag{3-3}$$

式中

$$x_i(k)=y_i(k)D \tag{3-4}$$

式中:D 为初始化算子。

$$X_j(k)=(x_j(1),x_j(2),\cdots,x_j(k),\cdots,x_j(n));j=1,2,\cdots;k=1,2,\cdots,n \tag{3-5}$$

式中

$$x_j(k)=y_j(k)D \tag{3-6}$$

式中:D 为初始化算子。

定义绝对差为

$$\Delta_{ij}=|x^i(k)-x_j(k)| \tag{3-7}$$

最小绝对差为

$$\Delta_{\min}=\min_j\min_k|x_i(k)-x_j(k)| \tag{3-8}$$

最大绝对差为

$$\Delta_{\max}=\max_j\max_k|x_i(k)-x_j(k)| \tag{3-9}$$

数据序列 $X_i(k)$ 和 $X_j(k)$ 的关联系数为

$$\xi_{ij}(k)=\frac{\Delta_{\min}+\Delta_{\max}K}{\Delta_{ij}+\Delta_{\max}K} \tag{3-10}$$

数据序列 $X_i(k)$ 和 $X_j(k)$ 的灰关联度为

$$\gamma_{ij}=\gamma(X_i,X_j)=\gamma(X_i(k),X_j(k))=\frac{1}{n}\sum_{k=1}^{n}\xi_{ij}(k) \tag{3-11}$$

数据序列 $X_i(k)$ 和 $X_j(k)$ 的加权灰关联度为

$$\gamma_{ij} = \gamma(X_i, X_j) = \gamma(X_i(k), X_j(k)) = \frac{1}{\sum_{k=1}^{n} p_k} \sum_{k=1}^{n} p_k \xi_{ij}(k) \qquad (3-12)$$

权重因子为

$$p = (p_1, p_2, \cdots, p_k, \cdots, p_n) \qquad (3-13)$$

式中:p_k为权,一般取 $p_k = 1$。

上述式中,K 为分辨系数,$K \in [0,1]$。分辨系数 K 的大小一般不会影响灰关联度的排序结果,通常取 $K \leqslant 0.5$。K 越大,分辨力越高,K 越小,分辨力越低。

利用灰关联度的概念可以研究事物的相关程度和事物之间的系统误差等问题。

2. 实验数据

表 3－14 列出本节使用的符号及其含义,表 3－14 列出所研究轴承的有关实验数据。

表 3－14　符号含义

序号	数据序列/dB	含义	序号	数据序列/dB	含义
1	X_1	6201 轴承振动加速度(正面)	5	Y_1	6201 轴承声压级(正面)
2	X_2	6201 轴承振动加速度(反面)	6	Y_2	6201 轴承声压级(反面)
3	X_3	6203 轴承振动加速度(正面)	7	Y_3	6203 轴承声压级(正面)
4	X_4	6203 轴承振动加速度(反面)	8	Y_4	6203 轴承声压级(反面)

3. 灰关联分析

为了直观地观察滚动轴承振动与噪声的灰关联情况,将表 3－15 中的原始数据按振动值从小到大排序,如图 3－32～图 3－35 所示。

表 3－15　实验数据序列

k	Y_1	Y_2	Y_3	Y_4	X_1	X_2	X_3	X_4
1	30.00	30.17	32.33	35.17	27.50	25.83	29.67	31.00
2	33.17	37.33	32.50	33.33	31.50	27.00	31.17	28.50
3	32.67	34.67	32.33	31.67	29.00	30.17	27.83	27.33
4	31.00	31.00	35.17	34.00	26.83	26.50	35.17	33.33
5	30.83	34.00	33.50	33.17	27.00	27.00	29.83	29.50
6	32.50	32.00	35.67	33.33	25.00	28.67	32.33	28.50
7	30.67	30.83	30.67	33.67	25.33	25.50	28.50	27.83
8	32.17	33.17	40.67	34.83	27.50	28.33	35.00	35.00
9	32.67	34.33	33.33	33.50	28.17	31.83	27.33	29.17
10	34.17	34.83	31.33	33.17	32.83	32.83	29.00	32.17
11	33.87	32.67	27.33	28.33	26.67	25.67	31.67	32.50

（续）

k	Y_1	Y_2	Y_3	Y_4	X_1	X_2	X_3	X_4
12	33.00	32.67	28.67	28.67	28.33	31.50	30.33	28.67
13	34.00	33.75	30.67	29.00	35.83	36.33	31.00	28.33
14	34.00	33.50	29.00	30.00	28.33	27.50	28.67	31.17
15	33.00	32.17	31.50	31.00	30.83	28.00	32.33	30.50
16	31.67	32.33	29.00	32.67	26.17	27.50	31.17	30.50
17	32.67	31.67	29.50	33.83	25.50	26.83	29.83	29.33
18	32.17	31.33	29.83	29.00	27.67	26.00	28.67	29.17
19	31.67	31.83	30.67	31.83	28.33	28.33	28.33	29.00
20	32.33	32.67	34.50	33.33	27.67	27.83	33.00	31.83
21	34.33	36.00	27.33	27.67	33.17	32.33	29.67	29.83
22	34.67	33.67	29.00	28.00	28.67	29.00	29.67	28.83
23	37.33	36.33	34.67	34.00	29.50	29.67	29.33	32.67
24	34.50	35.50	28.17	29.83	28.00	27.33	30.00	28.33
25	32.67	33.67	35.33	34.33	27.67	29.17	33.50	35.67
26	34.00	36.33	30.00	28.67	37.17	34.67	30.83	30.83
27	35.67	34.83	29.83	47.17	29.00	29.83	34.00	30.83
28	35.00	33.50	28.83	30.67	25.33	28.00	31.00	43.50
29	32.33	32.83	28.83	28.00	29.50	30.33	31.00	31.83
30	37.67	39.67	31.33	30.33	24.83	23.33	30.50	32.17

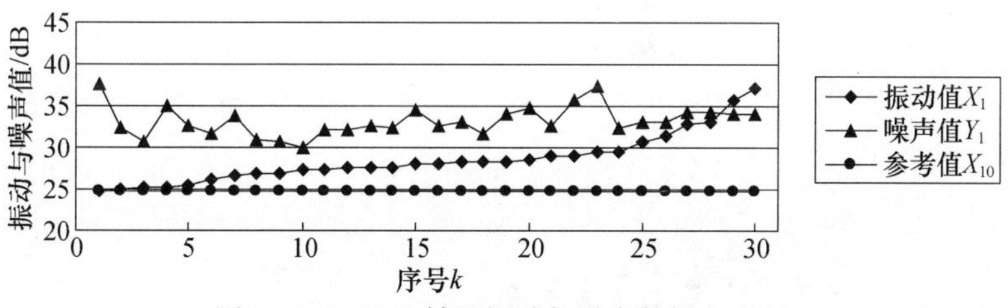

图 3－32　6201 轴承振动与噪声数据（正面）

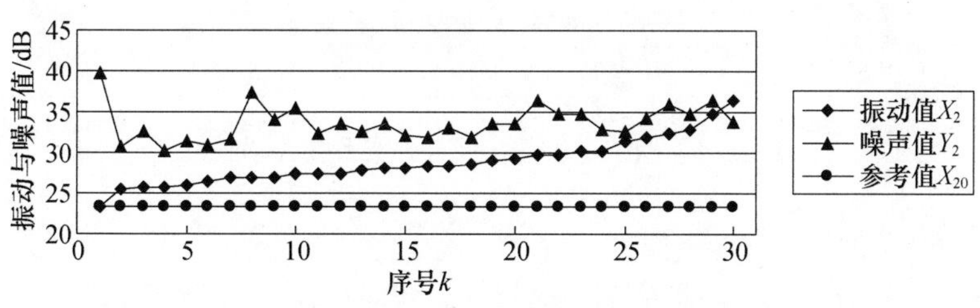

图 3－33　6201 轴承振动与噪声数据（反面）

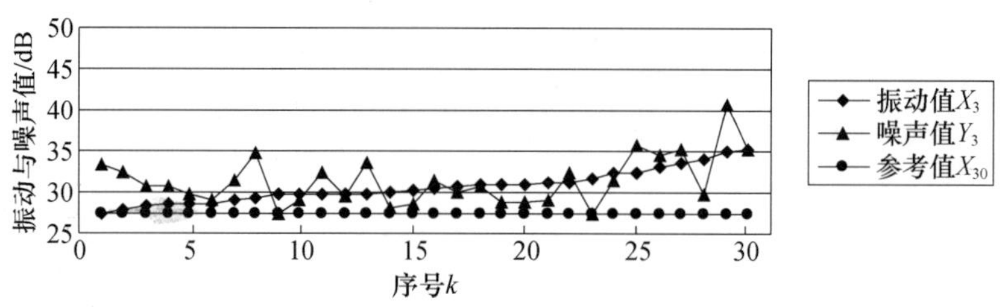

图 3－34　6203 轴承振动与噪声数据(正面)

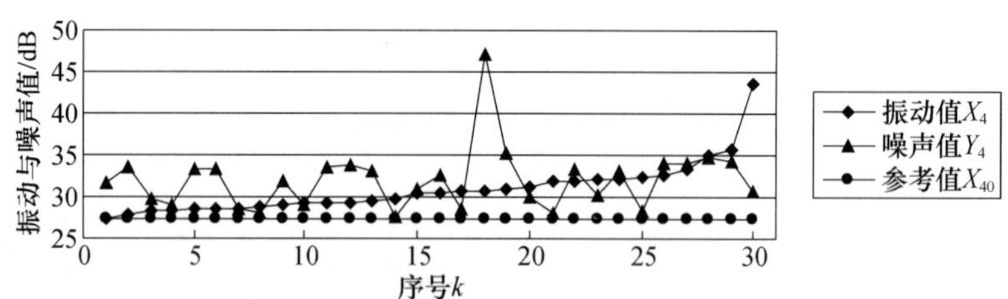

图 3－35　6203 轴承振动与噪声数据(反面)

定义灰关联度绝对差值(灰关联度差值):

$$d_i = |\gamma(X_i, X_{i0}) - \gamma(Y_i, X_{i0})| \tag{3-14}$$

式中:$\gamma(X_i, X_{i0})$为X_i与X_{i0}的灰关联度;$\gamma(Y_i, X_{i0})$为Y_i与X_{i0}的灰关联度;X_{i0}为参考值(见图 3－32～图 3－35)。

在计算时,$i=1,2,3,4$,序号$k=1,2,\cdots,30$。

图 3－36 描述了不同分辨系数K下的灰关联度差值d_i。从图 3－36 可以看出,随着分辨系数K的增大,灰关联度差值d_3和d_4的变化不大,它们的最大值小于 0.1。灰关联度差值d_1、d_2和分辨系数K的关系比较复杂,当$K\approx0.2$时,d_1和d_2取最大值。因此,在进行滚动轴承振动与噪声的灰关联分析时,取分辨系数$K=0.2$比较合理。

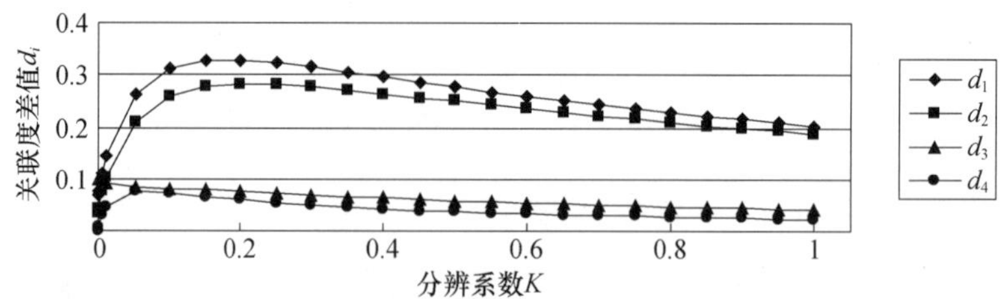

图 3－36　灰关联度差值d_i与分辨系数K的关系

当$K=0.2$时

$$d_1 = 0.3272, d_2 = 0.2817, d_3 = 0.075, d_4 = 0.0602$$

于是可以得到一个灰关联度差值向量:

$$\boldsymbol{d}=\{d_i,i=1,2,3,4\}=(d_1,d_2,d_3,d_4)=(0.3272,0.2817,0.075,0.0602) \tag{3-15}$$

由于灰关联度 γ 的取值区间为[0,1]，因此，d_i 的取值范围不会超出区间[0,1]。由于各种工程系统中存在着各种各样误差的干扰，因此，$d_i=0$ 或 $d_i=1$ 的理想情形几乎是不可能存在的。一般，在式(3-14)中，d_i越大，X_i与 Y_i的系统误差越大，否则越小。从计算结果和图3-32~图3-35可以看出，d_1和 d_2比较大，d_3和 d_4比较小，因此，X_3与 Y_3，X_4与 Y_4之间的存在着比较小的系统性误差，而 X_1与 Y_1，X_2与 Y_2之间的系统性误差比较大。

为了借助灰关联度的概念研究轴承振动与噪声的关系问题，定义差值的权重函数：

$$f_i=f(d_i)=\begin{cases}1-d_i/\eta, & d_i\in[0,\eta]\\ 0, & d_i\in[\eta,1]\end{cases} \tag{3-16}$$

式中：η 为映射系数。

计算差值的权重集：

$$\boldsymbol{F}=\{f_i,i=1,2,3,4\}=(f_1,f_2,f_3,f_4) \tag{3-17}$$

权重越大，X_i与 Y_i的差别越小即关系越密切；权重越小，X_i与 Y_i的差别越大即关系越不密切。权重的分界限设为 β，一般 $\beta=0.5$。

通过大量的计算机仿真实验研究，映射系数 $\eta\approx0.5$。由式(3-1)~式(3-17)可以计算出：

$$\boldsymbol{F}=(f_1,f_2,f_3,f_4)=(0.3456,0.4366,0.85,0.8796)$$

因此，X_3与 Y_3，X_4与 Y_4之间存在着比较密切的关系，而 X_1与 Y_1，X_2与 Y_2之间的关系不明显。

可以看出，6203 轴承振动与噪声之间的关系比较密切，且不存在明显的系统误差，而6201 轴承振动与噪声之间的关系不明显，且存在着比较大的系统误差。因此，对于滚动轴承来说，很难证明振动与噪声密切相关，振动与噪声是有差异的，有时，二者之间还存在着系统性误差。一般不能用振动来描述噪声，也不能通过控制振动来控制噪声。

3.4.2 灰绝对关联度分析

灰绝对关联度是以灰关联度为基础而发展起来的一个灰色理论的概念。

设研究对象 X_i和 Y_j的原始数据序列分别为

$$X_i=(x_i(1),x_i(2),\cdots,x_i(k),\cdots,x_i(n)) \tag{3-18}$$

$$Y_j=(y_j(1),y_j(2),\cdots,y_j(k),\cdots,y_j(n)) \tag{3-19}$$

式中：k 为数据序号，$k=1,2,\cdots,n$。

经初始化处理，X_i和 Y_j的序列分别变为

$$X_i^0=(x_i^0(1),x_i^0(2),\cdots,x_i^0(k),\cdots,x_i^0(n)) \tag{3-20}$$

$$Y_j^0 = (y_j^0(1), y_j^0(2), \cdots, y_j^0(k), \cdots, y_j^0(n)) \tag{3-21}$$

式中

$$x_i^0(k) = x_i(k) - x_i(1); y_j^0(k) = y_j(k) - y_j(1)$$

X_i和 Y_j的灰绝对关联度被定义为

$$e_{ij} = \frac{1 + |s_i| + |s_j|}{1 + |s_i| + |s_j| + |s_i - s_j|} \tag{3-22}$$

式中

$$|s_j| = \left| \sum_{k=2}^{n-1} y_j^0(k) + 0.5y_j^0(1) \right| \tag{3-23}$$

$$|s_i| = \left| \sum_{k=2}^{n-1} x_i^0(k) + 0.5x_i^0(1) \right| \tag{3-24}$$

$$|s_i - s_j| = \left| \sum_{k=2}^{n-1} (x_i^0(k) - y_j^0(k)) + 0.5(x_i^0(n) - y_j^0(n)) \right| \tag{3-25}$$

灰绝对关联度 e_{ij}具有下列性质：

(1) $0 < e_{ij} \leqslant 1$；

(2) e_{ij}恒不为零，表明任何两个序列都不是绝对无关的；

(3) e_{ij}越小，X_i和 Y_j的相似程度越小，联系性越不密切；e_{ij}越大，X_i和 Y_j的相似程度越大，联系性越密切；特别地，$e_{ij}=1$ 表明 X_i和 Y_j完全一样，无任何区别。

一般，由于各种误差的干扰，因此，$e_{ij}=1$ 的情况是很罕见的。在研究轴承振动与噪声的关系时，e_{ij}越大，表明轴承振动对噪声的关联度越大，亦即可以通过控制振动来间接解决噪声问题的可靠性和可行性越高，否则越低。如果用数值 0.5 描述轴承振动与噪声有无关系的分界线，那么：当 e_{ij}远小于 0.5 时，轴承振动对噪声的关联度很小；当 e_{ij}在 0.5 附近时，轴承振动对噪声的关联度不明显，难以确定；当 e_{ij}远大于 0.5 时，轴承振动对噪声的关联度很大。

将实验数据带入式(3-18)~式(3-25)，可以得到 6201 和 6203 两种轴承振动与噪声之间灰绝对关联度的计算结果。

对 6201 轴承而言，X_1和 Y_1的灰绝对关联度（正面测量）为

$$e_{11} = 0.692$$

X_2和 Y_2的灰绝对关联度（反面测量）为

$$e_{22} = 0.949$$

由关系的判断准则可以知道：正面测量时，振动与噪声之间灰绝对关联度比 0.5 大些，因此振动对噪声有一定的关联度，但不是很明显；反面测量时，灰绝对关联度远大于 0.5，因此振动对噪声有很大的关联度。这种结果表明轴承振动与噪声关系的不确定性很大。

对 6203 轴承而言，X_3和 Y_3的灰绝对关联度（正面测量）为

$$e_{33} = 0.504$$

X_4和 Y_4的灰绝对关联度(反面测量)为

$$e_{44}=0.518$$

由关系的判断准则可以知道:振动与噪声之间的灰绝对关联度约为 0.5,因此振动与噪声的关系不明显,难以确定。

可以看出,6201 轴承反面测量的振动与噪声的关系很密切,6201 轴承正面测量的以及 6203 轴承的振动与噪声关系不明显。因此,很难证明轴承振动与噪声密切相关,振动与噪声是有差异的,一般不能用振动来描述噪声,也不能通过控制振动来有效地控制噪声[55]。

可以看出,灰关联分析与灰绝对关联度分析的结果细节不同,但最终结论基本是一致的。

3.5 本章小结

本章用统计理论和灰色系统理论研究轴承振动与噪声的关系问题,认为:对所研究的滚动轴承而言,在现有的标准测量条件下,滚动轴承振动与噪声的关系是不明显的,并具有很大的不确定性,有时二者之间会出现系统性误差。因此,很难证明轴承振动与噪声密切相关,一般不能用振动来描述噪声,也不能通过控制振动来有效地控制噪声。当需要控制轴承噪声时,应单独研究轴承的噪声,制订国内轴承噪声标准,直接解决噪声问题。

必须指出,本章研究结论并不是对现有振动测量方法与标准的否定,而是说明:现行的振动测量方法可以测量轴承的径向振动,但所测振动值不能全面反映轴承的振动状态,也不能全面反映轴承的噪声状态。当需要控制轴承径向振动时,可以用现行的振动测量方法;当需要控制轴承噪声时,必须使用噪声仪。

第 4 章　滚动轴承噪声的谐波控制原理

本章以谐波和噪声实验为基础，经过数理统计分析，建立轴承滚动表面谐波分布模型，研究谐波分布参数对轴承噪声声压级的影响规律，得出控制噪声的最优谐波控制线方程。在工程应用时，发现所研究的问题具有数学上的非线性计算误差，因此，特别建立了最优滚动轴承噪声声压级函数。这个函数和谐波分布参数密切相关，是在约束优化的基础上，以最优谐波分布参数和最优噪声为控制点，经过数理统计分析得到的，可以极大地衰减预测误差。对 6203 轴承和 6201 轴承的噪声实验研究表明，所给出的最优轴承噪声声压级函数的预测误差很小，不超过 2.2dB。鉴于谐波分布参数可以在机械制造过程中控制，因此，在轴承零件制造过程中控制装配后的成品轴承的噪声将变为现实。

4.1　实验数据

本实验研究要求采集轴承产品的噪声数据和轴承零件滚动表面的谐波误差数据。实验试件采用了生产现场生产的 6203 深沟球轴承，已经按标准游隙装配好，共 15 套，是随机抽取的。由于对每一套轴承都进行正反两面安装测量噪声，而且，谐波测量也是在正反两面安装时相应的沟道接触角处表面测量的，因此，实际的获得的测量数据可以按 30 套轴承分析。在标准消声室里测量各套轴承的噪声声压级以后，将轴承拆套，再用圆度仪测量外圈沟道和内圈沟道的谐波误差，也测量了个别钢球的表面谐波误差。

噪声的测量数据如图 4－1 所示。在图 4－1 中，Z_h是实测的轴承噪声声压级，h是测试的轴承序号（$h=1,2,\cdots,H;H=30$）。谐波数据是很难全部列出的，因为一个套圈对应两个谐波分布图，最高的谐波次数可以达到 100 次，这样，仅内外套圈就有 6000 个谐波幅值实验数据。图 4－2 和图 4－3 是编号为 6 的轴承内圈和外圈沟道在

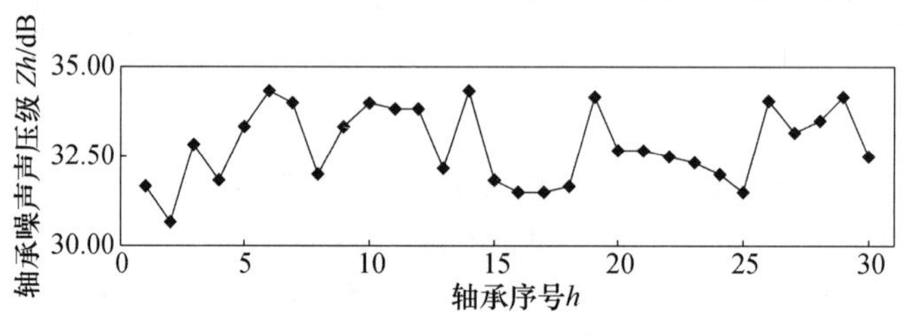

图 4－1　噪声的测量数据

一侧接触角处的谐波分布状态图,图 4 -4 是一粒钢球某截面的谐波分布状态图。

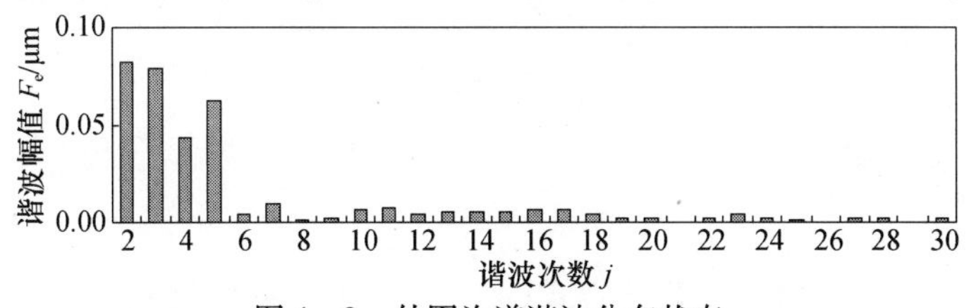

图 4 -2　外圈沟道谐波分布状态

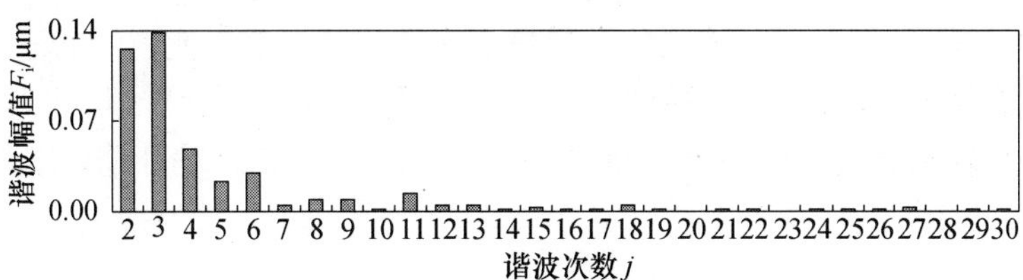

图 4 -3　内圈沟道谐波分布状态

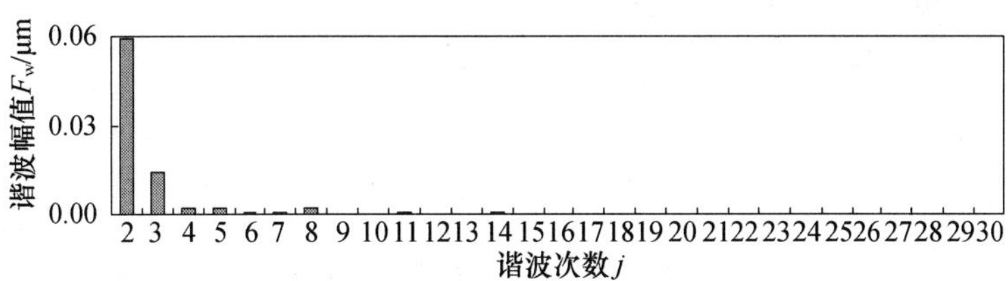

图 4 -4　钢球表面谐波分布状态

其他试件的谐波分布图和图 4 -2 ~ 图 4 -4 相类似。

4.2　表面谐波分布参数与声压级的关系

4.2.1　表面谐波分布模型

为了方便研究谐波和噪声的关系,定义谐波的分布模型为

$$F_p = a_p j^{-b_p} \tag{4-1}$$

式中:p 为轴承零件符号,p = e 表示外圈,p = i 表示内圈,p = w 表示钢球;F_p为零件 p 的滚动表面谐波分布函数(μm);a_p为零件 p 的滚动表面谐波分布参数(μm);b_p为零件 p 的滚动表面谐波分布参数,无量纲;j 为第 j 次谐波次数,$j = 2,3,\cdots,n$,这里 n 为所研究的最高谐波次数。

式(4 -1)中的参数 a_p 和 b_p 是待定的常数。由于这两个参数可以在制造过程中用谐波生成理论来控制,同时,它们又很好地描述了谐波分布特征,因此,下面将研究这两个参数和轴承噪声的关系问题。

常数 a_p 和 b_p 可以按下述方法获得。

设零件 p 的第 j 次谐波幅值为 F_{pj}，用式(4－1)的 F_p 来描述 F_{pj}，建立误差函数 Q

$$Q = \sqrt{\sum_{j=2}^{n} (F_p - F_{pj})^2} \tag{4-2}$$

优化选择 a_p 和 b_p 满足

$$\min_{a_p, b_p} Q \tag{4-3}$$

采用单纯形法可以方便地获得式(4－3)的无约束优化数值解。这是一种非线性最小2乘回归法，当某些 F_{pj} 值为零时，也可以正常求解，但借助对数将式(4－1)转换为线性方程，使用传统的最小2乘回归法是不能求解的。

按上述原理将谐波的原始数据处理后，可以得到所有实验轴承外圈和内圈的谐波分布参数 a_p 和 b_p，如图4－5和图4－6所示。由于钢球是外购标准件，表面谐

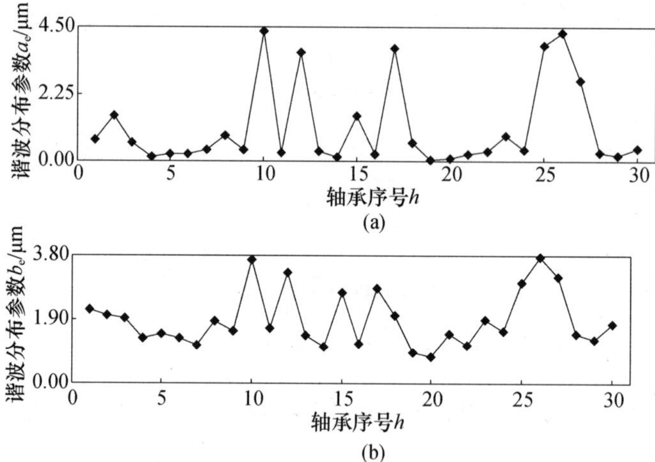

图4－5　外圈谐波分布参数

(a)谐波分布参数 a_e；(b)谐波分布参数 b_e。

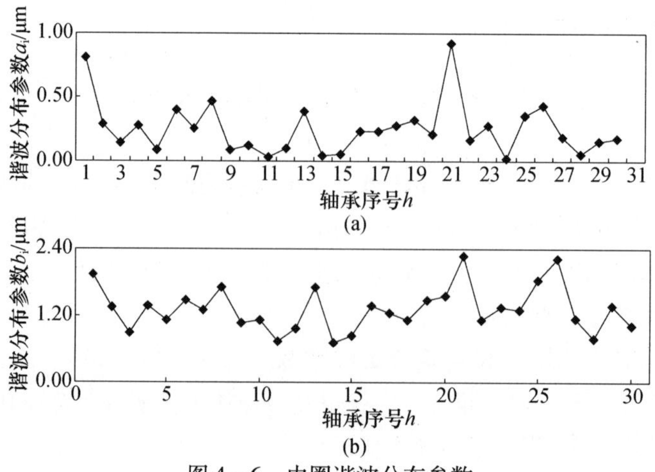

图4－6　内圈谐波分布参数

(a)谐波分布参数 a_i；(b)谐波分布参数 b_i。

波不容易控制，另外，公差等级已达到 G5 级，因此，其表面的谐波分布参数 a_w 和 b_w 可以看作是不变的。

4.2.2 谐波分布参数对声压级的影响

用数理统计方法处理图 4-1、图 4-5 和图 4-6 数据，有可能发现轴承噪声和谐波分布参数之间的函数关系。表 4-1 列出了有关的统计分析的定性结果。

表 4-1 谐波分布参数和噪声之间的统计相关性

序号	参与回归分析的因变量参数选择	选择的回归函数	0.05 水平下的显著性	备注
1	a_e	线性，非线性	不显著	回归函数不可用
2	b_e	线性，非线性	不显著	回归函数不可用
3	a_i	线性，非线性	不显著	回归函数不可用
4	b_i	线性，非线性	不显著	回归函数不可用
5	a_e, b_e	线性，非线性	不显著	回归函数不可用
6	a_i, b_i	线性，非线性	不显著	回归函数不可用
7	a_e, b_e, a_i, b_i	4 元 2 次多项式	显著	回归函数可用

由表 4-1 可以看出，单独选择 a_p 或者 b_p 对噪声回归，找不到可用的回归函数；单独选择外圈的 a_e 和 b_e 对噪声回归，也找不到可用的回归函数；单独选择内圈的 a_i 和 b_i 对噪声回归，仍然找不到可用的回归函数；只有同时选择 a_e, b_e, a_i 和 b_i 这所有 4 个参数，才找到可用的回归函数。这表明：套圈沟道表面谐波分布参数对轴承产品噪声有大的贡献，但是，不是单独某一个参数可以起作用的，也不是单独外圈或者单独内圈可以起作用的，不可以强调某一个参数或者某一个零件对噪声的贡献大小。

为了进一步说明问题，下面详细论述表 4-1 中序号为 7 的内容。

根据非线性离散数据的数理统计建模原理，所建立的噪声和谐波分布参数的回归函数为

$$Z = c_0 + c_1 a_e + c_2 b_e + c_3 a_i + c_4 b_i + c_5 a_e^2 + c_6 a_e b_e + c_7 a_e a_i + c_8 a_e b_i + c_9 b_e^2 + c_{10} b_e a_i + c_{11} b_e b_i + c_{12} a_i^2 + c_{13} a_i b_i + c_{14} b_i^2 \tag{4-4}$$

式中：Z 为轴承产品噪声声压级（dB）；c_k 为回归系数，$k = 0, 1, 2, \cdots, 14$。

在式（4-4）中，回归系数 c_k 的大小为

$$\begin{aligned} &c_0 = 36.753389, c_1 = -7.531720, c_2 = 5.512777, c_3 = 48.019851, c_4 = -14.545967 \\ &c_5 = -1.290405, c_6 = 5.433149, c_7 = 19.509681, c_8 = -4.161641, c_9 = -3.007447 \\ &c_{10} = -17.722194, c_{11} = 3.104424, c_{12} = 40.241143, c_{13} = -34.168256, c_{14} = 6.309873 \end{aligned} \tag{4-5}$$

回归函数的剩余标准误差为

$$\sigma = 0.828\text{dB} \tag{4-6}$$

复相关系数为

$$\rho = 0.826 \tag{4-7}$$

由表4－1和式(4－4)～式(4－7)可以得到如下重要信息：

谐波分布参数 a_e, b_e, a_i 和 b_i 对噪声声压级 Z 有很大影响。噪声和谐波分布参数的关系可以用一般的正交多项式描述，而且，这种描述具有数理统计学意义上的显著性。

参数 a_e, b_e, a_i 和 b_i 对 Z 的影响，不仅有线性的和非线性的成分，而且还包含这些参数之间的交互作用成分。这就很难准确指明对 Z 的激励贡献究竟是外圈的 a_e 和 b_e 大，还是内圈的 a_i 和 b_i 大。

回归函数常数 c_k 有正负之分，这表明毫无条件地减小或者增大 a_p 和 b_p，可能无益于降低轴承噪声。应当在特定条件下对参数 a_p 和 b_p 进行优化分析，以获取它们的最优组合。

回归函数剩余标准误差 σ 的存在，表明回归函数式(4－4)的取值有波动，这种波动除了和随机噪声有关外，还和许多尚未涉及到的误差有关。

在式(4－4)中，若已知 a_p 和 b_p，就可以在合套前预测合套后轴承的噪声声压级 Z。这就有可能在对套圈选别分组时挑选出不同噪声级别的轴承。

a_p 和 b_p 作为谐波分布参数，在机械制造过程中是可以控制的，因此，在零件制造过程中控制装配后的成品轴承噪声将变为现实。

4.3 谐波分布参数与声压级的优化

4.3.1 谐波分布控制线的优化模型

噪声实验模型的建立，可以奠定滚动轴承的噪声设计和噪声控制基础。为了实施噪声的工艺控制，有必要建立谐波控制线的优化模型。这个优化模型是优化选择谐波分布参数，在一定条件下使轴承噪声为最小，数学表达为

优化参数

$$\boldsymbol{x} = (x_1, x_2, x_3, x_4) = (a_e, b_e, a_i, b_i) \tag{4-8}$$

使目标函数

$$\min Z(\boldsymbol{x}) = Z^*(\boldsymbol{x}^*) \tag{4-9}$$

约束条件为

$$\begin{gathered} 0.10 = x_{1\min} \leqslant x_1 \leqslant x_{1\max} = 2.00, 1.50 = x_{2\min} \leqslant x_2 \leqslant x_{2\max} = 3.67 \\ 0.30 = x_{3\min} \leqslant x_3 \leqslant x_{3\max} = 0.93, 0.73 = x_{4\min} \leqslant x_4 \leqslant x_{4\max} = 1.85 \end{gathered} \tag{4-10}$$

用SUMT方法优化，数值解为

$$Z^* = 31.67, a_e^* = 0.137, b_e^* = 1.5, a_i^* = 0.3, b_i^* = 1.85 \tag{4-11}$$

于是,外圈沟道表面谐波分布的控制线方程为

$$F_{\mathrm{e}}^{*}=a_{\mathrm{e}}^{*}j^{-b_{\mathrm{e}}^{*}} \tag{4-12}$$

内圈沟道表面谐波分布的控制线方程为

$$F_{\mathrm{i}}^{*}=a_{\mathrm{i}}^{*}j^{-b_{\mathrm{i}}^{*}} \tag{4-13}$$

上述两个控制线方程实际上就是理想谐波分布曲线。在轴承套圈的制造过程中,如果沟道表面的谐波分布状态满足这两个理想谐波分布曲线,那么,装配后的轴承产品的噪声就可能是最低的。

4.3.2 最优滚动轴承声压级函数

在对谐波实施工艺控制时,由于制造系统的误差,所获取的 a_p 和 b_p 值并不能毫无误差地满足式(4-12)和式(4-13),即有

$$a_p=a_p^{*}+\Delta a_p,b_p=b_p^{*}+\Delta b_p \tag{4-14}$$

这是制造理论允许的。但要分析制造误差 Δa_p 和 Δb_p 引起的 Z 误差 ΔZ 的大小。为此,用全增量代替全微分,由式(4-4)可得噪声误差公式:

$$\Delta Z=D_1\Delta a_{\mathrm{e}}+D_2\Delta b_{\mathrm{e}}+D_3\Delta a_{\mathrm{i}}+D_4\Delta b_{\mathrm{i}}+\varepsilon \tag{4-15}$$

式中:ε 为非线性高阶小量(dB)。

系数 D_1,D_2,D_3 和 D_4 的定义为

$$\begin{bmatrix} D_1 \\ D_2 \\ D_3 \\ D_4 \end{bmatrix}=\begin{bmatrix} c_1 \\ c_2 \\ c_3 \\ c_4 \end{bmatrix}+\begin{bmatrix} 2c_5 & c_6 & c_7 & c_8 \\ c_6 & 2c_9 & c_{10} & c_{11} \\ c_7 & c_{10} & 2c_{12} & c_{13} \\ c_8 & c_{11} & c_{13} & 2c_{14} \end{bmatrix}\begin{bmatrix} a_{\mathrm{e}}^{*} \\ b_{\mathrm{e}}^{*} \\ a_{\mathrm{i}}^{*} \\ b_{\mathrm{i}}^{*} \end{bmatrix} \tag{4-16}$$

式中:D_1,D_2,D_3 和 D_4 叫误差传递系数,并有

$$D_1=-1.58094,D_2=-2.34029,D_3=-14.96292,D_4=2.63779$$

用概率法可得 Z 的公差 δZ_{T} 为

$$\delta Z_{\mathrm{T}}=[(D_1\delta a_{\mathrm{e}})^2+(D_2\delta b_{\mathrm{e}})^2+(D_3\delta a_{\mathrm{i}})^2+(D_4\delta b_{\mathrm{i}})^2]^{0.5} \tag{4-17}$$

在实际中,a_p 和 b_p 的公差主要考虑影响 Z 的随机误差大小,可以按数理统计上的 $c\sigma$ 准则确定,于是有

$$c\sigma\geqslant[(D_1\delta a_{\mathrm{e}})^2+(D_2\delta b_{\mathrm{e}})^2+(D_3\delta a_{\mathrm{i}})^2+(D_4\delta b_{\mathrm{i}})^2]^{0.5} \tag{4-18}$$

式中:c 为系数,一般 $c=1\sim6$。

按等效应原则分配公差,有

$$\delta a_{\mathrm{e}}=c\sigma/|2D_1|,\delta b_{\mathrm{e}}=c\sigma/|2D_2|,\delta a_{\mathrm{i}}=c\sigma/|2D_3|,\delta b_{\mathrm{i}}=c\sigma/|2D_4| \tag{4-19}$$

假设要保证 $\delta Z_{\mathrm{T}}=4\mathrm{dB}$,就有 $c=4.84$。经计算和取整后,得

$$\delta a_{\mathrm{e}}=1.267,\delta b_{\mathrm{e}}=0.856,\delta a_{\mathrm{i}}=0.133,\delta b_{\mathrm{i}}=0.759 \tag{4-20}$$

在生产中,按式(4-12)、式(4-13)和式(4-20)控制谐波分布,可以将轴承的噪声控制在所要求的 $\delta Z_{\mathrm{T}}=4\mathrm{dB}$ 以内。不难看出,式(4-20)要求的公差是很

严的。

由式(4－15)可知,D_1,D_2,D_3和D_4的符号的正负和绝对值的大小,对噪声误差ΔZ的影响很大。在数学上,当自变量增量很小时,$|\varepsilon|\approx 0$。为了方便工程应用,一般取非线性高阶小量$\varepsilon=0$,但制造误差Δa_p或Δb_p就有可能引起很大的噪声误差ΔZ。原因是,数学上要求噪声误差公式(4－15)中的增量Δa_p和Δb_p应是微小的,而工程上的增量一般比较大,超出了数学上要求的增量范围,此时,ε的绝对值较大(不能舍去),就导致较大的非线性计算(舍去)误差,从而使噪声误差ΔZ很大。因此,为了能在生产中比较准确地预测噪声,必须修正噪声误差公式(4－15),使之能够应用于较大的增量范围。为此,应对噪声误差公式(4－15)进行数学处理(数理统计分析)。

数学处理是以最优点($Z^*;a_e^*,b_e^*,a_i^*,b_i^*$)即式(4－11)为基础的。

令$\varepsilon=0$,取最优增量为

$$\Delta Z^*=D_1\Delta a_e^*+D_2\Delta b_e^*+D_3\Delta a_i^*+D_4\Delta b_i^* \tag{4-21}$$

设

$$\Delta a_e^*=a_e-a_e^*,\Delta b_e^*=b_e-b_e^*,\Delta a_i^*=a_i-a_i^*,\Delta b_i^*=b_i-b_i^* \tag{4-22}$$

当参数a_p和b_p分别偏离它们的最优值$a_p{}^*$和$b_p{}^*$时,Z偏离Z^*而变成

$$Z'=Z'(a_e,b_e,a_i,b_i)=Z^*+\Delta Z^* \tag{4-23}$$

选择一个函数g

$$g=g(\boldsymbol{d};Z') \tag{4-24}$$

式中:$\boldsymbol{d}$是待定系数向量,可表示为

$$\boldsymbol{d}=(d_1,d_2,\cdots,d_k,\cdots,d_m) \tag{4-25}$$

定义误差函数

$$Q=\sqrt{\sum_{h=1}^{H_0}(g-g_h)^2} \tag{4-26}$$

式中:h为噪声数据个数变量即前述的轴承序号,$h=1,2,\cdots,H_0$;H_0为确定回归函数g时,实际参与数学处理的噪声数据的最大序号,$H_0\leqslant H$。

优化选择$\boldsymbol{d}$,满足

$$\min_{d_k} Q;k=1,2,\cdots,m \tag{4-27}$$

就得到处理后的轴承噪声和谐波分布参数的关系模型

$$Z_{\mathrm{OPT}}=g(\boldsymbol{d};Z') \tag{4-28}$$

回归函数一般可以选取简单的常用数学函数,例如,选线性函数

$$Z_{\mathrm{OPT}}=g(\boldsymbol{d};Z')=d_1+d_2Z' \tag{4-29}$$

或者双曲线函数

$$Z_{\mathrm{OPT}}=g(\boldsymbol{d};Z')=1/(d_1+d_2/Z') \tag{4-30}$$

式中:Z_{OPT}为最优滚动轴承噪声声压级函数(dB);d_1,d_2为统计分析系数。

本研究选择双曲线函数，即式(4-30)，经计算得

$$d_1 = 0.02944, d_2 = 0.02668$$

在装配前，若已知套圈沟道的实际谐波分布参数 a_e, b_e, a_i 和 b_i，则借助式(4-29)就可以预测装配后轴承的噪声声压级，实际预测的绝对误差用下式表示：

$$\delta Z = |Z_{OPT} - Z_h| \tag{4-31}$$

在数学处理时，使用了前15个噪声实验数据($h=1\sim15, H_0=15$)，后15个数据($h=16\sim30$)用来验证式(4-29)的预测效果，图4-7给出噪声的预测误差 δZ。

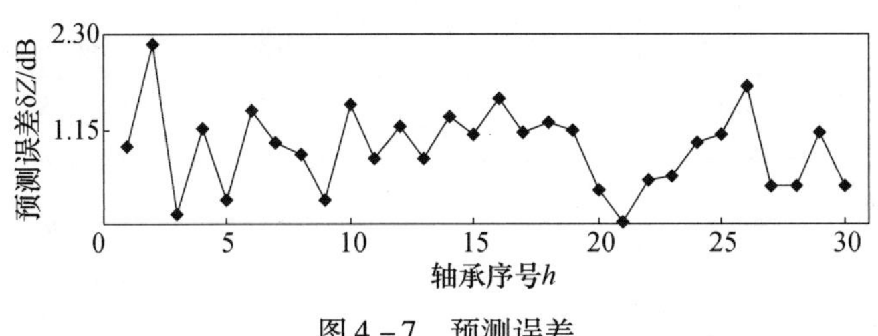

图4-7 预测误差

由图4-7可以看出，30个数据预测效果很好，噪声声压级的预测误差范围约为0.02~2.2dB，误差很小，可以满足工程要求，有一定的实用价值。这也表明本章研究方法的正确性。

显然，最优滚动轴承噪声声压级函数 Z_{OPT} 在很大程度上放宽了谐波分布参数的公差限制。使得滚动轴承噪声声压级的谐波控制更加方便和有效。

以上是结合6203轴承，提出了滚动轴承噪声声压级的谐波控制和预测方法，下面将研究6201轴承的相同问题，以进一步说明本章理论的正确性和可行性。

表4-2是6201轴承的噪声声压级和谐波分布参数的实验数据。

表4-2 6201轴承的噪声声压级和谐波分布参数的实验数据

序号 h	外圈 $a_e/\mu m$	外圈 b_e	内圈 $a_i/\mu m$	内圈 b_i	噪声 Z_h/dB
1	0.47187	1.54375	0.55781	2.23916	28.67
2	0.97861	2.34619	0.04267	0.73354	29.00
3	0.68327	1.81945	0.17460	1.30625	28.00
4	4.76884	3.22760	0.76284	2.35846	29.00
5	2.02331	2.46657	0.75432	2.77832	28.67
6	4.01258	3.10286	0.27151	1.57633	26.67
7	1.55717	2.92347	0.16627	1.63998	28.33
8	3.61311	3.19220	0.13152	1.29927	26.67
9	0.74844	2.05708	0.08424	0.95667	27.00

（续）

序号 h	外圈 $a_e/\mu m$	外圈 b_e	内圈 $a_i/\mu m$	内圈 b_i	噪声 Z_h/dB
10	1. 03375	2. 45411	0. 13515	1. 31961	29. 50
11	4. 19364	3. 35011	0. 12675	1. 35800	27. 67
12	1. 59589	2. 51097	0. 38923	2. 11917	27. 67
13	1. 68862	2. 55899	0. 39686	1. 97891	29. 50
14	0. 20312	1. 22925	0. 40068	1. 92645	29. 50
15	4. 62283	3. 37350	0. 06675	1. 05080	27. 83
16	0. 29719	1. 19960	0. 13173	1. 25726	29. 83
17	1. 39529	2. 80357	0. 04213	0. 69280	28. 33
18	0. 59607	1. 81171	0. 16627	1. 63998	29. 00
19	2. 62343	2. 57872	0. 14377	1. 27960	28. 67
20	0. 39960	1. 51375	0. 12045	1. 45898	29. 00
21	3. 75845	2. 85730	1. 94962	2. 83408	26. 50
22	1. 30432	2. 83593	0. 20934	1. 27385	27. 16
23	0. 09880	1. 00666	0. 03659	0. 72678	28. 50
24	1. 72031	2. 78433	0. 14868	1. 26544	28. 50
25	1. 57233	2. 65435	0. 50261	2. 90613	31. 33
26	5. 17575	3. 97815	0. 94046	3. 25884	28. 33
27	0. 93846	2. 14384	0. 07170	0. 97932	27. 67
28	1. 44146	2. 47601	0. 17417	1. 36566	29. 50
29	3. 68837	3. 09672	0. 42790	1. 97893	28. 17
30	4. 60195	3. 26715	0. 15562	1. 42425	27. 33

6201 轴承噪声和谐波分布参数的回归函数是线性显著的,表达式为 4 元 1 次多项式:

$$Z = 27.70436 - 0.22774a_e - 0.23062b_e - 1.92339a_i + 1.43728b_i$$

若取

$$0.090 = x_{1\min} \leqslant x_1 \leqslant x_{1\max} = 3.75, 1.01 = x_{2\min} \leqslant x_2 \leqslant x_{2\max} = 2.80$$

$$0.036 = x_{3\min} \leqslant x_3 \leqslant x_{3\max} = 0.50, 1.00 = x_{4\min} \leqslant x_4 \leqslant x_{4\max} = 3.26$$

有

$$Z^* = 26.68, a_e^* = 3.75, b_e^* = 2.80, a_i^* = 0.50, b_i^* = 1.00$$

$$\sigma = 0.854, \rho = 0.676$$

假设要保证 $\delta Z_T = 4\text{dB}$,就有 $c = 4.69$。经计算和取整后,得

$$\delta a_e = 8.79, \delta b_e = 8.68, \delta a_i = 1.04, \delta b_i = 1.39$$

$$Z_{OPT} = g(\boldsymbol{d}; Z') = 1/(d_1 + d_2/Z')$$

$$d_1 = 0.03176, d_2 = 0.11231$$

对噪声的预测误差如图 4－8 所示。可以看出，最大的预测误差不到 1.44dB。

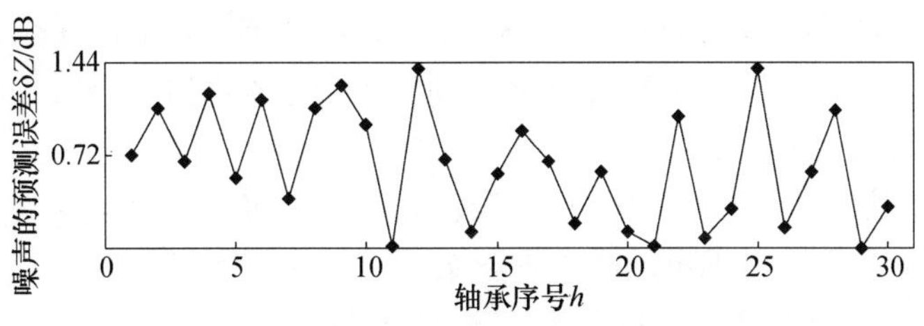

图 4－8　6201 轴承噪声预测误差

4.3.3　分析与讨论

对 6201 和 6203 两种轴承的研究结果，表明本章的研究基本理论和方法具有通用性和可行性。

轴承噪声声压级和轴承套圈沟道的谐波分布参数之间的关系函数可以表达为一个 4 元正交多项式，多项式的阶次一般为 1 或 2。阶次的高低依赖于函数的统计显著性，显著性水平要高于 0.05。在本研究中，6201 轴承的多项式的阶次为 1，而 6203 轴承的多项式的阶次为 2。从数学上讲，如果阶次为 2 或高于 2，则表明函数中各自变量之间的交互作用对因变量有影响，否则没有影响。因此，就本实验而言，6203 轴承的内外圈谐波分布参数的交互作用对轴承噪声的影响比较显著；而 6201 轴承则不同，其内外圈谐波分布参数的交互作用对轴承噪声的影响并不显著。

不同的轴承有不同的噪声和谐波分布特征，可以在相同的噪声声压级公差下分析它们的共性和个性问题，以便有针对性地制定相应的谐波控制策略。就本实验而言，在相同的噪声公差下 6201 轴承和 6203 轴承的情况对比如表 4－3 所列。

表 4－3　在相同的噪声公差下 6201 轴承和 6203 轴承的情况对比

轴承型号	函数 ΔZ 的特征	谐波分布参数的公差要求			备注
		总体要求	共性问题	个性问题	
6201	非线性项绝对值小	较宽松	外圈的 δa_e 较宽松 内圈的 δa_i 较严格	$\delta b_e \geqslant \delta b_i$	噪声低，易控制
6203	非线性项绝对值大	较严格		$\delta b_e \approx \delta b_i$	噪声高，难控制

最优轴承噪声声压级函数，是在约束优化的基础上，以最优参数为控制点，经过数学处理得到的，可以极大地衰减预测误差。这个函数可以用于轴承成品噪声声压级的预测，以便确定内外圈是否可以相配套，也可以用于轴承成品噪声声压级的工艺控制，以便确定内圈或外圈的谐波分布状态是否满足要求。

4.4 本 章 小 结

滚动表面谐波分布参数 a_e,b_e,a_i和 b_i对轴承噪声声压级 Z 有很大影响。噪声声压级和谐波分布参数的关系可以用一般的正交多项式描述,而且,这种描述具有数理统计学意义上的显著性。

外圈、内圈和钢球滚动表面具有函数 $F_p = a_p j^{-b_p}$的谐波分布状态,a_p和 b_p以及二者之间的交互作用对轴承的噪声声压级 Z 有复杂的影响。经约束优化后,可以获取 a_p和 b_p的最优组合 a_p^* 和 b_p^*,使 $Z = Z^*$ 为最小。

还建立了和谐波分布参数密切相关的最优轴承噪声声压级函数 Z_{OPT}。这个函数是在约束优化的基础上,以最优参数 $a_p{}^*$ 和 $b_p{}^*$ 为控制点,经过统计分析得到的,可以极大地衰减预测误差,提高预测的可靠性。实验研究表明,在大多数情况下,最优轴承噪声声压级函数 Z_{OPT}的预测误差很小,仅有 0.02 ~2.2dB。

谐波分布参数 a_p和 b_p可以在机械制造过程中控制,因此,在套圈沟道的制造过程中控制装配后的成品轴承噪声将变为现实。

谐波控制的含义是将谐波分布参数控制在一定的范围内,即控制在谐波控制线附近。这是一种比较严格的谐波控制技术,可以保证将噪声声压级控制在一定范围之内。

在滚动轴承噪声理论和实验研究中,应当重视谐波分布参数 a_p和 b_p。

第2篇　滚动轴承磨削谐波分布理论

本篇由第5章~第8章构成，主要涉及滚动轴承磨削谐波生成原理，谐波控制理论及应用，滚动轴承振动与噪声的综合控制问题，以及谐波与圆度的范数评估方法等内容。

第5章在探讨谐波的类型与性质后，从谐波的传递与构成机制建立准动力学谐波生成理论，并进行实验检验。第6章研究滚动轴承表面谐波分布的统计特征及其计算机控制原理，阐述谐波控制系统的软件设计方法与系统控制误差的改善方法，介绍谐波控制的实验方法及其工艺过程诊断理论与计算机系统。第7章论述滚动轴承零件的品质要求、装配与润滑的技术要求，介绍纳米材料的结构特性与减摩擦抗磨损原理，并给出一些低噪声轴承制造的工艺过程。第8章提出谐波分布参数评估的2范数方法，研究谐波与圆度测量的误差理论，提出圆度评价的最大模范数最小法，并给出有关的计算机源程序。

第 5 章　滚动轴承磨削谐波生成原理

本章提出滚动轴承磨削谐波的基本概念，主要包括谐波的类型、性质、准动力学谐波生成理论及其实践方法。

5.1　概　　述

滚动轴承是一种精密的机械基础部件，已广泛应用于各种机械中。随着社会的发展和科学技术的不断进步，工作主机对轴承的工作性能要求越来越高。例如，精密机械（数控机床等）对轴承的回转精度要求，高速机械（航空发动机等）对轴承的寿命要求，超静音机械（家用电器等）对轴承噪声的要求等。这些要求对轴承设计、制造和测量等提出了严峻的挑战。在这场挑战中，许多轴承设计、制造和测量的新理论、新工艺和新方法应运而生。其中，一个古老的数学和物理学概念逐渐引起国际轴承工程界与理论界的重视，这个概念就是“谐波”[58-61,63-65]。

在工程上，谐波是误差的构成分量，它包含了误差的 3 个要素：大小、方向和频率。对这 3 个要素的深入而完美的研究，非常有利于解决许多轴承领域的诸如回转精度、寿命、振动和噪声等难题。

5.2　谐波的类型与性质

5.2.1　谐波类型

轴承表面截形不是理想圆，如图 5-1 所示，形状比较复杂，因而具有圆度误差。为改善圆度误差，可以通过 FFT 技术提取截形的各次谐波分量，进而分析圆度误差的构成，并通过研究谐波分布特征，寻找出影响圆度误差的因素，并可以改善轴承产品的振动和噪声。

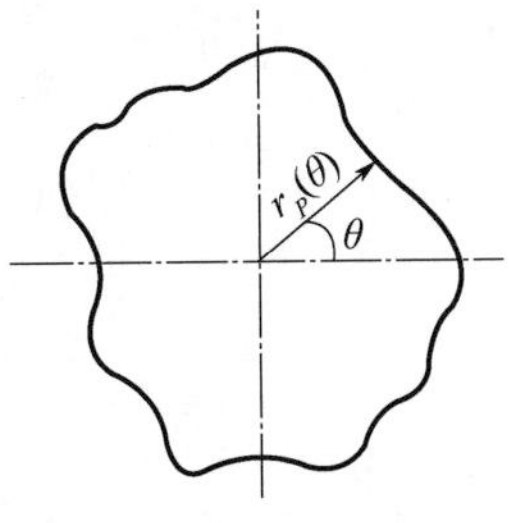

轴承套圈经淬火与回火热处理后，几乎都成为以 2 次谐波为主的近似椭圆形状。如图 5-2 所示，第 p 个工件表面的第 i 次谐波幅值 F_{pi} 随次数 i 的增大而逐渐减小。这种谐波分布叫山坡型谐波分布，又叫正常谐波分布。有时也会看到 F_{p3} 稍大于 F_{p2} 的现象，这可能是在车削工序采用三点接触式（非浮动三爪）动力卡盘时，夹持

$r_p(\theta)$　θ

图 5-1　工件表面截形

力选择不妥当引起夹紧变形过大的缘故。

磨削可以改变热处理后的表面谐波分布状态。一般而言,磨削后的谐波分布状态有图 5－2～图 5－5 几种类型。

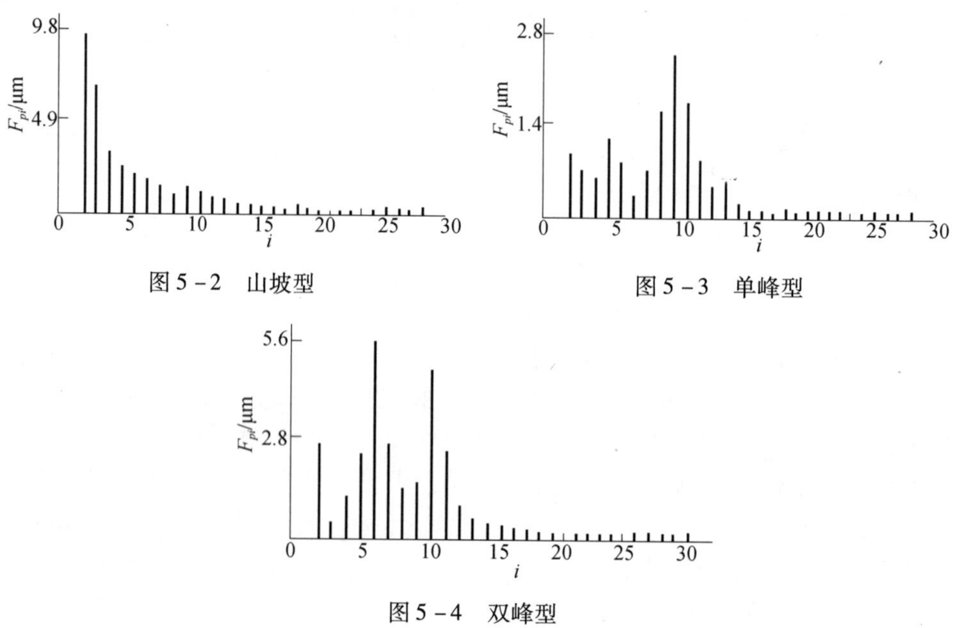

图 5－2　山坡型

图 5－3　单峰型

图 5－4　双峰型

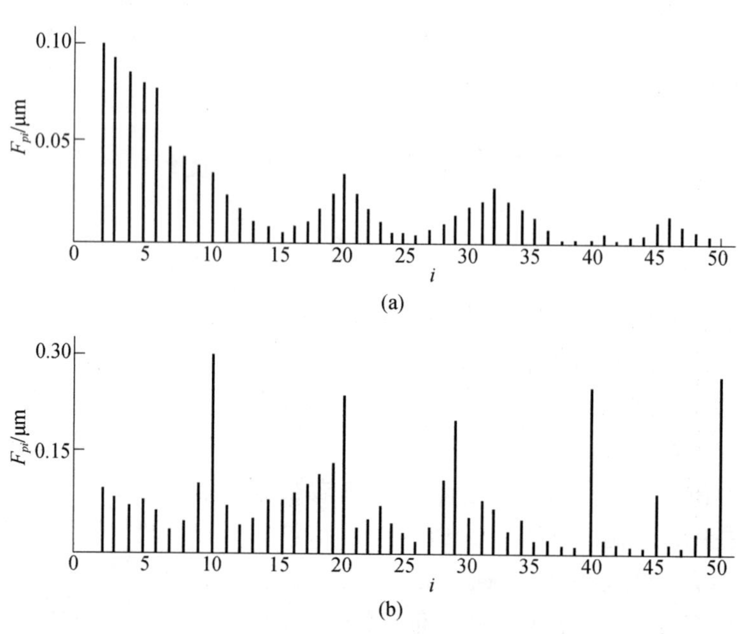

图 5－5　周期型

单峰型谐波分布如图5-3所示，某次谐波幅值F_{pi}^*明显高于其他谐波幅值，相应的谐波次数为i^*，当$i^*=2$时，和图5-2一样，形成山坡型分布。

双峰型谐波分布如图5-4所示，这种谐波分布的特点是：有两个较大的谐波幅值明显高于其他谐波幅值，相应的谐波次数及幅值分别为i^*，m^*和F_{pi}^*，F_{pm}^*。一般，i^*和m^*不相等，F_{pi}^*和F_{pm}^*不相等。

图5-5的周期型谐波分布，是谐波分布的典型例子。其中图5-5(a)是日本学者发现的，图5-5(b)是本书作者在某轴承厂生产现场发现的。这种谐波分布的主要特点是：若干个较大的幅值谐波的谐波次数有近似的函数关系。

除了上述几种类型外，还有许多其他种类的谐波分布。例如，上述几种类型的综合等。

油石超精研对磨削后的谐波分布有一定的改善能力。“包角效应”使超精研对较高次谐波幅值有明显的滤波作用。一般而言，当谐波次数$i>10$(或15)时，经超精研，F_{pi}值可以明显被衰减，而$i<10$(或15)的F_{pi}值衰减不明显。

在磨削过程中，若$i=i^*$值十分接近λ_k的值，则磨削后工件表面形成单峰型谐波分布。如图5-3所示，此时最大的幅值为F_{pi}^*。若$A_i=A_i^*$值越小，则F_{pi}^*的值就越大。若$i=i^*$值和$\lambda_k=\lambda_k^*$值相差较大，但λ_k和$i=m^*$十分接近，同时$A_i=A_i^*$值很小，则磨削后工件表面形成双峰型谐波分布。此时，双峰型谐波幅值分别为F_{pi}^*和F_{pm}^*，如图5-4所示。在磨削过程中，若λ_k值很小(例如小于2)或者很大，并且，对于所有i都有较大的A_i值，则磨削后工件表面将形成山坡型谐波分布，如图5-2所示。

在磨削过程中，若某些振动频率相互间呈某种近似函数关系，则磨削后工件表面将形成相应的周期峰型，如图5-5所示。从理论上讲，一个矩形脉冲也会产生如图5-5(a)所示的谐波分布。

5.2.2 谐波性质

1. 谐波的遗传性与突变性

对第k道工序而言，若第i次谐波的幅值和第$j(j>k)$道工序的第i次谐波的幅值密切相关，则称该次谐波是由第j道工序的相应谐波遗传来的。第j道工序称为遗传源，第i次谐波称为遗传波。谐波在遗传过程中可能有两种遗传方式：代代遗传和隔代遗传。谐波的代代遗传性很容易引起重视；而谐波的隔代遗传性往往被忽略，因为它很容易和谐波的突变性相混淆。

若第i次谐波的幅值和第$j(j>k)$道工序的第i次谐波幅值明显无关，则称该次谐波为突变波。突变波又叫做变异波。

应当注意的问题：研究谐波的遗传性，必须观察对象的整个变化过程，即要从头分析到尾，决不可断章取义地只截取整个工艺过程的局部片段。否则，会得出错误的结论。这表明轴承表面谐波误差分析的通用性和系统性。

设代号为 H 的某种试件共经历 P 道工序加工。其中每道工序有 N 个试件，每个试件的第 i 次谐波幅值为 F_i。考虑到研究对象的随机性，定义

$$\begin{cases} v_1 = \sum_{l=1}^{N}(F_{ijl} - F_{mij})(F_{ikl} - F_{mik}) \\ v_2 = \sum_{l=1}^{N}(F_{ijl} - F_{mij})^2 \sum_{l=1}^{N}(F_{ikl} - F_{mik})^2 \\ R_{ijk} = v_1/(v_2)^{0.5} \end{cases} \tag{5-1}$$

式中：i 为第 i 次谐波，$i=2,3,\cdots,q$；j 为第 j 道工序，$j=1,2,3,\cdots,P$；k 为第 k 道工序，$k=1,2,3,\cdots,P$；l 为第 l 个工件，$l=1,2,3,\cdots,N$；F_{ijl}为第 j 道工序第 l 个工件的第 i 次谐波幅值（μm）；F_{mik}为第 k 道工序的第 i 次谐波幅值的平均值（μm）。

设置信水平 $\alpha=0.05$ 的临界相关系数为 r_{05}，置信水平 $\alpha=0.01$ 的临界相关系数为 r_{01}，

若

$$|R_{ijk}| \geqslant r_{01} \tag{5-2}$$

则第 k 道工序的第 i 次谐波是由第 j 道工序遗传来的；

若

$$|R_{ijk}| \leqslant r_{05} \tag{5-3}$$

则第 k 道工序的第 i 次谐波是由本工序突变来的；

若

$$r_{05} < |R_{ijk}| < r_{01} \tag{5-4}$$

则第 k 道工序的第 i 次谐波可能是由本工序突变来的，也可能是由第 j 道工序遗传来的。

2. 谐波的显著性

对正常谐波分布而言，显著谐波是指其幅值远远超出按正常规律分布的谐波幅值大小的那些谐波。

定义平均值

$$F_{mij} = \sum_{l=1}^{N}(F_{ijl}/N) \tag{5-5}$$

和标准差

$$S_{nj} = \left\{\left[\sum_{i=1}^{N}(F_{mij} - y_{ij})^2\right]/(N-2)\right\}^{1/2} \tag{5-6}$$

并且，y_{ij}满足

$$\sum_{i=1}^{N}(F_{mij} - y_{ij})^2 \to \min \tag{5-7}$$

式中，y_{ij}的定义参照正常谐波分布模型的定义。

若

$$F_{mij} \geqslant y_{ij} + 2S_{nj} \tag{5-8}$$

则第 j 道工序的第 i 次谐波为显著波。

若

$$F_{mij} \leqslant y_{ij} \tag{5-9}$$

则第 j 道工序的第 i 次波为不显著波。

若

$$y_{ij} < F_{mij} < y_{ij} + S_{nj} \tag{5-10}$$

则第 j 道工序的第 i 次波的显著性不定。

不难看出,单峰型、双峰型和周期型等非正常分布型谐波中均有显著谐波的存在。事实上,即使是正常型谐波分布,也可能含有显著谐波。

3. 谐波的稳定性

谐波的稳定性是指某次谐波幅值变化范围的大小。某次谐波幅值的变化范围越小,该次谐波越稳定;否则,越不稳定。这里的范围可以是极差,也可以和误差理论中的不确定度有关。这里定义极差:

$$F_{rij} = \max(F_{ilj}) - \min(F_{ilj}) \tag{5-11}$$

或者

$$F_{rij} = \left\{\left[\sum_{l=1}^{N} (F_{ilj} - F_{mij})^2\right]/(N-1)\right\}^{1/2} \tag{5-12}$$

若

$$F_{rij} \geqslant 4S_{nj} \tag{5-13}$$

则第 j 道工序的第 i 次波为不稳定谐波;

若

$$F_{rij} \leqslant 2S_{nj} \tag{5-14}$$

则第 j 道工序的第 i 次波为稳定谐波;

若

$$2S_{nj} < F_{rij} < 4S_{nj} \tag{5-15}$$

则第 j 道工序的第 i 次谐波的稳定性不定。

5.3 准动力学谐波生成理论

5.3.1 无心磨削成圆理论概述

轴承零件各回转表面的磨削,几乎都采用无心磨削方式。一个世纪以来,在无心磨削的理论和实践研究中,国际上已出现了“几何成圆理论”和“动态成圆理论”两大著名的无心磨削成圆理论。目前,随着社会的发展和科学技术的进步,工作主机对轴承产品的性能要求越来越高。从而使问题的研究由早期的成圆理论转向谐波生成理论。这种转变是为了在磨削过程中方便地通过控制谐波来减小圆度误差,同时,也可以控制轴承产品的回转精度、振动加速度、振动速度和噪声等。

在无心磨削中,工件表面谐波的分布状态,取决于系统的几何布局和振动特性。"动态成圆理论"研究了工件表面谐波的动力学生成机理,未对几何效应引起足够的重视;"几何成圆理论"给出了工件表面谐波的几何稳定性判据,但忽略了振动的影响。为了综合考虑系统几何布局和振动对工件表面谐波的交互作用,本节主要研究准动力学谐波生成理论。并以准动力学谐波生成理论为基础,在后续的章节里进一步论述轴承磨削表面谐波的控制原理和计算机控制方法等问题。

5.3.2 谐波的传递与构成

工件表面形状(截形)取决于磨削表面与砂轮表面的相对瞬间位移,工件表面谐波分布状况取决于砂轮表面的相对瞬间位移的频率构成。由于几何布局可以改变工件中心的位移,进而改变磨削表面相对砂轮表面的位移,因而也就改变了工件表面形状,进而改变工件表面的谐波构成。这就是说,系统振动频率向工件磨削表面的传递,将受到几何布局的制约。

1. 振动的非整次谐波

系统的振动频率一般不是整数,而且不止一个。这种振源以某一频率比有可能在工件磨削表面上形成非整次谐波。

设振源相对工件磨削表面的振动位移为

$$Z'_k = Z_k\cos(\lambda_k\theta + \eta_k) \tag{5-16}$$

式中:k 为第 k 个振源,$k=1,2,\cdots,K$;θ 为工件转动角度变量(rad);Z_k为第 k 个振源振幅(μm);η_k为第 k 个振源振动初相位(rad);λ_k为非整次谐波阶次(次数),即频率比。

考虑相对振动,有

$$\lambda_k = 60f_k/n_w \tag{5-17}$$

式中:f_k为第 k 个振源频率(Hz);n_w为工件转速(r/min)。

动态成圆理论认为:振动在工件表面产生的谐波次数为 $\lambda_k \pm 1$ 范围内的某个整数。

2. 工件中心的几何布局性位移

相对振动的非整次频率比,有在工件磨削表面产生非整次谐波的趋势。由于无心磨削的几何布局关系,工件中心在误差敏感方向的位移将使这种趋势加强或减弱。这实际上是一种几何效应问题,可用磨圆系数(又叫几何成圆系数)A_i表示为(见图5-6):

$$A_i = 1 + \varepsilon_1\cos i(\pi - \alpha_1) - \varepsilon_2\cos i(\pi + \alpha_2) \tag{5-18}$$

其中,

$$\varepsilon_1 = \sin\alpha_2/\sin(\alpha_2 - \alpha_1) \tag{5-19}$$

$$\varepsilon_2 = \sin\alpha_1/\sin(\alpha_2 - \alpha_1) \tag{5-20}$$

式中：i 为第 i 次谐波；$i = 2,3,\cdots,N$；$N\to\infty$；α_1 为前支承角（rad）；α_2 为后支承角（rad）。

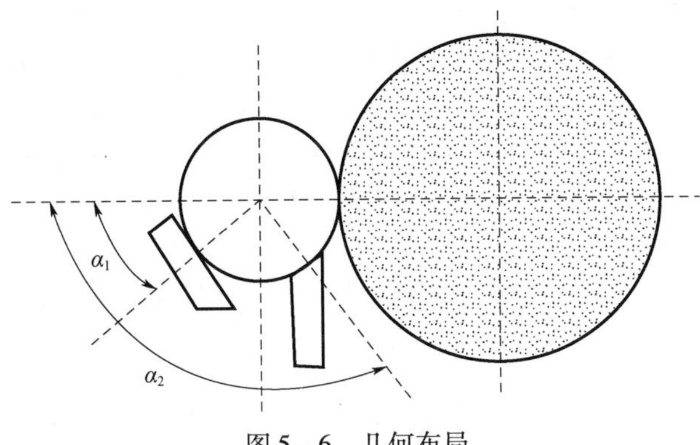

图 5－6　几何布局

几何成圆理论指出：若 $A_i < 0$，则系统几何不稳定，不能衰减第 i 次谐波；若 $A_i > 0$，则系统几何稳定，可以衰减第 i 次谐波；若 $A_i = 0$，则系统几何临界不稳定。

考虑到系统的弹性变形等因素，几何稳定条件修正为

$$A_i/A_{ki} > 1 \tag{5-21}$$

式中：A_{ki}为修整系数。

工件中心在误差敏感方向上的位移因子为

$$x_i = A_i/A_{ki} - 1 \tag{5-22}$$

3. 原始误差

工件表面的原始谐波状态设为一傅里叶级数形式：

$$c = \sum_{i=2}^{N} C_i\cos(i\theta + \beta_i) \tag{5-23}$$

式中：C_i为第 i 次谐波幅值（μm）；β_i为第 i 次谐波的初相位（rad）。

4. 合成误差

为便于研究，将式（5－16）表示为

$$Z' = \sum_{k=1}^{K} Z'_k = \sum_{k=1}^{K} Z_k\cos(\lambda_k\theta + \eta_k) \tag{5-24}$$

对式（5－24）进行傅里叶展开，有

$$y = Z' = \sum_{i=2}^{N} Y_i\cos(i\theta + \gamma_i) \tag{5-25}$$

式中：γ_i 为第 i 次谐波的初相位（rad）；Y_i为第 i 次谐波幅值（μm），且有

$$Y_i = \left|\frac{2}{\pi}\int_0^{2\pi} Z' e^{-i\theta j} d\theta\right| \tag{5-26}$$

式中：$\mathrm{j}=(-1)^{1/2}$。

磨削时，工件磨削表面在上一转具有的误差为

$$\vartheta = c + y = \sum_{i=2}^{N} \vartheta_i \cos(i\theta + \xi_i) \tag{5-27}$$

式中：ξ_i为第 i 次谐波的初相位（rad）；ϑ_i 为第 i 次谐波幅值（μm）。

误差 ϑ 在本转中将形成新的工件磨削表面误差。按照几何成圆理论的研究方法，新的误差为

$$S = \sum_{i=2}^{N} \vartheta_i A_i \cos(i\theta + \delta_i) \tag{5-28}$$

式中：δ_i为第 i 次谐波的初相位（rad）。

式（5-28）中的 S，是无心磨削时相对振动和原始误差造成的合成误差。考虑到修整系数 $A_{\mathrm{k}i}$，合成误差为

$$S = \sum_{i=2}^{N} \vartheta_i A_i \cos(i\theta + \delta_i)/A_{\mathrm{k}i} \tag{5-29}$$

5. 相对位移

工件磨削表面相对砂轮表面的位移应包括上转误差和合成误差，即

$$\Delta R = \vartheta - S \tag{5-30}$$

对式（5-30）乘以修整系数有

$$\Delta R = \sum_{i=2}^{N} B_{\mathrm{k}i} \vartheta_i [\cos(i\theta + \beta_i) - A_i \cos(i\theta + \delta_i)/A_{\mathrm{k}i}] \tag{5-31}$$

式中：ΔR 为工件和砂轮的实际径向相对位移（μm）；$B_{\mathrm{k}i}$为修整系数。

5.3.3 磨削表面的谐波分布

1. 工件磨削表面形状

如图 5-7 所示，砂轮相对工件的运动有 2 部分组成：磨削点处的径向位移和切向位移。径向位移就是 ΔR，它影响工件磨削表面的形状；切向位移和误差敏感方向相垂直，对工件磨削表面的影响已包括在频率比 λ_k 中，主要保证磨削的连续性。工件磨削表面形状，是关于 θ 角度的包络线。

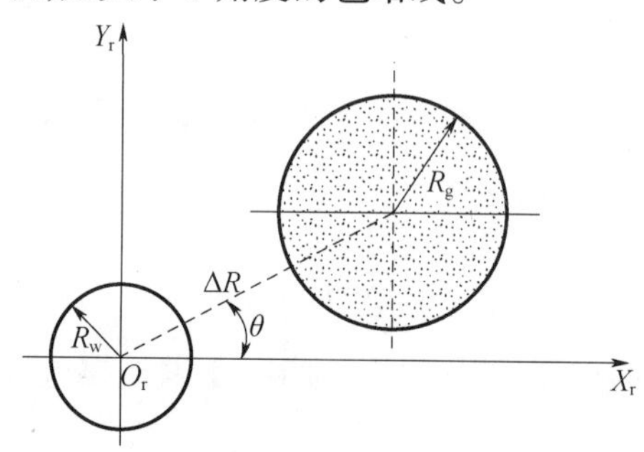

图 5-7　相对运动

由图 5-7 可知，在坐标系 $O_rX_rY_r$ 中，砂轮表面的方程为

$$(X_r - a)^2 + (Y_r - b)^2 = R_g^{\ 2} \tag{5-32}$$

$$a = [R_w + (R_g + \Delta R)]\cos\theta \tag{5-33}$$

$$b = [R_w + (R_g + \Delta R)]\sin\theta \tag{5-34}$$

式中：R_g 为砂轮半径（μm）；R_w 为工件半径（μm）。

包络条件为

$$\partial F / \partial\theta = 0 \tag{5-35}$$

式中

$$F = (X_r - a)^2 + (Y_r - b)^2 - R_g^{\ 2} \tag{5-36}$$

由式(5-35)可得

$$(X_r - a)^2 f_1 + (Y_r - b)^2 f_2 = 0 \tag{5-37}$$

式中

$$f_1 = \mathrm{d}a/\mathrm{d}\theta \tag{5-38}$$

$$f_2 = \mathrm{d}b/\mathrm{d}\theta \tag{5-39}$$

设

$$\begin{cases} X_r - a = R_g\cos\alpha \\ Y_r - b = R_g\sin\alpha \end{cases} \tag{5-40}$$

有

$$\tan\alpha = -f_1/f_2 \tag{5-41}$$

于是可得

$$\begin{cases} X_r = a + R_g\cos\alpha \\ Y_r = b + R_g\sin\alpha \end{cases} \tag{5-42}$$

工件磨削表面形状方程为

$$r(\theta) = (X_r^2 + Y_r^2)^{1/2} \tag{5-43}$$

式中：$r(\theta)$ 为工件磨削表面上的时域半径变量（μm）。

2. 工件磨削表面的谐波分布

对式(5-43)进行傅里叶变换，就得到工件磨削表面的谐波分布函数

$$F_i = \left| \frac{2}{\pi}\int_0^{2\pi} r(\theta)\,\mathrm{e}^{-i\theta j}\,\mathrm{d}\theta \right| \tag{5-44}$$

式中：F_i 为工件磨削表面第 i 次谐波的幅值（μm）。

式(5-44)可用 FFT 求解。第 i 次谐波幅值大小为

$$F_i = |a_i + \mathrm{j}b_i| = (a_i^{\ 2} + b_i^{\ 2})^{1/2} \tag{5-45}$$

式中：a_i 为用 FFT 求解的关于频域的实部分量（μm）；b_i 为用 FFT 求解的关于频域的虚部分量（μm）。

由式(5-45)可知，若给定系统振动频率 f_k 和工件表面原始误差 c，则通过改变工件转速 n_w、几何布局参数 α_1 和 α_2，就可以获得所需要的谐波分布状态。F_i 的

数学表达式,实际上定量描述了工表磨削面的谐波状态与系统振动、工件转速、几何布局之间的内在规律性。

在式(5-31)中,ΔR 是一个重要的工件表面截形(和谐波)参数。它包含工艺系统的纯几何布局性位移(由几何成圆参数 A_i 表征)、相对振动性位移(由动态成圆参数 λ_k 表征)和弹性变形性位移(由修正参数 A_{ki} 表征)等内容。这表明,轴承表面谐波的形成已不是单纯的振动位移(像"动态成圆理论"描述的那样)问题,也不是单纯的纯几何布局位移(像"几何成圆理论"描述的那样)问题,而是二者相互作用和有机综合的结果。因此,上述论述可称为"准动力学谐波生成理论"。

5.4 准动力学谐波生成理论的实践

5.4.1 实践原理

准动力学谐波生成理论认为:在无心磨削中,工件表面的第 i 次谐波幅值 F_i 主要受控于几何成圆系数 A_i 和相对振动频率比 λ_k。一般地,若 A_i 越大,则 F_i 越小;若 λ_k 越接近 i 值,则 F_i 越大。因此,减小 F_i 的方法是:可以根据 λ_k 接近 i 的程度来选择 α_1 和 α_2,使 A_i 取较大值;也可以根据 A_i 的大小来选择工件转速 n_w,使 λ_k 远离 i 值;还可以优化组合 A_i 和 λ_k,使 F_i 为最小;若有必要,可以进行系统的减振处理。应该注意的是,在 A_i 一定时,改变 λ_k 可以改变最大谐波幅值 $F_{i\max}$ 的次数 i 值;在 λ_k 一定时,改变 A_i 可以改变最大谐波幅值 $F_{i\max}$ 的大小。

在无心磨削系统参数 α_1,α_2,n_w,f_k 以及固有频率 f_n 和阻尼系数 ζ 中,α_1,α_2 和 n_w 是很容易改变的。准动力学谐波生成理论正是利用这一特点,不涉及 f_n 和 ζ 而仅考虑 A_i 和 λ_k,并通过调节 α_1,α_2 和 n_w 来改变谐波生成状况,从而方便地获取所需要的谐波分布。这就使谐波的工艺过程控制成为可能。在工艺过程中实施谐波的控制原理见图 5-8,所采用的控制系统见图 5-9。

对次数比较高的谐波,例如 $i>10$(或 15),在磨削以后的超精研过程中可以大大消除或改善,而 $i<10$(或 15)时改善不明显。1 次谐波对应的工件截形为一近似的偏心圆,因无心磨削时工件自动对心,故无需考虑。即在磨削时仅仅控制 2~10(或 15)次谐波就可以改善工件表面圆度误差。针对 2~10(或 15)次谐波内的某幅值较大的谐波,根据 $\lambda_k=60f_k/n_w$ 调整工件转速 n_w 就可以使该次谐波变为高于 10(或 15)次的谐波。

5.4.2 效果分析

实验是在 3MZ1310 球轴承内圈沟道磨床上进行的,采用固定支承式电磁无心夹具,磨削 6305/02 球轴承沟道。砂轮转速固定在 1400r/min。

实验方案见表 5-1,磨削表面谐波的实验结果见图 5-10~图 5-14,各图

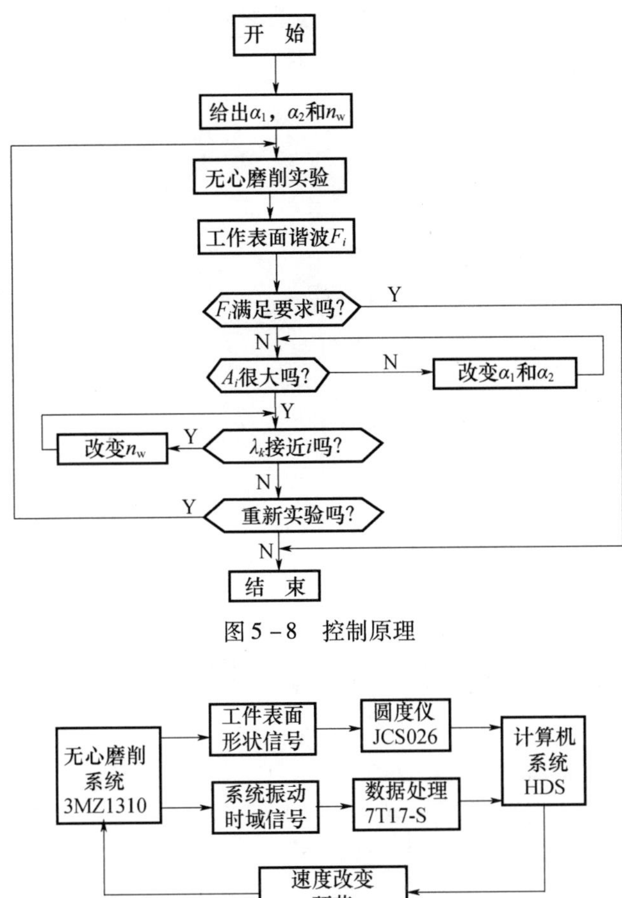

图5－8　控制原理

图5－9　控制系统

中，T00号实验工件数量为75件(随机抽取)，其余的实验工件数量均为15件。

表5－1　实验安排和实验结果

序号	工作条件			工序名称	最大谐波 $F_{i\max}/\mu m$	有关谐波 $F_i/\mu m$
	$n_w/(r/min)$	$\alpha_1/(°)$	$\alpha_2/(°)$			
T00	—	—	—	热处理	$F_2=9.72$	$F_3=8.16, F_{10}=1.34$
T01	390	28	110	磨削	$F_6=13.72$	$F_3=1.48, F_{10}=2.04$
T02	390	15	110	磨削	$F_6=5.63$	$F_3=0.21, F_{10}=4.06$
T03	390	10	110	磨削	$F_6=2.43$	$F_3=0.54, F_{10}=0.30$
T04	640	28	110	磨削	$F_4=11.88$	$F_6=2.94, F_{10}=0.77$

为方便研究，将各实验结果中的最大谐波和有关谐波参数也列在表5－1中。

无心磨削系统振源状态见表 5－2。相对振动的频谱图如图 5－15 和图 5－16 所示。λ_k和 A_i的大小分别见表 5－3 和表 5－4。

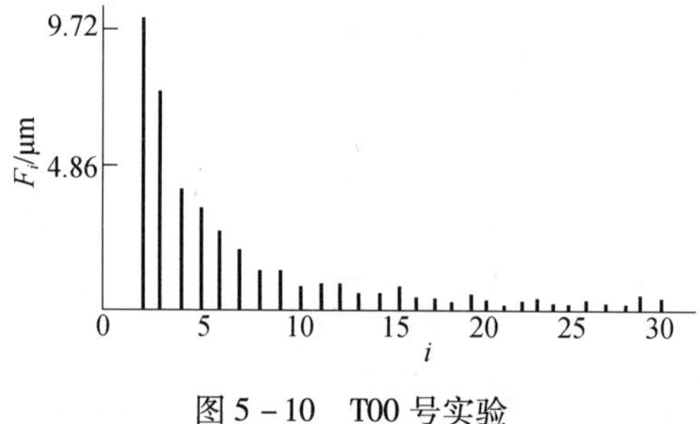

图 5－10　T00 号实验

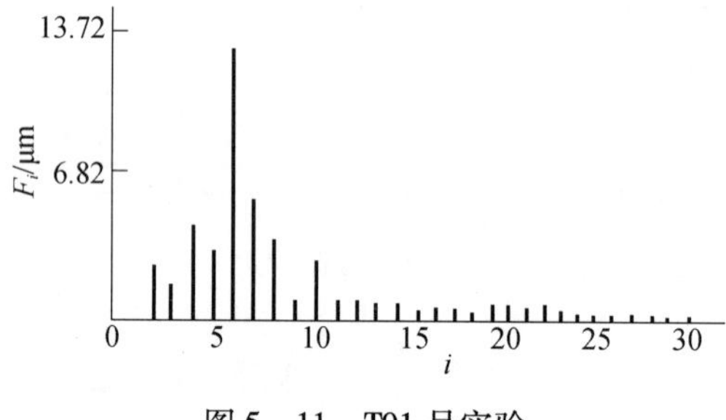

图 5－11　T01 号实验

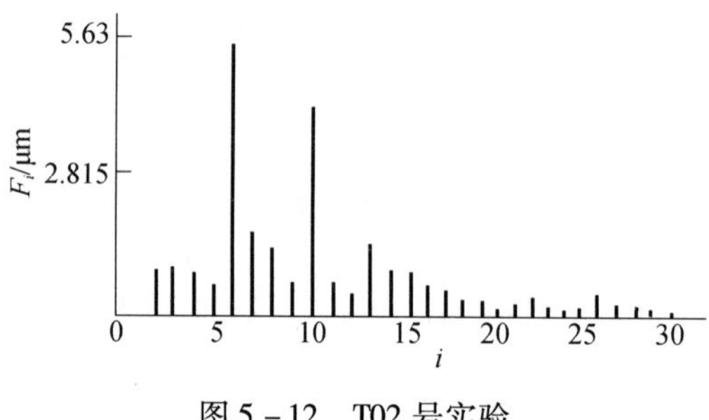

图 5－12　T02 号实验

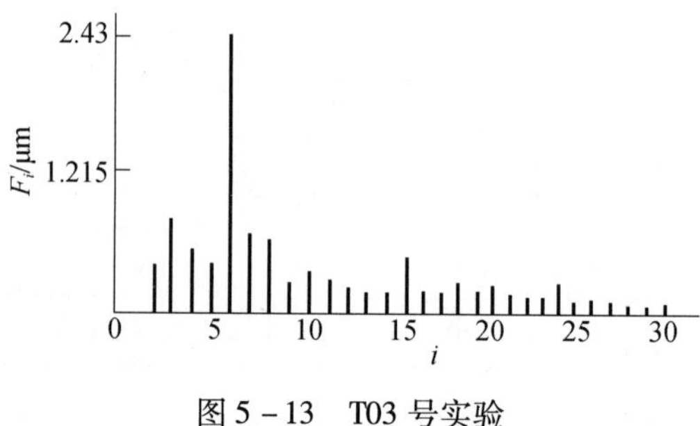

图 5－13　T03 号实验

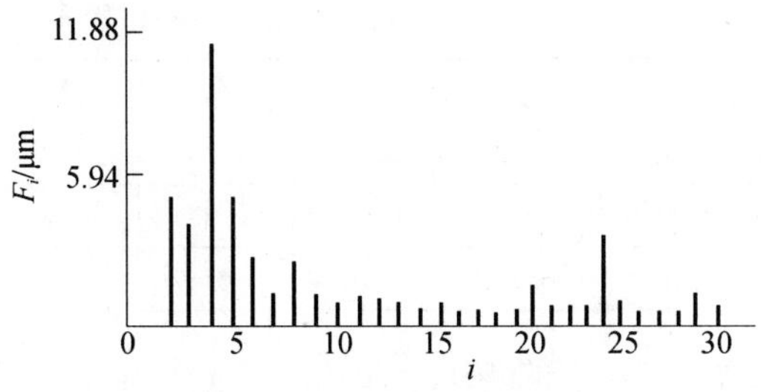

图 5-14　T04 号实验

表 5-2　振源状态

振源	砂轮			前支承		
频率 f_k/Hz	42.5	117.5	192.5	20.0	97.0	132.5
振幅 Z_k/μm	0.98	0.073	0.0137	31.66	1.35	0.721

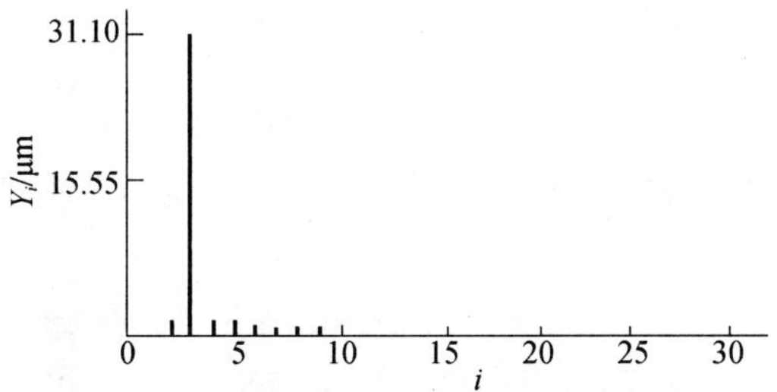

图 5-15　n_w = 390r/min 的相对振动频谱

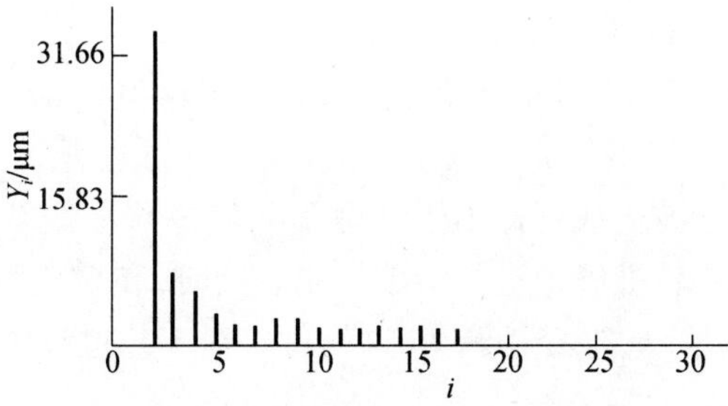

图 5-16　n_w = 640r/min 的相对振动频谱

表 5-3　相对振源频率比 λ_k

n_w/(r/min)	λ_1	λ_2	λ_3	λ_4	λ_5	λ_6
390	6.538	18.077	29.615	3.077	14.923	20.386
640	3.984	11.016	18.048	1.875	9.094	12.422

表 5-4　有关谐波的 A_i 值($\alpha_2 = 110°$)

α_1/(°)	A_2	A_3	A_4	A_5	A_6	A_7	A_8	A_{10}
10	2.03	0.33	1.70	0.21	1.39	0.79	1.33	0.67
15	2.02	0.56	1.43	0.50	0.87	1.41	0.87	-0.06
28	1.89	1.31	0.56	1.26	-0.17	2.22	0.76	0.72

下面研究 $n_w = 390$r/min 下的 T01 至 T03 号实验结果。

在 T01 号实验中，由表 5-3 和表 5-4 可知，当 $\alpha_1 = 28°$时，$A_6 = -0.17$，其值很小；而 $\lambda_1 = 6.538$，其值很接近 6。因此，最大幅值的谐波次数必然为 $i = 6$，如表 5-1所列，此时，$F_{i\max} = F_6 = 13.72\mu$m。还可以看到，$\lambda_4 = 3.077$，其值很接近 $i = 3$，但由于 $A_3 = 1.31$，其值较大，因此第 3 次谐波幅值 F_3必定较小，如表 5-1 所列，$F_3 = 1.48\mu$m。

在 T02 号实验中，如表 5-1 和表 5-4 所列，$\alpha_1 = 15°$，有 $A_6 = 0.87$，其值较大，就可以减小 F_6值，$F_6 = 5.63\mu$m。另一方面，$A_{10} = -0.06$，其值很小，必然导致 F_{10}较大，$F_{10} = 4.06\mu$m。在加上 λ_k远离 $i = 10$，从而有 $F_{10} < F_6$。

在 T03 号实验中，进一步改变 α_1，使 $\alpha_1 = 10°$，有 $A_6 = 1.39$，$A_{10} = 0.67$。这些几何成圆系数均较大，可以得到较满意的结果，如表 5-1 所列，$F_6 = 2.43\mu$m，$F_{10} = 0.30\mu$m。

T01 至 T03 号的实验研究表明，在 n_w和 λ_k不变时，通过调节 α_1和 α_2来改变 A_i值，进而可以改变最大谐波幅值的大小。相反，如要改变最大谐波的次数 i，就必须调节 n_w使 λ_k变化。T04 号实验就满足了此目的。

在 T04 号实验中，$n_w = 640$r/min，$\alpha_1 = 28°$。如表 5-1 ~ 表 5-4 所列，λ_k均远离 $i = 6$，尽管 $A_6 = -0.17$，F_6仍然较小，为 $F_6 = 2.94\mu$m。另外，由于 $\lambda_1 = 3.984$，很接近 $i = 4$，加之 $A_4 = 0.56$，其值并不很大，因此最大谐波的谐波次数为 $i = 4$，此时 $F_4 = 11.88\mu$m。

总之，准动力学谐波生成理论由于考虑了几何位移和振动位移的交互作用与有机综合，因此可以比较准确地进行谐波控制。同时，和系统固有频率 f_n及阻尼系数 ζ 相比，参数 α_1，α_2与 n_w很容易调节，这就可以在工艺过程中实施谐波的计算机控制。

5.5　轴承表面谐波的 FFT 仿真源程序

轴承表面谐波和圆度误差的研究离不开 FFT，这里不研究 FFT 的理论问题，仅给出有用的 FFT 计算机源程序 FFT. BAS。FFT. BAS 是一个完整的轴承表面谐波的 FFT 仿真源程序，同时又具有良好的结构性，因此，很容易被移植为其他高级语言。

1. 程序说明

FFT. BAS 用经典的 Qb(Quick BASIC)高级语言编写,由主程序和一个子程序组成。

主程序是一个仿真例子。其中设定轴承表面截形方程为

$$r(\theta)=10.0+0.2\cos(2\theta)+0.256\sin(256\theta)$$

即轴承表面截形由 $F_2=0.2$ 和 $F_{256}=0.256$ 两个正交的谐波分量构成,基圆半径为 $r_0=10.0$。

在轴承表面截形圆周 2π 范围内均匀选取 $n=2048$ 个点的数据,并将这些点的值放入时域实部分量 $a(i)(i=0,1,2,\cdots,n-1)$ 中,时域虚部分量为 $b(i)=0$。

然后用子程序 FFT 计算轴承表面谐波分量 $a(i)(i=0,1,2,\cdots,n_0)$ 和 $b(i)$,其中,FFT 返回的 $a(i)$ 为频域实部分量,$b(i)$ 为频域虚部分量。本仿真例子的计算结果为 $a(0)=10.0$,$a(2)=0.2$,$b(256)=0.256$,其他谐波分量的值均为 0。

本程序要求 $n=2^m$,所打印的最高谐波次数为 n_0,一般取 $n_0\leqslant n/2$。

2. 程序代码清单

FFT. BAS 的源程序代码清单如下:

```
DECLARE SUB FFT(m,n,a(),b())
    CONST n=2048
    DIM a(0 TO n),b(0 TO n)
    m=LOG(n)/LOG(2)
    n0=n / 2
    FOR i=0 TO n - 1
        ct=2.* 3.1415926 * i / n
        b(i)=0
        a(i)=10. +0.2 * COS(2.* ct) +0.256 * SIN(256.* ct)
    NEXT i
    CALL FFT(m,n,a(),b())
    CLS
    j=0
    FOR i=0 TO n0
        j=j+1
        IF j=2 THEN
           j=0
           PRINT
        END IF
        PRINT USING "####"; i;
        PRINT "  ";
        PRINT USING "####.######"; a(i);
        PRINT "  ";
```

```
        PRINT USING "####.######"; b(i);
        PRINT "  ";
    NEXT i
END


SUB FFT(m,n,a(),b())
    FOR i = 0 TO n - 1
        a(i) = 2 * a(i)
    NEXT i
    j = 0
    n1 = INT(n / 2 +.5)
    m1 = n - 1
    FOR i = 0 TO m1 - 1
        IF j > i THEN
           t1 = a(j)
           t2 = b(j)
           a(j) = a(i)
           b(j) = b(i)
           a(i) = t1
           b(i) = t2
        END IF
        k = n1
        DO WHILE j > = k
           j = j - k
           k = k / 2
        LOOP
        j = j + k
    NEXT i
    FOR L = 1 TO m
        L1 = 2 ^ L
        L2 = L1 / 2
        u1 = 1.
        u2 = 0.
        w1 = COS(3.141593 / CSNG(L2))
        w2 = SIN(3.141593 / CSNG(L2))
        FOR j = 0 TO L2 - 1
            FOR i = j TO n - 1 STEP L1
                i1 = i + L2
```

```
            t3 = a(i1)* u1 + b(i1)* u2
            t4 = b(i1)* u1 - a(i1)* u2
            a(i1) = a(i) - t3
            b(i1) = b(i) - t4
            a(i) = a(i) + t3
            b(i) = b(i) + t4
        NEXT i
        uk1 = u1 * w1 - u2 * w2
        u2 = u1 * w2 + u2 * w1
        u1 = uk1
    NEXT j
NEXT L
FOR i = 0 TO n - 1
    a(i) = a(i)/ n
    b(i) = b(i)/ n
NEXT i
a(0) = a(0)/ 2
END SUB
```

本程序求出的工件表面谐波次数均为整数,即认为复杂的工件表面曲线,是由众多的整次谐波分量组合的结果,而不追求非整次谐波次数。这样做显然是为了利用仅适应于整次谐波次数 i 的参数 A_i 来控制谐波分布的缘故,尽管工件表面确实存在着非整次谐波,例如 2.4 次谐波。

5.6 本章小结

谐波的类型有正常谐波与非正常谐波,山坡型谐波属于正常谐波,单峰型、双峰型、周期型等谐波属于非正常谐波。谐波具有突变性、遗传性、显著性和稳定性等性质。

准动力学谐波生成理论建立了系统相对振动、工件转速、以及几何布局参数与工件表面谐波分布状态之间的内在关系,揭示出谐波生成的准动力学机制。

第 6 章　滚动轴承磨削谐波控制理论及应用

本章介绍滚动轴承磨削表面谐波的计算机控制原理、谐波控制系统的软件设计方法、系统控制误差的分析与改善方法、谐波控制的实验方法、以及轴承磨削表面谐波的工艺过程诊断理论与计算机系统等内容,旨在有效地实施谐波的计算机控制与轴承表面谐波工艺过程的全面诊断。

6.1　滚动轴承磨削表面谐波的控制原理

6.1.1　轴承表面谐波分布的统计特征

在控制以后,应评价所获得的谐波分布是否属于正常分布。如是,则表明工艺条件已合适,否则,不合适。

在特定条件下,对每个工件而言,表面谐波的形成还和许多因素有关,例如,砂轮磨损、随机振动等。因此,很难找到两个完全相同的谐波分布。为了评价各种工艺条件形成正常谐波的能力,有必要用统计方法对一批 N 个工件表面谐波分布进行研究。

第 p 个工件表面的正常谐波分布具有下述函数特征,即

$$F = ai^{-b} \tag{6-1}$$

式中:a 为非负的待定系数(μm);b 为非负的待定系数,无量纲。

系数 a 和 b 又叫做正常谐波分布的特征参数,应满足:

$$Q = \sum_{i=2}^{q} (F_{pi} - F)^2 \to \min \tag{6-2}$$

F 和 i 的相关系数为

$$\rho = \frac{\sum_{i=2}^{q} (x_i - x_M)(y_i - y_M)}{\left\{ \sum_{i=2}^{q} (x_i - x_M)^2 \sum_{i=2}^{q} (y_i - y_M)^2 \right\}^{0.5}} \tag{6-3}$$

其中,

$$x_M = \sum_{i=2}^{q} x_i/(q-1) \tag{6-4}$$

$$y_M = \sum_{i=2}^{q} y_i/(q-1) \tag{6-5}$$

$$x_i = \ln i \tag{6-6}$$

$$y_i = \ln F_{pi} \tag{6-7}$$

式中：q 为所研究的最高谐波次数（阶次）。

一般而言，ρ 也是谐波分布的特征参数，它表示特定工艺条件下，磨削系统生成正常谐波分布即山坡型谐波的能力。ρ 值越接近 -1，生成正常谐波分布的能力越强，否则越弱。强弱程度可根据数理统计中的临界相关系数（见表6-1）r_{05} 和 r_{01}，用下面的法则来判断（$\rho<0$）：

若

$$|\rho| \geqslant r_{01} \tag{6-8}$$

则磨削系统生成正常谐波分布的能力强；

若

$$r_{05} \leqslant |\rho| < r_{01} \tag{6-9}$$

则磨削系统生成正常谐波分布的能力较强；

若

$$|\rho| < r_{05} \tag{6-10}$$

则磨削系统生成正常谐波分布的能力弱。

参数 a 和 $-b$ 表示各次谐波幅值的大小。a 和 $-b$ 越小，则谐波幅值越小，否则越大。临界相关系数 r_{01} 表示置信水平为99%，r_{05} 表示置信水平为95%。

表6-1 临界相关系数表

$q-3$	r_{05}	r_{01}	$q-3$	r_{05}	r_{01}
1	0.997	1.000	21	0.413	0.526
2	0.950	0.990	22	0.404	0.515
3	0.878	0.959	23	0.396	0.505
4	0.811	0.917	24	0.388	0.496
5	0.754	0.874	25	0.381	0.487
6	0.707	0.834	26	0.374	0.478
7	0.666	0.798	27	0.367	0.470
8	0.632	0.765	28	0.361	0.463
9	0.602	0.735	29	0.355	0.456
10	0.576	0.708	30	0.349	0.449
11	0.553	0.684	35	0.325	0.418
12	0.532	0.661	40	0.304	0.393
13	0.514	0.641	45	0.288	0.372

（续）

$q-3$	r_{05}	r_{01}	$q-3$	r_{05}	r_{01}
14	0.497	0.623	50	0.273	0.354
15	0.482	0.606	60	0.250	0.325
16	0.468	0.590	70	0.232	0.302
17	0.456	0.575	80	0.217	0.283
18	0.444	0.561	90	0.205	0.267
19	0.433	0.549	100	0.195	0.254
20	0.423	0.537	200	0.138	0.181

6.1.2 轴承磨削表面谐波的计算机控制

1. 振源振动的加速度信号与位移信号的关系

和人工控制不同，用计算机控制可以使工件转速连续变化。

一般地，对振源振动信号的拾取是通过加速度传感器的，因而所拾取信号为一加速度时间信号。根据准动力学谐波生成理论来控制2～10（或15）次谐波，所需振源信号为位移时间信号，这就需要找到振源振动加速度－时间信号与位移－时间信号的关系。

振源振动位移－时间信号可表示为

$$y(t) = \sum_{k=1}^{K} C_k \cos(2\pi f_k t + \psi_k) \tag{6-11}$$

式中：C_k为第k个振源振幅（μm）；ψ_k为第k个振源初相位（rad）；t为时间变量（s）。

对式（6－11）展开得

$$y(t) = \sum_{k=1}^{K} [a_k \cos(2\pi f_k t) + b_k \sin(2\pi f_k t)] \tag{6-12}$$

式中：a_k为第k个振源幅值分量（μm）；b_k为第k个振源幅值分量（μm）。

对式（6－12）求导数得速度－时间信号：

$$\dot{y}(t) = -2\pi \sum_{k=1}^{K} \{f_k [a_k \sin(2\pi f_k t) - b_k \cos(2\pi f_k t)]\} \tag{6-13}$$

对式（6－13）求导数得加速度－时间信号：

$$\ddot{y}(t) = -(2\pi)^2 \sum_{k=1}^{K} \{f_k^2 [a_k \cos(2\pi f_k t) + b_k \sin(2\pi f_k t)]\} \tag{6-14}$$

比较式（6－12）与式（6－14），可得第j个振源振动的位移时间信号与加速度－时间信号的幅值关系：

$$\ddot{F}_{yj} = -(2\pi)^2 f_j^2 F_{yj} \tag{6-15}$$

所以有

$$F_{yj}=-\frac{1}{(2\pi f_j)^2}\ddot{F}_{yj} \tag{6-16}$$

式中:$\ddot{F}_{yj}$为第 j 个振源振动加速度-时间信号幅值($\mu m/s^2$);F_{yj}为第 j 个振源振动位移-时间信号幅值(μm);f_j为第 j 个振源振动频率(Hz)。

因为仅考虑位移-时间信号的大小,所以有

$$F_{yj}=\frac{1}{(2\pi f_j)^2}\ddot{F}_{yj} \tag{6-17}$$

式(6-17)就是所拾取振源振动加速度-时间信号幅值与位移-时间信号幅值的对应关系。

2. 谐波的计算机控制策略

由以上所述可知,磨削加工主要应控制 2~10(或 15)次谐波的分布及其幅值。保守一点,这里研究 2~15 次谐波的控制问题。根据准动力学谐波生成理论,振源振动在工件表面形成的非整次谐波为 $\lambda_k=60f_k/n_w$,在优化 α_1 和 α_2,使 2~15 次谐波对应的 A_i 都较大的情况下,在连续磨削过程中,仅改变工件转速就可以有效地控制 2~15 次谐波的分布及其幅值。

当恒速磨削时,在给定工件初始转速后,振源振动频率较稳定。由 $\lambda_k=60f_k/n_w$可知:n_w越大,磨削后工件表面形成的非整次谐波次数就越低;n_w越小,磨削后工件表面形成的非整次谐波次数就越高。所以先给定一比较高的工件初始转速 n_{w0},然后按一定的规律使工件转速降低到某一转速 $n_{w\min}$,这样在较高转速下形成的 2~15 次的幅值较高的谐波中,一些由于转速的降低而被打乱,变得幅值相对较低,另一些被推移至 15 次谐波之后(或在较高转速下形成 2~15 谐波的一些振源在较低转速下形成高于 15 次的谐波)。若振源在较低频率区域内的振动比较小,对所有的 α_1 和 α_2 而言,使 2~15 次谐波对应的 A_i 都较大,则工件转速变化到最低转速时,工件表面最终形成的谐波幅值就比较低。这样既保证了磨削效率,又能改善工件表面的谐波分布,从而减小工件的圆度误差,达到了控制谐波的目的。

具体的控制过程为:先给工件一初始转速值 n_{w0},使工件转动,接着一直查询砂轮是否开始磨削工件。当砂轮磨削工件比较正常时,立即对振动信号进行采样,之后进行快速傅里叶变换,求出各个振源的振幅,从中找出最大振幅 $F_{p\max}$。当振源振幅较小时,可以认为对谐波的形成无影响或影响可忽略不计。故找一系数乘以最大幅值 $F_{p\max}$得 F_l。然后从频率最小的振源找起,当某一振源频率幅值不小于 F_l时,此时振源频率设为 f_l。由 $\lambda_k=60f_k/n_w$把 f_l代入该式得 $\lambda_l=60f_l/n_{w0}$。比较 λ_l与 2,若 λ_l大于 2,f_l就是影响形成工件表面谐波幅值的最小频率,否则 f_2即是。这样就求出了影响形成工件表面谐波幅值的最小频率 $f_{\min}=f_l$或 $f_{\min}=f_2$。根据$\lambda_k=60f_k/n_w$,求 15 次谐波对应的最小工件转速 $n_{w\min}=60f_{\min}/15$,然后使工件转速按一定规律变化到 $n_{w\min}$。

6.2 谐波控制系统的软件设计

本节研究轴承磨削表面谐波控制系统的软件设计问题,软件设计的理论基础是“准动力学谐波生成理论”。这要求数据采集迅速并且计算简单,以体现快速和实时的特点[60]。

6.2.1 数据处理原理

1. 采样数据的预处理

设电荷放大器的输出档次选择用符号 acution 表示,A/D 板单极输入电压用符号 ADlnV 表示,A/D 转换位数用符号 AdconvBtye 表示,经电荷放大器输出的数据用 data 表示,预处理后的数据用 Data 表示。于是,所采样数据之值可用电压信号表示为

$$\text{data} \cdot \text{ADlnV} \cdot \text{actution}/(2^{\text{AdconvBtye}}9)\,\text{V}$$

因所选传感器的电压灵敏度为 28.9mV/g,故所采样数据对应的加速度为

$$\text{data} \cdot \text{ADlnV} \cdot \text{actution} \cdot 1000/(2^{\text{AdconvBtye}}28.9)\,\text{g}$$

由于 $1\text{g}=9.8\text{m/s}^2$,所以变成单位为 m/s^2时有

$$\text{data} \cdot \text{ADlnV} \cdot \text{actution} \cdot 1000/(2^{\text{AdconvBtye}}28.9 \cdot 9.8)\,\text{m/s}^2$$

变成单位为 $\mu\text{m/s}^2$时有

$$\text{data} \cdot \text{ADlnV} \cdot \text{actution} \cdot 1000 \cdot 10^6/(2^{\text{AdconvBtye}}28.9 \cdot 9.8)\,\mu\text{m/s}^2$$

由式(6-17),对采样数据除以 2π 的平方,然后进行快速傅里叶变换,相应频率的幅值再除以频率的平方即得振动的位移-时间信号。所以在进行快速傅里叶变换之前,对采样数据分别除以 2π 的平方,即得

$$\text{Data}=\text{data} \cdot \text{ADlnV} \cdot \text{actution} \cdot 1000 \cdot 10^6/[2^{\text{AdconvBtye}}28.9 \cdot 9.8 \cdot (2\pi)^2]\,\mu\text{m/s}^2$$

2. 频谱细化原理(高分辨率傅里叶分析)

高分辨率傅里叶分析 HR-FA 法包括数字频移、数字低通滤波、重采样(选抽)、快速傅里叶变换及加权修正等处理步骤。图 6-1 给出 HR-FA 法的原理框图及各部分频谱。

宽带连续信号 $x_a(t)$经模拟抗混低通滤波器滤去高于 $F_s/2$ 的频谱成分后,以采样频率 F_s在时域采样,得到数字信号:

$$x_0(t)=x_a(nt) \tag{6-18}$$

假定要求以给定的频率分辨率 ΔF 分析信号中中心频率为 F_0、宽度为 B 的范围内的频谱,为了获得分辨率 ΔF,输入信号的时间记录长度应为 $T_1=1/\Delta F$,输入采样点数为

$$N_d=T_1/T=F_s/\Delta F \tag{6-19}$$

式中,采样周期为

$$T = 1/F_s \tag{6-20}$$

采样数字信号 $x_0(n)$ 的离散频谱 $X_0(k)$ 是以 N_d 为周期的函数：

$$X_0(k) = \sum_{n=0}^{N_d-1} x_0(n) W_{N_d}^{nk} = X_0(k + iN_d) \tag{6-21}$$

式中

$$W_{N_d} = e^{-j\frac{2\pi}{N_d}}; k = 0,1,2,\cdots,N_d - 1; i = 0, \pm 1, \pm 2,\cdots; j = (-1)^{1/2} \tag{6-22}$$

对 $x_0(n)$ 以 $e^{-j2\pi\frac{F_0}{F_s}n}$ 进行复调制，得数字信号 $x(n)$：

$$\begin{aligned} x(n) &= x_0(n) e^{-j\frac{2\pi}{F_s}F_0 n} = x_0(n) e^{-j\frac{2\pi F_0}{N_d \Delta F}n} \\ &= x_0(n)\cos\left(\frac{2\pi}{N_d}L_0 n\right) - jx_0(n)\sin\left(\frac{2\pi}{N_d}L_0 n\right) \end{aligned} \tag{6-23}$$

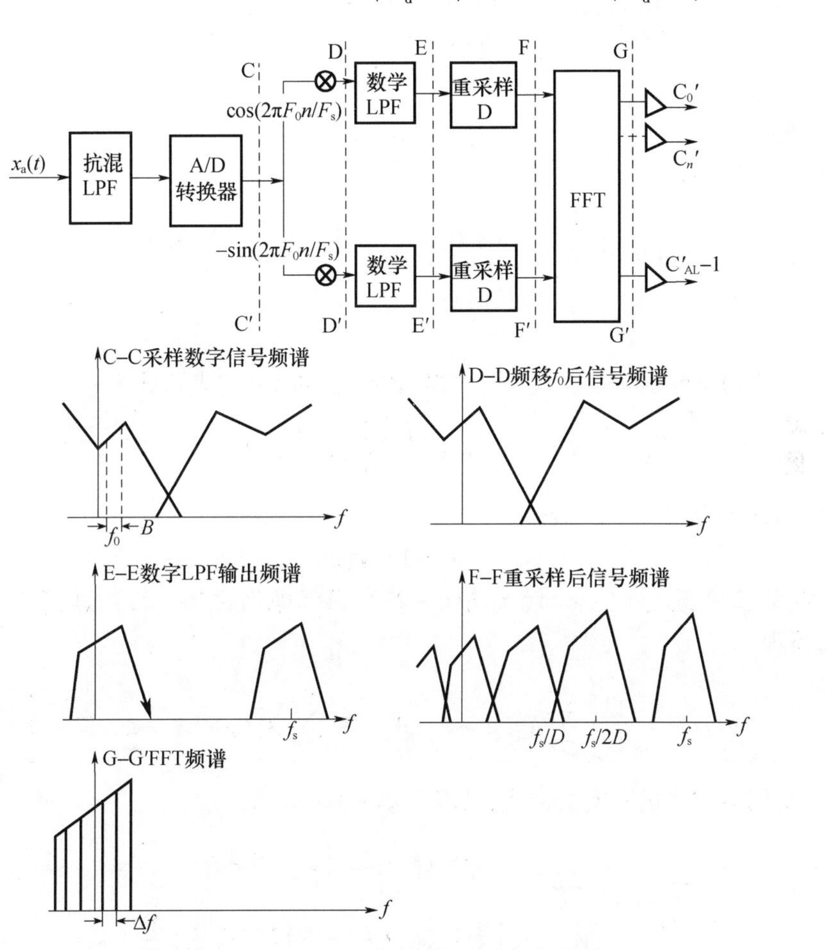

图 6-1　HR-FA 法的原理框图和各部频谱

其中，$L_0 = F_0/\Delta F$ 是在全景频谱显示中对应于频率 F_0 的谱线序号（在此处假定 L_0

为整数)。

根据离散傅里叶变换的频移性质,$x(n)$的离散频谱为

$$X(k)=X_0(k+L_0) \tag{6-24}$$

频移信号$x(n)$通过低通滤波器后,在时域以比例因子D(D又叫选抽比)进行同步选抽,把信号采样频率降低到F_s/D,这样,在频域上频谱周期从F_s缩短为F_s/D(见图6-1)。

为了保证选抽后不至于产生频谱的迭混,必须给予相应的带限条件,即低通滤波器的通带宽度一般不能超过$F_s/(2D)$。为了分析方便而又不影响到结果的正确性,暂假定数字低通滤波器具有理想矩形特征,其频率可以用下式表征

$$H(t)=\begin{cases}1\left(k=0,1,\cdots,\dfrac{N}{2}-1;N_d-\dfrac{N}{2},\cdots,N_d-1\right)\\0(\text{其他})\end{cases} \tag{6-25}$$

式中

$$N=N_d/D \tag{6-26}$$

因此,滤波器的输出频谱为

$$Y(k)=X(k)H(t)=\begin{cases}X_0(k+L_0)\left(k=0,1,\cdots,\dfrac{N}{2}-1;N_d-\dfrac{N}{2};\cdots,N_d-1\right)\\0(\text{其他})\end{cases} \tag{6-27}$$

根据傅里叶逆变换公式,滤波器输出信号在时域的表达式为

$$y(n)=\frac{1}{N_d}\sum_{p=0}^{N_d-1}Y(p)W_{N_d}^{-pn} \tag{6-28}$$

以比例因子D对$y(n)$选抽得

$$g(m)=y(D_m) \tag{6-29}$$

将式(6-27)和式(6-28)代入式(6-29),再考虑到式(6-21),进行适当的变换后,可得

$$g(m)=\frac{1}{N_d}\left[\sum_{p=0}^{\frac{N}{2}-1}X_0(p+L_0)W_N^{-pm}+\sum_{p=\frac{N}{2}}^{N-1}X_0(p-N+L_0)W_N^{-pm}\right] \tag{6-30}$$

利用离散傅里叶变换公式,可求出$g(m)$的频谱:

$$G(k)=\sum_{m=0}^{N-1}g(m)W_N^{mk}=\begin{cases}\dfrac{1}{D}X_0(k+L_0)\left(k=0,1,\cdots,\dfrac{N}{2}-1\right)\\\dfrac{1}{D}X_0(k+L_0-N)\left(k=\dfrac{N}{2},\dfrac{N}{2}+1,\cdots,N-1\right)\end{cases} \tag{6-31}$$

所以

$$X_0(k)=\begin{cases}DG(k-L_0) & \left(k=L_0,\cdots,L_0+\dfrac{N}{2}-1\right)\\ DG(k-L_0+N) & \left(k=L_0-\dfrac{N}{2},\cdots,L_0-1\right)\end{cases}\tag{6-32}$$

显然,要得到 ΔF 的频率分辨率,直接用 FFT 法必须做样本长度为 N_d 的 FFT;而采用 HR－FA 法,选抽后信号样本只有 $N=N_d/D$ 点,即只要做 N 点的 FFT 就可以获得 ΔF 的分辨率。换言之,如果采用同样点数的 FFT 分析,则 HR－FA 法获得的分辨率比直接 FFT 法提高到 D 倍,因此 D 又称为细化倍数,

由式(6－32)可见,经过 HR－FA 法几个处理步骤,分析得到的最终结果完全能够反映出原数字序列在某一频率范围内的频谱特性。

6.2.2 软件功能模块

1. 软件的内容简介

软件包括采样、分析、控制、帮助与退出共 5 部分,采样包括采样参数输入与采样 2 部分,分析包括频谱分析与频谱细化 2 部分,控制包括硬件调试、控制参数输入与控制 3 部分,帮助包括使用手册、关于本软件 2 部分。

采样与控制部分必须在采样参数和控制参数输入的情况下才可以运行,其中的工件转速初值决定着频谱分析与频谱细化的分析范围,并且本软件的参数输入部分可以使用缺省值,在某一项中可以使光标左右移动,可以插入、删除,严格保证输入数据的合法性(符合数据类型与范围)。当用户仅想输入一项或几项时,其他各项可以使用缺省值。

采样、分析部分与控制部分相互独立,可以在不加工工件时对振动进行采样与分析。当采样完成后,必须输入一文件名来保存采集的数据;当进行数据分析时,可以直接在文件名一栏中输入文件名,也可以回车后通过按上下箭头来选择文件名,回车确定,之后进行数据处理。控制部分集控制工件转速、采样、分析和再控制于一体,可以设置工件初始转速、最终转速、选择变频器参数等其他参数。硬件调试部分可以对所设计的硬件的各个通道进行调试,通过观察继电器附近的发光二极管或提示即可。帮助部分含有一使用手册,其中详细介绍了本软件的安装、使用和维护等。

软件最重要的 2 部分为频谱细化和控制部分。频谱分析仅仅对采样数据进行 FFT 变换,此后,就可以把各频率与幅值对应关系显示屏幕上;而频谱细化部分是在频谱分析的基础上把频谱图上的各频率部分拉开,使频率分辨率更高。

2. 控制部分的结构流程图

控制部分的结构流程图如图 6－2 所示。

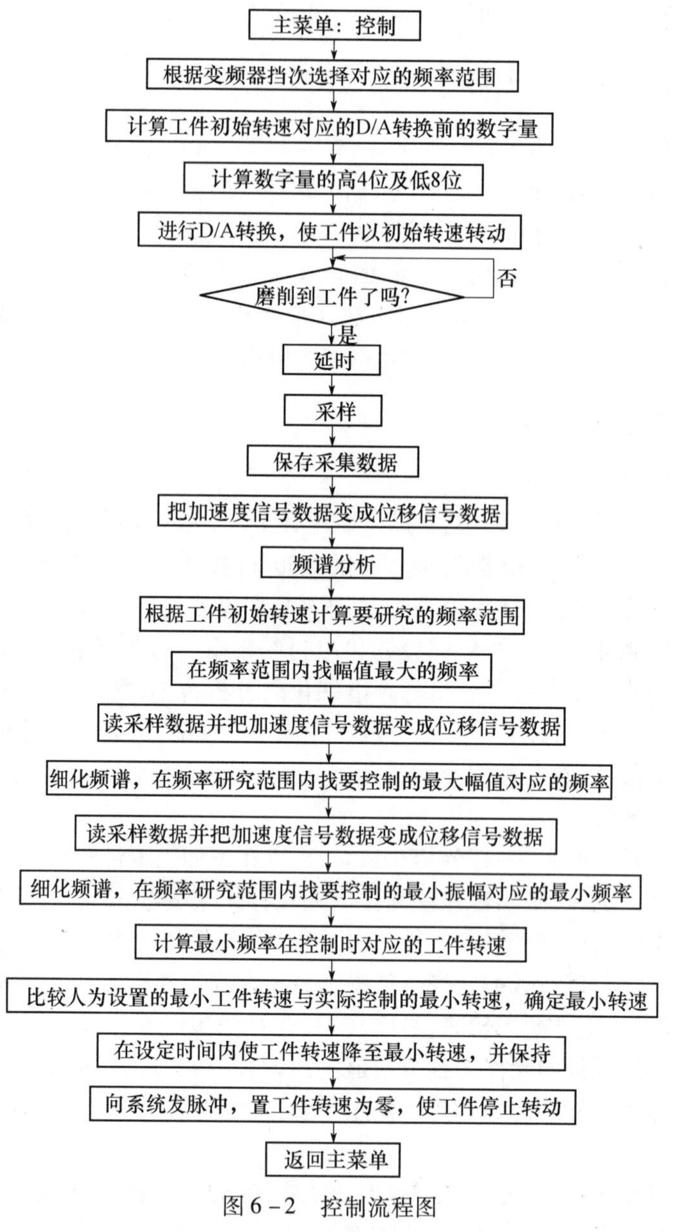

图 6－2　控制流程图

6.3　系统控制误差的分析与改善

本节研究轴承滚动表面谐波控制的系统控制误差问题。这里的控制误差是指所控制的工件轴转速误差。

6.3.1 实验方案安排

1. 实验条件

实验条件如下：

机床	3MZ1310,切入式磨削；
夹具	固定支承式电磁无心夹具；
砂轮	P500×12×300A80PR,转速 1360r/min；
试件	GGr15,6204/02 深沟球轴承内圈,沟道磨削半径 16mm；
D/A(A/D)板	分辨率 12 位,D/A 建立时间 5μs,输出量程 0～5V(单端)；
D/A 转换性能	±5V(双端输入),满量程调整范围:2.5～5V(单端),±2.5～±5V(双端输入),非线性误差±0.125%；
A/D(A/D)板	分辨率 12 位,相对误差±1LSB,转换速度 70KHz；
A/D 转换性能	输入量程:单端 0～5V、0～10V、±5V,双端±2.5V、±5V,32 路单端输入或 16 路双端输入；
传感器	加速度传感器,电荷放大器对应灵敏度 30.9pc/g,电压灵敏度 28.9mV/g；
电荷放大器	DHF－2；
变频器	SAMCO－V,电源单相 200～230V,50/60Hz,容量 3.5kVA,功率 2.2kW；
圆度仪	JCS 026；
计算机	IBM PC。

2. 控制系统

控制系统如图 6－3 所示。

无心磨削系统 → 磨削系统振动时域信号 → 计算机系统 → 工件速度改变环节 → 无心磨削系统

图 6－3 控制系统图

3. 变频器挡次的选择

对工件转速的控制是由图 6－4 所示环节实现的。

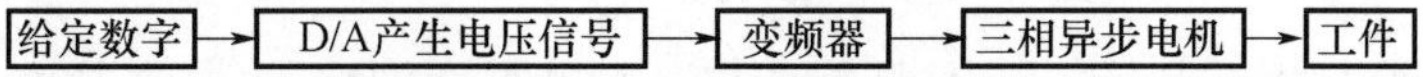

给定数字 → D/A产生电压信号 → 变频器 → 三相异步电机 → 工件

图 6－4 工件转速改变环节

因为所用变频器为单相输入、三相输出,输出最高线电压为 220V,所以三相异步电机应为星形接法;而所用电机为双速电机,高速(双星形接法)电机磁极对数为 2,低速(三角形接法)电机磁极对数为 4,故电机用高速挡、星形接法、磁极对数为 2。

电机与工件轴之间的传动比为

$$i = n_{w}/n_{dw} = 1/2 \tag{6-33}$$

式中:i 为传动比;n_{dw}为电机输出转速(r/min);n_{w}为工件轴转速(r/min)。

电机输入频率与输出转速之间的关系为

$$n_{dw}=60f/p \tag{6-34}$$

式中：f 为电机输入频率（Hz）；p 为电机磁极对数。

由式（6－33）和式（6－34）得

$$f=n_w p/(60i) \tag{6-35}$$

一般地，因为工件轴转速不大于720r/min，所以电机输入频率 f 不大于48Hz，考虑到频率越高电机转矩越小，由表6－2知，变频器V/F位置应选为2，即频率范围为2.4～60Hz，挡次为0.3Hz。

表6－2　变频器V/F位置

V/F位置	频率范围/Hz	设定挡次/Hz	V/F位置	频率范围/Hz	设定挡次/Hz
0	2.4～50	0.3	8	6～120	0.5
1	3～60	0.3	9	7.8～150	0.6
2	2.4～60	0.3	A	8.8～180	0.8
3	3～70	0.3	B	11～210	1.0
4	2.4～100	0.4	C	13～250	1.0
5	3～120	0.5	D	15.6～300	1.2
6	4～80	0.4	E	18.2～350	1.4
7	5.2～100	0.4	F	20.8～400	1.6

6.3.2　系统控制误差

1. D/A转换所需数字量与工件轴转速之间的关系

由图6－4可知，所给数字量与工件轴转速之间有一定的函数关系，推导过程如下：

由表6－2知，当确定某一V/F位置时，该频率范围内对应最大频率时所具有的全部挡次数为

$$n_p=f_{p2}/D \tag{6-36}$$

式中：n_p 为变频器在某一V/F位置时所包括的全部挡次数；f_{p2} 为变频器在某一V/F位置时频率范围内最大频率（Hz）；D 为变频器在某一V/F位置时对应的频率挡次（Hz）。

变频器每跳跃一挡所需最小电压为

$$V_1=V_o/n_p \tag{6-37}$$

式中：V_1 为变频器在某一位置时每跳跃一挡所需最小电压（V）；V_o 为变频器外部控制电压最大值（V）。

设输入三相异步电机的交流电频率为 f，则其对应变频器某一V/F位置的挡次为

$$k_d=f/D \tag{6-38}$$

式中：k_d为变频器在某一 V/F 位置时，产生频率为 f 时的挡次；f 为变频器输出频率，即电机的输入频率（Hz）。

由式(6－36)、式(6－37)和式(6－38)得变频器输出频率为 f 时，外部控制电压值为

$$V_d = V_o f/f_{p2} \tag{6-39}$$

式中：V_d为变频器输出频率为 f 时，外部控制电压值（V）。

根据 D/A 转换性能参数得 D/A 转换电压分辨率

$$V_n = V_D/2^{n-1} \tag{6-40}$$

式中：V_n为 D/A 转换电压分辨率（V）；V_D为 D/A 单端输入电压（V）；n 为 D/A 转换位数。

由式(6－39)和式(6－40)得当变频器输出频率为 f 时，所需 D/A 转换前给定的数字量为

$$D_d = \frac{V_o f 2^{n-1}}{f_{p2} V_D} \tag{6-41}$$

式中：D_d为变频器输出频率为 f 时所需 D/A 转换前给定的数字量。

由表 6－2 知，对任一 V/F 位置，其频率范围的最小值不为零，即要使变频器产生输出，则输入频率必须不小于该最小值，所以式(6－39)和式(6－40)应有一限制条件，即

$$f \geqslant f_{p1} \tag{6-42}$$

式中：f_{p1}为变频器在某一 V/F 位置时频率范围内频率最小值（Hz）。

由式(6－35)、式(6－41)和式(6－42)知，要使工件轴转速为 n_w，所给定的数字量应为

$$D_d = V_o n_w p 2^{n-1}/(60 i f_{p2} V_D) \tag{6-43}$$

式(6－38)就是当工件轴转速为 n_w时，所需 D/A 转换前给定的数字量。

2. 系统控制误差的改善

由于 D/A 转换有一定的误差，因此量程调整亦含有调整误差；变频器外部控制电压与输出频率对应关系如表 6－2 所列，其对应关系在一定范围内是线性的，但仍有一定的转换误差；三相异步电机与工件轴的传动比因皮带传动而有一定的误差。上述误差直接影响控制转速的准确性，有必要改善或消除上述误差。

对本实验而言，式(6－33)～式(6－43)中所选择或使用的参数为

$$f_{p2} = 50\text{Hz}, D = 0.3\text{Hz}, V_D = 10\text{V}, n = 12, V_o = 5\text{V} \tag{6-44}$$

1）D/A 转换所需数字量与变频器输出频率之间关系的修正

由式(6－41)和式(6－44)可得

$$D_d = 40.96/f \tag{6-45}$$

实际中给定数字量，测得变频器输出频率，其数据见表 6－3。

表 6－3　变频器输出频率

D_{d0}	127	227	250	300	327	527	927	1127
f_0	2.4	4.2	4.5	5.7	6.0	13.5	17.4	21.0
D_{d0}	1327	1627	1927	2127	2427	2627	2927	3127
f_0	24.9	30.6	36.0	39.9	45.6	49.2	54.9	58.9

表中:D_{d0}为测试所给数字量值;f_0为实测频率(Hz)。

对上述 16 组数据分别用 D_{d0}除以 f_0,然后求平均值得

$$D_{d0} = 53.534745 f_0 \tag{6-46}$$

比较式(6－46)与式(6－45)得

$$K_1 = 53.534745/40.96 = 1.307 \tag{6-47}$$

所以,式(6－41)修正后为

$$D_d = 1.307 V_o f 2^{n-1}/(f_{p2} V_D) \tag{6-48}$$

2）三相异步电机输入频率与输出转速、三相异步电机与工件轴传动比关系的修正

由式(6－29)和式(6－39)得

$$n_{dw} = f \tag{6-49}$$

现测得 11 组数据,对应关系如表 6－4 所列。

表 6－4　实验数据

f_D	50.1	42.3	32.1	25.2	20.1	18
n_{dw0}	1500	1259	954	746.7	594.7	531.4
n_{w0}	721.2	604.8	458.1	359	286	255.2
f_D	15	12	9.9	8.1	6	—
n_{dw0}	422.4	352.4	290.3	237	175.9	—
n_{w0}	212.3	169.5	139.5	114	84.5	—

表中:f_D为实测电机频率(Hz);n_{dw0}为实测电机转速(r/min);n_{w0}为实测工件轴转速(r/min)。

对上述 11 组数据分别用 n_{dw0}除以 f_D,然后求平均值得

$$n_{dw0} = 29.534/f_D \tag{6-50}$$

用 n_{w0}除以 n_{dw0},然后求平均值得

$$i_0 = 1/2.080702 \tag{6-51}$$

比较式(6－49)、式(6－50)和式(6－34)得

$$K_2 = 29.534/30 = 0.984467 \tag{6-52}$$

则式(6－34)可修正为

$$n_{dw} = 0.984467 \times 60 f/p \tag{6-53}$$

比较式(6－51)与式(6－33)得

$$K_3 = 2.080702/2 = 1.040351 \tag{6-54}$$

则式(6－28)可修正为

$$i = 1.040351 n_w / n_{dw} = 1.040351/2 \tag{6-55}$$

3）修正后的 D/A 转换所需数字量与工件轴转速之间的关系

由式(6－48)、式(6－53)和式(6－55)得修正后的 D/A 转换所需数字量与工件轴转速之间的对应关系

$$D_d = \frac{1.307 \times 1.040351}{0.984467 \times 60} \frac{n_w p V_o 2^{n-1}}{i f_{p2} V_D}$$

即

$$D_d = \frac{1.381193 n_w p V_o 2^{n-1}}{60 i f_{p2} V_D} \tag{6-56}$$

若给定数字量 D_d，求工件轴转速 n_w，则有

$$n_w = \frac{60 i f_{p2} V_D D_d}{1.381193 p V_o 2^{n-1}} \tag{6-57}$$

3. 修正后的 D/A 转换所需数字量与工件轴转速之间关系的验证

按式(6－57)给定若干数字量值 D_{d0}，实测工件轴转速 n_{w0} 与按式(6－57)计算所得 n_w 比较，现测得 14 组数据如表 6－5 所列。

表 6－5　工件轴转速数据

n_w	740	700	620	550	500	450	400
n_{w0}	752.4	708.6	627	557.2	504.5	454	402.2
δ_n	12.4	8.6	7	7.2	4.5	4.0	2.2
δ_n/n_w	1.676	1.229	1.129	1.309	0.9	0.889	0.55
n_w	318	269	217	179	124	98	80
n_{w0}	320.1	268.7	216.9	177.6	122.5	97.4	79.6
δ_n	2.1	0.3	0.1	1.4	1.5	0.6	0.4
δ_n/n_w	0.660	0.112	0.046	0.78	1.210	0.612	0.5

表中：$\delta_n = |n_w - n_{w0}|$，为转速差(r/min)；$\delta_n/n_w$ 为转速差百分率。

由表 6－5 可知：随着工件轴计算转速的下降，实际工件轴实测转速越接近计算转速，且在 500r/min 以下时转速差不大于 5r/min，实测转速都小于计算转速。当工件轴低速运转时，实测转速小于计算转速，这符合本章实验的理论要求。

6.4　谐波控制的实验方法

本节研究轴承滚动表面谐波计算机控制的实验方法。实验包括两大内容：谐波分布状态的控制和圆度误差的改善。

6.4.1　谐波控制的实验安排

具体实验方案见表 6－6。

表 6-6　实验方案

<table>
<tr><td colspan="2">砂轮转速/(r/min)</td><td colspan="2">工件个数</td><td>α_1/(°)</td><td>α_2/(°)</td></tr>
<tr><td colspan="2">1360</td><td colspan="2">每种工件各 5 个</td><td>16</td><td>102</td></tr>
<tr><td colspan="2">进给速度/(mm/s)</td><td colspan="2">磨削时间/s</td><td colspan="2">磨削量/mm</td></tr>
<tr><td>粗磨</td><td>精磨</td><td>粗磨</td><td>精磨</td><td>粗磨</td><td>精磨</td></tr>
<tr><td>0.015</td><td>0.005</td><td>10</td><td>20</td><td>0.1</td><td>0.1</td></tr>
<tr><td>工件转速/(r/min)</td><td colspan="5">600,600 ~ 150,400,400 ~ 150,350,350 ~ 200,315,315 ~ 200,300,300 ~ 150</td></tr>
</table>

共做了 10 次实验,每次磨削 5 个工件。其中 5 次进行恒速磨削,5 次进行变速磨削,以比较变速磨削效果。变速磨削时,由步进电机控制工件的进给量,由计算机经 D/A 板输出至变频器一模拟信号即电压信号,变频器输出使电机转动,电机的转动由皮带传动给工件轴,这样工件便按初始转速转动。当砂轮开始磨削工件时(主动测量仪检测工件半径的变化,当工件半径发生变化时,由计算机发一信号),经一定时间(视磨削是否稳定),用加速度传感器采集砂轮的振动信号,经电荷放大器放大后,由 D/A 板送入计算机,然后对该加速度-时间信号进行处理,变成位移-时间信号,之后对此信号进行频谱分析,并进行细化。然后根据谐波控制方法计算出变速的范围(当然变速范围还与所设置的工件最小转速有关),在一定时间内,经 D/A 板发一系列不同的电压信号于变频器,从而使工件的转速变化到一定值。这样就实现了工件变速的变速磨削。其中,从砂轮开始磨削工件到磨削完成用时 40s,磨削开始 12s 后,工件开始变速,工件转速变化时间在 30s 内。

6.4.2 不同方案的谐波实验结果分析

当支承角度 $\alpha_1 = 16°$和 $\alpha_2 = 102°$时,可得各磨圆系数 A_i的值见表 6-7。

工件在磨削时,砂轮的振动基本保持不变。现对采集振动的频率成份加以提取,其中振幅比较大的振源频率与在不同转速下形成的非整次谐波如表 6-8 所列。

图 6-5 ~ 图 6-10 给出了各种实验条件和实验结果。图 6-5 ~ 图 6-7 为不同的工件变速图,图 6-8 ~ 图 6-10 为不同工件变速图下的不同的工件表面谐波图。

表 6-7　磨圆系数 A_i($\alpha_1 = 16°, \alpha_2 = 102°$)

A_1	A_2	A_3	A_4	A_5	A_6	A_7	A_8
0	2.08	0.51	1.24	0.59	0.98	1.64	0.43
A_9	A_{10}	A_{11}	A_{12}	A_{13}	A_{14}	A_{15}	A_{16}
1.53	-0.06	2.18	0.26	1.75	0.02	1.49	1.03
A_{17}	A_{18}	A_{19}	A_{20}	A_{21}	A_{22}	A_{23}	A_{24}
1.08	2.08	0.25	1.89	0.37	1.94	-0.25	1.81
A_{25}	A_{26}	A_{27}	A_{28}	A_{29}	A_{30}	A_{31}	A_{32}
0.49	1.73	0.53	0.78	1.29	0.79	—	—

表6-8 实验结果

序号 k	1	2	3	4	5	6	7
f_k	5.37	7.32	8.79	10.7	11.5	12.7	13.8
λ_{k1}	0.92	1.25	1.51	1.84	1.97	2.18	2.36
λ_{k2}	1.61	2.20	2.64	3.22	3.44	3.81	4.14
λ_{k3}	0.81	1.10	1.32	1.61	1.72	1.90	2.07
λ_{k4}	2.15	2.93	3.52	4.28	4.59	5.08	5.52
λ_{k5}	0.54	0.73	0.88	1.07	1.15	1.27	1.38
序号 k	8	9	10	11	12	13	14
f_k	15.38	19.5	23.3	27.47	30.0	32.1	38.9
λ_{k1}	2.63	3.34	3.99	4.71	5.14	5.50	6.67
λ_{k2}	4.61	5.86	6.99	8.24	9.00	9.63	11.67
λ_{k3}	2.31	2.93	3.49	4.21	4.50	4.81	5.84
λ_{k4}	6.15	7.81	9.32	10.99	12.00	12.84	15.56
λ_{k5}	1.54	1.95	2.33	2.75	3.00	3.21	3.89
序号 k	15	16	17	18	19	20	21
f_k	47.6	54.7	57.7	65.4	72.27	79.1	82.2
λ_{k1}	8.16	9.38	9.89	11.2	12.40	13.56	14.09
λ_{k2}	14.28	16.41	17.31	19.62	21.68	23.73	24.66
λ_{k3}	7.14	8.21	8.65	9.81	10.84	11.87	12.33
λ_{k4}	19.0	21.88	23.08	23.16	28.9	31.64	32.88
λ_{k5}	4.76	5.47	5.77	6.54	7.23	7.91	8.22
序号 k	22	23	24	25	26	27	28
f_k	101.7	118.2	122.1	128.9	143.1	149.4	—
λ_{k1}	17.43	20.26	20.93	22.1	24.53	25.61	—
λ_{k2}	30.51	35.46	36.63	38.67	42.93	44.82	—
λ_{k3}	15.25	17.73	18.32	19.33	21.47	22.41	—
λ_{k4}	40.68	47.28	48.84	51.56	57.24	59.76	—
λ_{k5}	10.17	11.82	12.21	12.89	14.31	14.94	—

注：λ_{k1}为n_w=350r/min时的λ_k；λ_{k2}为n_w=200r/min时的λ_k；λ_{k3}为n_w=400r/min时的λ_k；λ_{k4}为n_w=150r/min时的λ_k；λ_{k5}为n_w=600r/min时的λ_k

下面以350r/min和350~200r/min、400r/min和400~150r/min及600r/min和600~150r/min为例来分析变速磨削如何影响谐波的分布。

1）350r/min和350~200r/min

按350~200r/min磨削时的变速图见图6-5。

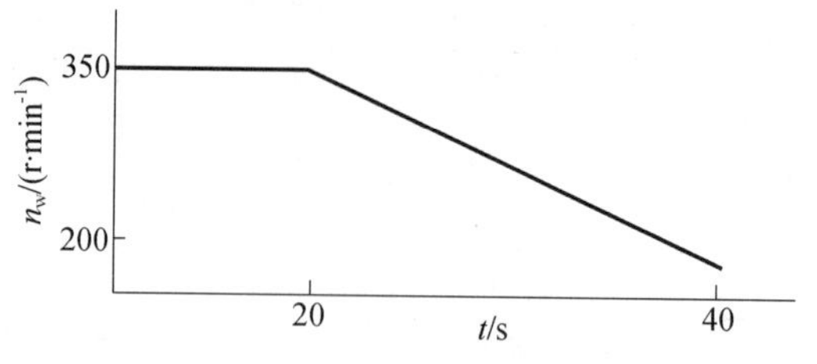

图 6－5　350～200r/min 磨削变速图

根据准动力学谐波生成理论，$\lambda_k = 60f_k/n_w$，可以得出各 f_k 对应的 λ_k，如表 6－8 所列。图 6－8(a) 和图 6－8(b) 分别是工件转速为 350r/min 和 350～200r/min 时的频谱图。由表 6－7 可知，按 350r/min 磨削时，频率为 19.5 的振源形成 3.34 次谐波，比较接近 3 次谐波，而 A_3 为 0.51，相对比较小，所以形成的 3 次谐波幅值比较大；同理，频率为 30.0，47.6，72.27，82.2 的振源形成 5.14，8.16，12.40，14.09 次谐波，比较接近 5，8，12，14 次谐波，而 A_5，A_8，A_{12}，A_{14} 分别为 0.59，0.43，0.26，0.02，相对比较小，所以形成的 5，8，12，14 次谐波幅值比较大；频率为 57.7 的振源形成 9.89 次谐波，非常接近 10 次谐波，而 A_{10} 为 －0.06，小于 0，所以形成的第 10 次谐波幅值最大。虽然振源振动形成的谐次数波并不接近 19，21，23，25，但因 A_{19}，A_{21}，A_{23} 及 A_{25} 值很小，所以这些谐波对应的幅值仍较大。由于 A_2，A_4，A_7，A_9，A_{11}，A_{13}，A_{15}，A_{16}，A_{17}，A_{18}，A_{20}，A_{22} 比较大，均大于 1，所以即使某些振源形成相应的谐波较接近这些整次谐波，但幅值仍较小。

按 350～200r/min 磨削，当工件转速降至 200r/min 时，由于 A_{10}，A_{12}，A_{14} 非常小，且频率为 32.1，38.9，47.6 的振源在 200r/min 时形成 9.63，11.67，14.28 次谐波，接近 10，12，14 次谐波，并且工件转速的变化呈阶梯形（变频器每挡为 0.3，工件在接近最后时刻可能已降至 200r/min，其他变速情况也是如此）使得在磨削结束时工件可能有一短暂的时刻保持 200r/min，所以形成的 10，12 及 14 次谐波的幅值仍较大。但对于频率为 10.7，15.38，27.47 的振源形成的谐波次数虽然接近 3，5，8 次，且相应的 A_3，A_5，A_8 并不太大，但各次谐波并不很突出，而使 2～9 次谐波的幅值变的彼此比较接近。至于 23 次谐波幅值仍较大，乃因 A_{23} 太小的缘故。

由表 6－8 和图 6－8 可知，由于转速的下降，按 350～200r/min 磨削时，在 350r/min 时形成的幅值比较高的第 3，5，8 次谐波被打乱，使最终的 2～9 次谐波幅值变的彼此比较接近；形成第 10，11，12，13，14 次谐波的振源由于工件转速降低而转变成高于 15 次的谐波，但由于成圆系数 A_{10}，A_{12}，A_{14} 比较小，最终转速的恒定，使得第 10，12，14 次谐波幅值仍较高。

2）400r/min 和 400～150r/min

按 400～150r/min 磨削时的变速图见图 6－6。

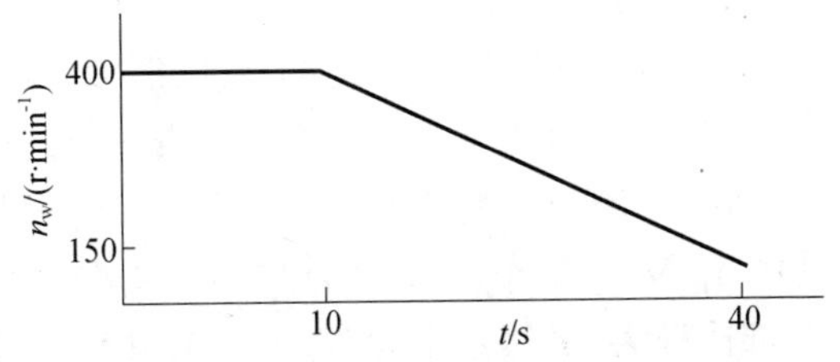

图 6－6　400～150r/min 磨削变速图

由表 6－8 可知，按 400r/min 磨削时，频率为 19.53 的振源形成 2.93 次谐波，比较接近 3，而 A_3 为 0.51，相对比较小，所以形成的 3 次谐波幅值比较大；同理，频率为 32.1，54.7，79.1，128.9 的振源形成 4.81，8.21，11.87，19.33 次谐波，比较接近 5，8，12，19 次谐波，而 A_5，A_8，A_{12}，A_{19} 分别为 0.59，0.43，0.26，0.25，相对比较小，所以形成的 5，8，12，19 次谐波幅值比较大；频率为 65.4 的振源形成 9.81 次谐波，非常接近 10 次谐波，而 A_{10} 为 －0.06 小于 0，所以形成的第 10 次谐波幅值最大。频率为 32.1，38.9，54.7 的振源形成 4.81，5.84，8.21 次谐波，比较接近 5，6，8 次谐波，而 A_5，A_6，A_8 分别为 0.59，0.98，0.43，相对比较小，所以形成的 5，6，8 次谐波幅值相对比较大；虽然 A_{14} 比较小，但所形成的各次谐波均不接近 14 次，而 15，16，17，18 次谐波对应的磨圆系数都比较大，所以 14～18 次谐波的幅值都比较小。由于 A_{23} 小于 0，所以第 23 次谐波幅值仍比较大。

由表 6－8 和图 6－9 可知，由于转速的下降，在 400r/min 时形成的幅值比较高的第 5～9 次谐波被打乱，且在 150r/min 时，相应的磨圆系数比较大，所以最终的 5～9 次谐波幅值变的彼此比较接近；而第 10 次谐波由于 A_{10} 小于 0，使得其幅值仍比较大；第 12 次谐波由于频率为 30.0 的振源形成 12.0 次谐波，且 A_{12} 为 0.26，比较小，所以第 12 次谐波幅值仍比较大。与恒速磨削时一样，由于 A_{23} 小于 0，使得第 23 次谐波幅值仍比较大。对于第 2 次谐波，虽然在 150r/min 时频率为 5.37 的振源形成 2.15 次谐波，接近 2 次，由于频率为 5.37 的振源振幅很大，虽然 A_2 比较大（大于 2），但所形成的 2 次谐波幅值仍很大。

3）600r/min 和 600～150r/min

按 600～150r/min 磨削时的变速图见图 6－7。

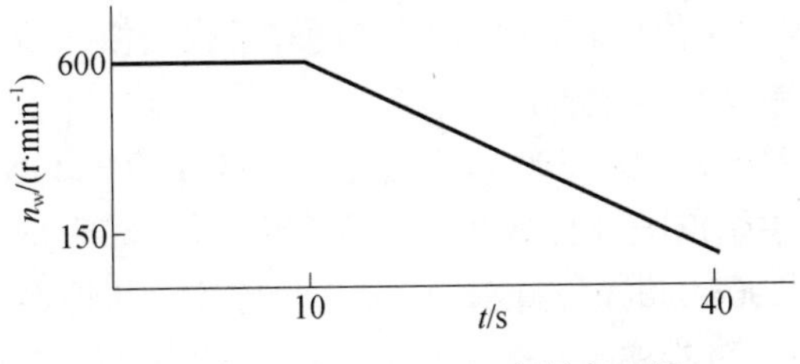

图 6－7　600～150r/min 磨削变速图

由表 6－8 可知，在按 600r/min 磨削时，频率为 30.0，79.1 的振源形成 3.0，7.91 次谐波，而 A_3，A_8 为 0.51，0.43，相对比较小，所以形成的 3，8 次谐波幅值比较大；同理，频率为 101.7，118.2 和 122.1，143.1 的振源形成 10.17，11.82 和 12.21，14.31 次谐波，比较接近 10，12，14 次谐波，而 A_{10}，A_{12}，A_{14} 分别为 －0.06，0.26，0.02，相对比较小，其中 A_{10} 及 A_{14} 最小，所以形成的 10，14 次谐波幅值较大，12 次谐波次之。由于 A_4 ～ A_7 都比较大，虽然频率为 38.9 的振源形成的谐波为 3.89，但由于 A_4 比较大，所以 4～7 次谐波的幅值都相对比较小。由于 A_{23} 小于 0，所以第 23 次谐波幅值仍较大。

由表 6－8 及图 6－10 可知，按 600～150r/min 磨削时，在 600r/min 形成的幅值比较高的第 4，8 次谐波被打乱，使最终的 4～9 次谐波幅值彼此比较接近。第 10，12，14 次谐波幅值由于相应的磨圆系数比较小而变的很大。第 19，23，25 次谐波幅值由于相应的磨圆系数较小而变的比其附近谐波的幅值要大。并且转速的降低使得第 2 次谐波幅值明显减小。

通过对上述三个实例的分析可以得到以下结论：

根据准动力学谐波生成理论中式子 $\lambda_k = 60f_k/n_w$ 知，在振源振动频率一定的情况下，当工件转速 n_w 由大变小时，相应的 λ_k 由小变大。且当工件转速 n_w 变化范围较大时，相应的 λ_k 的变化范围也较大。这样同一振源在较高工件转速下形成了低次谐波，而在较低工件转速下形成了高于 15 次的谐波。

如对上述 3 个实例分析中，按 350～200r/min 磨削时，在 350r/min 时形成的 9 次谐波当工件转速降速到 200r/min 时形成大于 15 次的谐波；按 400～150r/min 磨削时，在 400r/min 时形成的 6 次谐波当工件转速降速到 150r/min 时就形成大于 15 次的谐波；按 600～150r/min 磨削时，在 600r/min 时形成的 4 次谐波，当工件转速降速到 150r/min 时就形成大于 15 次的谐波。

以下的分析考虑了大于 10（或）15 次的谐波在超精研中幅值能明显地被衰减。

若对于某些振源，在较高转速下形成的某些谐波在 15 次之内，且有的幅值比较大，而当变速到一定程度时，都形成大于 15 次的谐波；并且由于工件转速一直降低，能使原来幅值较大的某些谐波的幅值变的较小或使得一些谐波幅值相差不明显，这样工件磨削表面的谐波分布就得到改善。同时，若振源在低频区域内振动较小，且与在 2～15 次内幅值比较高的谐波接近的整次谐波对应的成圆系数比较大，那么工件的圆度误差就得到改善。

如上述实例中，当按 350～200r/min 磨削时，形成的 3，5，8 次谐波幅值并不太高，使得 2～9 次谐波幅值彼此比较接近。在 350r/min 时形成的 10，12，14 次谐波的振源当转速降到 200r/min 时形成高于 15 次的谐波，使得谐波的分布有所改善。但由于工件转速变化的阶梯性（即速度变化有一最小的跳变）和 A_{10}，A_{12}，A_{14} 非常小，且频率为 32.1，38.9，47.6 的振源在 200r/min 时形成 9.63，11.67，14.28 次谐波，比较接近 10，12，14 次谐波，所以第 10，12，14 次谐波的幅值明显较大，最终导致工件圆度误差改善并不明显。

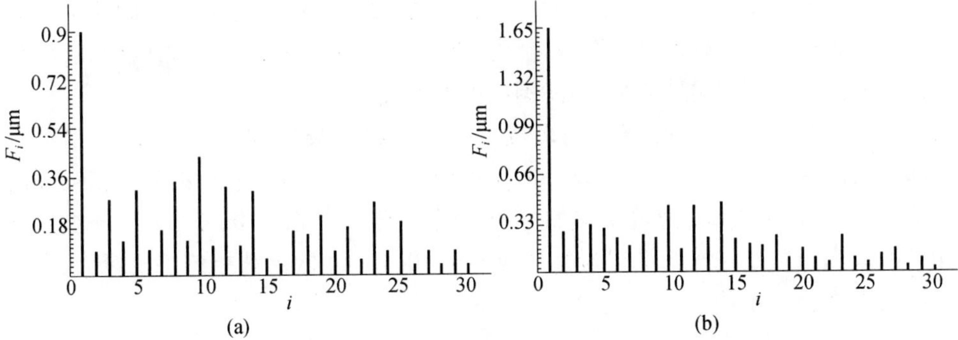

图 6－8　工件转速为 350r/min 和工件转速为 350～200r/min 频谱图

(a)工件转速为 350r/min(圆度误差为 3.613μm)；(b)工件转速为 350～200r/min(圆度误差为 3.237μm)。

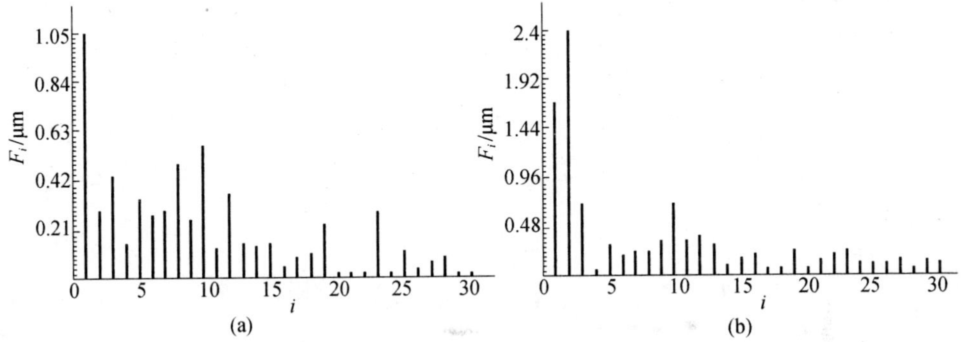

图 6－9　工件转速为 400r/min 和工件转速为 400～150r/min 频谱图

(a)工件转速为 400r/min(圆度误差为 4.036μm)；(b)工件转速为 400～150r/min(圆度误差为 5.847μm)。

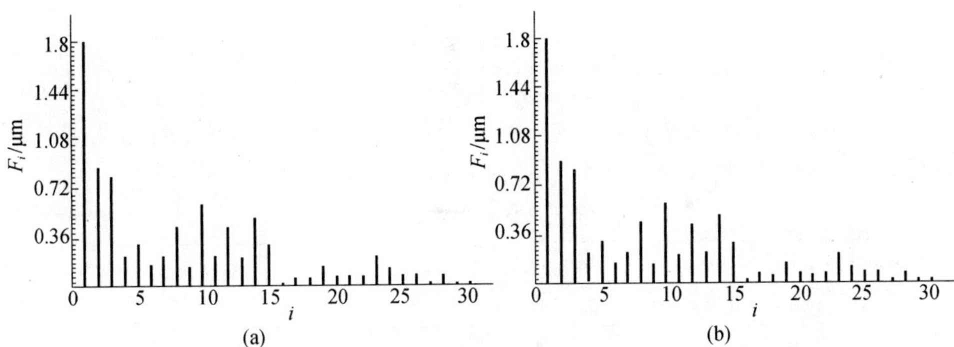

图 6－10　工件转速为 600r/min 和工件转速为 600～150r/min 频谱图

(a)工件转速为 600r/min(圆度误差为 4.559μm)；(b)工件转速为 600～150r/min(圆度误差为 3.581μm)。

当按 400 ~ 150r/min 磨削时，形成的 5,6,7,8 次谐波幅值并不太高，使得 2 ~ 9 次谐波幅值彼此比较接近。在 400r/min 时形成的 8,10,12,14 次谐波的振源在较低转速时形成高于 15 次的谐波，使得谐波分布有所改善。但由于成圆系数 A_{10}，A_{12}，A_{14} 比较小和工件转速变化的阶梯性，使得第 19,12,14 次谐波幅值仍较高，第 2 次谐波非常大，使得磨削后工件的圆度误差增大。

当按 600 ~ 150r/min 磨削时，形成的 4、8 次谐波幅值并不太大，使得最终的 4 ~ 9次谐波幅值差不多。在 600r/min 时形成的 4 ~ 15 次谐波在接近 150r/min 时形成大于 15 次的谐波，使得谐波的分布有明显改善。但第 10,12,14 次谐波由于相应的磨圆系数比较小而使得最终形成的第 10,12,14 次谐波幅值仍比较大，所以最终的圆度误差比较大。

6.4.3 对疏波圆度误差的控制

上述实验研究证实了用计算机在线控制谐波的可行性，并说明了变速磨削可以较有效地改变工件表面谐波分布状态。同时，磨圆系数 A_i 可以改变变速磨削效果。在此基础上，下面研究工件滚动表面 2 ~ 15 次疏波圆度误差的控制问题。

1. 磨圆系数 A_i 的优化选择

为了有利于变速磨削，A_i 应尽可能取大的值。但是，在 2 ~ 15 次谐波范围内，$A_i(i=2,3,\cdots,15)$ 的 14 个值不可能都取最大值。因此，可以采用下述方法确定较优的 A_i 值：

选择

$$\alpha_1 = \alpha_{1opt}, \quad \alpha_2 = \alpha_{2opt} \tag{6-58}$$

使

$$A_{i\,opt} = \max\min A_i(i;\alpha_1,\alpha_2) \tag{6-59}$$

条件为

$$\begin{gathered}\alpha_2 - \alpha_1 > 90^\circ \\ \alpha_{1\min} \leqslant \alpha_1 \leqslant \alpha_{1\max} \\ \alpha_{2\min} \leqslant \alpha_2 \leqslant \alpha_{2\max}\end{gathered} \tag{6-60}$$

磨圆系数 $A_{i\,opt}$ 的计算结果见表 6 - 9。根据机床结构情况，选取序号为 2 的较好的角度参数。在此参数下的 $A_{i\,opt}$ 值，如表 6 - 10 所列。

表 6 - 9　参数选择

序号	α_{1min}/(°)	α_{1max}/(°)	α_{2min}/(°)	α_{2max}/(°)	A_{iopt}	α_{1opt}/(°)	α_{2opt}/(°)
1	8	15	102	115	0.29	11	114
2	0	15	100	120	0.32	10	120
3	0	30	110	110	0.21	10	110
4	0	30	90	130	0.34	9	125

表 6-10 参数 $A_{i\,opt}$

i	2	3	4	5	6	7	8
$A_{i\,opt}$	1.96	0.39	1.8	0.32	1.28	0.59	1.25
i	9	10	11	12	13	14	15
$A_{i\,opt}$	1.18	0.93	1.22	0.35	1.5	0.37	1.98

2. 工件变速规律选择

共研究了4种情况,经实验比较后选择表6-11和图6-11中序号为4的方案,效果很好。

3. 滤波后2~15疏波圆度误差

实验工件(6204/02)个数为30。表6-12给出了滤波后2~15疏波圆度误差结果,疏波圆度误差是在Y9025C上测量的。对2~15疏波而言,由表6-12可知,圆度误差的变化范围为0.10~1.27μm,平均圆度误差为0.339μm。若允许有97%的合格率,则可以取掉一个最大圆度误差值再进行计算,就得圆度误差的变化范围为0.10~1.14μm,平均圆度误差为0.307μm。

由上述研究可知,在给定的条件下,将优化A_i和变速磨削综合考虑,就可以得到满意的磨削结果。这揭示了"准动力学谐波生成理论"的本质。

表 6-11 4种实验方案

序号	n_{ws}/(r/min)	n_{we}/(r/min)	t_s/s	t_e/s
1	600	100	10	15
2	300	100	10	15
3	600	50	10	15
4	300	50	10	15

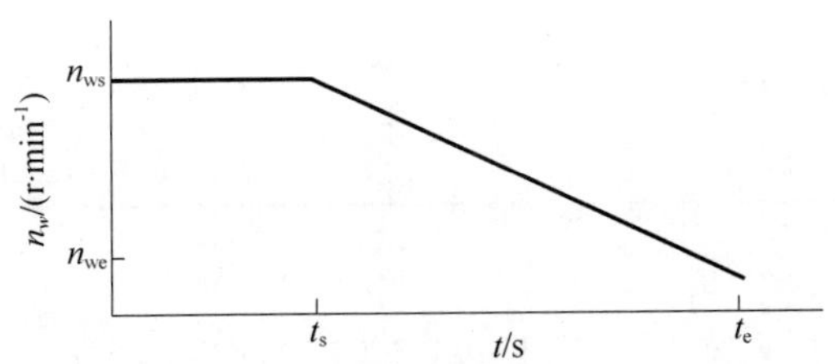

图6-11 4种实验方案

表 6-12 滤波后2~15疏波圆度误差

序号	1	2	3	4	5	6	7	8
圆度误差/μm	0.12	0.15	0.30	0.22	0.46	0.10	0.19	0.31
序号	9	10	11	12	13	14	15	16
圆度误差/μm	0.24	0.18	0.29	0.40	0.21	1.24	0.46	0.12

（续）

序号	17	18	19	20	21	22	23	24
圆度误差/μm	0.13	0.70	0.17	0.35	0.11	0.23	1.27	0.21
序号	25	26	27	28	29	30	31	32
圆度误差/μm	0.30	0.13	1.04	0.21	0.19	0.36	—	—

6.5 轴承磨削表面谐波的工艺过程诊断理论与计算机系统

为了更经济和有效地控制轴承产品的最终质量，对磨削表面的谐波而言，在生产现场，应当有重点地抓住薄弱工序和关键工序进行控制，而没有必要在所有工序都控制。为此，有必要实施谐波的工艺过程诊断。本节结合 HDS 系统（谐波诊断系统）和大量的生产现场的实验研究，全面地论述轴承磨削表面谐波的工艺过程诊断原理和方法。

6.5.1 诊断系统功能模块

1. 运行方式

HDS 系统共包含 5 个文件，这 5 个文件的名称及作用如表 6－13 所列。

表 6－13 HDS 系统文件

文件名称	文件功能
HDSXF. BAT	批处理
TU. COM	图形拷贝
INFORMAT. EXE	编辑工艺过程的信息矩阵
CCJD0. TXT	系统调用的标准数据为库
XIA. EXE	系统的运行主体 2.12 版本

2. 功能简介

HDS 系统的运行主体 XIA. EXE 包含的主要功能模块有：

建立、修改和打印备忘录；

选择数据文件名；

数据预处理；

谐波诊断；

打印诊断结果和打印所有数据。

其中谐波诊断功能模块包含的子模块有：

总体谐波点图；

谐波的平均值与极差图；

相关工序的谐波点图；

相关工序的相关系数图；

谐波的遗传性与变异(突变)性、显著谐波与不稳定谐波。

6.5.2 工艺诊断的信息编码

1. 原始谐波数据文件

通过 FFT 分析,获得代号为 H 的原始谐波数据文件,并以随机文件的形式贮存,其文件名编码格式为

Name0$ + "\" + Name1$ + "\" + W$

在 FFT 分析时,应以表 6-14 的编码规则为 H 盘分区开设子目录,以贮存结果。

表 6-14 原始数据文件名编码

前后内容	1	2	3	4	5	6	7	8	9	10	11	12
Name0$	轴承型号,最多 8 个字符								.	H	BN	
Name1$	0	0	0	0	0	0	P0	P1	.	0	TN	
W$	0	0	0	0	0	0	P0	P1	.	W	WN	

在表 6-14 中,P0,P1 为工序号,P0=0,1,…,9;P1=0,1,…,9;BN 为轴承零件代号,BN=01,02,03,…,99;TN 为实验号,TN=01,02,…,99;WN 为试件编号,WN=01,02,…,99。

2. 信息矩阵编码

信息矩阵用于描述各工序的加工表面、定位表面和试件数量等情况,它可以帮助计算机分析各工序的联系性,其编码元素及规则如表 6-15 所列。

根据试件的加工顺序,将有关工序组合起来,重新编制工序号(要连续),结合表 6-15 编码规则,可以建立信息矩阵,见表 6-16。表 6-16 例中,最初状态为热处理,相关表面为内径、沟道和外径 3 个表面。因此,前 3 道工序均为热处理。以后每加工 1 个表面,增加 1 道工序。

表 6-15 信息矩阵编码规则

编码	00	01	02	03	04
加工表面	最初状态	沟道	外径	内径	其他
定位表面	最初状态	沟道	外径	内径	其他

表 6-16 中序号为 8 一栏中的专用信息标记表示本次实验的工件数目,其中,15 为 $N=15$,表示有 15 个试件,WorkNumber 为标记符,不能更改,也不能用其他字

符串代替。信息矩阵是一个顺序文件,用表 6 - 13 所示的软件 INFORMAT. EXE 建立,并用下列字符串作文件名:

Name0$ +"\\INFORMAT. I" +P$

字符串 P$ 的内容与实验号 TN 一致。

表 6 - 16 信息矩阵建立方法

序号	信息矩阵				备注（不写入信息矩阵）
	特殊标记	加工表面	定位表面	工序序号	
1	aa	03	00	01	热处理
2	bb	01	00	02	热处理
3	cc	02	00	03	热处理
4	dd	02	02	04	无心磨削外圆
5	ee	01	02	05	支外径磨沟道
6	ff	03	02	06	支外圆磨内径
7	gg	01	03	07	支内径超精沟道
8	WorkNumber15				专用信息标记

HDS 系统一旦运行,首先打开"INFORMAT. I" +P$ 文件,访问信息矩阵,然后建立一个临时的增广信息矩阵,再根据增广信息矩阵判断各工序的联系性。以表 6 - 16为例,增广信息矩阵的内容如表 6 - 17 所列。

表 6 - 17 中相关工序信息共 4 位数字,前两位表示上一次加工某表面的加工序号,即某表面的原始表面加工工序号;后两位表示定位表面加工工序号,例如,第 7 道工序有关信息为 0506,表示加工表面 01 的上一次加工工序号为 05;定位表面 03 是在 06 工序加工的。

表 6 - 17 增广信息矩阵

序号	信息矩阵	相关信息	序号	信息矩阵	相关信息
1	aa030001	0000	6	ff030206	0104
2	bb010002	0000	7	gg010307	0506
3	cc020002	0000	8	WorkNumber15	
4	dd020204	0303	9	m520Max040	
5	ee010205	0204			

表 6 - 17 最后一栏中的 m520Max040 为谐波处理信息,m520Max 为信息标记,由 HDS 系统自动写入,不能人为改动;040 表示第一次数据预处理的最高谐波阶次为 040 次。

3. 系统的生成文件

数据预处理功能模块运行后,将产生一系列生成文件,这些生成文件是 HDS

系统其他功能模块运行的定量依据。生成文件主要有以下 4 个。

第 1 个生成文件是

Name0$ + "\000000" + k$ + ". m" + t$

其中,k$ 为工序号,内容同 P0P1;t$ 为实验号,内容同 TN。本文件存放各道工序各次谐波幅值的平均值 F_{mij}和极差 F_{rij}。

第 2 个生成文件是

Name0$ + "\rc" + A1$ + A2$ + A3$ + ". 5" + t$

其中,A1$ 为原始表面工序号;A2$ 为定位表面工序号;A3$ 为加工表面工序号。本文件存放相关工序的相关系数 r_{ijk}值。

第 3 个生成文件是

Name0$ + "\Hgsn520t. t" + t$

本文件存放所有相关工序谐波数据线性回归参数,包括回归方程系数 a_0,b_0,相关系数 r_{01}以及回归标准差 S_{njk}。顺序为 a_0,b_0,r_{01},S_{njk}。

第 4 个生成文件是

Name0$ + "rc01rc05. r" + t$

本文件存放临界相关系数。

6.5.3 工艺过程的薄弱环节问题

1. 实例分析

题目:深沟球轴承 6305 内圈沟道磨削谐波状态诊断。

目的:寻找薄弱环节。

实验条件如表 6 – 18 所列,试件数目 $N = 15$。实验结果的数据处理和诊断结果如表 6 – 19 和图 6 – 12 ~ 图 6 – 17 所示。

表 6 – 18 实验条件

工序号	工序名称	机床	α_1/(°)	α_2/(°)	工件转速/(r/min)	砂轮转速/(r/min)
01	热处理	—	—	—	—	—
02	支沟粗磨沟	3MZ1310	15	110	640	1402
03	支沟细磨沟	3MZ1310	10	110	640	1402

表 6 – 19 诊断部分结果

工序号	工序名称	显著波	遗传性
01	热处理	2,3	—
02	支沟粗磨沟	10,11	突变
03	支沟细磨沟	6	突变

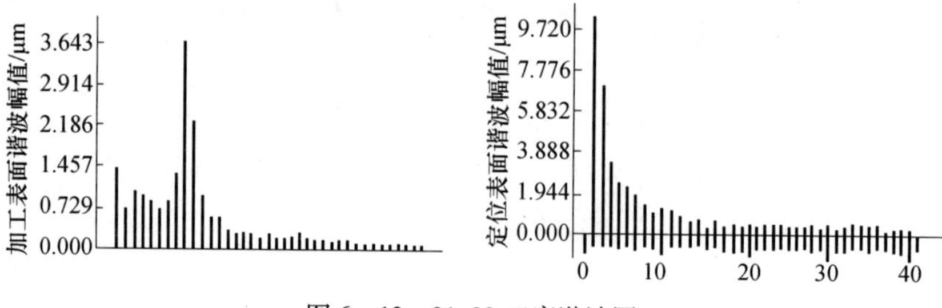

图 6-12　01,02 工序谐波图

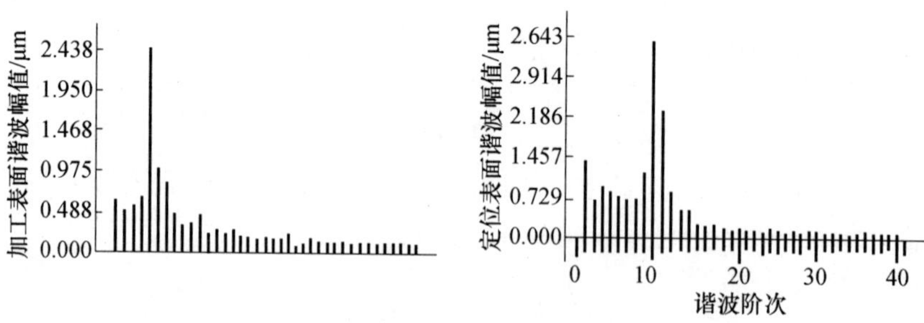

图 6-13　02,03 工序谐波图

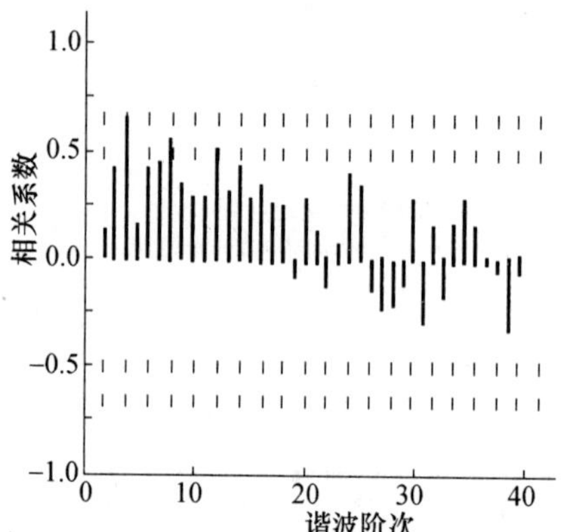

图 6-14　01,02 工序谐波相关系数

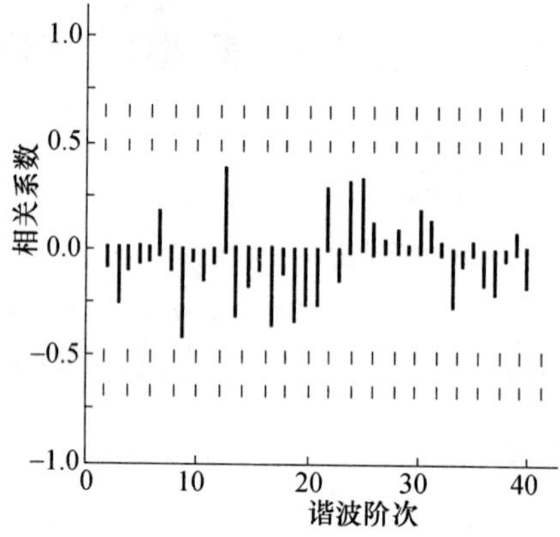

图 6-15　02,03 工序谐波相关系数

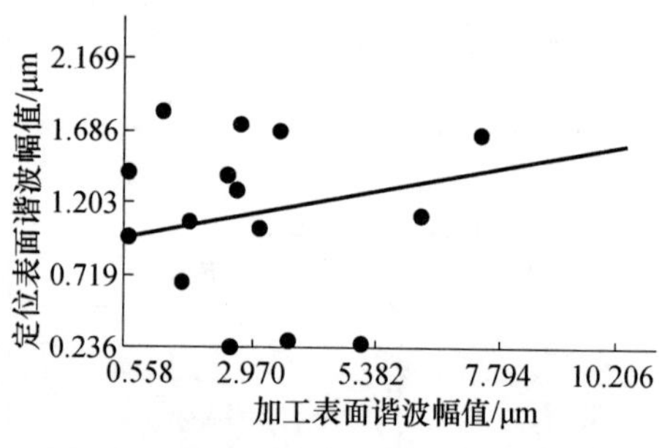

图 6-16　01,02 工序 10 次谐波相关图

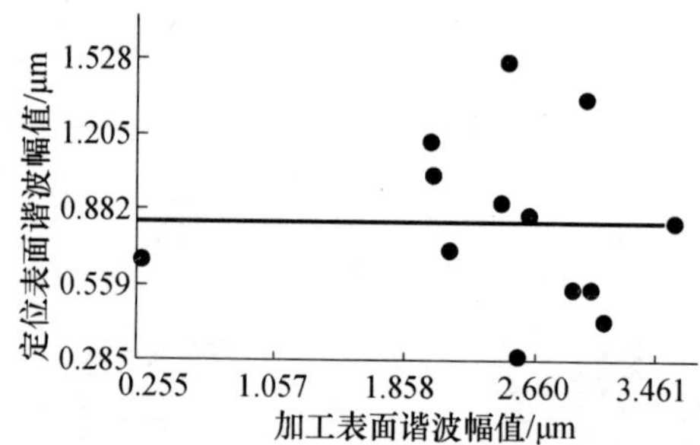

图 6-17　02,03 工序 6 次谐波相关图

2. 薄弱环节分析

由表6－19可知,实验中的02和03工序中有显著谐波分别为10,11和6次谐波,这些谐波都是突变波,由各自工序产生,和上工序无明显关系,应想办法在各自工序降低这些谐波,使它们转为非显著波。在降低这些谐波时要注意它们都是不稳定的,亦既是由某些非随机性误差源造成了这些显著波。经无心磨削成圆理论分析,非随机性误差源可能是系统振动。为此,测量了机床的振动状态,发现机床关键部位有频率f为42.5Hz和117.5Hz的低频振动。这些振动源有可能在试件磨削表面产生$\lambda=60f/n_w$(n_w为工件转速,r/min)的谐波阶次。

03工序的工件转速$n_w=390$r/min,用$f=42.5$Hz参加计算,有$\lambda=6.538$,这是产生6次谐波的原因之一。

02工序的工件转速$n_w=640$r/min,用$f=117.5$Hz参加计算,有$\lambda=11.016$,这是产生11次谐波的原因之一。

02工序的$\alpha_1=15°$,$\alpha_2=110°$,几何成圆系数$A_i=A_{10}=-0.06<0$,系统几何不稳定,这是产生10次谐波的原因之一。降低显著谐波的途径应是查明振源和合理调整α_1,α_2和n_w大小。

6.5.4 轴承表面谐波工艺过程诊断与控制的系统性实验

1. 工艺过程与信息编码

在生产现场随机抽取6202/01(外圈)和6202/02(内圈)各99件,经编码后在常规工艺条件下加工。所采用的工艺过程与信息编码如下:

```
6202/01 工艺过程与信息编码矩阵

aa0200010000    外径热处理后窜光
bb0202020101    外径无心磨削
cc0100030000    外沟粗磨(支外磨沟)
dd0102040302    外沟精磨(支外磨沟)
ee0102050402    外沟粗超精研(支外超沟)
ff0102060502    外沟精超精研(支外超沟)
WorkNumber99    工件个数 99
m520Max128    最高谐波次数 128

6202/02 工艺过程与信息编码矩阵

aa0100010000    内沟热处理后窜光
bb0202020101    内径无心磨削
cc0100030101    内沟粗磨(支沟磨沟)
dd0101040303    内沟精磨(支沟磨沟)
```

```
ee0300050000    内径粗磨(支沟超内)
ff0301060504    内径精磨(支沟磨内)
gg0102070402    内沟粗超精研(支外超沟)
hh0103080706    内沟精超精研(支内超沟)
WorkNumber99    工件个数 99
m520Max128    最高谐波次数 128
```

2. 实验结果及其诊断分析

表6－20 和表6－21 分别给出了 6202/01 和 6202/02 各工序谐波分布特征参数。

由表6－20 和表6－21 可知,各工序工件表面谐波分布和函数 $F = \gamma_{ij} = ai^{-b}$有很好的相关性,显著性水平均达到 0.01。谐波类型最终均为正常。从谐波分布上说,已达到较佳状态,要想进一步改善谐波误差,最好从某些显著谐波入手。

表6－20　6202/01 各工序谐波分布特征参数

工序	参数 a	参数 b	均方根差 S_{nj}	相关系数 ρ	加工表面	类型
01	0.2678	0.2696	0.0293	－0.2628	外径	双峰
02	0.1727	1.0382	0.0134	－0.7541	外径	山坡
03	0.1519	0.5437	0.0619	－0.4758	沟道	多峰
04	0.4335	1.2399	0.0282	－0.7959	沟道	山坡
05	0.3977	1.1961	0.0167	－0.8157	沟道	山坡
06	0.2817	1.3201	0.0186	－0.8581	沟道	山坡

表6－21　6202/02 各工序谐波分布特征参数

工序	参数 a	参数 b	均方根差 S_{nj}	相关系数 ρ	加工表面	类型
01	4.0157	1.3119	0.3166	－0.7353	沟道	山坡
02	1.0497	1.0843	0.0368	－0.4993	外径	双峰
03	0.6408	1.0307	0.0372	－0.7525	沟道	多峰
04	0.2059	0.9053	0.0176	－0.7057	沟道	双峰
05	0.5489	0.9502	0.0638	－0.6555	内径	山坡
06	0.6138	1.2360	0.1020	－0.7533	内径	山坡
07	0.3268	1.3998	0.0214	－0.8448	沟道	山坡
08	0.3345	1.3998	0.0216	－0.8216	沟道	山坡

各工序谐波的遗传情况(2～12 次谐波),如表6－22 和表6－23 所列。

表6－22 和表6－23 中的4 位数字表示谐波的遗传情况。例如,对于表6－22 中的2 次谐波而言,第06 道工序的0502 含义是:加工表面的第2 次谐波是由加工前的表面遗传来的,加工前的表面是在第05 道工序加工的;加工表面的第2 次谐波同时也是由定位表面遗传来的,定位表面是在第02 道工序加工的。依次往前工

序推,可知:第05道工序的第2次谐波,对于加工表面而言,是由第04道工序遗传来的;对于定位表面而言,是由第02道工序遗传来的。而第02道工序的第2次谐波来自第01道工序。于是可以推断:第06道工序的第2次谐波,通过第05道工序,由第04道工序遗传来;同时,也通过05和02道工序,由第01道工序遗传来。这种遗传关系可表示成如图6-18所示的遗传图。

01道工序 → 02道工序 → 定位表面 → 加工表面(06道工序)的第2次谐波 ← 04道工序 ← 05道工序 ← 加工前表面

图6-18　遗传图

表6-22　6202/01谐波的遗传性

谐波	工　序			
	06	05	04	02
2	05 02	(04)02	04 04	01 01
3	05 02	04 02	03 02	01 01
4	05(02)	05 05	04(02)	01 01
5	05(02)	04 02	03 02	01 01
6	05 02	05 02	04 04	01 01
7	(0502)	05 05	04 04	01 01
8	05 06	05 05	04 04	01 01
9	(0502)	05 05	04 02	01 01
10	06 06	05 05	04 04	01 01
11	06 06	05 05	04 04	02 02
12	05 02	04 02	04 02	01 01

表6-23　6202/02谐波的遗传性

谐波	工　序				
	08	07	06	04	03
2	07 08	(04)07	05 06	04 04	03 03
3	07 08	04 07	05 06	04 04	03 03
4	07 08	07 07	05 06	04 04	03 03
5	07 08	04 07	05(04)	04 04	03 03
6	07 08	04 07	06 06	04 04	03 03
7	07 08	07 07	06 06	04 04	03 03
8	07 08	07 07	(0504)	04 04	03 03
9	07 08	07 07	06 06	04 04	03 03
10	07 08	07 07	06 06	04 04	03 03
11	08 08	07 07	06 06	04 04	03 03
12	08 08	07 07	06 06	04 04	03 03

在表6－22和表6－23中的4位数字中，有括号“( )”，表示遗传性为95%；没有括号“( )”，表示遗传性为99%。如果数字中有和对应的工序号相同的，则表明谐波发生源为该工序。

表6－24和表6－25给出了各工序谐波的显著性和稳定性诊断结果。表中，符号“＊”表示显著；“(＊)”表示较显著；“#”表示不稳定；“(#)”表示较稳定。

表6－24　6202/01各工序谐波的显著性和稳定性

谐波	工序					
	06	05	04	03	02	01
2	＊#	＊#	＊#	＊#	#	#
3	＊#	(＊)#	#	(＊)#	＊#	(＊)#
4	(＊)#	#	#	(＊)#	#	#
5	＊#	＊#	＊#	(＊)#	＊#	(＊)#
6	(＊)#	#	#	#	(＊)#	#
7	(＊)#	#	#	#	＊#	(＊)#
8	(＊)#	(＊)#	#	#	(＊)#	#
9	(＊)#	#	#	(#)	(＊)#	#
10	(＊#)	#	#	(#)	#	#
11	(#)	#	#	#	(#)	#
12	(＊#)	(＊)#	(＊)#	#	＊#	＊#

表6－25　6202/02各工序谐波的显著性和稳定性

谐波	工序							
	08	07	06	05	04	03	02	01
2	＊#	＊#	＊#	＊#	＊#	#	#	＊#
3	＊#	＊#	＊#	(＊)#	＊#	#	#	＊#
4	(＊)#	(＊)#	(＊)#	#	＊#	#	#	(＊)#
5	(＊)#	(＊)#	(＊)#	#	(＊)#	#	#	#
6	(＊)#	#	#	#	(＊)#	＊#	#	#
7	(＊#)	#	#	#	(#)	#	#	#
8	(＊#)	(＊)#	＊#	(＊)#	＊#	＊#	#	#
9	(#)	(#)	#	#	(#)	#	#	#
10	(#)	(#)	(＊)#	#	(＊)#	(＊)#	(#)	#
11	(#)	#	#	#	(#)	#	#	#
12	(＊#)	(#)	#	#	(#)	＊#	(＊)#	(#)

为了有针对性地控制谐波，将最后一道工序中幅值较大的谐波列在表 6－26 和表 6－27 中。由表 6－26 和表 6－27 可知，幅值较大的谐波次数有偶次（例如 2 次）也有奇次（例如 3,5 次），这意味着表面幅值较大的谐波一般是偶次和奇次共存的。这就给谐波的控制带来一定的难度。为了减小谐波误差，有必要重点考虑幅值最大的谐波即第 2 次谐波，同时兼顾其他谐波。控制时，不仅要考虑平均幅值，还要考虑幅值分散范围。控制涉及到的工序应是遗传工序，因为每道工序的改善都将有利于最终工序的谐波幅值减小。对于本实验而言，不控制热处理工序，因为热处理后工件表面变成以 2 次谐波为主的椭圆形状是必然的，同时，热处理工序的谐波控制难度很大，所以，这里考虑控制外圆和沟道磨削工序。这些工序就是改善 2 次谐波的薄弱环节。

表 6－26　6202/01 第 06 道工序幅值较大的谐波

谐波次数	谐波幅值平均值/μm	谐波幅值分散范围/μm	显著性	遗传工序
2	0.2244	0.5711	显著	05,04,02,01
3	0.1061	0.2156	显著	05,04,03,02,01
5	0.0818	0.1819	显著	05,04,03,01

表 6－27　6202/02 第 08 道工序幅值较大的谐波

谐波次数	谐波幅值平均值/μm	谐波幅值分散范围/μm	显著性	遗传工序
2	0.2567	0.7160	显著	07,04,08
3	0.1640	0.4184	显著	07,04,08

3. 谐波的工艺控制

根据无心磨削成圆理论和准动力学谐波成圆理论，在无心外圆磨削工序，将工件中心高 h 值由原来的 15mm 降低至 8mm，同时，将精磨沟道的电磁无心夹具前角 α_1 由原来的 15°减小为 10°，其他参数不变。连续磨削一批工件，实验结果如表 6－28和表 6－29 所列。由表 6－26～表 6－29 可知，经对薄弱工序控制后，第 2 次谐波和第 5 次谐波的幅值和幅值的分散范围均有较明显改善，而第 3 次谐波变化不大。这就证实了上述谐波诊断理论的正确性，同时，也表明了这些研究成果可以用于指导生产实践。

表 6－28　6202/01 最后工序幅值较大的谐波

谐波次数	谐波幅值平均值/μm	谐波幅值分散范围/μm	显著性
2	0.1219	0.2204	不显著
3	0.1119	0.2805	显著
5	0.0311	0.0949	不显著

表 6－29　6202/02 最后工序幅值较大的谐波

谐波次数	谐波幅值平均值/μm	谐波幅值分散范围/μm	显著性
2	0.1315	0.3693	显著
3	0.1754	0.3496	显著

6.6　本章小结

基于准动力学谐波生成理论，本章提出了谐波的控制方法与策略，并结合具体的磨削实验，实施了谐波的计算机控制与工艺过程诊断。

第7章　滚动轴承振动与噪声的综合控制问题

本章以现有文献和国内外轴承的理论与实践研究为基础，评述轴承振动与噪声的综合控制问题，将涉及到轴承内部各零件、油脂和装配等内容。

7.1　概　　述

在前面章节的理论与实践方面的论述中，谐波及其分布占据了重要的地位，原因是谐波误差对轴承振动与噪声有重要影响。影响轴承振动与噪声的因素很多，试图通过改善某一个影响因素而彻底解决轴承振动与噪声问题是不可能的。客观地讲，某一个影响因素的改善可能对轴承振动与噪声有利。

一般的观点认为：轴承振动与噪声是各种因素的综合反应，这些因素可以是套圈、滚动体和保持架的单件加工质量，成品的装配质量，游隙大小，油脂质量及清洁度等；也可以是许多因素的交互作用。盲目而过分地强调某一个因素的作用会走向极端，如果要研究某一个因素对轴承振动与噪声的影响规律即单因素分析，那么一定要分析相应的标准差和统计显著性。当标准差太大或显著性不好时，所得规律不宜应用于工程实践。

本章以现有文献和国内外轴承的实践为基础，评述轴承振动与噪声的综合控制问题，将涉及到轴承内部各零件、油脂和装配等内容[46-48,58-63]。

7.2　轴承振动与噪声的频率

根据振动与噪声时域信号，借助频谱分析，可以诊断出振动与噪声的来源。

1. 轴承零件局部缺陷产生的频率

在标准的测量条件下，外圈不转动，内圈转动，轴向施加载荷。如果滚动表面有一个缺陷，那么在轴承内部的复杂运动状态下，各零件将产生振动，振动频率就是噪声频率。

保持架运动产生的频率为

$$f_c = \frac{n\left(1 - \frac{D_w}{D_m}\cos\alpha\right)}{120} \tag{7-1}$$

球自转运动产生的频率为

$$f_b = \frac{n\frac{D_m}{D_w}}{120}\left(1 - \frac{D_w^2}{D_m^2}\cos^2\alpha\right) \tag{7-2}$$

外圈沟道缺陷产生的频率为

$$f_{ed} = \frac{Zn\left(1 - \frac{D_w}{D_m}\cos\alpha\right)}{120}k_e \tag{7-3}$$

内圈沟道缺陷产生的频率为

$$f_{id} = \frac{Zn\left(1 + \frac{D_w}{D_m}\cos\alpha\right)}{120}k_i \tag{7-4}$$

球表面缺陷产生的频率为

$$f_{2b} = \frac{n\frac{D_m}{D_w}}{60}\left(1 - \frac{D_w^2}{D_m^2}\cos^2\alpha\right) \tag{7-5}$$

式中：n 为内圈的转速(r/min)；D_w为球直径(mm)；D_m为节圆直径(mm)；Z 为球的个数；α 为接触角(rad)；k_i为内圈沟道缺陷数或谐波次数；k_e为外圈沟道缺陷数或谐波次数。

2. 轴承的固有频率

考虑最简单的情形。轴承轴向固有频率为

$$f_a = \frac{1}{2\pi}\sqrt{\frac{K_a}{M_o}} \tag{7-6}$$

轴承径向固有频率为

$$f_r = \frac{1}{2\pi}\sqrt{\frac{K_r}{M_o}} \tag{7-7}$$

轴承角向固有频率为

$$f_\beta = \frac{1}{2\pi}\sqrt{\frac{K_\beta}{J_o}} \tag{7-8}$$

式中：M_o为外圈质量(kg)；K_a为轴向刚度(N/μm)；K_r为径向刚度(N/μm)；K_β为角向刚度(N·mm²/μm)；J_o为外圈惯性矩(kg·mm²)。

7.3 轴承的品质要求

7.3.1 轴承零件

1. 钢球

随着低噪声(振动)轴承的不断深入研究，我国钢球制造技术发展很快，基本上可以大循环生产 G10 级和 G5 级钢球，并有很高的精度贮备。从振动与噪声上讲，存在的主要问题是表面质量和清洁度。

表面质量主要包括表面粗糙度和表面伤痕，也可以考虑波纹度等因素。表 7-1所列是国外有关文献推荐的钢球加工质量指标。从制造工艺讲，国内已经比较普遍地采用了"以磨带研"工艺，磨削时，应选择高精密树脂砂轮。另外，必须使用高洁净度技术严格清洗钢球。在装配轴承前，随机抽取 10 多粒钢球，可以用 500× 的干涉显微镜或其他显微镜观测球表面，若看到钢球表面有伤痕（例如，细条状、网状、竹叶状、黑皮、褶皱和太阳状放射斑等），则该批钢球不能用于要求严格的低噪声轴承，而无论其公差等级的高与低。

在用谐波控制轴承噪声时，一般不研究钢球的表面谐波，而将其看作常数。如果一定要考虑的话，则钢球表面低次谐波的幅值应为 0.001 ~ 0.002μm，同时无高次谐波。

表 7-1 推荐的钢球技术指标

轴承类别	钢球直径 D_w/mm	公差等级	波纹度/μm	圆度/μm
低噪声	~6	10	<0.05	<0.1
	>6 ~ 30	16	0.05	0.1
	>30 ~ 50	28	0.05	0.1
特殊或超低噪声	~12.7	5	<0.02	<0.03
	~30	10	0.02	0.03
	>30 ~ 50	20	0.04	0.06

2. 套圈

由于钢球加工质量的大幅度提高，使套圈对轴承振动与噪声的影响特别地显示出来，因此不可以单独看中钢球对振动与噪声的贡献而忽视其他零件的影响。

1）套圈的结构设计问题

套圈的沟曲率半径取值范围为 $0.52 \sim 0.58D_w$，选取原则是外圈的沟曲率半径 R_e 大些，内圈的沟曲半径 R_i 小些（这与本书第 2 章的仿真实验结果有所不同，作为一个问题，有必要做更深入的研究）。例如，$R_e = 0.545D_w$ 左右，$R_i = 0.53D_w$ 左右。对小型深沟球轴承而言，国内轴承行业的取法是：$R_e < 0.535D_w$，$R_i < 0.515D_w$，并取对称公差，一般在 ±0.01 ~ ±0.015mm 之间。

在特定情况下，轴承与轴和轴承座的配合情况，按表 7-2 选择是比较合适的。

钢球中心圆直径应尽可能地小，较小的接触角也有利于改善轴承的振动与噪声。

表 7－2　轴承与轴和轴承座的配合

应用场合	对象	配合性质
吸尘器轴承	与轴的配合	j7
	与轴承座的配合	H6、H7
空调器轴承	与轴的配合	js5
	与轴承座的配合	H6、H7 或 JS6、JS7

2）套圈的制造工艺问题

应当特别注重定位基准的磨削和沟道的超精问题。

端面的终加工可以采取研磨的方式，将两端面的平行度控制在 1μm 以内。如果振动与噪声的要求比较低的话，可以将平行度控制在 2μm 以内。为了确保定位端面的定位精度，在磨削和超精各工序之间应进行退磁、清洗和干燥处理。

用于定位的外径或内外径表面的 2～15 滤波圆度要控制好，一般为 1～2μm，有时要求可达 0.5μm。例如，对小型的电机轴承，2～15 的滤波圆度为 0.3，15～500 的滤波圆度为 0.07。表面粗糙度 Ra 要保证 0.2～0.32μm。

沟位置尺寸 a_i 和 a_e 的误差取值范围为 ±0.01～±0.03mm，沟形误差不能超过 1μm，最好的应为 0.3～0.7μm。沟曲率半径误差要控制在 ±0.01～±0.03mm。必须注意沟道直径的误差分散范围，要控制在 ±10～±15μm。沟道直径尺寸的严重分散，意味着结构尺寸的变更，可以改变轴承内部的运动特性，进而导致噪声分散范围的增大。

若进行谐波控制，则磨削后沟道表面 2～15 低次谐波的幅值不超过 0.005～0.04μm。对小型的电机轴承而言，超精后 2～15 滤波圆度不大于 0.5μm（例如，可以取 0.3μm），15～500 滤波圆度不大于 0.1μm（例如，可以取 0.07μm）。超精时，定位外圆表面的 2～500 滤波圆度不大于 0.5～1μm。

超精时，应注意控制超精瘤、砂轮花、磨粒划痕等，尤其应确保沟道拉丝的纹路均匀、无断丝和短丝（可以在操作现场使用 40× 的显微镜观测）。这是十分重要的，因为这些表面质量问题可以明显地影响轴承的噪声。例如，表 7－3 是在某轴承厂发现的沟道问题（含沟道清洗不干净），共检查 104 套轴承，有缺陷的套圈数总计为 39 个，占 37.5%，这些问题会导致产品的噪声性能指标下降。

表 7－3　轴承滚动表面的某些问题

<table>
<tr><th>表面</th><th colspan="3">缺陷分类</th><th colspan="2">零件数</th><th>有缺陷的零件数总计</th></tr>
<tr><td rowspan="4">外圈沟边</td><td rowspan="2">细划痕</td><td colspan="2">圆周方向</td><td>3</td><td rowspan="2">4</td><td rowspan="4">17</td></tr>
<tr><td colspan="2">轴线方向</td><td>1</td></tr>
<tr><td>超精瘤</td><td colspan="2">—</td><td>7</td><td>7</td></tr>
<tr><td>砂轮花</td><td>—</td><td>—</td><td>6</td><td>6</td></tr>
</table>

（续）

<table>
<tr><th>表面</th><th colspan="3">缺陷分类</th><th colspan="2">零件数</th><th>有缺陷的零件数总计</th></tr>
<tr><td rowspan="9">内圈沟道</td><td rowspan="4">划痕</td><td>细划痕</td><td>轴线方向</td><td>3</td><td rowspan="4">9</td><td rowspan="9">22</td></tr>
<tr><td rowspan="2">黑印</td><td>轴线方向</td><td>2</td></tr>
<tr><td>圆周方向</td><td>1</td></tr>
<tr><td colspan="2">竹叶状和短粗划痕</td><td>3</td></tr>
<tr><td colspan="3">超精瘤</td><td colspan="2">3</td></tr>
<tr><td colspan="3">清洗不干净</td><td colspan="2">4</td></tr>
<tr><td colspan="3">沟边缺陷</td><td colspan="2">4</td></tr>
<tr><td colspan="3">一片黑点</td><td colspan="2">1</td></tr>
<tr><td colspan="3">金属夹杂物</td><td colspan="2">1</td></tr>
<tr><td rowspan="3">钢球</td><td colspan="3">黑皮</td><td colspan="2">多个球</td><td rowspan="3">多个</td></tr>
<tr><td colspan="3">长划痕、交叉划痕、竹叶状划痕</td><td colspan="2">多个球</td></tr>
<tr><td colspan="3">太阳状放射斑</td><td colspan="2">一个球</td></tr>
<tr><td colspan="7">注:未装配钢球也被列入检测范围</td></tr>
</table>

疏波波纹度不大于0.2μm,密波波纹度不大于0.02μm。

表7-4所列是国外有关文献推荐的套圈加工质量指标,可以看出,各国的技术指标不尽相同。原因有两个:一是测量方法;二是这些技术指标仅仅是影响轴承噪声的因素之一,在其他方面可能也有较大的差异,例如,轴承材料、润滑油(脂)、钢球和套圈沟道的表面改性等。

另外,肉眼看起来,套圈各表面必须光滑无黑皮,因此,淬火回火后应安排窜黑皮工序或在精磨前安排窜光工序,并合理选择套圈的上下料和运输方法,防止磕碰伤。

表7-4 推荐的套圈沟道技术指标

轴承类型	直径/mm	波纹度/μm		圆度/μm	
		内圈	外圈	内圈	外圈
低噪声	~30	0.05	0.05	0.8	0.8
特殊或超低噪声	~30	0.03	0.03	0.6	0.7

3. 保持架

保持架兜孔设计应接近理想球形,尽量减小兜孔与铆钉支承平面的过渡圆角半径。

轴承在高速运转中,钢球的自转频率最高,钢球的工作表面同时与内、外套圈沟道相接触,受离心力及冲击力的作用,因保持架的制造误差或兜孔间隙不合理引起滚动体与保持架之间剧烈碰撞或摩擦而产生沙沙作响声(如果润滑不良时,则会产生高频尖叫声,并且,保持架出现高频的无序振动)。用带锥形过盈铆钉保持架,其径向兜孔间隙由 0.45 ~ 0.90mm 压缩为 0.3 ~ 0.6mm,甚至为 0.1 ~ 0.15mm,中心径尺寸控制在 ±0.04mm 公差范围内。

有人认为,保持架移动所产生的振动频率,等于保持架质量中心相对套圈引导挡边(内圈外径或外圈内径)的摆动频率,振动的振幅等于保持架质量和振动频率的平方、保持架与引导挡边间隙的乘积。

研究表明,金属保持架兜孔和钢球之间的摩擦,可以引起保持架的径向和轴向的弯曲振动,若使用胶木保持架和其他塑料保持架,则不会出现弯曲振动。

如果不采用胶木、氟塑料和安替比林等非金属,则低碳钢保持架最好是表面镀有耐磨和减振薄膜或高加工质量的。耐磨和减振薄膜的材料可以是氟塑料和安替比林等,这样,轴承的减振与降噪水平基本上可以达到非金属的减振与降噪水平。因为抗磨薄膜具有很好的阻尼特性,并且涂上后,球与保持架之间的兜孔间隙可以减小约 2.5 倍。

另外,保持架应平整无毛刺,装配前应用超声波清洗干净。

4. 结构设计与加工质量

必须注意,并非加工质量越高越好,当质量指示提高后,振动与噪声减小,但当质量指标达到某一个级别时,进一步提高加工质量,振动与噪声的改善效果并不明显。结构设计的合理性对轴承振动与噪声的影响一般远小于基本噪声,除非制造质量特别差。

7.3.2 轴承装配

在轴承装配中,特别应重视装配间的环境问题。温度要保持在 18 ~ 27℃,相对湿度为 40% ~60%。进入装配间必须穿戴专用的工作衣、工作帽和工作鞋,并保持一切用具和环境清洁无灰尘。

套圈的尺寸分组应尽可能细,分组差应尽可能小,例如,为 1 ~ 2μm。这样,可以确保钢球与保持架之间窜动量的一致性。分选与合套工作最好由仪器自动完成,以避免人为因素的干扰。

零件在清洗时,清洗液的过滤精度为 5 ~ 3μm。成品清洗液过滤器的级差应减小,例如,15μm → 10μm → 5μm → 3μm → 1μm。清洗用油的含污量不大于 10 ~ 50mg。

合理设计注脂头的结构,将油脂几乎全部注入沟道,而不是将大多数油脂注在保持架的过梁上。注脂后一定要进行高精度的匀脂(均匀润滑脂)。合理的注脂和匀脂可以保证在测量和使用轴承时钢球与沟道、钢球与保持架之间的良好润滑,还可以将多余的油脂和杂质排出接触区。

装配游隙也影响轴承的噪声,过大或过小的游隙均对噪声不利。一般存在最佳游隙范围,这取决于轴承的使用场合。例如,对 6203 轴承而言,一般合套游隙为

5 ~ 8μm。若用于电机，则游隙可以选 4 ~ 11μm。若使用加载游隙，则为 9 ~ 14μm，608 轴承为 5 ~ 10μm。

7.3.3 润滑剂与润滑

良好的润滑是轴承正常工作的重要条件之一，在测量噪声时亦如此。润滑可以改变钢球与套圈沟道接触时的摩擦特性，用黏性摩擦代替干摩擦；润滑也可以改变轴承的弹性性能和阻尼性能，使轴承具有吸振性。这些均可能改善轴承的噪声。

低振动低噪声轴承应采用专用的润滑脂。某 3 个品牌号的主要润滑脂的特性见表 7 – 5。

表 7 – 5 某些润脂的性质

润滑脂牌号		1	2	3
基础油		酯	酯 + 醚	矿物油
运动黏度 /($10^{-6}m^2/s$)	40℃	26	53	130
	100℃	5.1	8.3	10.3
增稠剂		锂基	锂基	锂基
稠度		245	239	273
滴点/℃		192	192	182
使用温度/℃		–20 ~ +140	–10 ~ +130	–10 ~ +110

1. 基本要求

对一般的低噪声轴承而言，润滑脂的含水量应小于 0.01%，含污量小于 800 个/cm^2，过滤精度为 2μm。

2. 润滑油膜的形成

在正常情况下测量轴承的噪声，沟道和钢球之间的润滑应该是流体动力润滑。此时，钢球和沟道被起润滑作用的流体膜分隔开，轴承运转噪声就比较小。如果流体膜被破坏或者膜厚比较薄，容易发生金属之间直接接触，也就会产生比较大的噪声。

为了保证流体膜润滑，必须研究无量纲润滑膜参数 Λ，即

$$\Lambda = h_0/Ra \tag{7-9}$$

式中：h_0为最小油膜厚度(μm)；Ra 为综合表面粗糙度参数(μm)，且有

$$Ra = \sqrt{Ra_1^2 + Ra_2^2} \tag{7-10}$$

式中：Ra_1和 Ra_2为钢球和沟道表面轮廓的算术平均值(μm)。

最小油膜厚度的一个计算公式为

$$h_0 = 0.125C_0D_m^{0.55}\ (D_m n)0.75vQ_0^{-0.15}Ra^{-1} \tag{7-11}$$

式中：C_0为与轴承类型有关的结构系数，见表 7 – 6；D_m为节圆直径(mm)；n 为轴承内圈的转速(r/min)；v 为润滑油参数和温度有关；Q_0为当量静载荷(10^5N)。

表 7-6 系数 C_0

轴承类型	C_0
深沟球轴承	70
角接触轴承(接触角为 12°~36°)	75
圆柱滚子轴承	100

轴承的润滑形式和 Λ 的关系见表 7-7。

表 7-7 轴承的润滑形式和 Λ 的关系

Λ	轴承的润滑形式
$\Lambda \leq 1$	边界润滑,摩擦表面的磨损加剧,影响轴承的高速性质
$1 < \Lambda < 1.5$	表面磨损,摩擦具有边界润滑和流体润滑的性质
$1.5 < \Lambda < 3$	接近于流体润滑
$3 < \Lambda < 4$	几乎为流体润滑
$\Lambda > 4$	完全的流体润滑

可以用 Λ 值评价润滑油(润滑脂)和表面粗糙度的合理性。

通常,流体动力润滑膜厚超过 1μm,弹性流动体动力润滑的膜厚为 0.1~1μm。可以据此确定滚动表面的粗糙度值。为了保证连续的润滑膜,不仅要控制 Ra,还要控制 Rz,即滚动表面轮廓的凸凹性应均匀,不能有过高的凸峰。但是,如果表面过于光滑,那么就很难保持住润滑剂,进而出现贫油润滑状态,加剧磨损并引起较大的振动与噪声。目前,最好的综合解决方案是在沟道超精时,采用合适的拉丝工艺。

3. 润滑剂的性质

这里的润滑剂是指润滑油或润滑脂。

1) 润滑油或润滑油脂基础油的黏度

通常认为,基础油的黏度越大,形成的油膜越厚,从而导致比较强的覆盖滚动表面缺陷和机械杂质的能力,可以减轻振动与噪声。但是,随着黏度的增大,润滑剂的内摩擦增大,流动性下降,容易发生缺油现象,或出现波浪形油膜(油膜厚度不均匀)。当黏度进一步增大时,内摩擦加剧,使温升增大、温度升高,导致润滑剂软化,流动性反而提高。此时,油膜中的油脂将与被排出接触区的油脂相互交流,杂质会趁虚而入。

通常,油的组成不同,压力对油黏度的影响不同。压力对高黏度油的影响要大于对低黏度油的影响。黏度指数低的油,受压力的影响大。温度影响黏度随压力变化的程度,高温时压力对黏度的影响小,低温时压力对黏度的影响大。

基础油黏度的选择,应当考虑轴承设计与制造的具体情况(例如,表面粗糙度、表面缺陷和洁净度等)。基本观点是:轴承设计与制造的越精良,所要求的黏度越低，反之越高。

2）润滑脂的稠度

稠度越高，流动性越差，容易形成不连续的膜或比较薄的膜，润滑不良；但可以减小油脂的窜动，避免机械杂质的侵入；还可以增强吸附性，在钢球与沟道之间、钢球与保持架兜孔之间形成很厚的膜。稠度过小，脂会被挤出。

油脂稠度的选择有一个比较好的范围，该范围与使用温度、速度和压力有关，一般采用针入度为235～280的润滑脂。

另外，工作温度高时或载荷大而转速低时，应选用稠度大的脂；反之，应选用稠度小的脂。

3）滴点

选用润滑脂的滴点和轴承的工作温度有关，一般滴点应比工作温度高20～30℃。润滑脂的滴点主要取决于稠化剂的种类和含量。表7－8给出几种润滑脂的滴点。

表7－8　几种润滑脂的滴点

润滑脂	钙基脂	钠基脂	锂基脂	复合钙基脂	膨润土基脂
滴点/℃	75～100	130～200	>170	>180	≈250

7.4　纳米材料润滑技术简介

7.4.1　问题的提出

纳米材料润滑是一种改善轴承滚动表面性能的新技术。本节介绍纳米材料的结构特性及其润滑机理。研究表明，纳米材料润滑剂可以在摩擦表面形成润滑薄膜，这种润滑薄膜可以减小摩擦系数、填补与修复摩擦表面的某些缺陷，这有益于解决滚动轴承的许多工作性能问题，例如，摩擦磨损，摩擦力矩与噪声等。

机械制造的精度是有限的，随着工作主机对滚动轴承性能要求的不断提高，轴承滚动表面的表面处理问题倍受关注。离子注入、激光强化、表面氮化以及碳氮共渗等技术已经用于批量很小的军品轴承（例如航空轴承、装甲车轴承等），因价格昂贵，故难以在大批量生产的民品轴承（例如汽车轴承、低噪声轴承、静音轴承以及高速客车轴承等）推广。在汽车轴承、高速客车轴承、低噪声轴承、静音轴承等一系列产品中，轴承滚动表面改性及摩擦润滑问题成为重要的研究内容之一。轴承的疲劳寿命及其可靠度，轴承的摩擦磨损寿命及其可靠度，轴承的摩擦力矩，轴承的噪声、噪声寿命及其可靠度，轴承的异声等问题，都和轴承滚动表面的表面改性密切相关。因此，迫切需要一些成本比较低的、效果满足更高性能要求的、同时又适合于大批量生产的新的表面处理技术。

纳米材料润滑就是一种可以经济地改善轴承滚动表面改性的新技术。根据不同的工况条件，在基础油或脂中添加不同种类与含量的纳米粒子和分散剂，可以在滚动表面形成一层纳米薄膜，有效地改善摩擦副的摩擦特性。

7.4.2 纳米材料的结构特性与减摩擦抗磨损原理

1. 纳米材料的结构特性

纳米材料是低维材料，在3维空间各个方向的尺寸可以达到纳米级(1～100nm)。按空间维数可以将纳米材料分为零维纳米粒子、1维的纳米膜、2维的超细颗粒覆盖膜和3维的纳米块材料。

纳米材料具有表面效应、体积效应和量子尺寸效应等结构特性。研究表明，纳米材料的表面原子数与总原子数之比随着材料尺寸的急剧变小而急剧增大，表面的晶场环境与结合能力不同于内部原子，表面原子周围缺少电子，从而包含很多空键，具备不饱和性质，表面积、表面能和表面结合能都迅速增大，产生了“表面效应”；当材料尺寸与电子传导的波长接近或更小时，周期性的边界条件被破坏，材料的磁性、光吸附性与热阻性等性质和不同相材料相比，发生了巨大变化，从而产生“体积效应”；当材料尺寸小到一定值时，产生“量子尺寸效应”。纳米材料的这些独特的结构特性，使纳米材料具备高扩散性、易烧结性、熔点降低、硬度增大、催化反应活性增大等特性。

2. 减摩擦抗磨损原理

上述纳米材料的特性决定了纳米粒子减摩擦抗磨损的机理，这可以体现在以下几个方面。

1）滚珠轴承作用

纳米粒子尺寸很小，可以看作近似球体，在摩擦副间像鹅卵石一样自由滚动，支承载荷，提高了润滑膜的耐磨性，起到了减摩擦抗磨损作用，如图7－1所示。

2）薄膜润滑作用

纳米粒子的高扩散性和易烧结性，在摩擦过程中形成的高温高压使纳米粒子熔化，在摩擦表面形成一层超薄而致密的边界润滑膜，如图7－2所示。

有时，纳米粒子中的有效元素会渗入金属表层，形成抗磨效果很好的渗透层或扩散层，这个过程称为“原位摩擦化学处理”。

有序组装体系是薄膜润滑作用的特殊描述，主要解决分子级的超薄膜润滑问题。沉积在玻璃表面的脂肪酸单分子膜可以使摩擦系数从1.0降低到0.1左右。这一原理合理应用，可以解决磁记录介质与磁头在相对滑动时的耐磨性问题，也可以解决空间技术中润滑问题以及小载荷条件下的超薄膜润滑问题。

在摩擦系统中，以纳米材料作为添加剂制备出新型润滑材料所起的减摩擦抗磨损作用方式，和传统添加剂完全不同。这种新型润滑材料可以在摩擦表面形成一层剪切强度很低的薄膜，减小摩擦系数，还可以对摩擦表面进行一定程度的填补与修复,起到抗磨损作用。

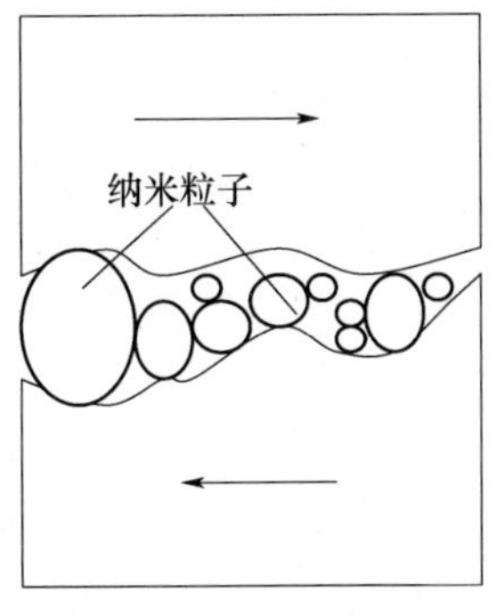

图 7－1　滚珠轴承作用

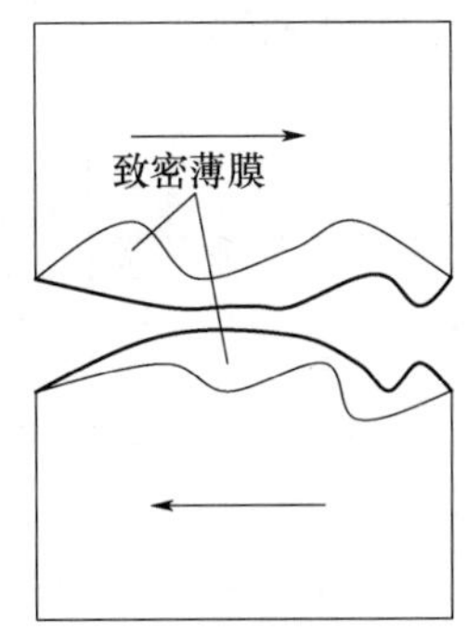

图 7－2　薄膜润滑作用

3）第 3 体抗磨机理

纳米粒子的存在对摩擦后期的摩擦系数的降低有决定性作用。对摩擦副微观表面分析看出,纳米粒子添加剂对摩擦副凸凹表面起填充作用,摩擦化学反应在摩擦副间形成了稳定的第 3 体。

4）不利因素的改善

纳米材料作为润滑油的添加剂也存在一些不利因素。由于纳米材料极细的晶粒具有巨大的表面能,颗粒间的吸引力与颗粒间的自动集聚力,容易使颗粒形成大块状体,发生沉淀,失去作用。这和纳米材料在润滑油中分散性和稳定性密切相关。

可以选择不同的分散剂和稳定剂,与纳米添加剂进行匹配,以适应不同的工作条件,提高润滑油的工作性能,如表 7－9 所列。表 7－10 是一个纳米材料应用的实验研究例子,主要研究尺寸为氢氧化镍和 SnO 纳米粒子对基础油抗磨损性的对比影响。可以看出,相同条件下,添加纳米粒子的润滑油磨斑直径小于基础油。

表 7－9　某些实验研究成果

序号	目的与问题	方法	效果	备注
1	减小纳米金属氢氧化物或氧化物在有机介质中团聚性	用 C_2 ~ C_{20} 脂肪酸修饰	纳米颗粒表面形成稳定的化学修饰层,分散均匀	
2	改善稀土氟化物在润滑油中分散性	用含氮有机物修饰	提高了润滑油的极压性和抗磨损性	
3	减小硫金属化合物和二硫金属化合物纳米颗粒在润滑油中团聚性	用含硫有机物修饰	在有机溶剂和润滑油中具有良好的分散性,抗磨损性和承载能力提高	
4	改善 GCr15 轴承钢水溶液润滑下的摩擦磨损性能	用油酸修饰 TiO_2 纳米粒子	在摩擦表面形成致密的边界润滑膜,抗磨损效果很好	薄膜润滑作用

(续)

序号	目的与问题	方法	效果	备注
5	提高 PbS 纳米粒子(3 ~ 5nm) 在润滑油中摩擦性能	用烷基二硫代磷酸修饰	在摩擦过程中产生的高温高压使纳米粒子融化，在摩擦表面形成致密的边界润滑膜，抗磨损效果很好	薄膜润滑作用
6	提高 TiO_2 纳米粒子(5nm)在润滑油中摩擦性能	用二乙基已酸修饰	TiO_2 纳米粒子在摩擦表面形成一层抗高温的边界润滑膜，抗磨损性和承载能力提高	薄膜润滑作用
7	提高抗磨损性和承载能力	用硼酸盐、硅酸盐、烷氧基铝等无机材料纳米粒子作添加剂	在极压条件下，添加剂没有与摩擦金属表面发生化学反应，但有效元素 B 和 Si 等渗入金属表层，形成抗磨效果很好的渗透层或扩散层	原位摩擦化学处理
8	使用 MoS_2 纳米粒子降低摩擦系数	用二烷基二硫代磷酸修饰	纳米粒子的球性结构变滑动摩擦为滚动摩擦，降低了摩擦系数(小于 0.1)，明显提高了承载能力	滚珠轴承效应
9	使用 20nm 的 TiO_2 和 10 ~ 70nm$TI_3(BO_3)_2$ 纳米粒子降低摩擦系数		摩擦化学反应在摩擦副间形成了稳定的第三体，抗磨损效果更好	第三体抗磨机理
10	使用 WS_2 纳米粒子(5 ~ 10nm)降低摩擦系数	用二烷基二硫代磷酸修饰	纳米粒子薄膜在摩擦过程中发生了向耦件材料表面转移，同时在摩擦力的作用下发生了摩擦化学反应或变化。摩擦系数大大降低	有序组装体系

表 7 – 10 磨斑直径比较

序号	润滑剂	载荷/N	摩擦时间/min	磨斑直径/mm
1	基础油	245	10	0.44
		294	30	0.69
2	基础油添加氢氧化镍纳米粒子	245	10	0.34
		294	30	0.60

（续）

序号	润滑剂	载荷/N	摩擦时间/min	磨斑直径/mm
3	基础油添加 SnO 纳米粒子	245 294	10 30	0.40 0.57
注：在 245N 载荷下摩擦 10min 以后，在 294N 载荷下摩擦 30min				

7.4.3 应用分析

1. 对 GCr15 轴承钢摩擦磨损性能的改善

用油酸修饰 TiO_2 纳米粒子作为水基润滑添加剂，研究 GCr15 轴承钢的摩擦学行为。实验研究是在 4 球实验机上进行的。

表 7－11 是油酸修饰 TiO_2 纳米粒子的水溶液在不同添加量下的最大无卡咬载荷 p_B 值和烧结载荷 p_D 值。不难看出，油酸修饰 TiO_2 纳米粒子的水溶液在不同浓度下的 p_B 值和 p_D 值远高于纯水和含 0.5% 油酸钠分散剂（OA－Na）水溶液的 p_B 值和 p_D 值。这表明油酸修饰 TiO_2 纳米粒子具有良好的承载能力和极压性能。当油酸修饰 TiO_2 纳米粒子的质量分数大于 1.0% 时，p_B 值和 p_D 值增加量很小，因此，水剂添加剂的有效范围为 0.1% ～1.0% 。

研究还表明，油酸修饰 TiO_2 纳米粒子作为水基润滑添加剂可以有效地提高 GCr15 轴承钢的抗磨损能力，在质量分数为 0.5% 时抗磨损能力最强。另外，质量分数从很小增加到 0.5% 时，摩擦系数可以从 0.11 下降到 0.08，下降很多。进一步增加质量分数，摩擦系数变化不大。

表 7－11　对比实验 1

序号	成分	质量分数 w/%	无卡咬载荷 p_B/N	无烧结载荷 p_D/N
1	H_2O	100	88	1190
2	OA－Na	0.5	98	1300
3	OA－TiO_2	0.1 0.5 1.0 2.0	696 980 1000 1046	1800 2300 2400 2400

2. 纳米固体润滑干膜在重载工况下的应用

在重载轴承滚动表面进行纳米固体干膜处理后，涂层能有效地隔绝腐蚀介质，同时起到良好的润滑作用。平均涂层厚度为 15μm。表 7－12 是特定条件下纳米 Al_2O_3 粒子对平均磨损体积影响情况。可以看出，纳米粒子润滑干膜显著地降低了磨损，和无纳米粒子相比，磨损体积减少了近 5 倍。

表 7-12　对比实验 2

试样	纳米粒子含量低	纳米粒子含量中	纳米粒子含量高	无纳米粒子
平均磨损体积/mm^3	0.2648	0.1278	0.0802	0.4147

3. 纳米材料润滑剂对振动的影响

研究表明,将 25% ~30% 的 20 ~100nm 的钼、钽、镍和铜固体纳米金属微粉与 70% ~75% 的溶剂混合制成抗磨添加剂,以 3% ~5% 的比例加入在润滑油中,可以降低摩擦系数,明显地减少发动机的磨损、振动与噪声,提高寿命。

在润滑脂中添加适量的经修饰的 5 ~50nmTiO_2 纳米粒子,可以改善滚动轴承的振动与噪声,如表 7-13 所列。实验轴承型号是 6203,钢球与沟道表面均有人为的很明显的创伤与划痕,以便进行效果分析。可以看出,当纳米粒子含量中时,轴承振动值和异常声感觉均比较好。原因是纳米材料润滑剂可以在摩擦表面形成润滑薄膜,这种润滑薄膜可以减小摩擦系数、填补与修复摩擦表面的某些缺陷。但是,现有研究表明,纳米材料润滑剂对振动的影响仍存在着较大的不确定性。

表 7-13　对比实验 3

项目	纳米粒子含量低	纳米粒子含量中	纳米粒子含量高	无纳米粒子
振动加速度值/dB	39	35	38	40
异常声感觉	大	很轻微	大	很大

用纳米材料作润滑剂的添加剂可以解决常规添加剂难以解决的问题。例如,纳米材料润滑剂在工作中可以形成致密的润滑薄膜,有效地起到抗磨损的作用;也可以在摩擦表面形成一层剪切强度很低的薄膜,减小摩擦系数;还可以对摩擦表面进行一定程度的填补与修复。这十分有利于解决滚动轴承的疲劳寿命及其可靠度、轴承的摩擦磨损寿命及其可靠度,摩擦力矩、噪声、噪声寿命及其可靠度以及异声等问题。

7.5　低噪声轴承制造工艺过程

轴承套圈的加工有多种方案,表 7-14 和表 7-15 给出两种参考的加工方案。图 7-3 给出一种轴承装配的参考方案。

表 7-14　套圈加工过程 I

主要工序代号	外圈		内圈	
	加工过程	备注	加工过程	备注
0	热处理	光亮处理	热处理	光亮处理
1	端面粗磨	双端面磨削	端面粗磨	双端面磨削
2	端面精磨	双端面磨削	端面精磨	双端面磨削

（续）

主要工序代号	外圈		内圈	
	加工过程	备注	加工过程	备注
3	外圆粗磨		沟道粗磨	支承沟道
4	外圆精磨		沟道精磨	支承沟道
5	沟道粗磨		内圆粗磨	支承沟道
6	沟道精磨		内圆精磨	支承沟道
7	沟道粗超精		沟道粗超精	
8	沟道精超精	注意拉丝	沟道精超精	注意拉丝
9	外圆光整	外观		

表 7-15　套圈加工各程Ⅱ

主要工序代号	外圈		内圈	
	加工过程	备注	加工过程	备注
0	热处理		热处理	
1	窜光		窜光	
2	端面磨削	双端面磨削	端面磨削	双端面磨削
3	端面研磨		端面研磨	
4	外圆粗磨		外圆粗磨	
5	外圆超精	粗加工	外圆超精	粗加工
6	外圆精磨		外圆精磨	
7	外圆超精	精加工	外面超精	精加工
8	沟道粗磨		内圆粗磨	
9	外圆超精	精加工	内圆精磨	
10	沟道精磨		外圆超精	精加工
11	外圆超精	精加工	沟道粗磨	
12	沟道粗超精		外圆超精	精加工
13	沟道精超精	注意拉丝	沟道精磨	
14	外圆光整	外观	外圆超精	精加工
15	—		沟道粗超精	
16	—		沟道精超精	注意拉丝

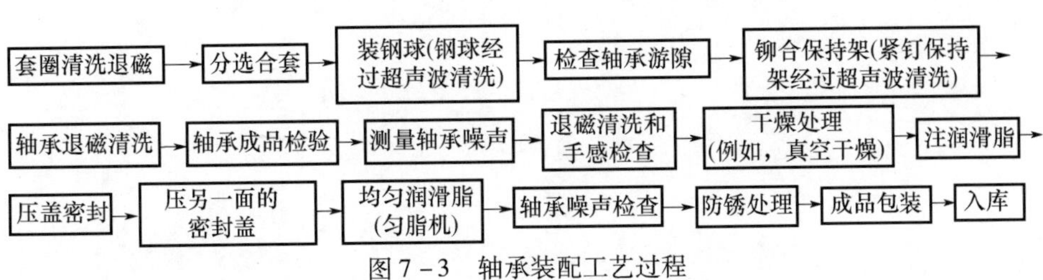

图 7-3　轴承装配工艺过程

必须指出,低噪声轴承的制造工艺有很多种,制定时要结合实际情况,使工艺切实可行,行之有效。

大量的生产实践表明,不同的工艺方法可以生产出相似的产品,同样的工艺方法可以生产出不尽相同的产品,这是因为有很多问题的复杂性往往是人们无法预料和理解的。有时候,具体操作中的细微差别可能是最重要的原因。这告诉人们:许多问题的关键所在不在于技术本身,而在于人。

7.6 本章小结

轴承振动与噪声的控制是一个复杂的系统工程,影响轴承振动与噪声的因素很多,各种因素可能会相互作用,试图通过改善某一个影响因素而彻底解决轴承振动与噪声问题是不可能的。不可以盲目而过分地强调某一个因素的作用,应当综合分析,综合控制。

第 8 章 谐波与圆度的范数评估方法

基于范数理论，本章研究谐波与圆度的评估方法，主要包括谐波分布参数评估方法、谐波与圆度测量的误差理论，并给出相应的计算机源程序。

8.1 谐波分布参数评估方法与实验研究

滚动轴承套圈沟道表面的谐波分布状态对成品轴承的振动速度、振动加速度以及声压级的影响问题，已经引起国际轴承理论界和工程界的重视。由于谐波分布的特征参数可以很好地描述谐波分布状态，因此，如何根据谐波数据提取其特征参数进而评价谐波分布状态，就成为问题的焦点。经典的最小 2 乘法是常用的数据处理方法。研究表明，最小 2 乘法对异常点有较强的敏感性，并可能导致有偏估计。因此，本节提出研究谐波分布问题的一种新方法，这种方法是以范数理论为基础的，可以避免最小 2 乘法的缺陷，比较真实地反映测量数据的内在规律性[56-61]。

8.1.1 谐波分布参数评估方法

1. 用最小 2 乘法估计谐波分布特征参数的基本原理

为了评价滚动轴承沟道表面谐波的实际分布状态是否满足成品轴承的振动和噪声等性能要求，常用下面的函数描述正常谐波分布状态：

$$F_j = aj^{-b} \tag{8-1}$$

式中：j 为谐波次数，$j=2,3,\cdots,p$；F_j为正常谐波分布的第 j 次谐波幅值(μm)；a 为谐波分布特征参数，待定的因数(μm)；b 为谐波分布特征参数，待定的因数，无量纲。

设正常谐波分布的谐波幅值数据列为

$$F=(F_2,F_3,\cdots,F_j,\cdots,F_p) \tag{8-2}$$

已知 p 个实际测量的谐波数据列为

$$X=(X_2,X_3,\cdots,X_j,\cdots,X_p) \tag{8-3}$$

式中：X_j为实际测量的第 j 次谐波幅值(μm)；

用最小 2 乘法估计谐波分布特征参数 a 和 b 时，采用了下列非线性变换公式：

$$a = e^A \tag{8-4}$$

$$b = -B \tag{8-5}$$

其中：变换参数 A 和 B 按下列公式求解：

$$A = y_{\mathrm{M}} - Bx_{\mathrm{M}} \tag{8-6}$$

$$B = \frac{\sum_{j=2}^{p} (x_j - x_{\mathrm{M}})(y_j - y_{\mathrm{M}})}{\sum_{j=2}^{p} (x_j - x_{\mathrm{M}})^2} \tag{8-7}$$

$$x_{\mathrm{M}} = \frac{\sum_{j=2}^{p} x_j}{p-1} \tag{8-8}$$

$$y_{\mathrm{M}} = \frac{\sum_{j=2}^{p} y_j}{p-1} \tag{8-9}$$

$$x_j = \ln j \tag{8-10}$$

$$y_j = \ln X_j \tag{8-11}$$

亦即用下面的线性方程式来描述式(8-1)的非线性方程：

$$\ln F_j = \ln a - b\ln j \tag{8-12}$$

不难看出，上述公式要求 X_j 不能为零，这就对谐波分布的研究有了很大的限制。

2. 用范数法估计谐波分布特征参数的基本原理

定义范数

$$Q = \| X - F \|_q \tag{8-13}$$

使

$$Q \to \min_{a,b} Q \tag{8-14}$$

不允许进行任何线性的和非线性的变换，应当直接用数值解法，例如，无约束优化方法，从上式估计出谐波分布的特征参数 a 和 b。

一般，$q=1$ 范数用于评价工程问题的绝对误差，$q=\infty$ 范数用于评价圆度误差和偏心滤波问题，$q=2$ 范数可以用于估计谐波分布的特征参数 a 和 b。$q=2$ 范数模型为

$$Q = \| X - F \|_2^2 \tag{8-15}$$

不难看出，范数法对测量数据 X_j 无特殊要求。

8.1.2 实验研究

研究对象是6203轴承套圈沟道表面谐波数据，有15组谐波数据，谐波最高次数为 $p=23$。图8-1和图8-2列出了谐波分布特征参数的估计结果。为了比较范数法和最小2乘法的估计效果，图8-3给出了用这两种方法建立谐波分布曲线所产生的标准差 s（单位为 μm）。15组谐波数据是很多的，不能全部列出，这里仅列出两组的谐波数据，如表8-1和表8-2所列。

一般,标准差 s 越小,参数估计的误差也越小。由图 8-3 可以看出,对研究的问题而言,范数法的估计精度全部高于最小 2 乘法,因此,范数法必然优于最小 2 乘法。这种优越性对序号为 2,10,12 和 15 的谐波分布是很明显的。用最小 2 乘法处理这些序号的谐波数据时,得到的标准差要比用范数法得到标准差大很多。这表明范数法可以有效地衰减异常点的扰动误差,使参数估计误差为最小。

由图 8-1 和图 8-2 可以看出,两种方法对谐波分布特征参数 a 和 b 的估计结果是完全不同的,参数 a 的最大差值有 4μm,参数 b 的最大差值约为 2,这种差别对轴承振动和噪声的影响是很大的,必须引起注意。因此,用最小 2 乘法估计参数 a 和 b 是不可行的。

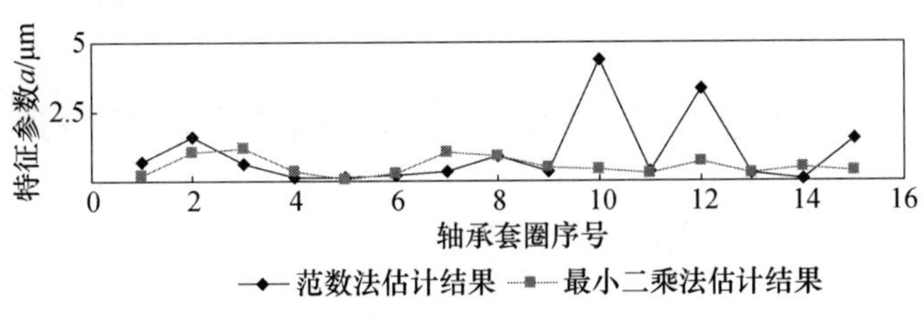

图 8-1 谐波分布特征参数 a 的对比

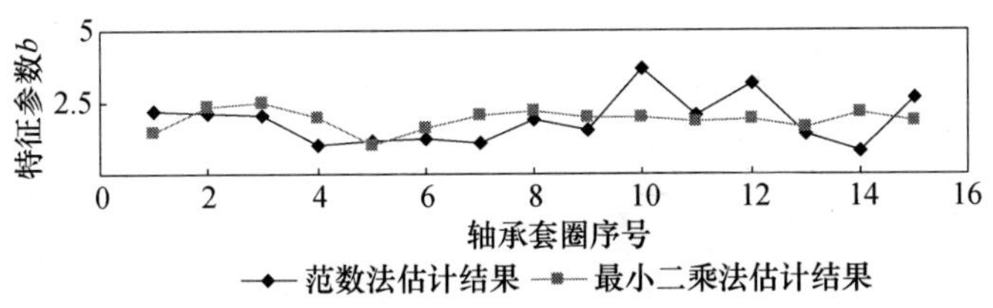

图 8-2 谐波分布特征参数 b 的对比

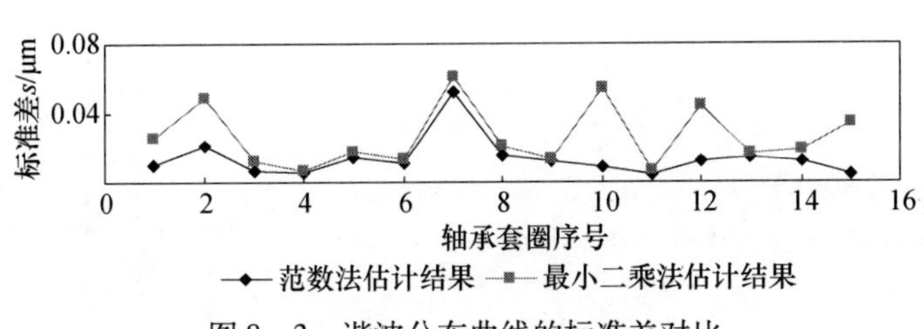

图 8-3 谐波分布曲线的标准差对比

表 8-1 6203 轴承外圈沟道表面谐波数据(序号 10)

j	2	3	4	5	6	7	8	9	10	11	12
F_j/μm	0.354	0.052	0.011	0.026	0.007	0.025	0.001	0.002	0.005	0.004	0.001
j	13	14	15	16	17	18	19	20	21	22	23
F_j/μm	0.002	0.003	0.004	0.002	0.002	0.003	0.002	0.002	0.001	0.002	0.003

表 8-2 6203 轴承外圈沟道表面谐波数据(序号 12)

j	2	3	4	5	6	7	8	9	10	11	12
F_j/μm	0.382	0.057	0.040	0.028	0.021	0.027	0.006	0.011	0.005	0.016	0.003
j	13	14	15	16	17	18	19	20	21	22	23
F_j/μm	0.006	0.005	0.004	0.004	0.002	0.003	0.006	0.002	0.004	0.001	0.002

总之,用本节提出的数值法处理谐波数据,不会改变数据的分布特征,可以有效地衰减数据异常点的扰动误差,实现谐波分布特征参数的无偏估计,所获得的标准差比线性最小 2 乘法获得的要小,比较真实地反映出谐波数据的内在规律性。

8.2 谐波分布参数数值计算的计算机程序

谐波分布参数数值计算的计算机程序:

```
  program Harmonic
  double precision x(6,2),x0(2),f(6),r(520),t,h,u,eps
  n=2
  t=0.1
  u=2.0
  h=0.5
  eps=0.000001
  m=n+4
  read(*,2)p
2 format(d15.9)
  do 10 i=2,p
10 read(*,2)r(i)
     do 30 i=1,n
30 read(*,2)x0(i)
  call simpl(n,x0,t,u,h,eps,m,p,x,f,r)
   stop
   end

   subroutine simpl(n,x0,t,u,h,eps,m,p,x,f,r)
   double precision x(m,n),x0(n),f(m),r(p),t,u,h,eps,f0,f2,f1
   do 5 j=1,n
5 x(1,j)=x0(j)
  n1=n+1
  n2=n+2
```

```
      n3 = n + 3
      n4 = n + 4
   10 do 20 i = 2, n1
      do 15 j = 1, n
      if (j. eq. (i - 1)) goto 12
      x(i, j) = x(1, j)
      goto 15
   12 x(i, j) = x(1, j) + h
   15 continue
   20 continue
   25 do 30 i = 1, n1
      k = i
   30 call ffun(m, n, k, x, f, p, r)
   40 i0 = 1
      i2 = 1
      do 60 i = 2, n1
      if (f(i). le. f(i0)) goto 50
      i0 = i
   50 if (f(i). ge. f(i2)) goto 60
      i2 = i
   60 continue
      i1 = i2
      do 70 i = 1, n1
      if ((i. eq. i0). or. (f(i). le. f(i1))) goto 70
      i1 = i
   70 continue
      f0 = f(i0)
      f1 = f(i1)
      f2 = f(i2)
      do 80 i = 2, n1
      do 80 j = 1, n
      if (dabs(x(i, j) - x(1, j)). gt. eps) goto 105
   80 continue
      if (f2. gt. 1. ) goto 100
      if ((f0 - f2). le. eps) goto 230
      goto 105
  100 if ((f0 - f2). lt. (eps* f2)) goto 230
  105 do 120 j = 1, n
      x(n2, j) = 0. 0
```

```
      do 110 i =1,n1
  110 x(n2,j) =x(n2,j) +x(i,j)
  120 x(n2,j) =2.0* (x(n2,j) -x(i0,j))/float(n) -x(i0,j)
      call ffun(m,n,n2,x,f,p,r)
      if(f(n2).lt.f(i1))goto 170
      if(f(n2).lt.f(i0))goto 140
      do 130 j =1,n
      x(n3,j) =x(n2,j)
      x(n2,j) =x(i0,j)
  130 x(i0,j) =x(n3,j)
  140 do 145 j =1,n
  145 x(n3,j) = (1.0 -t)* x(i0,j) +t* x(n2,j)
      call ffun(m,n,n3,x,f,p,r)
      if(f(n3).lt.f(i1))goto 160
      do 150 i =1,n1
      do 150 j =1,n
  150 x(i,j) = (x(i,j) +x(i2,j))/2.0
      goto 25
  160 do 165 j =1,n
  165 x(i0,j) =x(n3,j)
      f(i0) =f(n3)
      goto 40
  170 if(((1.0 -u)* f0 +u* f(n2)).lt.f2)goto 200
  180 do 190 j =1,n
  190 x(n3,j) =x(n2,j)
      f(n3) =f(n2)
      goto 160
  200 do 210 j =1,n
  210 x(n4,j) = (1.0 -u)* x(i0,j) +u* x(n2,j)
      call ffun(m,n,n4,x,f,p,r)
      if(f(n4).lt.f(n2))goto 220
      goto 180
  220 do 225 j =1,n
  225 x(1,j) =x(n4,j)
      goto 10
  230 write(* ,235)f(i2)
  235 format(5x,"标准差 s =",f15.9)
      write(* ,245)x(i2,1)
      245 format(10x,"谐波分布参数 a =",f15.9)
```

```
   write(* ,250)x(i2,2)
250 format(10x,"谐波分布参数 b =",f15.9)
   return
   end

   subroutine ffun(m,n,k,x,f,p,r)
   double precision x(m,n),f(m),r(p),s0
   s0 =0.0
   do 20 i =2,p
   s0 =s0 +dabs(r(i) -x(k,1)* i* * ( -x(k,2)))* * 2
 20 continue
   f(k) =dsqrt(s0/(p -2.0))
   return
   end
```

在程序中,eps 是收敛精度;t,u 和 h 是单纯形法无约束优化的选定参数;n 是优化变量的个数,$n=2$;$x(k,n)$是优化变量即 a 和 b,$a=x(k,1)$,$b=x(k,2)$;$x0(n)$是优化变量的初始输入值;p 是谐波的最高次数;$r(p)$是各次谐幅值;$f(k)$是标准差 s。

8.3 谐波与圆度测量的误差理论

8.3.1 问题的提出

谐波分析技术在精密机械中已有广泛应用,圆度误差的诊断,就是通过谐波分析,提取工件表面复杂信号的各次谐波分量来寻找误差来源进而采取相应控制策略的。在用圆度仪采集信号时,调整误差将使工件相对圆度仪主轴存在人为偏心分量。谐波分析与圆度评价都要求滤掉测量信号中的人为偏心分量而保留工件表面的真信号,方法有最小 2 乘法和卡尔曼滤波法,无论何法,都应将人为偏心和 1 次谐波区分开,并注意数学模型的非线性。否则,研究结果失真。这种失真就是现有谐波与圆度评价中的误区。

本节的研究将从理论上解决圆度仪测量中人为偏心的滤波问题,并分析人为偏心与 1 次谐波在概念上的区别。这对正确进行谐波分析和圆度误差评价有着极其重要的意义,也是实施谐波诊断与控制的基础性问题。

8.3.2 人为偏心与 1 次谐波

含有 1 次谐波分量 a_1 和 b_1 的真信号可用下述方程描述

$$r=r_0+\Delta r \tag{8-16}$$

其中

$$\Delta r = a_1\cos\theta + b_1\sin\theta + \Sigma \tag{8-17}$$

$$\Sigma = \sum_{i=2}^{\infty}(a_i\cos i\theta + b_i\sin i\theta) \tag{8-18}$$

式中：r_0为相对名义半径(μm)；θ 为角度变量(rad)，$\theta \in [0,2\pi]$；r 为关于 θ 的相对半径真信号(μm)。

并有

$$a_n = \frac{1}{\pi}\int_0^{2\pi} r\cos(n\theta)\,\mathrm{d}\theta \tag{8-19}$$

$$b_n = \frac{1}{\pi}\int_0^{2\pi} r\sin(n\theta)\,\mathrm{d}\theta \tag{8-20}$$

$$r_0 = \frac{1}{2\pi}\int_0^{2\pi} r\,\mathrm{d}\theta,\ n = 1,2,\cdots,\infty \tag{8-21}$$

含有人为偏心分量 e_x和 e_y的测量信号可构造为

$$r' = \{[(r_0 + a_1\cos\theta + b_1\sin\theta + \Sigma)\cos\theta + e_x]^2 + [(r_0 + a_1\cos\theta + b_1\sin\theta + \Sigma)\sin\theta + e_y]^2\}^{1/2} \tag{8-22}$$

在谐波分析和圆度评价中，各估计参数的正确值应为

$$\hat{e}_x = e_x,\hat{e}_y = e_y,\hat{r}_0 = r_0,\hat{a}_n = a_n,\hat{b}_n = b_n(n = 1,2,\cdots,\infty) \tag{8-23}$$

上述公式中，a_1 和 b_1 是工件表面固有的真信号分量，可由式(8－19)和式(8－20)评价出；e_x和 e_y是由安放工件造成。这两种分量的意义不同，并且以非线性组合影响 r'。

8.3.3 谐波与圆度测量的误差

1. 人为偏心与1次谐波的组合误差

最小2乘法和卡尔曼滤波法在评价圆度时采用了下述测量信号方程：

$$r'' = r_0 + e_x\cos\theta + e_y\sin\theta + \Delta r \tag{8-24}$$

比较式(8－22)可知，式(8－24)是近似模型。这种近似构成了人为偏心与1次谐波的组合误差，因为将式(8－17)代入式(8－24)有

$$r'' = r_0 + (e_x + a_1)\cos\theta + (e_y + b_1)\sin\theta + \Sigma \tag{8-25}$$

这样，用最小2乘法对 e_x和 e_y的偏导实质上就无形变成了对 $e_x + a_1$和 $e_y + b_1$的偏导。由此所得参数估计结果为

$$\hat{a} = \hat{a}(e_x,a_1) = \hat{e}_x + k_1a_1 \neq \hat{e}_x \tag{8-26}$$

$$\hat{b} = \hat{b}(e_y,b_1) = \hat{e}_y + k_2b_1 \neq \hat{e}_y \tag{8-27}$$

式中：k_1，k_2为滤波权系数。

和最小2乘法相比，卡尔曼滤波法不直接对 $e_x + a_1$和 $e_y + b_1$求偏导，参数估计中的 k_1和 k_2较小。

2. 真信号与测量信号的谐波分析差异

在谐波分析时，对真信号进行处理，所得结果是精确的。传统观念常将1次谐波误为人为偏心，而直接对测量信号进行谐波分析，试图提取人为偏心分量，所得结果错误，因为

$$\hat{a} = \frac{1}{\pi}\int_0^{2\pi} r'\cos\theta \mathrm{d}\theta = \hat{a}(a, e_x) \tag{8-28}$$

$$\hat{b} = \frac{1}{\pi}\int_0^{2\pi} r'\sin\theta \mathrm{d}\theta = \hat{b}(b, e_y) \tag{8-29}$$

$$\hat{a} \neq a_1, \hat{a} \neq e_x; \hat{b} \neq b_1, \hat{b} \neq e_y \tag{8-30}$$

3. 现有圆度评价中的准则误差

圆度属形状误差范畴，形状误差定义：物体的形状误差是其表面的实际形状相对理想形状的变动量，而理想形状的方向和位置由最小条件准则确定。最小条件准则指出：理想形状应与实际表面相接触，并使二者之间的最大距离为最小。

最小2乘法的基本模型为

$$Q = \sum_{j=1}^{N} \omega_j = \sum_{j=1}^{N} \left[r''(\theta_j) - r_0 - e_x\cos\theta_j - e_y\sin\theta_j \right]^2 \tag{8-31}$$

$$\partial Q/\partial e_x = 0, \partial Q/\partial e_y = 0, \partial Q/\partial r_0 = 0 \tag{8-32}$$

这等价于2-范数规则

$$\min \ \| \omega_j \|_2^2 \tag{8-33}$$

卡尔曼滤波法的评价准则是参数估计误差的均方差 P_k 为最小，即选取校正增益 K_k，使

$$K_k = E(\alpha_k \alpha_k^{\tau}) = \| \alpha_k \|_2 \rightarrow \min \tag{8-34}$$

$$\alpha_k = (\hat{a} - e_x, \hat{b} - e_y, \hat{r}_0 - r) \tag{8-35}$$

不难看出，式(8-31)~式(8-35)的评价准则和标准定义中的最小条件准则是不符合的。

4. 非线性舍去误差

将构造的测量信号式(8-22)用级数展开：

$$\begin{aligned} r' &= r[1 + 2(e_x\cos\theta + e_y\sin\theta)/r + (e_x{}^2 + e_y{}^2)/r^2]^{1/2} \\ &= r + e_x\cos\theta + e_y\sin\theta + (e_x{}^2 + e_y{}^2)/(2r)] + \varepsilon_2 \end{aligned} \tag{8-36}$$

式中：ε_2 为级数的高价分量和。

将式(8-16)代入式(8-36)有

$$r' = r_0 + e_x\cos\theta + e_y\sin\theta + \eta \tag{8-37}$$

式中

$$\eta = (e_x{}^2 + e_y{}^2)/(2r) + \varepsilon_2 + \Delta r \tag{8-38}$$

比较式(8-37)可知，式(8-24)忽略了非线性分量 ε_2 和 $(e_x{}^2 + e_y{}^2)/(2r)$ 而认

为 $\eta \approx \Delta r$。这种近似的目的显然是为了满足最小 2 乘法和卡尔曼滤波的线性要求。但这种近似要考虑到非线性分量的数值大小。

在式(8-37)中,设非线性分量为 λ,则有

$$\lambda = |(e_x^2 + e_y^2)/(2r) + \varepsilon_2| \tag{8-39}$$

因为 $r>0, \varepsilon_2 \leqslant 0$,所以有

$$\lambda \leqslant e^2/(2r) \tag{8-40}$$

式中

$$e^2 = (e_x^2 + e_y^2) \tag{8-41}$$

式(8-40)就是式(8-24)的非线性舍去误差。

考虑到式(8-36)的展开条件为

$$\mu = |2(e_x\cos\theta + e_y\sin\theta)/r + (e_x^2 + e_y^2)/r^2| \leqslant 1 \tag{8-42}$$

并注意

$$\mu \geqslant |(e/r)^2 - 2e/r| \tag{8-43}$$

就有

$$|(e/r)^2 - 2e/r| \leqslant 1 \tag{8-44}$$

若有

$$(e/r)^2 - 2e/r \geqslant 0 \tag{8-45}$$

则有

$$e \leqslant (1 + 2^{0.5})r \tag{8-46}$$

在获取测量信号时,人为因素应满足式(8-46)。应注意 r 不是工件表面的真实宏观半径,而是一个数量级很小的变量。在评价圆度时,若式(8-46)满足,则非线性误差用式(8-40)描述;否则,式(8-40)不成立,所得结果必有较大失真。最大非线性舍去误差为

$$\lambda \geqslant (1 + 2^{0.5})e/2 \tag{8-47}$$

8.4 谐波与圆度评价理论及其计算机仿真

8.4.1 圆度评价的最大模范数最小法

因研究对象主要是圆度,故应以圆度的标准定义来估计参数。这里提出一种新的研究方法:最大模范数最小法。

定义最大模范数

$$\| \Delta r_j \|_\infty = \| r_j - r \|_\infty, \Delta r_j \in R^n \tag{8-48}$$

式中:r_j为用圆度仪测量工件表面的径向测量信号离散值(μm);j 为表示第 j 个测量信号离散值,$j = 1, 2, \cdots, N$。

并选定理想要素 r 包容 $r_{j\min}$,就有

$$\| \Delta r_j \|_\infty = \| r_j - r_{j\min} \|_\infty = \max | r_j - r_{j\min} | = r_{j\max} - r_{j\min} \tag{8-49}$$

在 n 维实向量空间 R^n 上，若上式定义的最大模范数取最小值，则定义出圆度误差 δ 为

$$\delta = \min \| \Delta r_j \|_\infty \tag{8-50}$$

选定

$$r_j = [(x_j - e_x)^2 + (y_j - e_y)^2]^{1/2} \tag{8-51}$$

式中：x_j，y_j为测量信号 r_j'的 2 个正交分量（μm）。

并有

$$r_j' = (x_j^2 + y_j^2)^{1/2} \tag{8-52}$$

理想半径为

$$r_0 = (r_{j\max} + r_{j\min})/2 \tag{8-53}$$

用无约束优化方法可得满足式（8-50）的各参数估计为

$$\hat{\delta}_0 = \hat{\delta}_0, \hat{e}_x = e_x, \hat{e}_y = e_y, \hat{r}_0 = r_0 \tag{8-54}$$

最大模范数最小法有如下特征：无非线性舍去误差；在估计 e_x和 e_y时不干扰 a_1 和 b_1，这就严格区分了人为偏心和 1 次谐波；精确满足圆度定义和最小条件准则，参数估计为真。

在用 FFT 技术分析谐波前，应按下式消除人为偏心：

$$r_j(\theta_j) = \{[(r_j'(\theta_j)\cos\theta_j - e_x)]^2 + (r_j'(\theta_j)\sin\theta_j - e_y)^2]\}^{1/2} \tag{8-55}$$

式中：e_x和 e_y由式（8-50）定义；$r_j'(\theta_j)$由圆度仪采集信号定义；$r_j(\theta_j)$可认为是不含人为偏心的真信号。

8.4.2 计算机仿真实验研究

最大模范数最小法基于形状误差的最小条件准则，和向量的正交性无关，并以式（8-50）进行参数估计，因此，实际要素的误差性质和类型几乎不影响参数估计，如表 8-3 所列。

表 8-4 给出不同评价方法的计算机仿真结果，表中各种方法的参数估计情况和表 8-3 相同。

根据表 8-3 和表 8-4 的仿真结果可以看出：最大模范数最小法相对真值的收敛性最好，结果的评价精度以及对各种类型误差的抑制能力最强，参数估计误差对结果的评定精度几乎没有影响。

为了进一步说明这些结论，在更大范围内的谐波阶次下仿真，所得结果如表 8-5所列。表 8-5 指出：对高次的、低次的、奇次的、偶次的以及非整次的谐波而言，最大模范数最小法度具有很高的评价精度。

表 8-6 给出了不同参数下的仿真结果。可以看出：用最大模范数最小法评价圆度，理想要素和量测要素的大小对评价结果的影响很小。这表明最大模范数最小法具有很宽大的应用范围。

表 8-3 不同方法的参数估计结果对比

误差类型	参数	不同方法的参数估计结果/μm		
		最小 2 乘法	卡尔曼滤波法	最大模范数最小法
均匀分布白噪声	e_x	0.00526	0.00526	0.00628
	e_y	0.09991	0.09991	0.09980
	r_0	0.10132	0.10132	0.10000
2 次谐波	e_x	0.00628	0.00628	0.00628
	e_y	0.09980	0.09980	0.09980
	r_0	0.10000	0.10002	0.10000
1.5 次谐波	e_x	0.02152	0.00815	0.00579
	e_y	0.09884	0.09883	0.09895
	r_0	0.10424	0.09755	0.10049
2.4 次谐波	e_x	0.01223	0.00620	0.00628
	e_y	0.10022	0.10020	0.09980
	r_0	0.10245	0.09944	0.10000
真值参数	e_x = 0.00628μm；e_y = 0.09980μm；r_0 = 0.10000μm			

表 8-4 不同评价方法的圆度结果评价精度对比

误差类型	不同评价方法的圆度评价结果/μm			
	最小 2 乘法	卡尔曼滤波法	最大模范数最小法	圆度真值
均匀分布白噪声	0.04061	0.04061	0.04001	0.040000
2 次谐波	0.03992	0.03992	0.04000	0.040000
1.5 次谐波	0.02994	0.03788	0.04001	0.040000
2.4 次谐波	0.04454	0.04062	0.04000	0.040000

表 8-5 更大的范围内的谐波阶次下仿真结果

谐波阶次	e_x/μm	e_y/μm	r_0/μm	圆度/μm
3	0.006280	0.099800	0.100000	0.0400000
3.3	0.006280	0.099800	0.100000	0.0399961
16	0.006280	0.099800	0.100020	0.0399952
16.5	0.006280	0.099796	0.099984	0.0399940
真值	0.006280	0.099800	0.10000	0.0400000

表 8-6 不同估计参数值大小下的仿真结果

序号	$e_x/\mu m$	$e_y/\mu m$	$r_0/\mu m$	圆度/μm
1	0.000000	0.00000	0.10000	0.03999
2	10.00000	10.0000	0.10000	0.03999
3	0.006280	0.09980	500000	0.04187
备注	圆度真值:0.04000μm;谐波阶次:1.5			

8.5 计算机仿真源程序

如上所述,正确滤掉人为偏心分量 e_x 和 e_y 是很重要的,因为人为偏心的存在将影响测量信号的正确性,进而影响圆度的评价和谐波分析结果。这里给出一个完整的计算机仿真源程序 Round.for,适当改造后,就可以用它滤掉圆度仪测量信号中的人为偏心分量并计算出圆度误差值。

1. 源程序说明

Round.for 是用 Fortran 高级语言编写的,所采用的无约束优化方法是单纯形方法。程序由 3 个部分构成:roundness 为主程序,完成参数的初始化工作;simpl 为单纯形法的通用无约束优化子程序,完成优化工作 min $\|\Delta r_j\|_\infty$;ffun 为目标函数子程序,完成 $\|\Delta r_j\|_\infty$ 的计算工作。

程序中主要符号的含义为:

eps 为收敛精度,一般 eps = 0.000001;

t,u,h 为单纯形法无约束优化的选定参数;

n 为优化变量的个数,n = 2;

x(k,n)为优化变量,即 e_x 和 e_y.。e_x = x(k,1);e_y = x(k,2);

x0(n)为优化变量的初始输入值;

nxy 为测量信号离散值的个数(程序中取为 1024),即 N;

a 为仿真时设定的人为偏心分量 e_x;

b 为仿真时设定的人为偏心分量 e_y;

r00 为仿真时设定的理想半径参数 r_0,即相对名义半径;

an 为仿真时设定的工件表面谐波幅值,即圆度误差的一半;

cn 为仿真时设定的工件表面谐波的次数;

r(nxy)为 $r_j'(\theta_j)$;

xx(nxy)为 $r_j'(\theta_j)$ 的分量 x_j;

yy(nxy)为 $r_j'(\theta_j)$ 的分量 y_j;

rmin 为 r_j 的最小值;

rmax 为 r_j 的最大值;

f(k)为圆度的仿真结果值；

s 为 r_0的仿真结果值。

如要移植本程序到所需的圆度误差测量系统上，应在主程序 roundness 中将来自圆度仪的 N 个半径信号数据转换为 2 个分量 x_j和 y_j，并要选择合适的参数 t，u，h 和 eps。

2. 源程序代码

计算机仿真源程序 Round. for 的代码清单如下：

```
   program roundness
   double precision x(14,10),x0(10),f(14),xx(1024),
  1yy(1024),r(1024),t,h,u,eps,rn,ct,a,b,r00,an,cn
   n=2
   t=0.1
   u=2.0
   h=0.5
   eps=0.000001
   nxy=1024
   pi=2.0* 3.1415926 / float(nxy)
   write(* ,* )'input a :'
   read(* ,2)a
   write(* ,* )'input b :'
   read(* ,2)b
   write(* ,* )'input r00 :'
   read(* ,2)r00
   write(* ,* )'input an :'
   read(* ,2)an
   write(* ,* )'input i :'
   read(* ,2)cn
 2 format(d15.9)
   do 5 i=1,nxy
   ct=pi* float(i)
   rn=r00+an* dcos(cn* ct)
   xx(i)=a+rn* dcos(ct)
 5 yy(i)=b+rn* dsin(ct)
   m=n+4
   write(* ,* )'input x0(i)'
   do 30 i=1,n
30 read(* ,2)x0(i)
   write(* ,* )'input end'
```

```
      call simpl(n,x0,t,u,h,eps,m,xx,yy,nxy,x,f,r)
      stop
      end

      subroutine simpl(n,x0,t,u,h,eps,m,xx,yy,nxy,x,f,r)
      double precision x(m,n),x0(n),f(m),xx(nxy),
     1yy(nxy),r(nxy),rmax,rmin,s,t,u,h,eps,f0,f2,f1
      s=0.0
      do 5 j=1,n
    5 x(1,j)=x0(j)
      n1=n+1
      n2=n+2
      n3=n+3
      n4=n+4
   10 do 20 i=2,n1
      do 15 j=1,n
      if(j.eq.(i-1))goto 12
      x(i,j)=x(1,j)
      goto 15
   12 x(i,j)=x(1,j)+h
   15 continue
   20 continue
   25 do 30 i=1,n1
      k=i
   30 call ffun(m,n,k,x,xx,yy,f,nxy,rmax,rmin,r,s)
   40 i0=1
      i2=1
      do 60 i=2,n1
      if(f(i).le.f(i0))goto 50
      i0=i
   50 if(f(i).ge.f(i2))goto 60
      i2=i
   60 continue
      i1=i2
      do 70 i=1,n1
      if((i.eq.i0).or.(f(i).le.f(i1)))goto 70
      i1=i
   70 continue
      f0=f(i0)
```

```
      f1 = f(i1)
      f2 = f(i2)
      do 80 i = 2,n1
      do 80 j = 1,n
      if(dabs(x(i,j) - x(1,j)).gt.eps)goto 105
   80 continue
      if(f2.gt.1.)goto 100
      if((f0 - f2).le.eps)goto 230
      goto 105
  100 if((f0 - f2).lt.(eps* f2))goto 230
  105 do 120 j = 1,n
      x(n2,j) = 0.0
      do 110 i = 1,n1
  110 x(n2,j) = x(n2,j) + x(i,j)
  120 x(n2,j) = 2.0* (x(n2,j) - x(i0,j))/float(n) - x(i0,j)
      call ffun(m,n,n2,x,xx,yy,f,nxy,rmax,rmin,r,s)
      if(f(n2).lt.f(i1))goto 170
      if(f(n2).lt.f(i0))goto 140
      do 130 j = 1,n
      x(n3,j) = x(n2,j)
      x(n2,j) = x(i0,j)
  130 x(i0,j) = x(n3,j)
  140 do 145 j = 1,n
  145 x(n3,j) = (1.0 - t)* x(i0,j) + t* x(n2,j)
      call ffun(m,n,n3,x,xx,yy,f,nxy,rmax,rmin,r,s)
      if(f(n3).lt.f(i1))goto 160
      do 150 i = 1,n1
      do 150 j = 1,n
  150 x(i,j) = (x(i,j) + x(i2,j))/2.0
      goto 25
  160 do 165 j = 1,n
  165 x(i0,j) = x(n3,j)
      f(i0) = f(n3)
      goto 40
  170 if(((1.0 - u)* f0 + u* f(n2)).lt.f2)goto 200
  180 do 190 j = 1,n
  190 x(n3,j) = x(n2,j)
      f(n3) = f(n2)
      goto 160
```

```
200 do 210 j =1,n
210 x(n4,j) = (1.0 -u)* x(i0,j) +u* x(n2,j)
    call ffun(m,n,n4,x,xx,yy,f,nxy,rmax,rmin,r,s)
    if(f(n4).lt.f(n2))goto 220
    goto 180
220 do 225 j =1,n
225 x(1,j) =x(n4,j)
    goto 10
230 write(* ,235)f(i2)
235 format(5x,10hRoundness =,f15.9)
    do 240 j =1,n
    x0(j) =x(i2,j)
240 write(* ,245)j,x(i2,j)
245 format(10x,2hx(,i3,2h) =,f15.9)
    write(* ,250)rmax,rmin
250 format(5x,5hrmax =,f15.9,/,5x,5hrmin =,f15.9)
    write(* ,260)s
260 format(5x,2hs =,f15.9)
    return
    end

    subroutine ffun(m,n,k,x,xx,yy,f,nxy,rmax,rmin,r,s)
    double precision x(m,n),xx(nxy),yy(nxy),f(m),r(nxy),
   1s,rmax,rmin
    do 20 i =1,nxy
    r(i) =dsqrt(dabs(xx(i) -x(k,1))* * 2 +
   2dabs(yy(i) -x(k,2))* * 2)
 20 continue
    rmax =r(1)
    rmin =r(1)
    do 50 i =1,nxy
    if(r(i).gt.rmax)then
    rmax =r(i)
    end if
    if(r(i).lt.rmin)then
    rmin =r(i)
    end if
 50 continue
    f(k) =rmax - rmin
```

```
s = (rmax + rmin)/2.0
return
end
```

8.6 本章小结

对于谐波分布参数的评估,本章提出 2 范数数值评估方法,该方法不会改变数据的分布特征,可以有效地衰减数据异常点的扰动误差,实现谐波分布特征参数的无偏估计,所获得的标准差比线性最小 2 乘法获得的要小,比较真实地反映出谐波数据的内在规律性。

对于谐波与圆度测量误差的理论问题,本章的研究表明,人为偏心与 1 次谐波是 2 个不同分量,二者以非线性组合形式影响圆度的评价结果;最小 2 乘法和卡尔曼滤波法不符合测量结果评估的最小条件准则且具有非线性舍去误差。

本章提出的圆度评价的最大模范数最小法,精确满足圆度的定义和最小条件准则,对真值的收敛性最好,结果的评价精度以及对各种类型误差的抑制能力最强,参数估计误差对结果的评定精度几乎没有影响;对高次的、低次的、奇次的、偶次的以及非整次的谐波而言,最大模范数最小法具有很高的评价精度;用最大模范数最小法评价圆度,理想要素和量测要素的大小对评价结果的影响很小,即最大模范数最小法具有很宽大的应用范围。

第3篇　滚动轴承无心磨削与超精研过程的动态性能

本篇由第9章和第10章构成，主要研究无心磨削工艺系统的动态性能和无心超精研过程的动态性能问题。

第9章研究无心磨削工艺系统的动态特性与动态稳定性问题，建立无心磨削的动态尺寸精度模型，获取导轮的理想曲面并进行近似修整，论述无心磨削的运动特性，并实施无心磨削工艺系统的综合评价。第10章阐述无心超精研螺旋导辊的理论廓形及其简化方法，设计加工螺旋导辊的砂轮截形方程，并分析无心超精研的运动特性。

第9章　无心磨削工艺系统的动态性能

本章研究无心磨削工艺系统的动态性能问题，包括无心磨削工艺系统的动态特性、动态稳定性、动态尺寸精度、运动特性等，还论述无心磨削工艺系统的综合评价方法。

9.1　无心磨削工艺系统的动态特性

动态特性的概念，包括振动系统的幅频特性和相频特性。幅频特性表明振动幅值和振动频率之间的关系；相频特性表明振动相位和振动频率之间的关系。在机械工业中，幅频特性和相位特性有着广泛的实用价值。譬如，在控制力磨削中的应用就是典型的例子。但在机械振动和磨削振动中，主要关心幅频特性，因为它直接影响被加工工件表面的谐波分布状态[59,64,66]。

在本节中，将以动态特性参数值 H 为目标来研究无心磨削工艺系统动态特性以及工艺系统各参数对工件表面谐波的影响规律，并以这些为基础介绍控制工艺系统特性亦即工件表面谐波的某些实用措施。

9.1.1　无心磨削工艺系统的振动模型

1. 无心磨削工艺系统

在机械制造理论中，“工艺系统”是一个基本概念。一般认为，由机床、夹具、刀具和工件4元素组成的系统被称为工艺系统。

对贯穿式无心磨削而言，这4元素中，工件和机床是显而易见的，刀具可指砂轮；夹具则包括托板和导轮。在切入和定程式无心磨削中，夹具还应当包括挡块。

必须指出，这样对号入座地分析无心磨削的工艺系统，对研究具体工艺问题是十分不利的。

在生产实践中，尤其是在无心磨削工艺分析和磨床设计中，常以主要“部件”来划分工艺系统的组成。可以认为：无心磨削工艺系统是指由砂轮部件、导轮部件、托板部件和工件组成的系统。这里的部件包括有关机床部分，比如进给机构等。

2. 工艺系统的振动模型

无心磨削工艺系统的振动可划分为单自由度振动和多自由度振动。多自由度振动为2个及2个以上自由度的振动。

1）单自由度振动

如图9－1所示，单自由度振动模型是最简单的振动模型，它仅有一个等效质量 m，一个等效弹簧 k 和一个等效阻尼器C。

单自由度振动模型可以揭示系统振动的一般规律，解决一般的工艺问题，而且十分简单，因此，目前国内外许多人都采用这种模型来研究无心磨削工艺系统的动态特性问题。

单自由度振动模型的主要不足之处在于仅能孤立地研究工艺系统某一部件的动态特性，而忽略了工艺系统各部件之间的振动耦合性；另外，用单自由振动模型计算出来的固有频率是十分近似的。

2）2自由度振动

图9－2是描述无心磨削工艺系统的2自由度振动模型。和单自由度振动模型相比，这种振动模型具有很大的优点。它除了同时考虑导轮部件和砂轮部件以外，还考虑了综合刚度 k_{Σ}。这里的 k_{Σ} 是工件结构刚度 k_{W}、工件与导轮、砂轮的接触刚度 k_{WC}、k_{WG} 的综合。但是，它忽略了托板部件与工件质量等因素，和实际的无心磨削系统还有较大的差异。

图9－1　单自由度系统

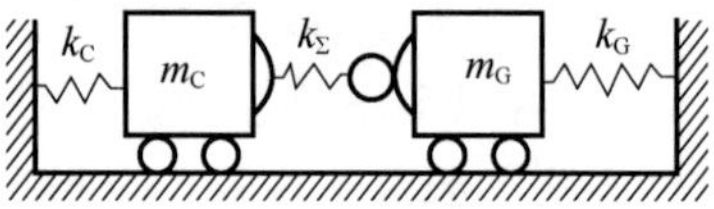

图9－2　2自由度系统

3）4自由度振动

如图9－3所示，4自由度振动模型包括了无心磨削工艺系统的各个组成部件：砂轮部件、导轮部件、托板部件和工件。这就从结构上直观地将系统模型和系统实物一一对应起来。另外，4自由度振动模型还包括了工件和砂轮的磨削刚度、接触刚度以及工件和导轮的接触刚度等重要参数。这就对磨削工艺的安排和磨床的设计有很重要的指导意义。

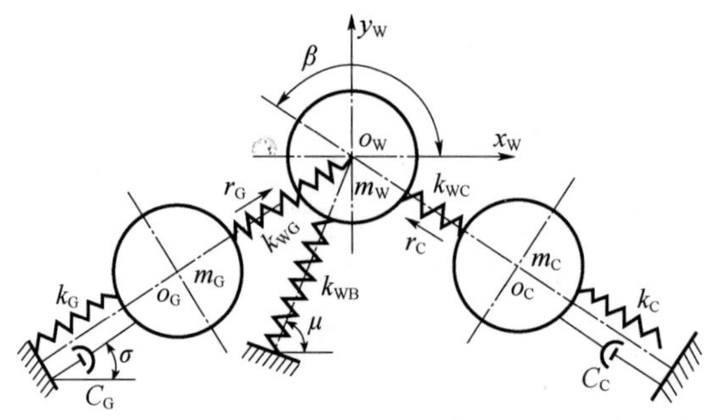

图9－3　4自由度系统

本节将以4自由度振动模型为基础来研究无心磨削工艺系统的动态特性问题。

9.1.2 无心磨削工艺系统的运动方程与固有频率

1. 运动微分方程

由图9-3建立广义坐标x_W,y_W,r_G和r_C,可以得到工件的动能T_W为

$$T_W = \frac{1}{2}m_W(\dot{x}_W^2 + \dot{y}_W^2) \tag{9-1}$$

砂轮的动能T_G为

$$T_G = \frac{1}{2}m_G\dot{r}_G^2 \tag{9-2}$$

导轮的动能T_C为

$$T_C = \frac{1}{2}m_C\dot{r}_C^2 \tag{9-3}$$

于是,系统的动能T为

$$T = T_W + T_G + T_C \tag{9-4}$$

系统中,弹簧k_G的势能为

$$U_G = \frac{1}{2}k_G r_G^2 \tag{9-5}$$

弹簧k_C的势能为

$$U_C = \frac{1}{2}k_C r_C^2 \tag{9-6}$$

弹簧k_{WB}的势能为

$$U_{WC} = \frac{1}{2}k_{WB}(x_W\cos\mu + y_W\sin\mu)^2 \tag{9-7}$$

弹簧k_{WG}的势能为

$$U_{WG} = \frac{1}{2}k_{WG}[(x_W - r_G\cos\sigma)\cos\sigma - (y_W - r_G\sin\sigma)\sin\sigma]^2 \tag{9-8}$$

弹簧k_{WC}的势能为

$$U_{WC} = \frac{1}{2}k_{WC}[(x_W - r_C\cos\beta)\cos\beta - (y_W - r_C\sin\beta)\sin\beta]^2 \tag{9-9}$$

式中

$$\begin{cases}\sigma = \theta_1 \\ \mu = \pi/2 - \phi \\ \beta = \pi - \phi_2\end{cases} \tag{9-10}$$

系统的总势能U为

$$U = U_G + U_C + U_{WB} + U_{WG} + U_{WC} \tag{9-11}$$

阻尼器 C_G 的耗散函数为

$$F_G = \frac{1}{2} C_G \dot{r}_G^2 \tag{9-12}$$

阻尼器 C_C 的耗散函数为

$$F_C = \frac{1}{2} C_C \dot{r}_C^2 \tag{9-13}$$

于是,系统的耗散函数为

$$F = F_G + F_C \tag{9-14}$$

作用于系统的广义力为

$$q_G = q_G(t) \tag{9-15}$$

令

$$L = T - U \tag{9-16}$$

拉格朗日方程为

$$\frac{\mathrm{d}}{\mathrm{d}t}\left[\frac{\partial L}{\partial \dot{q}_j}\right] - \frac{\partial L}{\partial q_j} = -\frac{\partial F}{\partial \dot{q}_j} + q_{Gj} \tag{9-17}$$

式中:t 为时间;q_j 为关于第 j 个广义坐标的位移;q_{Gj} 为磨削力,且有

$$q_{G1} = 0; q_{G2} = 0; q_{G3} = q_G; q_{G4} = 0$$

将式(9-1)~式(9-15)代入式(9-16)和式(9-17)中,并令刚度矩阵元素符号:

$$\begin{cases} k_{11} = k_{WB}\cos^2\mu + k_{WG}\cos^2\sigma + k_{WC}\cos^2\beta \\ k_{12} = k_{WB}\sin\mu\cos\mu + k_{WG}\sin\sigma\cos\sigma + k_{WC}\sin\beta\cos\beta \\ k_{13} = -k_{WG}\cos\sigma \\ k_{14} = -k_{WC}\cos\beta \\ k_{22} = k_{WB}\sin^2\mu + k_{WG}\sin^2\sigma + k_{WC}\sin^2\beta \\ k_{23} = -k_{WG}\sin\sigma \\ k_{24} = -k_{WC}\sin\beta \\ k_{33} = k_G + k_{WG} \\ k_{44} = k_C + k_{WC} \end{cases} \tag{9-18}$$

和综合刚度:

$$k_{WB} = k_{FB}k_B / (k_{FB} + k_B) \tag{9-19}$$

$$k_{WG} = k_{FW_\Sigma}k_M / (k_{FW_\Sigma} + k_M) \tag{9-20}$$

就可得到系统的运动微分方程:

$$\begin{cases} m_W\ddot{x}_W + k_{11}x_W + k_{12}y_W + k_{13}r_G + k_{14}r_C = 0 \\ m_W\ddot{y}_W + k_{12}x_W + k_{22}y_W + k_{23}r_G + k_{24}r_C = 0 \\ m_G\ddot{r}_G + C_G\dot{r}_G + k_{13}x_W + k_{23}y_W + k_{33}r_G = q_G \\ m_C\ddot{r}_C + C_C\dot{r}_C + k_{14}x_W + k_{24}y_W + k_{44}r_C = 0 \end{cases} \tag{9-21}$$

2. 运动方程

运用拉普拉斯算符 s 可将式(9－21)变为

$$\begin{cases}(k_{11}+m_W s^2)X_W+k_{12}Y_W+k_{13}R_G+k_{14}R_C=0\\(k_{22}+m_W s^2)Y_W+k_{12}Y_W+k_{23}R_G+k_{24}R_C=0\\(k_{33}+C_G s+m_G s^2)R_G+k_{13}X_W+k_{23}Y_W=Q_G\\(k_{44}+C_C s+m_C s^2)R_C+k_{14}X_W+k_{24}Y_W=0\end{cases} \tag{9-22}$$

取式(9－22)的频率特性,即令

$$s=\mathrm{j}\omega \tag{9-23}$$

就有

$$\begin{cases}(k_{11}-m_W\omega^2)X_W+k_{12}Y_W+k_{13}R_G+k_{14}R_C=0\\(k_{22}-m_W\omega^2)Y_W+k_{12}X_W+k_{23}R_G+k_{24}R_C=0\\(k_{33}+\mathrm{j}C_G\omega-m_G\omega^2)R_G+k_{13}X_W+k_{23}Y_W=Q_G(\mathrm{j}\omega)\\(k_{44}+\mathrm{j}C_C\omega-m_C\omega^2)R_C+k_{14}X_W+k_{24}Y_W=0\end{cases} \tag{9-24}$$

式中:$\mathrm{j}=\sqrt{-1}$;ω 为系统振动圆频率。

由式(9－24)可以求出工件位移 X_W 和 Y_W,砂轮位移 R_G 以及导轮位移 R_C。不难看出,X_W,Y_W 和 R_G 均为复数,即

$$\begin{cases}X_W=X_W(\mathrm{j}\omega)\\Y_W=Y_W(\mathrm{j}\omega)\\R_G=R_G(\mathrm{j}\omega)\\R_C=R_C(\mathrm{j}\omega)\end{cases} \tag{9-25}$$

式(9－25)就代表了无心磨削工艺系统的运动方程。

3. 系统的特征方程和固有频率

若忽略阻尼的影响,则系统的特征方程可表示为

$$\begin{vmatrix}k_{11}-m_W\omega^2 & k_{12} & k_{13} & k_{14}\\k_{12} & k_{22}-m_W\omega^2 & k_{23} & k_{24}\\k_{13} & k_{23} & k_{33}-m_G\omega^2 & 0\\k_{14} & k_{24} & 0 & k_{44}-m_C\omega^2\end{vmatrix}=0 \tag{9-26}$$

式(9－26)是关于 ω^2 的 4 次代数方程,从中可以解出系统的 4 个固有圆频率:

$$\omega_{n1}\leqslant\omega_{n2}\leqslant\omega_{n3}\leqslant\omega_{n4} \tag{9-27}$$

在式(9－27)中,ω_{ni} 被称为无心磨削工艺系统的第 i 阶固有圆频率。

系统的第 i 阶固有频率 f_{ni} 为

$$f_{ni}=\omega_{ni}/(2\pi) \tag{9-28}$$

9.1.3 无心磨削工艺系统的动态特性

1. 动态特性值

在振动的研究中，主要关心的是砂轮和工件的相对位移 δ'，因为相对位移 δ' 直接影响工件表面谐波。定义砂轮和工件的相对位移 δ' 与交变力 Q_G 的比值 H_4 为无心磨削工艺系统动态特性值，即

$$H_4(j\omega)=\delta'(j\omega)/Q_G(j\omega) \tag{9-29}$$

在式(9-29)中，δ' 不能简单地表示为工件位移 R_W 和砂轮位移 R_G 的差值 δ，即

$$\delta'=R_W-R_G \tag{9-30}$$

式中

$$R_W=X_W\cos\sigma+Y_W\sin\sigma \tag{9-31}$$

而应考虑到工件与砂轮之间的接触变形以及工件的结构变形。如图 9-4 所示，δ' 应为

$$\delta'=R_W'-R_G \tag{9-32}$$

下面求 δ' 的具体表达式。

在图 9-4(b)中，考虑到力的平衡，有

$$Q_G=k_M(R'_W-R_G)=k_{WG}(R_W-R_G)=\frac{k_{FW\Sigma}k_M}{k_{FW\Sigma}+k_M}(R_W-R_G) \tag{9-33}$$

式中

$$k_{FW\Sigma}=(1/k_{FW}+1/k_W)^{-1} \tag{9-34}$$

于是，有

$$\delta'=\frac{k_{FW\Sigma}}{k_{FW\Sigma}+k_M}(X_W\cos\sigma+Y_W\sin\sigma-R_G) \tag{9-35}$$

式中：k_M 为砂轮磨削刚度；$k_{FW\Sigma}$ 为 k_{FW} 和 k_W 的综合刚度。

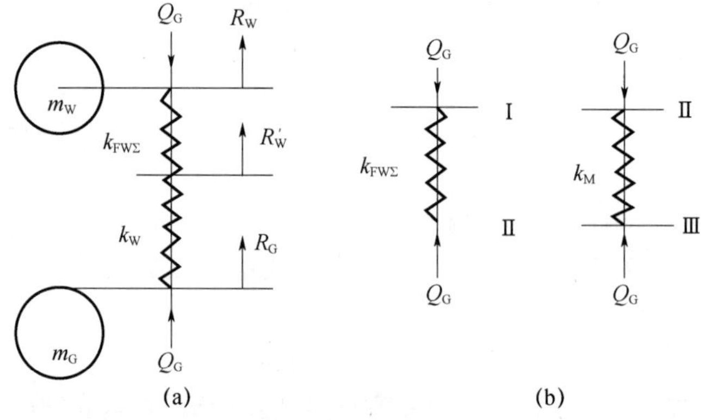

图 9-4　静力平衡

(a)砂轮与工件间变形；(b)$k_{FW\Sigma}$ 和 k_M。

2. 动态特性与表面谐波

忽略阻尼 C_G和 C_C，动态特性值 H_4的表达式为

$$H_4 = H_4(\omega) \tag{9-36}$$

其幅频特性可表示在图 9－5 中。由图 9－5 不难看出，该幅频特性有如下特点。

1）共振

在 $\omega=\omega_{ni}(i=1,2,3,4)$附近，即图 9－5 中 G_{ni}区域，$|H_4|$取得最大值，这是由于激振圆频率 ω 和系统固有圆频率 ω_{ni}非常接近而产生共振的缘故。称 G_{ni}的 4 个区域分别为第 1、第 2、第 3 和第 4 阶共振区。

在磨削过程中，若工艺系统处于这 4 个共振区的任何一个，砂轮相对工件将产生剧烈的振动，工件表面会出现极为严重的谐波。因此，G_{n1}，G_{n2}，G_{n3}和 G_{n4}都是不能采用的区域。

2）反共振

在 $\omega=\omega_{0i}(i=1,2,3)$附近，即图 9－5 中 F_{0i}区域，$|H_4|$取得较小值；尤其是在 ω_{01}，ω_{02}和 ω_{03}处，$|H_4|$为零。称 F_{01}，F_{02}和 F_{03}为反共振区，ω_{01}，ω_{02}和 ω_{03}为反共振点。

在磨削过程中，若系统处于反共振区的任何一个，则砂轮相对工件的振动是非常微小的，可以获得比较理想的表面谐波。因此，F_{01}，F_{02}和 F_{03}均为良好区域。

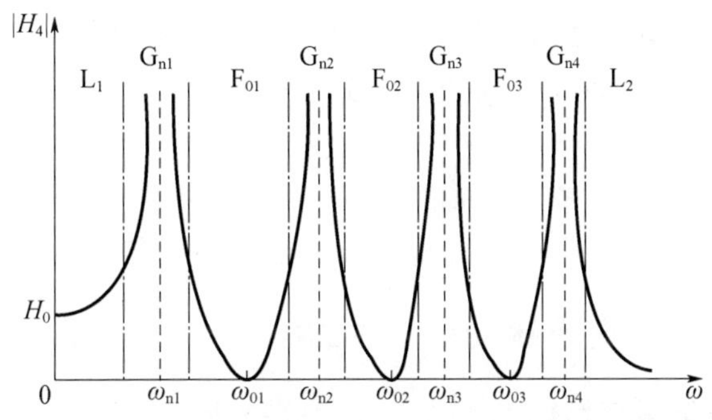

图 9－5　幅频特性曲线

有时，在 $\omega\in[0,\omega_{01}]$间也可能存在反共振点 $\omega=\omega_{00}$，如图 9－6 所示。同样，在同一反共振区也可能会出现 2 个反共振点。

3）高频与低频

除了共振和反共振区以外，图 9－5 中还有 L_1和 L_2区域。

在 L_1中，ω 比较大，而$|H_4|$很小，这对减小谐波是很有利的。虽然随着 ω 的增大，工艺系统有可能产生高于 4 阶固有频率的振动，但是，这种高频振动产生的谐波仍具有很小的幅值。因此，L_2也是一个可取的区域，称为高频区。

在生产中，采用低速或者高速磨削都能获得较好的表面谐波，从工艺系统动态特性的观点分析，这是因为低速使系统处于低频区，高速使系统处于高频区的缘故。

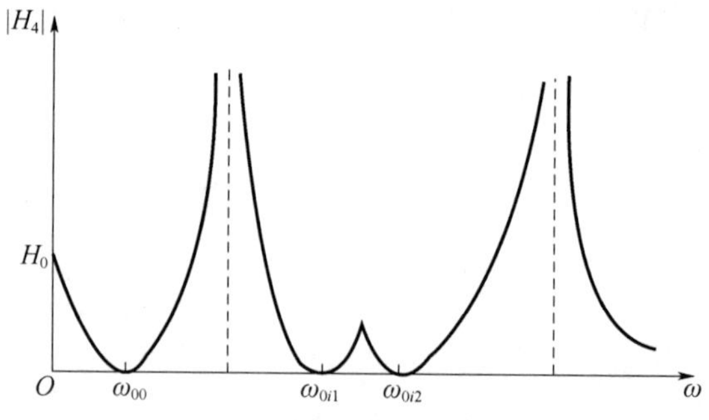

图 9-6　特殊的反共振点

在上述 L_1,L_2,G_{n1},G_{n2},G_{n3},G_{n4}和 F_{01},F_{02},F_{03}诸区域中,L_1,L_2,F_{01},F_{02}和 F_{03}共 5 个区域的范围是很宽的。对于现有机床而言,在正常工艺条件下,$|H_4|$大部分处于这 5 个可行区域内,因此,均可获得较令人满意的高次谐波。

若对于在特定工艺条件下的机床,系统刚好处于 $G_{ni}(i=1,2,3,4)$中的任何一个不利区域,则将无法进行磨削。此时,应以幅频特性曲线为依据,合理地对机床结构进行改进或采取必要的工艺措施,就可以将系统转入 L_1,L_2或 F_{01},F_{02}和 F_{03}区域中,从而改善机床的动态特性。

3. 振动频率与谐波次数

在无心磨削过程中,如果砂轮和工件的相对振动频率为 f,工件转速为 n_W,则由于振动而在工件表面产生的谐波次数 λ 满足下式:

$$\lambda = \frac{60f}{n_W} \tag{9-37}$$

式中:f 为振动频率(Hz);n_W为工件转速(r/min)。

9.1.4　无心磨削工艺系统动态特性的控制

1. 动态特性的最佳选择

如前所述,若系统处于图 9-5 中的反共振点 $H_4(\omega_{01})$,$H_4(\omega_{02})$或者 $H_4(\omega_{03})$,将是最理想的。在这些反共振点处,有

$$H_4 = H_4(m_i, k_j, a_k, f_L) = 0 \tag{9-38}$$

式中:m_i为诸质量的统一表示;k_j为诸刚度的统一表示;a_k为诸角度的统一表示;f_L为激振频率在反共振点的统一表示。

但是,在生产中,现行的工艺参数很难使式(9-38)刚好成立。因此,为获取比较理想的动态特性,常常在可行的工艺参数取值范围内,使$|H_4|$为最小,即

$$|H_4| \to \min \tag{9-39}$$

显然,式(9-39)属于优化问题的目标函数,对应于该目标函数还有一系列的约束条件,这些约束条件可表示为

$$
\begin{cases}
m_{i\max} \geqslant m_i \geqslant m_{i\min} \\
k_{j\max} \geqslant k_j \geqslant k_{j\min} \\
a_{k\max} \geqslant a_k \geqslant a_{k\min} \\
f_{\mathrm{Lmax}} \geqslant f_{\mathrm{L}} \geqslant f_{\mathrm{Lmin}}
\end{cases}
\tag{9-40}
$$

式(9－40)中的约束条件在实用时并非全部起作用。在生产实际中,可针对机床设计或工艺安排等具体问题,只让式(9－40)的若干参数起约束作用,而其他参数作为常数。例如,在工艺安排中,工件质量 m_{W} 和刚度 k_{W} 可认为是固定的常数;当机床一定时,机床结构刚度 k_{G}、k_{C} 亦可认为是常数。

2. 振动频率区域

计算结果表明,无论是质量参数 m_i,还是刚度参数 k_j,或者角度参数 a_k,在不同的频率区域内,它们对于艺系统特性值 H_4 的影响是不同的。从理论上讲,在某一频率区域内,确定存在着一组最佳参数 m_i、k_j 和 a_k,使 $|H_4|$ 取极小值。但是,当将这一组最佳参数 m_i、k_j 和 a_k 固定,而改变振动频率 f,使之进入另一个频率区域后,便会惊奇地发现,这时 $|H_4|$ 却取极大值或者较大值。比如说,当 $f=f' \in [f'_1, f'_2]$ 时,有一个最佳参数 $k_0=k'_0$ 使 $|H_4(k'_0, f')|=|H'_4| \to \min$。但是,当改变 f 使 $f=f'' \in |f_1, f''_2|$,而 k_0 不变仍为 k'_{C},却会发现 $|H_4|=|H''_4| \to \max$,如图 9－7 所示。可见,最佳参数的取值和振动频率密切相关。如果不给出振动频率范围,那么就谈不上最佳的动态特性。因此,在对动态特性进行控制时,必要的前提就是应给出工艺系统的频率区域。

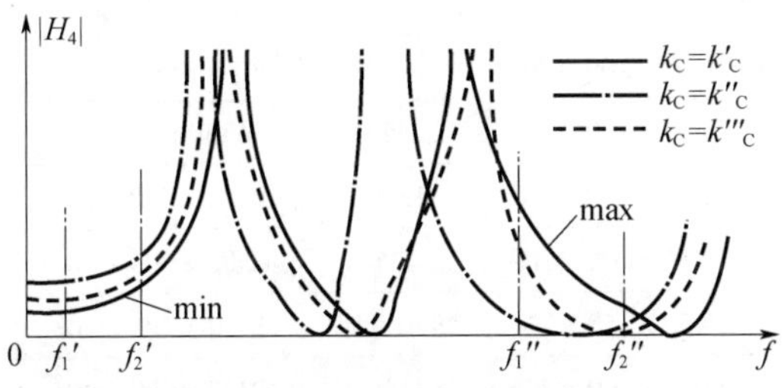

图 9－7　参数对幅频特性的影响

由于频率区域概念的重要性,有必要给出这一概念的明确含义。频率区域是指无心磨削工艺系统发生单一频率振动时振动频率 f 的取值范围。频率区域又可称为频率范围。

频率区域又有强迫振动频率区域和自激振动频率区域之分。强迫振动频率区域是对应着强迫振动的,自激振动频率区域对应着自激振动。

对于强迫振动而言,频率区域指激振力的频率取值范围。比如,如果砂轮不平衡引起系统产生了强迫振动,那么频率区域就是砂轮的转速取值范围;如果工件转动不平稳产生了强迫振动,那么频率区域就是工件的转速取值范围。

对于自激振动而言，频率区域是在系统某个固有频率附近的频率取值范围。不难看出，自激振动频率区域的个数很多，而每个区域却是很窄的。

一般而言，从理论上给出任一无心磨削工艺系统的确切频率区域是很困难的，而且也没有必要。在生产中，虽然机床的类型繁多，但某一行业中最常用的机床类型往往只有为数不多的几种。因此，只要结合某一行业并和生产实际联系起来，就不难确定特定条件下的频率区域。由表9－1给出的传统无心磨床参数可知，若根据砂轮转速 n_G 来确定频率区域的话，一般为 $f=15\text{Hz}\sim30\text{Hz}$，较高的可达55.3Hz，较低的则有11.8Hz。通常，强迫振动的频率值是比较低的。

据国内外资料介绍，无心磨削工艺系统的固有频率因机床不同而有差异。一般，有的为78Hz，有的为82Hz；较高的有100Hz和140Hz；最高的一阶固有频率可达500Hz。通常，自激振动的频率值是比较高的。

表9－1　某些无心磨床的技术参数

型号	磨削直径	砂轮		导轮		
		规格（$D\times H\times d$）/mm×mm×mm	转速/r·min^{-1}	规格（$D\times H\times d$）/mm×mm×mm	转速/r·min^{-1}	倾角/(°)
M1050A	切入:5～50 贯穿:2～50	P400×150×203	1668	PSA300×150×127	20～200	－2～5
M1050J			1958		66	
M1010	切入:3～10 贯穿:0.5～10	P200×50×75	3320	P125×50×50	45～240	－2～5
M10100	10～100	P500×200×305	1338		10～20	－2～5
MZ10160	10～160	P500×400×305	1330	PSA350×450×203	10～110	0～4
M11100	10～100	P500×400×305	1330	P350×400×203	12～200	－2～4
MZT1050	10～200	P500×600×305	1330	P500×600×305	12～200	－2～5
MGT1050	2～50	P450×150×200	1440,710	P350×225×203	15～130	0～5
WX－018	5～230	P600×200×305	1100	P350×400×203	50～100	0～6
M1083	纵磨:10～150 横磨:10～150	P600×200×305	1050,1150	PSA350×200×127	T级:7－58	－2～5
3M4050	16～50	P500×63×305	1340	P300×16×127～ P300×50×127	15～180	
XF－004A	5～25	P500×200×305	1300	ϕ300×350(金属)	20～100	－3～3

3. 动态特性的控制

所谓动态特性的控制是指通过分别控制质量参数 m_i，刚度参数 k_j 和角度参数 a_k 来控制工艺系统动态特性数 $|H_4|$ 的大小。从而获得满足工程要求的工件表面谐波幅值。

如上所述，在不同的频率区域内，工艺参数 m_i、k_j和 a_k对动态特性值$|H_4|$的影响不同；因此，频率区域不同，控制工艺系统动态特性的方法也不同。比如，为使动态特性值$|H_4|$为最小，在某一频率区域内应增大导轮质量参数 m_C还是应减小 m_C（同样，对于其他工艺参数也会出现这种问题）。但是，对于特定的机床而言，常见的频率区域基本上是固定的。因此，就可以在常见的频率区域内来控制工艺系统的动态特性。

通过理论计算和大量统计资料的分析可知，采取以下措施可以改善无心磨削工艺系统的动态特性。

1）提高工艺系统的结构刚度

无心磨削工艺系统的结构刚度包括导轮部件的结构刚度 k_C、砂轮部件的结构刚度 k_G和托板部件的结构刚度 k_B。图 9－8～图 9－10 分别描述了 k_C，k_G和 k_B可在$f = 15\text{Hz} \sim 30\text{Hz}$ 范围内对$|H_4|$的影响规律。由图可知，k_C，k_G或 k_B可以改善动态特性的影响程度是不同的，次序为：k_C最大，k_G次之，k_B最小。因此，在提高工艺系统刚度时，应着重于提高导轮部件的结构刚度 k_C，而次要考虑砂轮部件的结构刚度 k_G和托板部件的结构刚度 k_B。

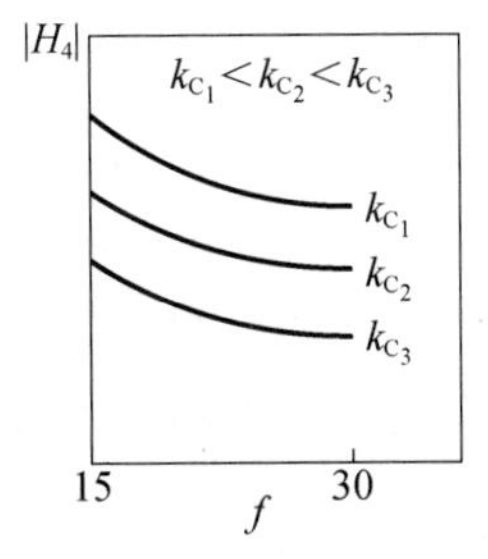

图 9－8　k_C对$|H_4|$的影响

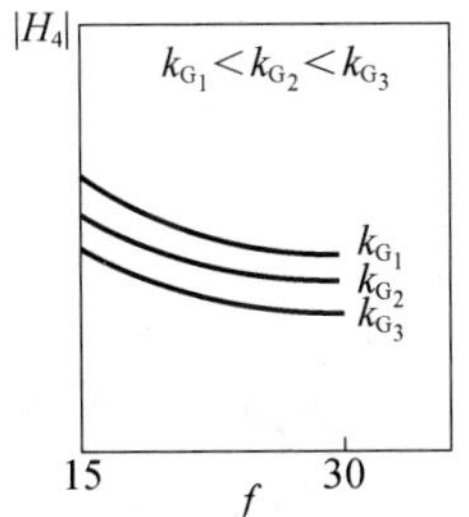

图 9－9　k_G对$|H_4|$的影响

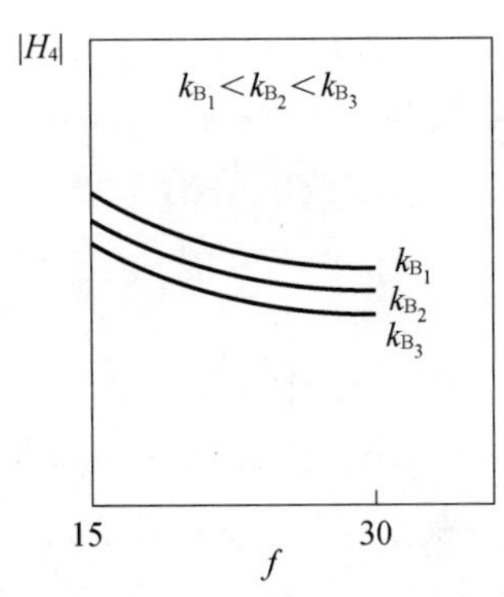

图 9－10　k_B对$|H_4|$的影响

在导轮部件中，对 k_C影响最大的是导轮轴承，其次是导轮轴，然后是导轮头支架。在砂轮部件中，对 k_G影响最大的是砂轮轴，其次是砂轮轴承，然后是砂轮头支架。在机床设计和工艺安排中，应结合具体情况有针对性地提高各部件的刚度，从而有效地提高工艺系统的结构刚度，改善动态特性。

2）减小导轮与工件的接触刚度

减小导轮与工件的接触刚度 k_{WC}，对改善工艺系统的动态特性是极为有利和显著的。这可从图 9-11 清楚地看出。在图 9-11 中，k_{WC}越小，$|H_4|$越小。

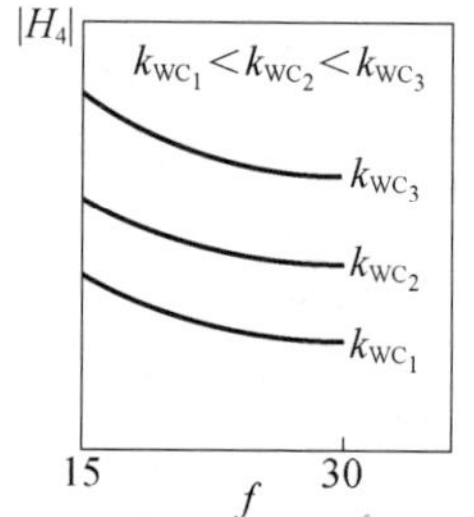

图 9-11　k_{WC}对$|H_4|$的影响

据摩擦磨损理论可知，两物体表面的接触刚度和接触表面材料、加工方法（加工质量）等因素有关。在生产中，工件的加工方法和材料都是固定的，可变的因素只有导轮的材料。因此，可以通过选择合理的导轮材料来减小导轮与工件的接触刚度 k_{WC}值。工厂里常用砂轮导轮，其材料性质与特点如表 9-2 所列。

表 9-2　砂轮材料性质比较

结合剂	特　点
陶瓷	耐腐蚀、脆性大、抗振性差
树脂	强度高、自锐性好，有一定的弹性，耐腐蚀性差
橡胶	强度高，弹性大，易磨损，不耐油

由表 9-2 可知，橡胶结合剂导轮弹性好，易变形，因而和工件的接触刚度低。选用橡胶结合剂导轮可使工艺系统获得最好的动态特性。但是，应注意，选用导轮时还要考虑磨削时所使用的冷却液性质。比如，橡胶结合剂耐油性差，若选用橡胶结合剂导轮，就应尽可能不使用油作冷却液。

3）提高磨削刚度

图 9-12 给出了磨削刚度 k_M与$|H_4|$的关系曲线。显而易见，磨削刚度 k_M的增加，将有利于$|H_4|$的减小。因此，在生产中应提高磨削刚度值。磨削刚度是指在单位磨削力作用下，工件每转一转被磨除的金属层厚度。

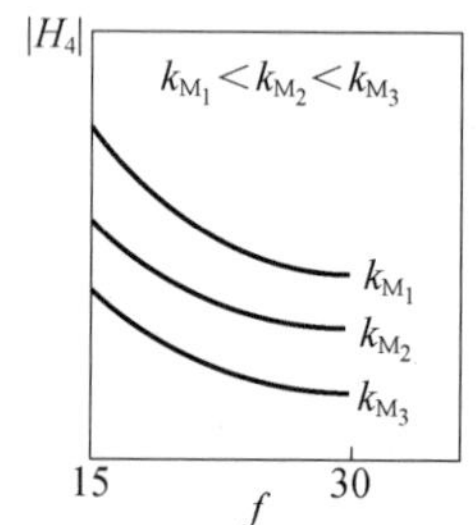

图 9-12　k_M对$|H_4|$的影响

4）合理选择工件转速

研究表明，工件转速 n_W越小，磨削刚度 k_M越大。因此，减小工件转速 n_W可以减小$|H_4|$值。另外，n_W很大时，工件本身的不平衡也会恶化表面谐波。但是，工件转速 n_W太小，会带来较大的圆度误差，而且也不利于磨削效率并有可能造成工件表面烧伤层太厚。这说明工件转速有一个综合最佳值。具体运用时，应结合实际，通过实验来确定合适的工件转速。一般而言，在几何稳定条件下，如表 9-3 所列，工件转速 n_W的选取应使工件磨削表面线速度 v_W在 0.3～1.5m/s 范围内；对采用电磁无心夹具支承式无心磨

削而言,工件转速 n_W 的选取应使工件磨削表面线速度 v_W 在 0.3 ~0.5m/s 范围内。这样,可同时获得比较好的工作表面圆度、谐波和粗糙度。

表 9-3　最佳工件速度的选择

磨削方式	工件线速度 $v_W/(m \cdot s^{-1})$
无心外圆磨削	0.3 ~1.5
支承式无心磨削	0.3 ~0.5

5) 采用高速磨削

采用高速度磨削可以明显地减小工件表面谐波,并可获得很好的圆度。另外,高速磨削对提高生产率也是十分有益的。

9.2　无心磨削工艺系统的动态稳定性

本节主要探索工艺系统的几何布局参数 ϕ_1 和 ϕ_2,工件转速 n_W 以及磨削宽度 b 对支承式无心磨削稳定性的影响规律,并为在生产实践中更好地解决无心磨削振动问题提供实用的分析方法。

在研究支承式无心磨削稳定性时,常常使用单自由度振动模型,这主要是考虑到避免复杂的数学计算和使用简单而实用的结果。因此,将以单自由度振动为主要内容来描述动态稳定性问题,而对多自由度问题仅作简略的介绍。

9.2.1　动态稳定性的基本概念

在无心磨削成圆理论中,"稳定性"是一个常见而又重要的概念。

在控制论中,系统稳定性是这样定性描述的:如果一个处于平衡状态的控制系统由于输入量变化或受外来干扰的作用,系统的输出瞬态响应 x 随时间 t 的增加而逐步衰减并恢复到原来的状态,则该系统是稳定的;否则,是不稳定的。

图 9-13(a)中的质点 m_1 处于平衡状态,但却是不稳定的。因为当它受到干扰后将滚落下来,不会恢复到原来的平衡状态。而 m_2 则处于稳定状态。

图 9-13(b)是稳定系统的输出响应,而图 9-13(c)则是不稳定系统的输出响应。

由于存在着阻尼,不稳定工艺系统的输出响应(工件与砂轮的相对位移)不会像图 9-13(c)那样无限地发散。一般情况下,不稳定工艺系统的输出响应在一定时间内大都呈现正弦周期性,这样磨削出来的工件表面都具有明显的谐波。因此,在生产现场往往根据工件表面谐波幅值的大小情况来间接地、大概地判断工艺系统的稳定性。

当然,即使系统是稳定的,由于受有限磨削时间、生产现场的随机振动、砂轮的磨损与修整误差以及工件表面的原始误差复映等众多因素的影响，因此，任何方法磨削出来的工件表面都不可能是理想的圆形。如随机振动造成工件表面粗糙。但是，这些因素所产生的工件表面谐波幅值和系统不稳定所产生的工件表面谐波幅值相比，要小得多。而且，二者有明显的不同。

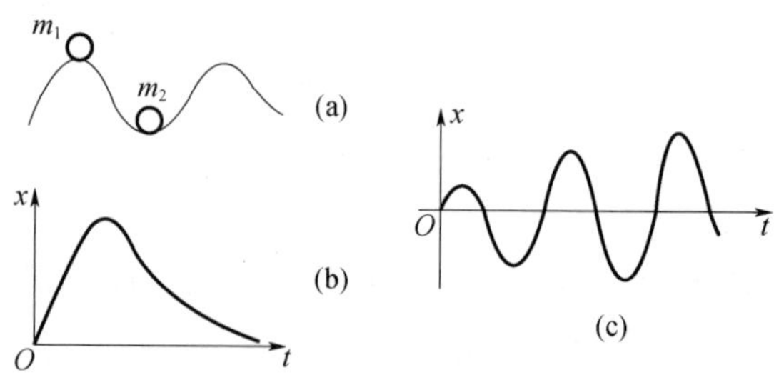

图 9－13　稳定性

(a)稳定与平衡；(b)稳定响应；(c)不稳定响应。

作为工程应用，按工件表面谐波的扩散(增长)与衰减(收敛、减小)来理解无心磨削成圆的稳定性，从理论上讲，和再生自激振动相一致；从实践上讲，不仅直观，而且和加工质量密切联系起来。因而这种理解具有十分广泛的意义。

但是，在动态成圆理论的领域中，若对动态稳定性进行定量描述，就必须按照数学、力学和控制论的完善概念来研究。

9.2.2　支承式无心磨削再生振动的产生

图 9－14 表明了支承式无心磨削的几何布局，该布局可用参数 ϕ_1 和 ϕ_2 来确定。由于工件表面的形状十分复杂，而且又是自身定位，因此，在磨削中工件的中心位置是不固定的。工件中心的位移在磨削方向(即 OX 方向)上的投影被称为工件的定位误差。这种定位误差和工件上磨削点 G 处的原始谐波的联合作用叫做合成误差 H。在动态研究中，合成误差 H 是动态合成误差的简称。H 的存在，使得工件相对砂轮作不停的往复运动，导致砂轮在因磨削深度 $u(t)$ 变化产生的交变磨削力 $p_n(t)$ 的作用下振动。砂轮的振动位移 $x(t)$ 又必将使工件表面谐波重新分布，而重新分布的谐波又产生新的定位误差，如此循环往复，这显然属于磨削再生振动。

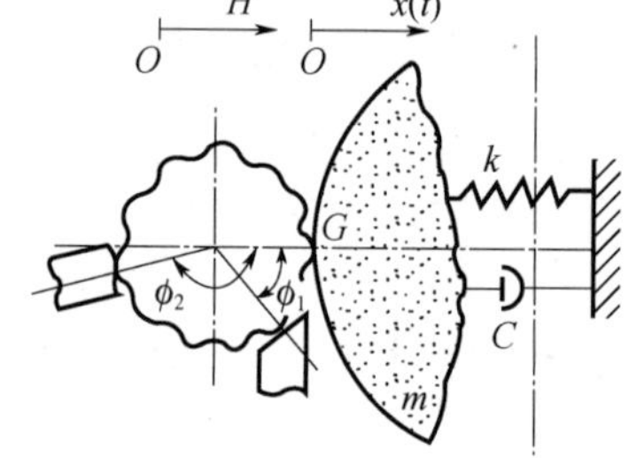

图 9－14　支承式无心磨削系统

不难看出，工件表面的最终谐波分布以及砂轮的振动都和合成误差 H 有关。如图 9－15 所示，当合成误差 H 和振动位移 x 同相时($H = H_+$)，振动将得到维持或发散，系统是不稳定的，工件表面的谐波幅值将不断增大。当一个工件被磨削完去掉后，再生振动因外部能源切断而逐渐停止，直到磨削另一个工件时，系统开始第 2 个振动发散的循环。

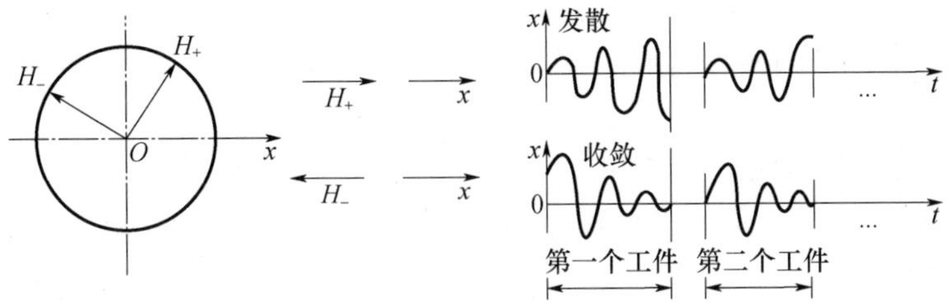

图 9－15　振动收敛与发散

若合成误差 H 和振动位移 x 反相时（$H=H_-$），振动将得到抑制和收敛，系统将是稳定的，工件表面谐波幅值将不断减小。当更换工件后，振动的收敛也将循环发生。

从上述分析可知，当系统其他参数一定时，系统的振动和合成误差 H 的变化有很大关系。而合成误差 H 的变化取决于几何参数 ϕ_1 和 ϕ_2，因此，几何参数 ϕ_1 和 ϕ_2 对磨削振动有直接影响。

另外，工件转速 n_W、磨削宽度 b、磨削刚度 k_W 以及系统的固有圆频率 ω_n 和阻尼 ξ、刚度 k 决定了振动系统能量的吸收与消耗，因而也影响磨削振动。

9.2.3　支承式无心磨削的稳定条件

1. 磨削系统的动态描述

如图 9－14 所示，砂轮系统的动力学微分方程为

$$m\ddot{x}(t)+c\dot{x}(t)+kx(t)=p_n(t) \tag{9-41}$$

式中：t 为时间(s)；$x(t)$ 为砂轮相对工件的振动位移(μm)；$\dot{x}(t)$ 为砂轮相对工件的振动速度(μm/s)；$\ddot{x}(t)$ 为砂轮相对工件的振动加速度(μm/s^2)；m 为砂轮部件的等效质量；c 为砂轮系统的阻尼；k 为砂轮系统的刚度(N/μm)；$p_n(t)$ 为径向磨削力(N)。

由磨削原理知，径向磨削力 $p_n(t)$ 的表达式为

$$p_n(t)=k_W u(t) \tag{9-42}$$

式中：k_W 为磨削刚度(N/μm)；$u(t)$ 为磨削深度(μm)。

磨削深度 $u(t)$ 为

$$u(t)=r(t-T)-\frac{\sin\phi'_2}{\sin(\phi'_2-\phi'_1)}r(t-T_1)+\frac{\sin\phi'_1}{\sin(\phi'_2-\phi'_1)}r(t-T_2)+f(t) \tag{9-43}$$

式中：$f(t)$ 为砂轮相对工件的实际进给量(μm)；$r(t)$ 为工件表面上 G 点的表面谐波(μm)；T 为工件的转动周期(s)；T_1 为工件转动 ϕ_1 角度所需时间(s)；T_2 为工件

转动 ϕ_2 角度所需时间(s)。

工件表面谐波 $r(t)$ 可表示为

$$r(t)=r(t-T)-u(t) \tag{9-44}$$

砂轮相对工件的实际进给量：

$$f(t)=S_i(t)-x(t) \tag{9-45}$$

式中：$S_i(t)$ 为砂轮名义进给量(μm)。

在零初始条件下，将上述时间 t 域内的式(9-41)~式(9-45)用拉氏变换转入复数 s 域内，有

$$G(s)=\frac{X(s)}{P_n(s)}=\frac{1}{k(1+2\xi s/\omega_n+s^2/\omega_n^2)} \tag{9-46}$$

$$P_n(s)/U(s)=k_W \tag{9-47}$$

$$H(s)=\frac{F(s)}{R(s)}=1-\frac{\sin\phi'_2}{\sin(\phi'_2-\phi'_1)}e^{-sT_1}+\frac{\sin\phi'_1}{\sin(\phi'_2-\phi'_1)}e^{-sT_2} \tag{9-48}$$

$$-U(s)/R(s)=1-e^{-sT} \tag{9-49}$$

$$F(s)=S_i(s)-X(s) \tag{9-50}$$

且有

$$\omega_n=\sqrt{K/m} \tag{9-51}$$

$$\xi=C/(2\sqrt{mk}) \tag{9-52}$$

式中：ω_n 为砂轮系统固有圆频率(rad/s)；ξ 为砂轮系统阻尼常数。

根据控制理论，由式(9-46)~式(9-47)不难得到如图9-16所示磨削系统方框图。图9-16就是无心磨削(包括支承式无心磨削)系统的动态描述。请注意，无心磨削动态方框图中含有合成误差 H 项，而定心磨削动态方框图中是不含 H 项的。这是无心磨削和定心磨削的最大区别。正是这一区别，使得无心磨削和定心磨削在动态稳定性研究中有着本质的不同。

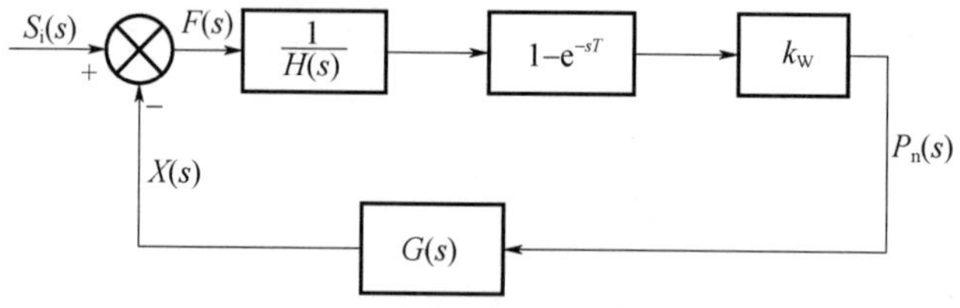

图9-16　磨削系统方框图

在动态合成误差中，时间参数 T, T_1 和 T_2 可表示如下

$$T=60/n_W \tag{9-53}$$

$$T_1=\phi_1/(6n_W) \tag{9-54}$$

$$T_2=\phi_2/(6n_W) \tag{9-55}$$

式中：n_W为工件转速(r/min)；ϕ_1和ϕ_2为几何布局参数(°)。

2. 磨削稳定性条件

从图9-16可得无心磨削系统的传递函数：

$$\frac{P_n(s)}{S_i(s)}=\frac{(1-e^{-sT})k_W/H(s)}{1+(1-e^{-sT})k_W G(s)/H(s)} \tag{9-56}$$

取$s=j\omega$，由式(9-57)可得特征方程：

$$1+(1-e^{-j\omega})k_W G(j\omega)/H(j\omega)=0 \tag{9-57}$$

式中：j为虚数$\sqrt{-1}$；ω为振动圆频率(rad/s)。

磨削系统保持绝对稳定的条件为式(9-57)无根。若取振动谐波次数为i，频率比为

$$\lambda=\omega/\omega_n=\pi n_W i/(30\omega_n) \tag{9-58}$$

则方程

$$(1+\lambda^2+2\xi\lambda j)\left[1-\frac{\sin\phi'_2}{\sin(\phi'_2-\phi'_1)}e^{-j\lambda\omega_n T_1}+\frac{\sin\phi'_1}{\sin(\phi'_2-\phi'_1)}e^{-j\lambda\omega_n T_2}\right]=\frac{k_W}{k}(e^{-j\lambda\omega_n T}-1) \tag{9-59}$$

左右两端所代表的曲线无交点时，系统稳定，否则不稳定，如图9-17所示。

式(9-59)是复数表达式，不易求解。为此，需将稳定性条件在实数域内表达出来。若设

$$\begin{cases}X=CA-DB\\ Y=CB+AD\\ \mu=k_W/k\end{cases} \tag{9-60}$$

式中

$$\begin{cases}A=1-\dfrac{\sin\phi'_2}{\sin(\phi'_2-\phi'_1)}\cos\lambda\omega_n\dfrac{\phi_1}{6n_W}+\dfrac{\sin\phi'_1}{\sin(\phi'_2-\phi'_1)}\cos\lambda\omega_n\dfrac{\phi_2}{6n_W}\\ B=\dfrac{\sin\phi'_2}{\sin(\phi'_2-\phi'_1)}\sin\lambda\omega_n\dfrac{\phi_1}{6n_W}-\dfrac{\sin\phi'_1}{\sin(\phi'_2-\phi'_1)}\sin\lambda\omega_n\dfrac{\phi_2}{6n_W}\\ C=1-\lambda^2\\ D=2\xi\lambda\\ \phi'_1=\phi_1\pi/180\\ \phi'_2=\phi_2\pi/180\end{cases} \tag{9-61}$$

则式(9-59)可以表示为

$$x+yj=\mu(e^{-j\lambda\omega_n T}-1) \tag{9-62}$$

即

$$(x+\mu)+yj=\mu e^{-j\lambda\omega_n T} \tag{9-63}$$

不难看出，式(9-63)右端为一圆心在坐标原点、半径为μ的圆。这意味着该

式左端曲线上任一点 $m(x,y)$ 距坐标原点的距离为 μ。于是,可以在实数域内将式(9-63)表示为

$$\delta=(x+\mu)^2+y^2=\mu^2 \tag{9-64}$$

式(9-64)无解的条件为

$$\delta>\mu^2 \tag{9-65}$$

式(9-65)就是磨削系统绝对稳定的条件。显然,它代表着一个圆的外部区域,如图 9-18 所示。

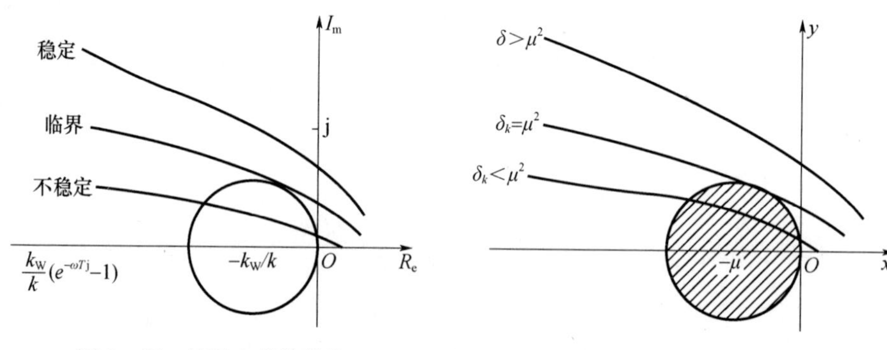

图 9-17　特征方程的分解　　　　图 9-18　绝对稳定条件

由图 9-18 可知,在 $n_W\in[0,+\infty)$ 区间上,若曲线 $m(x,y)$ 始终在阴影圆之外,则系统稳定,此时 $\delta>\mu^2$;若 $m(x,y)$ 穿过阴影圆,则系统不稳定,此时 $\delta<\mu^2$;若 $m(x,y)$ 和阴影圆相切,则系统处于临界状态,也是不稳定的,此时 $\delta_k=\mu^2(k=1,2,\cdots)$。这里 $\delta_k\leqslant\mu^2$ 的意思是至少有一点使 $\delta_k\leqslant\mu^2$。

3. 极限磨削宽度

若设 k_M 为单位磨削宽度的磨削刚度,b 为磨削宽度,则有

$$k_W=bk_M \tag{9-66}$$

极限磨削宽度 b_{max} 可表示为

$$b_{max}=k_W/k_M \tag{9-67}$$

为了能在稳定图上测量磨削宽度 b,设

$$\begin{cases}x'=bx/(2\mu)\\y'=by/(2\mu)\end{cases} \tag{9-68}$$

式(9-64)就变为

$$\delta'=\left(x'+\frac{b}{2}\right)^2+y'^2 \tag{9-69}$$

于是式(9-65)所表示的稳定条件相应地变为

$$\delta'>(b/2)^2 \tag{9-70}$$

这样,就可以根据磨削宽度 b 来判断系统能否产生自激振动,如图 9-19 所示。

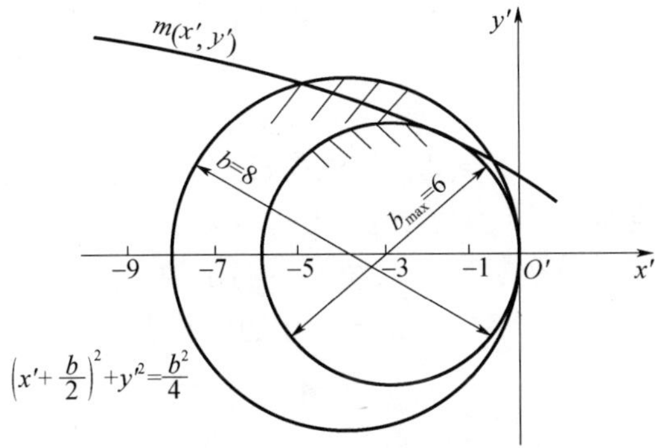

图 9－19　极限磨削宽度

9.2.4　磨削稳定性的计算方法

下面通过举例来说明如何运用稳定条件解决生产实践问题。一般情况下，有3种计算方法：正计算、反计算和半逆计算。

1. 正计算方法

所谓正计算是在给定条件下，判断磨削系统是否绝对稳定。

例 9－1　在电磁无心夹具上磨削某轴承套圈内沟道时，已知

$$\omega_n = 600\text{rad/s}, \xi = 0.1, k = 50\text{N}/\mu\text{m}, k_M = 5(\text{N}/\mu\text{m})/\text{mm},$$
$$b = 10\text{mm}, i = 12, \phi_1 = 85°, \phi_2 = 175°$$

试分析磨削系统的稳定性。

解：

由已知条件可知

$$\mu_1 = \mu = k_W/k = bk_M/k = 10 \times 5/50 = 1$$

给出 $n_W = 0, 0.5, 1, 1.5, 2, \cdots$，可得 $m_1(x, y) = m(x, y)$，由线（图 9－20）及一系列 δ 值。不难发现，在 $n_W = 500\text{r/min}$ 时，$\delta_k < \mu_k^2 = 1$。

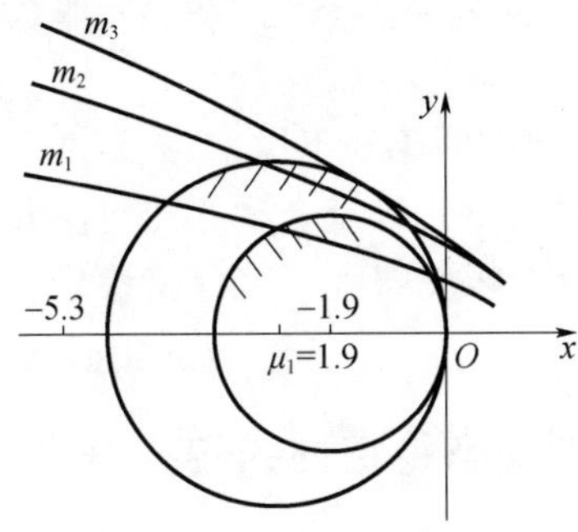

图 9－20　绝对稳定性分析方法

根据绝对稳定条件可知，磨削系统将是不稳定的。此时，$m_1(x,y)$曲线穿过了$\mu_1=1$下的阴影圆。

2. **反计算方法**

反计算是为使系统处于稳定状态，如何确定工艺系统参数。即试选阴影圆。求在$\delta>\mu^2$下的曲线$m(x,y)$；或者试选$m_1(x,y)$曲线，求在$\delta>\mu^2$下的阴影圆。

例 9－2 在例 9－1 的参数下，系统是不稳定的。试选择一参数ϕ_2（当然，也可以选择其他参数，例如ϕ_1等），使系统处于稳定状态。

解：

试选$\phi_2=190°$，经计算后发现$\delta>1$。故可选$\phi_2=190°$。对应于$\phi_2=190°$的$m_2(x,y)$曲线如图 9－20 所示。

反计算方法比较麻烦，需要许多次的试凑才能有结果。反计算的标准算法是直接求解方程（9－65）或（9－70），找出满足稳定条件的任一组工艺参数。

3. **半逆计算法**

半逆计算是正、反计算的混合应用。比如，在给定参数下，通过计算发现系统处于不稳定状态；此时，可在稳定图上通过几何作图找出临界稳定条件，并按此条件修改原始参数，使系统转入稳定状态。再如，在某些参数为给定的前提下，求满足稳定条件的另一些参数。

例 9－3 某磨床的$m_3(x,y)$曲线如图 9－20 所示，试求极限磨削宽度b_{max}值。

解：

在图 9－20 上作$m_3(x,y)$的相切圆，可测得参数$\mu=\mu_3=5.3/2=2.65$。若$k=15\text{N}/\mu\text{m}$，$k_M=5(\text{N}/\mu\text{m})/\text{mm}$，则由式（9－68）可得

$$b_{max}=k_W/k_M$$

再将$\mu=k_W/k$代入上式，有

$$b_{max}=\mu_3 k/k_M=2.65\times15/5=7.95(\text{mm})$$

4. **讨论**

从上述例子可以看出，当参数ω_n，ξ，μ和i一定时，改变几何参数ϕ_1和ϕ_2之值。可以改变磨削稳定性。如果磨削系统不稳定，那么可以通过选择满足$\delta>\mu^2$中的ϕ_1和ϕ_2值，使系统转入稳定状态。

在生产实践中，对于给定的磨床和工件，参数ω_n，ξ，μ和n_W通常是不变的。这样就可以按照工件的磨削宽度b来确定合理的几何参数ϕ_1和ϕ_2，使磨削系统保持稳定。如果，ϕ_1和ϕ_2的组合不能使磨削系统保持稳定，则可以适当改变工件转速n_W，以协调ϕ_1和ϕ_2的组合。

9.2.5 支承式无心磨削动态稳定性的实验研究

实验使用 2 台球轴承内沟道专用磨床，并在 Y9025 型圆度仪上测量试件。测量试件时，用照像机拍摄示波器上显示的试件轮廓图形，以记录实验结果。

实验包括不稳定实验与稳定实验，都是以极限磨削宽度为主要参数的。

1. 不稳定实验

图 9－19 是精磨 $b \approx 8$mm 试件的磨削系统稳定图。因 m 曲线穿过了阴影圆 μ_1，即 $\delta_k < \mu^2$，故系统是不稳定的。可以预料：精磨后试件表面必然存在着因振动而产生的周期性谐波。

图 9－21(a)和(b)是精磨前比较特殊的一个试件表面谐波情况。可以看出，其轮廓形状近似于椭圆。试件精磨后的表面谐波情况如图 9－21(c)所示。显然，它是一个椭圆和一个周期性很强的较高频谐波叠加的结果。其中椭圆成分是由于系统静刚度有限而复映了精磨前的椭圆轮廓形状；而另一较高频谐波的出现，则是由于系统动态失稳，在精磨前椭圆形状的激扰下而产生自振的缘故。

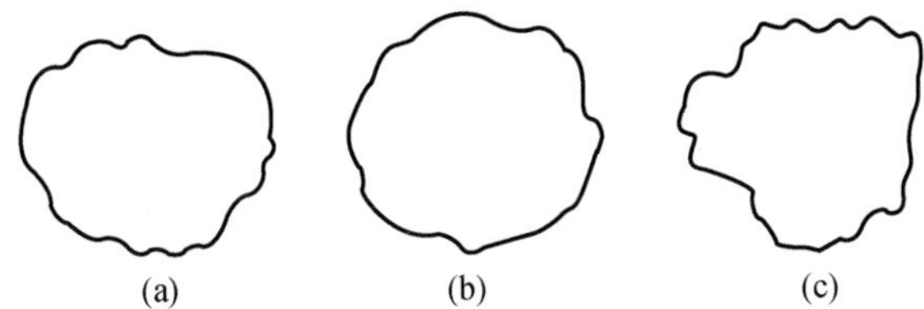

图 9－21　实验 1 试件表面情况(据照片复制)

(a)精磨前密波 2～500；(b)精磨疏波 2～15；(c)精磨后密波。

2. 稳定实验

用半逆解法可从图 9－19 得知：磨削系统的临界稳定磨削宽度 $b_{max} \approx 6$mm。这就是说，其他条件不变时，只要使 $b < 6$mm，就可以保持系统稳定。这一预测在另一台同样的磨床上得到了验证。

这次实验的磨削宽度 $b \approx 6$mm，因此，磨削是在稳定条件下进行的。试件测量结果也是如此。图 9－22 是这次实验中比较典型的一个试件的表面谐波情况。可以看出，精磨后的试件是比较理想的。图 9－22(a)的轮廓形状近似于六角形，这种低频谐波是原始误差复映的结果。图 9－22(b)几乎没有明显的较高频振动谐波，因而磨削中不曾发生自激振动。

在整个实验中，先后共测试件 32 个，其中有 29 个试件和理论分析一致。

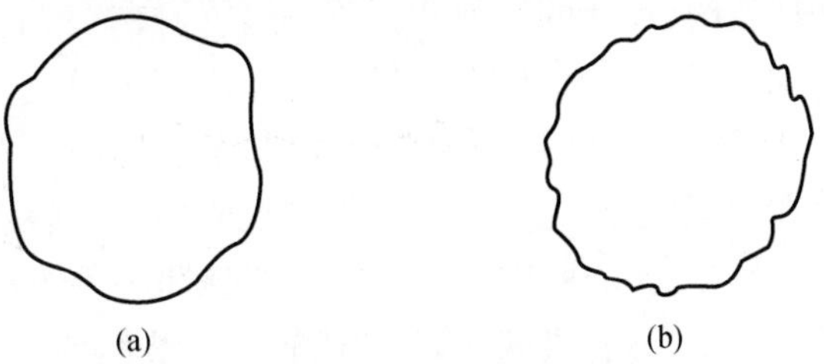

图 9－22　实验 2 试件表明情况(据照片复制)

(a)疏波 2～15；(b)密波 2～50。

9.2.6 外圆无心磨削的动态稳定性

前述支承式无心磨削的动态稳定性研究完全适用于外圆无心磨削，只不过此时的几何布局图需要用图 9－23 表示，而所有计算公式和计算方法可直接使用。

外圆无心磨削系统是个典型的多自由度振动系统，其动态稳定性研究可深入至 4 自由度方面。4 自由度问题和单自由度问题的研究方法基本一致，只是二者的运动微分方程不同。具体来说，只要把单自由度问题中的动柔度项即式(9－46)

$$G(s)=X(s)/P_n(s)$$

用 4 自由度问题中的动柔度项即动态特性值即式(9－29)

$$H_4(s)=\delta'(s)/Q_G(s)$$

代替即可。

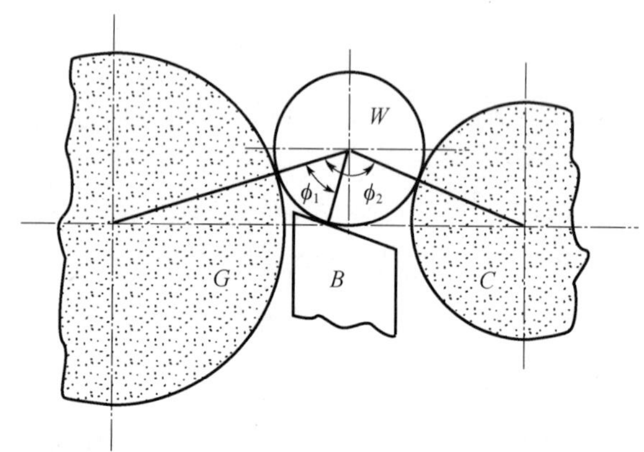

图 9－23 外圆无心磨削系统

9.3 无心磨削的动态尺寸精度

自无心磨削方法问世以来，人们把众多的精力投入到了成圆机理的研究之中，相比之下，无心磨削的动态尺寸精度问题很少引起人们的关注。这是因为以往的无心磨削大都是开环系统，尺寸的磨削和控制、砂轮的修整和机床的调整等，都是单向联系、孤立进行的，尺寸精度靠工人现场控制。即使有人对尺寸精度进行过统计检验，也只是为了防止意外情况的发生，例如出现废品，而没对尺寸精度给以定量的规律性的评价和预测，从而无法主动地控制尺寸精度。随着对尺寸精度要求的不断提高，人们开始研究无心磨削的闭环系统。该闭环系统的主要内容是尺寸的检测与控制形成了一个回路，机床的调整、砂轮的修整都是工件尺寸的函数。因此，这一闭环系统和工件尺寸规律性有很大关系。此处工件尺寸的规律性就是动态尺寸精度问题，于是无心磨削动态尺寸精度问题正日益受到人们的关注。

9.3.1　动态尺寸精度的概念

1. 工件尺寸精度与工序尺寸精度

在机械制造工艺理论中，精度和误差是2个重要概念。精度是指加工过的工件和理想工件的符合程度。误差和精度相对应，它是指加工过的工件和理想工件的偏离程度。因此，精度和误差是对同一问题从正反两个方面进行阐述的。根据精度和误差的概念，不难看出尺寸精度和尺寸误差的含义。在科学技术的理论分析和实践研究中，往往根据不同的需要来运用这2个概念。

任何工件都是由原材料经过一系列的热加工最终达到一定的精度要求的。因此，工件的尺寸精度和加工方法、加工设备密切相关；而且，每经过一道工序，工件相应地获得一定的尺寸精度。这样，由工件的尺寸精度就引出了工序尺寸精度的概念。所谓某一工序的尺寸精度，是指在一定的工艺条件下该工序能够保证的工件尺寸精度。显然，工件的尺寸精度与工序的尺寸精度在本质上是一致的，工序的尺寸精度用工件的尺寸精度来定量表达。同样，工序尺寸误差和工件尺寸误差也是如此。由此看来，评价无心磨削的尺寸精度，实际上就是评价无心磨削中工件的尺寸精度；而对工件尺寸精度的研究，完全可以从工序尺寸精度的构成着手进行。

有必要指出，对于大批量加工方法的无心磨削而言，所关心的不是某一个工件的尺寸误差，而是一批工件的尺寸误差。无心磨削工序的尺寸误差是一个统计量，是总体工件尺寸在一定置信度下的分散范围。

2. 尺寸误差性质

尺寸误差的形成和许多因素有关，这些因素有的可知，有的不可知。无论什么因素都可以用随机误差、变值系统误差和常值系统误差这3大误差类型来描述。

1）随机误差

随机误差又有偶然性误差、或然性误差和可能性误差之称。这种误差是由众多的随机因素引起。从表面上看，它杂乱无章，大小和方向没有什么规律性，但实际上却隐含着某种统计的分布规律。在无心磨削工序，影响尺寸精度的随机误差因素一般有毛坯尺寸误差、切入磨削时导轮部件的重复定位误差、工件之间的材料性质均匀性、测量误差等，当然还有许多已查明的和未查明的因素。在正常磨削时，这些随机因素的作用都很小。因此，不可能也没有必要逐一查明这些因素，而仅把握其统计规律即可。

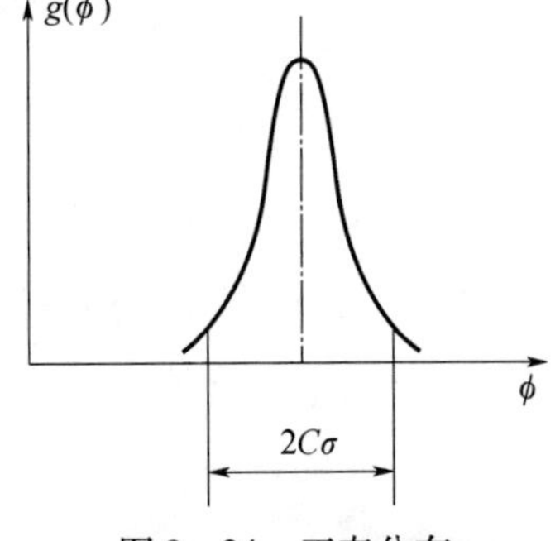

图9-24　正态分布

生产实践表明：尺寸的随机误差一般呈正态分布规律。正态分布是连续型随机变量的一种理论分布。它是由高斯提出的，故又称为高斯分布，其图形如图9-24所示。

由概率论，可将工件尺寸的正态分布密度函数

表示为

$$g(\phi)=\frac{1}{\sigma\sqrt{2\pi}}\mathrm{e}^{-\frac{\phi^2}{2\sigma^2}} \tag{9-71}$$

式中：ϕ 为工件磨削表面的直径尺寸；$g(\phi)$ 为工件尺寸的概率密度函数；σ 为工件尺寸的均方根偏差。

在式(9-71)中，均方根偏差 σ 是一个重要的随机误差分布参数。在生产应用中，常用离散变量来计算 σ 的大小：

$$\sigma=\sqrt{\sum_{i=1}^{N}\frac{1}{N}(\phi_i-\bar{\phi}^2)} \tag{9-72}$$

式中：ϕ_i为第 i 个工件尺寸；N 为工件的数目；$\bar{\phi}$ 为 N 个工件尺寸的分散中心，即平均值。

在式(9-72)中，平均值为

$$\bar{\phi}=\sum_{i=1}^{N}\phi_i/N \tag{9-73}$$

2）变值系统误差

变值系统误差的大小和方向的变化具有一定的规律性。这种误差是由规律性因素引起。例如，工艺系统的热变形、砂轮的磨损等都是影响无心磨削尺寸精度的变值系统误差因素。一般情况下，变值系统误差比较容易查明。在无心磨削工序，常见的影响尺寸精度的变值因素有以下几种：

（1）直线型。图 9-25 表示某一变值误差因素 y 随加工时间 t 的线性变化规律，其数学表达式为

$$y=y_0+kt \tag{9-74}$$

式中：y_0为常数；k 为斜率。

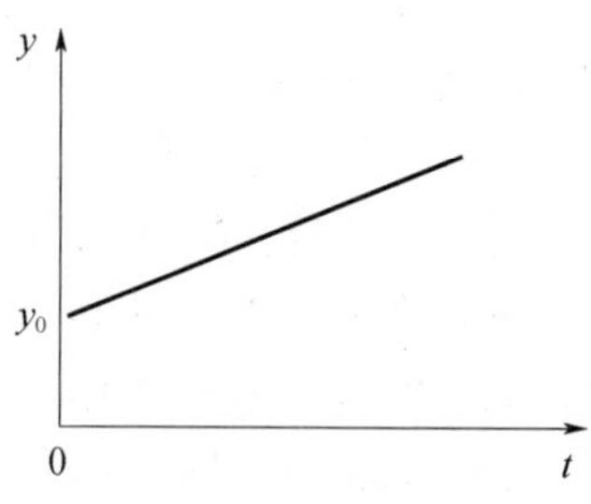

图 9-25　直线型变值误差

（2）指数型。变值误差因素 y 随时间 t 变化的情况也有呈指数型规律的，如图 9-26 所示。这种因素又有上升型和下降型 2 种基本形式。上升型的数学表达式为

$$y=y_0+A(1-\mathrm{e}^{-\tau t}) \tag{9-75}$$

下降型的数学表达式为

$$y = y_0 + A\mathrm{e}^{-\tau t} \tag{9-76}$$

式中：τ 为时间常数；A 为幅值。

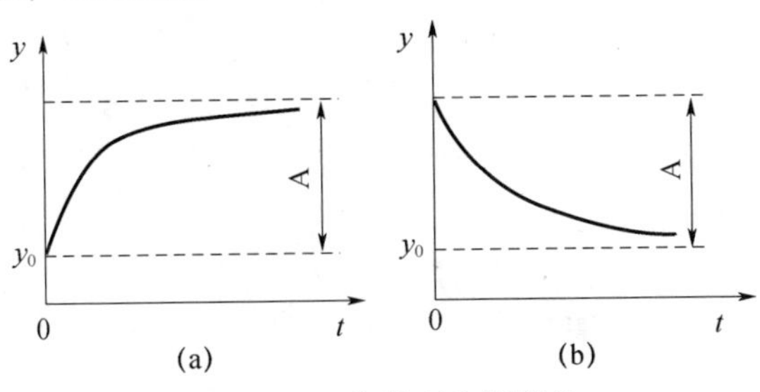

图 9-26　指数型变值误差

(a)上升型；(b)下降型。

(3) 周期型。如图 9-27 所示，周期型变值因素的典型例子是正弦函数。其数学表达式为

$$y = y_0 + A\sin(\omega t + \psi_0) \tag{9-77}$$

式中：ω 为正弦变化圆频率(rad/s)；ψ_0 为初相位(rad)。

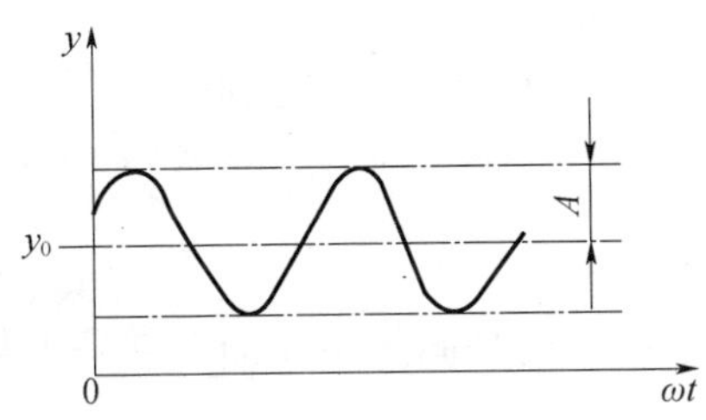

图 9-27　周期型变值误差

(4) 其他型。除了前 3 种基本型之外，还有许多其他类型的变值误差因素，如图 9-28 所示。在这些类型中，幂函数数学表达式为

$$y = at^b \tag{9-78}$$

抛物线型的表达式为

$$y = a + bt + ct^2 \tag{9-79}$$

双曲线的表达式为

$$y = t/(at + b) \tag{9-80}$$

综合型的表达式为

$$y = f(t) \tag{9-81}$$

在式(9-81)中，函数 $f(t)$ 的表达式应根据具体尺寸分布情况确定。一般可用级数表示：

$$f(t) = \sum_{i=0}^{n} a_i t^i \tag{9-82}$$

式中:a,b 和 c 均为常数;n 为自然数。

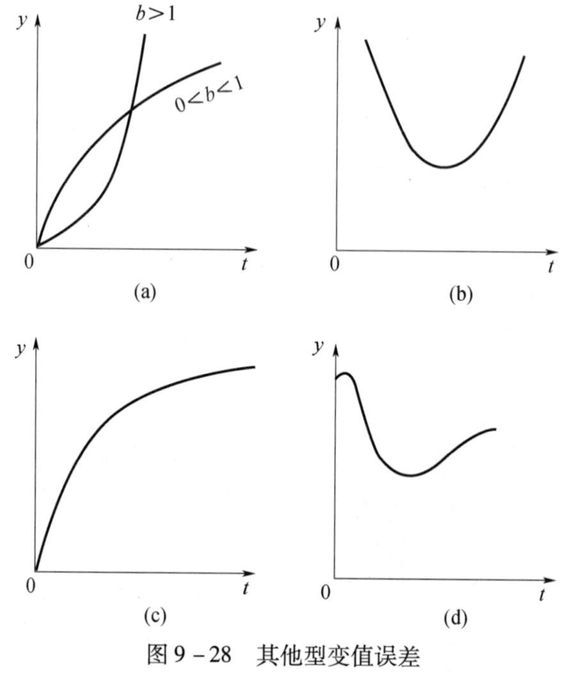

图 9－28　其他型变值误差

(a)幂函数型;(b)抛物线型;(c)双曲线型;(d)综合型。

3) 常值系统误差

常值系统误差的大小和方向是固定不变的。它是由某些常值因素引起。例如,机床调整仪器的校正。

对无心磨削尺寸精度而言,常值系统误差可以通过调整机床来消除。原因在于:它往往表现为工件的实际尺寸分散中心和理想中心的差值以及各次调整之间工件尺寸的差值。

图 9－29 是 2 个常值系统误差的例子。在图 9－29(a)中,总体工件的尺寸分散中心为 $\bar{\phi}$,理想中心(对应于公差带中心)为 $\bar{D}$,二者差值:

$$\Delta C = \bar{\phi} - \bar{D} \tag{9-83}$$

就是一种常值系统误差。式(9－83)中,$\bar{\phi}$ 按式(9－73)计算,$\bar{D}$ 可以表示为

$$\bar{D} = (D_{max} + D_{min})/2 = D + (\Delta D_U + \Delta D_L)/2 \tag{9-84}$$

式中:D 为基本尺寸;D_{max} 为最大极限尺寸,对应于公差带上限;D_{min} 为最小极限尺寸,对应于公差带下限;ΔD_U 为上偏差;ΔD_L 为下偏差。

在图 9－29(b)中,第 a 次调整和第 b 次调整下的尺寸点图规律一致,只是第 b 次调整相对第 a 次向下移动了 ΔR 值。ΔR 值是调整误差,属于一个常值因素。在

这里常值系统误差 ΔC 可用 ΔR 表示：

$$\Delta C = \Delta R = \phi_a - \phi_b \tag{9-85}$$

式中：ϕ_a 和 ϕ_b 含义参见图 9－29(b)。

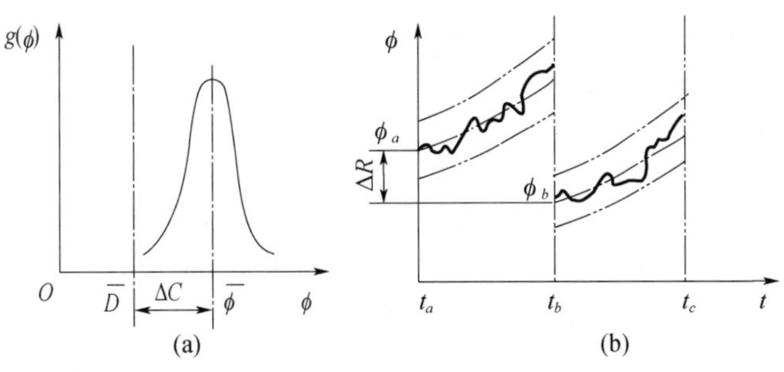

图 9－29 常值系统误差

(a)1 次调整；(b)多次调整。

3. 尺寸误差性质比较

由上述分析可知，随机误差、变值系统误差和常值系统误差是 3 种不同性质的误差。但它们并非绝对独立，而是具有某种联系。

变值系统误差和常值系统误差基本上可以明显地量化。仅从变化规律来看，常值系统误差可以认为是变值系统误差的一个特例。在一般文献中，都将这 2 种误差称为系统性误差。

各种误差的属性不是一成不变的。例如，调整误差是常值系统误差，但多次的调整误差就有随机性了。

在一定的条件下，变值因素、常值因素和随机因素会相互作用。例如，在无心磨削工序，绝对值过大的调整误差 ΔR，将引起磨削力 P 增加，也就必然加大砂轮的磨损率 ΔH，而砂轮的磨损属于变值因素，这表明变值系统误差 ΔB 的瞬间变化率 $\mathrm{d}\Delta B/\mathrm{d}t$ 增加。随着砂轮磨损的加剧，各种随机误差会显得更加活跃起来，于是导致随机误差因素的加强。这一过程可用图 9－30 来形象说明。

4. 动态尺寸精度

动态尺寸精度和动态尺寸误差相对应，而动态尺寸误差又是以静态尺寸误差为基点的。

静态尺寸误差是指在一定条件下静止不变的尺寸误差，它和时间 t 没有关系。

动态尺寸误差是指在一定条件下不断发生变化的尺寸误差，它和时间 t 有关系。

静态尺寸误差和常值系统误差相对应；动态尺寸误差和变值系统误差相对应。在研究静态和动态尺寸误差时，必须考虑随机误差因素。因为随机误差在每一瞬时表现为变值；而从总体分布范围来看，又表现为常值。

动态尺寸误差包含了静态尺寸误差，即通过对动态尺寸误差的评价，可以间接得出静态尺寸误差。

在无心磨削工序,动态尺寸误差占据主要地位。因此,在评价和分析无心磨削尺寸精度时,应以动态尺寸精度为核心内容。

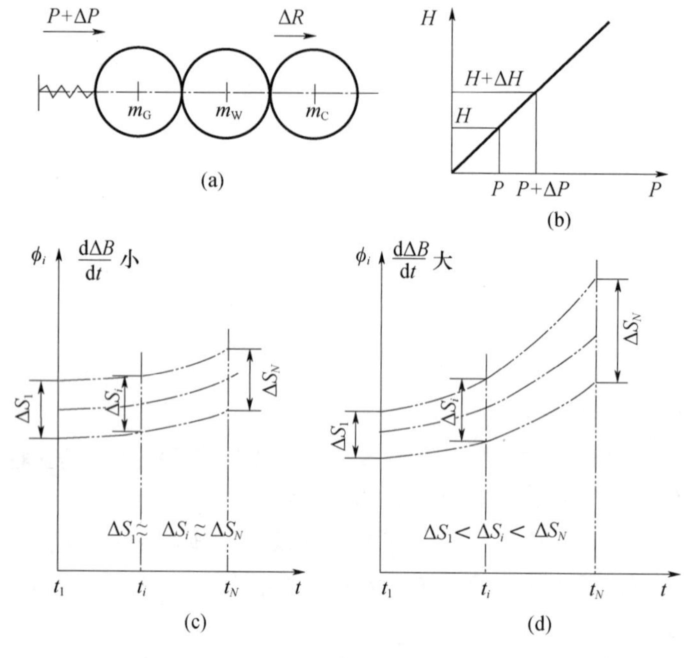

图 9-30　误差性质的传递

(a)过大的调整误差;(b)加大砂轮磨损;(c)$\frac{d\Delta B}{dt}$小;(d)$\frac{d\Delta B}{dt}$大。

5. 工艺过程的稳定性与尺寸精度的评价

在无心磨削中,任何一批被加工工件的直径尺寸误差点图上的点子都有波动。如果该磨削工艺中只有随机误差,而且与以往正常生产中所显示的误差大小相符合,那么这种波动属于正常波动,称这种具有正常波动的无心磨削工艺是稳定的。正常波动与异常波动的标志列于表 9-4 中。

尺寸精度在稳定的工艺中常常表现为静态尺寸精度,在不稳定的工艺中常常(并非总是)表现为动态尺寸精度。

在无心磨削的研究中,人们习惯于用所谓的 6 倍或 4 倍均方根差(即 6σ 或 4σ)来评价某一无心磨削工序的尺寸精度,这显然是不妥当的。因为大多数无心磨削工序都存在着变值误差,是不稳定的加工过程,其 σ 值时时刻刻都在变化,不能确定。另外,人们在计算 σ 时所采用的传统公式(9-79)是属于或然性理论的,不能用来描述有规律性的变值系统误差,因而其结果也是不精确、不可靠的。

表9－4　正常波动与异常波动的标志

正常波动	异常波动
(1)没有点子超出控制线； (2)大部分点子在中心线上下波动、少部分在控制线附近； (3)点子没有明显的规律性	(1)有点子超出控制线； (2)点子密集在中心线上下附近； (3)点子密集在控制线附近； (4)连续7个以上点子出现在中心线上方或下方； (5)连续11个点子中有10个以上 (6)连接14个点子中有12个以上 (7)连接17个点子中有14个以上 (8)连接20个点子中有16个以上 （(5)～(8)）出现在中心线上方或下方； (9)点子有上升或下降的倾向； (10)点子有周期性波动

那么，应该采用什么方法来评价无心磨削的尺寸精度呢？应首先用数学方法定量地将随机误差和变值系统误差作一分解，然后再对这两种误差对尺寸精度的影响进行综合。这种方法称为尺寸精度的综合评价法。在这种评价方法中，重要的特点是抓住了动态尺寸精度的本质，并给出了分解变值系统误差和随机误差的数学方法。下面将详细讨论这种尺寸精度评价方法。

9.3.2　动态尺寸精度的数学模型

1. 随机误差的分散范围

图9－31是某无心磨削工序的i粒圆锥滚子直径尺寸点图，$i=1,2,\cdots,N$。不难看出，该工序尺寸精度是动态的，因而必须以动态的观点来进行分析。由图可知，对于不同的工件顺序号t_i，有不同的工件实际直径尺寸$\phi_i(t_i)$；而且ϕ_i和理想尺寸ϕ_{I}也有较大的差异。这是存在随机误差ΔS_i、变值系统误差ΔB_i和常值系统误差ΔC的缘故。因此有

$$\phi_i=\phi_i(t_i)=\phi_{\mathrm{I}}+\Delta C+\Delta B_i+\Delta S_i \tag{9-86}$$

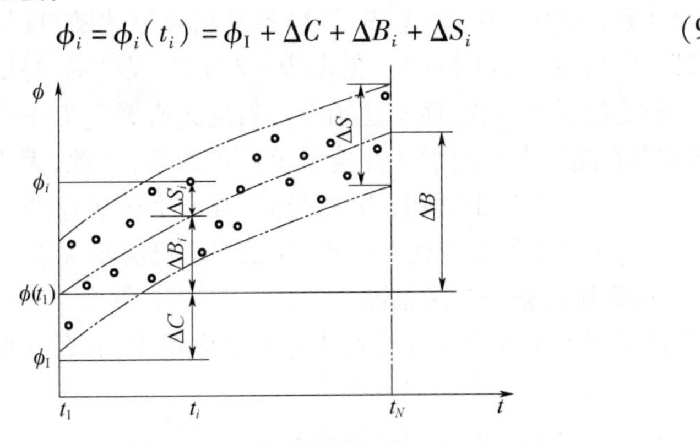

图9－31　尺寸误差点图

由式(9－86)不难得到随机误差 ΔS_i 的瞬时大小为

$$\Delta S_i = \phi_i - \phi_{\mathrm{I}} - \Delta B_i - \Delta C \tag{9-87}$$

随机误差均方根差为

$$\sigma_{\mathrm{s}} = \sqrt{\frac{\sum_{i=1}^{N} (\Delta S_i - \bar{\Delta S_i})^2}{N-1}} \tag{9-88}$$

式中：σ_{s} 为随机误差的均方根差；N 为工件数目；$\bar{\Delta S_i}$ 为 ΔS_i 的分布中心，即平均值。

式(9－88)中的 $\bar{\Delta S_i}$ 为

$$\bar{\Delta S_i} = \frac{1}{N}\sum_{i=1}^{N} \Delta S_i \tag{9-89}$$

将式(9－87)代入式(9－89)，有

$$\bar{\Delta S_i} = \frac{1}{N}\sum_{i=1}^{N} (\phi_i - \Delta B_i) - \phi_{\mathrm{I}} - \Delta C \tag{9-90}$$

于是，可将式(9－88)变为

$$\sigma_{\mathrm{s}} = \sqrt{\frac{\sum_{i=1}^{N} [\phi_i - \bar{\phi}_i - (\Delta B_i - \bar{\Delta B_i})]^2}{N-1}} \tag{9-91}$$

变值系统误差 ΔB_i 的平均值 $\bar{\Delta B_i}$ 为

$$\bar{\Delta B_i} = \frac{1}{N}\sum_{i=1}^{N} \Delta B_i \tag{9-92}$$

这样，根据统计理论，就可以知道随机误差 ΔS_i 的分散范围 ΔS，即

$$\Delta S = 2C\sigma_{\mathrm{s}} \tag{9-93}$$

式中：C 为分散系数。常取 $C = 1 \sim 3$，与之对应的置信概率为 68.26% ~99.73%。

必须注意，式(9－91)和式(9－72)都是用来描述随机误差分散范围的，但二者的意义和应用范围是不同的。在式(9－72)中，尺寸 ϕ_i 是随机变量；因此，该式仅适用于稳定的工艺过程，而不适用于一般的无心磨削工序。在式(9－91)中，尺寸 ϕ_i 同时含有随机误差因素和变值系统误差因素；因此，无论是稳定的工艺过程还是不稳定的工艺过程都适用，当然是适用无心磨削工序的。另外，在式(9－91)中，除去了 ϕ_i 中的变值系统误差因素，这就把随机误差从 ϕ_i 中分离出来了。

2. 变值系统误差的分散范围

如果已经确定了变值系统误差 ΔB_i 的变化规律，那么就可以计算 ΔB_i 的分散范围。

设变值系统误差 ΔB_i 的变化规律为

$$\Delta B_i = \Delta B_i(t_i) \tag{9-94}$$

就有 ΔB_i 的分散范围：

$$\Delta B = \max\{\Delta B_i(t_i)\} - \min\{\Delta B_i(t_i)\} \tag{9-95}$$

式中：$\max\{\Delta B_i(t_i)\}$和 $\min\{\Delta B_i(t_i)\}$分别为在区间 $i \in [1,N]$上，变值误差 ΔB_i 的最大值和最小值。

若 ΔB_i 是单调上升函数，如图 9－34 那样，则有

$$\begin{aligned} \max\{\Delta B_i(t_i)\} &= \Delta B_N(t_N) = \Delta B_N \\ \min\{\Delta B_i(t_i)\} &= \Delta B_1(t_1) = \Delta B_1 = 0 \end{aligned} \tag{9-96}$$

若 ΔB_i 是单调下降函数，则有

$$\begin{aligned} \max\{\Delta B_i(t_i)\} &= \Delta B_i \\ \min\{\Delta B_i(t_i)\} &= \Delta B_N = 0 \end{aligned} \tag{9-97}$$

3. 常值系统误差的确定

在 1 次调整下，常值系统误差 ΔC 由式(9－90)确定，即

$$\Delta C = \frac{1}{N}\sum_{i=1}^{N}(\phi_i - \Delta B_i) - \bar{\Delta S_i} - \phi_{\mathrm{I}} \tag{9-98}$$

或者由图 9－31 直接得出

$$\Delta C = \phi(t_1) - \phi_{\mathrm{I}} \tag{9-99}$$

式(9－83)是式(9－99)的特例。

在 2 次调整下，常值系统误差(调整误差)ΔC 由式(9－86)确定。

4. 动态尺寸精度的描述

动态尺寸精度用动态尺寸误差的分散范围来描述，即

$$\Delta D = \Delta S + \Delta B \tag{9-100}$$

在式(9－100)中，已默然假设随机误差的瞬时分散范围 ΔS 为一常数，如不为常数，应作修整：

$$\Delta D = k_s \Delta S + \Delta B \tag{9-101}$$

式中：ΔD 为动态尺寸精度；k_s为 ΔS 的修整系数，一般 $k_s \geqslant 1$。

从上述一系列分析可知，动态尺寸精度包括了常值系统误差、变值系统误差和随机误差。因此，用动态尺寸精度评价无心磨削的尺寸精度可以综合地反映出各种误差的作用效果。

9.3.3 变值系统误差规律的确定

在前面分析动态尺寸精度时，只是假定变值系统误差 ΔB_i 已经确定，实际上它还是未知的，即式(9－93)只是形式上的方程。在这里，将讨论确定变值系统误差规律的方法并建立变值系统误差的数学模型。

1. 变值因素

变值因素很多，各因素的作用效果也不同。实验表明，对无心磨削工序而言，最常见且比较重要的因素是砂轮的磨损和工艺系统的热变形。

砂轮磨损在正常阶段表现为时间的线性函数,它对尺寸精度的影响可用式(9－74)表示。

工艺系统连续受热变形规律是时间的指数函数,它对尺寸精度的影响可用式(9－75)或式(9－76)表示。

另外,对于切入式无心磨削和支承式无心磨削而言,由于受某种周期性误差(例如螺距误差等)的影响,尺寸误差有时也呈正弦规律分布。此时,尺寸精度可用式(9－77)表示。这种情况不多见。

由于工艺系统和误差的复杂性,实际生产中所表现出的尺寸误差分布往往是各种变值系统误差的综合反映;因此,尺寸精度一般可用式(9－78)～式(9－82)表示。

当根据点图查明尺寸误差变化规律时,就可用该规律定量研究变值系统误差问题。具体方法是采用最小2乘逼近法。

2. 变值系统误差的函数逼近

下面将用某一函数 $\psi(t)$ 来逼近已知的点图上 N 个测量点 (t_i, ϕ_i),逼近的条件是使误差平方和 Q 为最小。

$$Q = \sum_{i=1}^{N} (\phi_i - \psi(t))^2 \tag{9-102}$$

式(9－102)中的 $\psi(t)$ 可用式(9－74)～式(9－82)表示,即

$$\psi(t) = y \tag{9-103}$$

从一般性考虑,可设

$$\psi = \psi(t_i) = \sum_{j=1}^{n} a_j f_j(t_i) = \sum_{j=1}^{n} a_j f_{ij} \tag{9-104}$$

式中:a_j 为待定系数;n 为向量 $\boldsymbol{f}_i$ 的个数;f_{ij} 为 $\boldsymbol{f}_i$ 的分量,$j=1,2,\cdots,n$。

于是,最小2乘条件下的待定系数 a_j 可由下面线性方程组求出。

$$\frac{\partial Q}{\partial a_j} = 0 \tag{9-105}$$

式(9－105)可由正则方程组具体表示为

$$\boldsymbol{F}^{\mathrm{T}}\boldsymbol{F}\boldsymbol{a} = \boldsymbol{F}^{\mathrm{T}}\boldsymbol{\phi} \tag{9-106}$$

式中,矩阵 $\boldsymbol{F}$ 为

$$\boldsymbol{F} = \begin{bmatrix} f_{11} & f_{12} & \cdots & f_{1j} & \cdots & f_{1n} \\ f_{21} & f_{22} & \cdots & f_{2j} & \cdots & f_{2n} \\ \vdots & \vdots & \vdots & \vdots & \vdots & \vdots \\ f_{i1} & f_{i2} & \cdots & f_{ij} & \cdots & f_{in} \\ \vdots & \vdots & \vdots & \vdots & \vdots & \vdots \\ f_{N1} & f_{N2} & \cdots & f_{Nj} & \cdots & f_{Nn} \end{bmatrix} \tag{9-107}$$

向量 $\boldsymbol{a}$ 和 $\boldsymbol{\phi}$ 分别为

$$\boldsymbol{a} = [a_1, a_2, \cdots, a_j, \cdots, a_n]^{\mathrm{T}} \tag{9-108}$$

$$\boldsymbol{\phi} = [\phi_1, \phi_2, \cdots, \phi_i, \cdots, \phi_N] \tag{9-109}$$

在一定的 n 下,将由式(9－106)解出系数 a_j代入式(9－104),就可以知道尺寸误差的分布规律。这样就可以计算变值系统误差:

$$\Delta B_i = \psi(t_i) - \psi(t_1) \tag{9-110}$$

9.3.4 无心磨削尺寸精度的评价与工艺控制

在前面研究的基础上,可以对无心磨削尺寸精度作一评价并提出尺寸精度的工艺控制措施。

1. 尺寸精度的综合评价原理

如上所述可知,尺寸误差可以用随机误差、变值系统误差和常值系统误差来描述。因此,可以根据这些误差来对无心磨削尺寸精度进行综合评价。

1) 随机误差评价法

随机误差评价法就是以随机误差为根据来评价无心磨削的尺寸精度。

随机误差的大小,反映了无心磨削统计精度的高低。如果一个工艺过程所表现出的误差都是随机性的,那么该工艺必然是稳定的。对于稳定的工艺过程而言,总体的均方根差和样本的均方根差相等,即 σ_s 是一个常数,它和加工时间没有关系。实际生产中,在特定的环境下,一台无心磨床正常磨削工件时所表现出的均方根差 σ_s 的波动范围极其微小,可以认为是不变的。因此,无论是否存在变值系统误差,无论何时何地,总可以用统计方法,根据式(9－91)计算出唯一确定的 σ_s 值,这就是说,用式(9－93)评价无心磨削的相对尺寸精度是比较合理的。这里的相对精度是指排除了变值系统误差的尺寸精度。

2) 变值系统误差评价方法

变值系统误差评价方法是指用变值系统误差的大小来评价无心磨削的尺寸精度。

在一般情况下,任何机加工工艺过程都存在变值系统误差。无心磨削也是这样一个具有变值系统误差的不稳定工艺过程。对此工艺过程,工件直径误差的均方根差不能用式(9－72)计算。若用式(9－72)计算,首先违背了该式的条件,另外,计算出的结果是不固定的,和加工时间有关。

当然,不同的磨床,所表现出的变值系统误差是有差别的。因此,变值系统误差本身也可以作为评价无心磨削尺寸精度的一个参数。这样,就可以用式(9－95)计算出的变值系统误差的分散范围来评价无心磨削的相对尺寸精度。这里的相对尺寸精度是指排除了随机误差的尺寸精度。

3) 常值系统误差的排除

常值系统误差主要受机床调整精度因素的影响,通过合理的调整,可以将这种误差限制到极小的范围内,从而不影响尺寸精度。因此,常值系统误差不能被用来评价无心磨削的尺寸精度。

4）尺寸精度的综合评价

上面的分析说明，无心磨削的尺寸精度取决于随机误差和变值系统误差，因此，应该以随机误差和变值系统误差为依据来综合评价无心磨削的尺寸精度。具体评价方法如下：

若给定 2 次调整之间的工件生产数量 t_{max} 和分散系数 C，则工件的实际尺寸分散范围 σ 越小，精度就越高；反之就越低。

不难看出，这种评价方法有 2 个条件，第 1 是 2 次调整之间的工件生产数量 t_{max}；第 2 是分散系数 C。

第 1 个条件有 2 个内容：第 1 是一次调整下；第 2 是调整后的生产数量。在一次调整下，意味着误差分散范围中不包含常值系统误差；生产数量 t_{max} 限制了变值系统误差的极限值。

第 2 个条件主要表明随机误差分散范围的置信水平。

所谓综合评价法，实质上是用"动态"的概念来评价无心磨削的尺寸精度，即评价无心磨削过程的动态尺寸精度。因此，综合评价法又称为动态评价法。

于是，可以给出无心磨削动态尺寸精度的评价公式：

$$\delta = \Delta D = \Delta S + \Delta B, t_i = 1, 2, \cdots, t_{max} \tag{9-111}$$

式中：ΔD 为动态尺寸误差。

在式(9－111)中，t_{max} 一般不等于 t_N，其大小很难确定。推荐：t_{max} 应小于在工艺系统热平衡后，对应于砂轮正常磨损限值 t_{limt}，t_{limt} 值可通过实验确定。

5）尺寸精度的选择

设在某一无心磨削工序要加工出具有上偏差 ΔD_U，下偏差 ΔD_L 的工件尺寸，选择机床时，应选择能满足下式的无心磨床：

$$\delta \leqslant \Delta D_U - \Delta D_L \tag{9-112}$$

2. 工艺过程的控制

对无心磨削动态尺寸精度的评价，是在特定型号机床的工作条件和环境下进行的。若某一种无心磨床的动态尺寸精度被评价为 δ，工件的尺寸精度要求是 $\Delta D_U - \Delta D_L$，并满足式(9－112)。在生产现场，由于工作环境的不同，所加工出来的工件的实际尺寸误差 δ'，有可能小于评价误差 δ，即 $\delta' < \delta$，也有可能大于 δ，即 $\delta' > \delta$；甚至于 δ' 会超出技术条件所规定的公差，即 $\delta' > \Delta D_U - \Delta D_L$，从而出现废品。

若 $\delta' < \delta$，则该工艺过程有足够的尺寸精度储备；

若 $\delta' = \delta = \Delta D_U - \Delta D_L$，则该工艺过程刚好满足精度要求；

若 $\delta' > \delta > \Delta D_U - \Delta D_L$，则该工艺过程精度不足。

从经济和质量的观点来看，上面几种情况都不是最理想的，最理想的情况应满足条件：

$$\delta' = \delta \leqslant \Delta D_U - \Delta D_L \tag{9-113}$$

若现场工艺不能满足式(9－113)，则有可能出现废品；欲使式(9－113)成立，必须对工艺过程加以控制。

1）随机误差的控制

生产中，可以掌握的随机因素主要是磨削前工件尺寸误差的分散范围，即尺寸原始误差 Δ_0。根据磨削误差复映规律，磨削后工件尺寸误差分散范围为

$$\Delta_m = (1 + k_M k)^{-m} \Delta_0 \tag{9-114}$$

式中：k_M为磨削刚度；k 为系统静刚度；m 为工件转速。

由式(9－114)可知，下列措施可以减小随机误差的影响：

(1) 提高工艺系统静刚度 k 和磨削刚度 k_M。

(2) 减小磨削前工件尺寸分散范围 Δ_0。

(3) 因为 $1 + k_M k > 1$，所以还可以增加工件转速 m，这一点可以通过提高工件转速或导轮转速，减小轴向进给速度或采用宽砂轮来实现。

2）变值系统误差的控制

变值系统误差主要是砂轮磨损和系统热变形。

对于热变形的控制，最有效的方法是在加工前空转机床，使工艺系统达到热平衡以后再正式进行生产。这种控制方法十分简单、可行，在生产中已得到了广泛应用。经过热平衡后，变值误差可减小 1/2 左右。不过热平衡时间是不易选择的，要针对具体的工艺条件靠实验确定。

另外，还要注意冷却的均匀性和充分性。冷却液的良好使用，可以稳定热变形误差，还可以改善随机误差和其他变值误差。

对于砂轮磨损，可通过选用合适的砂轮来控制。一般认为，粗磨使用较软砂轮。实际上，根据无心磨削运动稳定性研究可知，粗磨时仍可使用较硬砂轮(例如硬度为 P 的砂轮)。若使用较硬砂轮，必须注意合理布置无心磨削的几何参数，如托板斜角，工件中心高等，以防止磨削失稳和烧伤。

3）调整周期的确定

除了控制随机误差和变值系统误差以外，还可以通过控制机床调整周期(即调整时间)来满足式(9－113)。这里称 2 次调整之间所加工的工件数目 t_T为调整周期。

若工件尺寸分散中心为 $\bar{\bar{D}}$，上控制线尺寸为 K_U，下控制线尺寸为 K_L，则当实际工件尺寸 ϕ_i 超出控制线时，就必须停止生产、修整砂轮并调整机床。因此调整周期 t_T取决于

$$\bar{\bar{D}} + K_U \geqslant \psi + \frac{1}{2}\Delta S \tag{9-115}$$

和

$$\bar{\bar{D}} - K_L \leqslant \psi - \frac{1}{2}\Delta S \tag{9-116}$$

临界调整周期 t_{TL} 取决于

$$\bar{\bar{D}} + K_U = \left[\psi + \frac{1}{2}\Delta S\right]_{t = t_{TL1}} \tag{9-117}$$

和

$$\bar{\bar{D}} - K_L = \left[\psi - \frac{1}{2}\Delta S\right]_{t = t_{TL2}} \tag{9-118}$$

临界调整周期 t_{TL} 为 t_{TL1} 和 t_{TL2} 中较小者，即

$$t_{TL} = \min(t_{TL1}, t_{TL2}) \tag{9-119}$$

若从式(9－119)得出的 $t_{TL1} < 1$，则 t_{TL} 应为

$$t_{TL} = \max(t_{TL1}, t_{TL2}) \tag{9-120}$$

3. 动态尺寸精度评价的注意事项

为保证无心磨削动态尺寸精度评价的合理性和真实性，必须注意以下几个方面的问题。

(1) 变值系统误差的再现。变值系统误差必须有很好的再现性。这要求在一定条件下，同一型号磨床具有相同的变值规律。评价开始时，机床不能进行热平衡，并且已进行机床的良好调整与砂轮的必要修整。

(2) 数据的连续。在评价中，工件尺寸数据的收集必须连续，不能有间隔。

(3) 工艺过程的连续。工艺过程必须连续。在连续收集数据时，不能人为地改变工艺过程，例如，修整砂轮、更换砂轮、调整机床、改变测量仪器及方法、更换冷却液及冷却方法等，都是不允许的。

9.3.5 动态尺寸精度评价的实验研究

下面将通过一次实验研究来讨论无心磨削动态尺寸精度评价方法和原理。

1. 实验条件

机床型号为 M1050 简易无心磨床；导轮转速为 66r/min，倾斜角为 2°；砂轮转速为 1958r/min；工件为 200 粒的 GCr15 圆柱滚子，硬度为 58～62HRC，外径尺寸要求 $D_{\Delta D_L}^{\Delta D_U} = 17.33_{0}^{+0.014}$mm；测量工具为块规和千分表，测量基准 $\psi_0 = 17.33$mm；磨削方法为贯穿式磨削。

2. 实验结果及其处理

在上述条件下，连续磨削 200 粒滚子，按加工顺序绘出点图后发现，其直径尺寸变化趋势和图 9－31 相似，因此，这里不再单独给出，仅将数据处理方法及结果叙述如下。

实验结果指出，当 t_i 较小时，点图变化规律和抛物线 $t = f^2$ 十分接近；当 t_i 较大时，点图变化规律近似为直线 $t = f$。因此，在进行变值系统误差曲线逼近时，取函数 f 为

$$f_1 = t^{0.5}; f_2 = t; f_3 = 1$$

经计算机求解后得

$$\psi(t)=\psi_0+(a_1+a_2t^{0.5}+a_3t)\times10^{-3}(\text{mm})$$

式中

$$\psi_0=17.33\text{mm};a_1=9.74\mu\text{m};a_2=0.356\mu\text{m};a_3=0.0015\mu\text{m}$$

由式(9-99)可得

$$\Delta C+\phi_\text{I}=\psi(t_1)=\psi(1)=\psi_0+(a_1+a_2+a_3)\times10^{-3}=17.33+0.0100975(\text{mm})$$

若取理想尺寸 ϕ_I 等于公差带中心值 D,则由式(9-84)可知

$$\phi_\text{I}=\bar{D}=D+(\Delta D_\text{U}+\Delta D_\text{L})/2=17.333+(0.014+0)/2=17.34(\text{mm})$$

于是有

$$\Delta C=17.33+0.0100975-17.34=0.0000975(\text{mm})\approx0.1(\mu\text{m})$$

可见常值系统误差是很小的。

由式(9-110)可得变值系统误差:

$$\Delta B_i=\psi(t_i)-\psi(t_1)=\psi(t)-\psi(1)=0.356t^{0.5}+0.0015t-10.0975(\mu\text{m})$$

可以看出 ΔB_i 是一单调上升函数,由式(9-96)和式(9-97)可得变值系统误差分散范围:

$$\Delta B=\Delta B_N-\Delta B_1=\Delta B_N-0=0.356\times200^{0.5}+0.0015\times200=5.33(\mu\text{m})$$

此结果说明,磨削200粒滚子,变值误差分散范围可达5.33μm。

由式(9-91)可计算出随机误差均方根差和分散范围:

$$\sigma_\text{s}=0.8\mu\text{m};\Delta S=2C\sigma_\text{s}=2\times2\times0.8=3.2(\mu\text{m})$$

根据上述结果可以对本无心磨床的尺寸精度进行综合评价。

试给定 $t_{\max}=t_N=t_{200}=200$,则

$$\sigma=\Delta D=\Delta S+\Delta B=3.2+5.33\approx8.6(\mu\text{m})$$

这就是说,若磨削200粒滚子调整1次机床,则本无心磨床的尺寸误差为8.6μm。

9.4 导轮的修整

9.4.1 概述

在无心磨削成圆理论、动态性能和运动特性研究中,导轮形状被认为是理想的,即可以保证工件的良好定位和运动。事实上,导轮形状的修整是有误差的。如果修整误差过大,那么,就会影响到无心磨削的成圆能力、动态性能和运动特性。本节论述导轮的修整问题,并提出误差最小的修整方法。

在无心磨床上使用导轮时,其轴线通常都有一个倾斜角 α,以推动工件轴向移动。倾斜角 α 的存在,使得导轮曲面形状不能是简单的圆柱形,而是一个内凹的复杂曲面。这个内凹的复杂曲面应满足基本条件:在整个宽度上,工件和导轮保持

线接触，以实现良好的定位与运动；工件中心轨迹和砂轮轴线平行，以保证磨削精度。

磨削过程中，导轮和工件的接触线 c 不是直线，也不是平面曲线，而是一条空间曲线，如图 9-32(a) 所示。导轮的理想形状应该是这条空间曲线绕导轮轴线旋转一周所扫描过的轨迹。该轨迹就是上面所说的内凹的复杂曲面，它和单叶双曲面极为相似（图 9-32(b)），称为导轮的理想曲面。

导轮理想曲面的理想修整方法，当然是把修整工具做成与被磨工件尺寸一样的圆柱形状，使修整工具与导轮的接触线和工件与导轮的接触线完全一样。采用金刚石滚轮 D 做修整工具，就能达到这个目的，如图 9-33(a) 所示。但是，金刚石滚轮成本较高，一般仅用于高精度的专用无心磨床上。目前，绝大多数无心磨床的导轮修整都采用金刚石单点修整方式，如图 9-33(b) 所示。根据单叶双曲面形成原理，这样的修整只能得到数学上的单叶双曲面，和导轮理想曲面不一样，是有误差的。但是，可以合理选择修整参数，使误差最小。亦即，导轮的修整问题，就是寻找一个单叶曲面，使之和导轮理想曲面尽可能地接近。

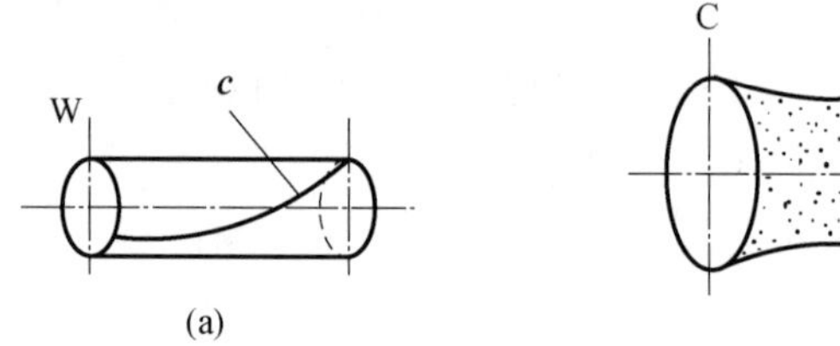

图 9-32　接触线和导轮形状
(a) 接触线；(b) 导轮形状。

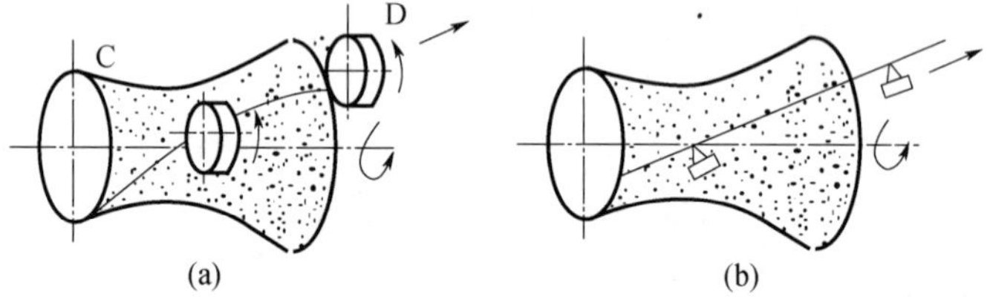

图 9-33　导轮的修整方法
(a) 金刚石滚轮修整；(b) 金刚石笔修整。

关于导轮的修整，国内外都有大量文献介绍过。这些文献在研究导轮理想曲面时所使用的方法大同小异。

9.4.2　导轮的理想曲面

1. 接触条件

先叙述推导导轮理想曲面数学模型的思路：

（1）建立工件表面方程；

（2）求工件和导轮的接触线 $\boldsymbol{c}$；

（3）将 $\boldsymbol{c}$ 绕导轮轴线 $O_C Z_C$ 回转 1 周，就得到导轮理想曲面。

显然，这里的关键是如何求出接触线 $\boldsymbol{c}$。为此，有必要说明关于接触线的两个条件：

（1）工件中，工件和导轮相切于空间接触线 $\boldsymbol{c}$，$\boldsymbol{c}$ 为工件 $\boldsymbol{r}_W$ 和导轮 $\boldsymbol{r}_C$ 公有。因此，在 $\boldsymbol{c}$ 上，工件表面方程 $\boldsymbol{r}_W$ 满足导轮表面方程 $\boldsymbol{r}_C$。

（2）导轮是光滑连续的回转曲面，在其表面上通过 $\boldsymbol{c}$ 的法线（亦即工件表面法线）$\boldsymbol{n}$ 必定和导轮轴线相交。

2. 接触线方程

如图 9－34 所示建立直角坐标系。在 $OXYZ$ 坐标系中，工件 W 的工作表面方程为

$$\boldsymbol{r}_W = \{-R_W\cos\phi,\ -R_W\sin\phi, z\} \tag{9-121}$$

式中：R_W 为工件半径（mm）；ϕ 为工件表面参变量，接触角（rad）；z 为工件表面轴向参变量（mm）。

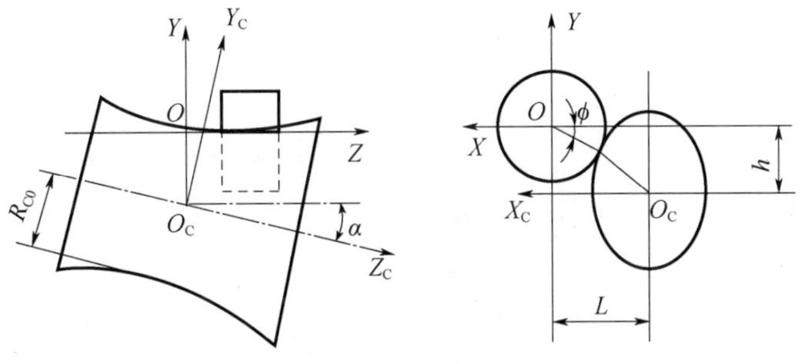

图 9－34　坐标系

工件工作表面的法向方向向量为

$$\boldsymbol{n} = \{-\cos\phi,\ -\sin\phi, 0\} \tag{9-122}$$

导轮轴线 $O_C Z_C$ 轴单位向量为

$$\boldsymbol{K}_C = \{0,\ -\sin\alpha, \cos\alpha\} \tag{9-123}$$

导轮斜角摆动中心即 $O_C X_C Y_C Z_C$ 坐标系原点 O_C 在 $OXYZ$ 坐标系中的位置是

$$O_C(-L,\ -h, 0)$$

式中：L 为常数，含义见图 9－34（mm）；h 为常数，叫工件中心高（mm）。

设 M 为接触线 $\boldsymbol{c}$ 上任一点，它可以表示成：

$$M(-R_W\cos\phi,\ -R_W\sin\phi, z)$$

连接 O_C 和 M 作一向量，有

$$\boldsymbol{MO}_C = \{-R_W\cos\phi + L,\ -R_W\sin\phi + h, z\} \tag{9-124}$$

根据接触条件（2）可知，$\boldsymbol{n}$，$\boldsymbol{K}_C$ 和 $\boldsymbol{MO}_C$ 三向量共面，即有

$$(\boldsymbol{MO}_{\mathrm{C}} \times \boldsymbol{K}_{\mathrm{C}}) \cdot \boldsymbol{n} = 0 \tag{9-125}$$

将式(9-122)~式(9-124)代入式(9-125),得

$$\begin{vmatrix} -R_{\mathrm{W}}\cos\phi + L & -R_{\mathrm{W}}\sin\phi + h & z \\ 0 & -\sin\alpha & \cos\alpha \\ -\cos\phi & -\sin\phi & 0 \end{vmatrix} = 0$$

即

$$\tan\phi = \frac{z\tan\alpha + h}{L} \tag{9-126}$$

联立式(9-126)和式(9-121),就得接触线 $\boldsymbol{c}$ 的方程,给出不同的 z 值,由式(9-126)可解出对应 z 的接触角 ϕ 值;然后将 z 和 ϕ 代入式(9-121),就可得到接触线 $\boldsymbol{c}$ 上的一个点 $M(x,y,z)$(根据接触条件(1))。

3. 导轮理想曲面

在 $O_{\mathrm{C}}X_{\mathrm{C}}Y_{\mathrm{C}}Z_{\mathrm{C}}$坐标系中,接触线方程可表示为

$$\boldsymbol{c} = \begin{bmatrix} 1 & 0 & 0 \\ 0 & \cos\alpha & \sin\alpha \\ 0 & -\sin\alpha & \cos\alpha \end{bmatrix} \left[\boldsymbol{r}_{\mathrm{W}} + \begin{bmatrix} L \\ h \\ 0 \end{bmatrix} \right] = \{X_{\mathrm{C}}, Y_{\mathrm{C}}, Z_{\mathrm{C}}\} \tag{9-127}$$

式中

$$\begin{cases} X_{\mathrm{C}} = L - R_{\mathrm{W}}\cos\phi \\ Y_{\mathrm{C}} = (h - R_{\mathrm{W}}\sin\phi)\cos\alpha + z\sin\alpha \\ Z_{\mathrm{C}} = z\cos\alpha - (h - R_{\mathrm{W}}\sin\phi)\sin\alpha \\ \phi = \arctan[(z\tan\alpha + h)/L] \end{cases} \tag{9-128}$$

将式(9-127)绕导轮轴线 $O_{\mathrm{C}}Z_{\mathrm{C}}$回转 1 周,就得到导轮理想曲面,其轴向截面曲线方程为

$$r_{\mathrm{C}} = \sqrt{X_{\mathrm{C}}^2 + Y_{\mathrm{C}}^2} \tag{9-129}$$

式中:r_{C}为导轮任一截面 Z_{C}上的半径(mm)。

在式(9-129)中的自变量为 z,即工件轴向尺寸。在修整导轮时,往往是以导轮轴向尺寸 Z_{C}为自变量的。因此,必须求出 z 和 Z_{C}关系式,并将式(9-129)表示为自变量 Z_{C}的函数式。

由式(9-126)不难看到

$$z = (L\tan\phi - h)\cos\alpha \tag{9-130}$$

将式(9-130)代入式(9-127)中,有

$$\begin{cases} X_{\mathrm{C}} = L - R_{\mathrm{W}}\cos\phi \\ Y_{\mathrm{C}} = (L\tan\phi - R_{\mathrm{W}}\sin\phi)\cos\alpha \\ Z_{\mathrm{C}} = (L\tan\phi - h)\cot\alpha\cos\alpha - (h - R_{\mathrm{W}}\sin\phi)\sin\alpha \end{cases} \tag{9-131}$$

由式(9-131)中的第 3 个式子可得

$$\phi=\arctan\left(\frac{Z_C\sin\alpha+h-R_W\sin^2\alpha\sin\phi}{L\cos^2\alpha}\right) \tag{9-132}$$

给出不同的 Z_C 值,利用迭代法可以很快地从式(9-132)中求出 ϕ 值。

由式(9-132)可知,若 $\alpha=0$,则 ϕ 为常值。这一点是很明显的。如图 9-35 所示。$\alpha=0$ 表示导轮轴线和工件轴线平行,由几何学可知。这时工件与导轮的接触线为直母线。相应的导轮形状为圆柱形。若 $\alpha\neq0$,则 ϕ 为变值,不同的 Z_C 有不同的 ϕ 值。这说明工件与导轮不是以直线接触,而是以空间曲线接触,如图 9-36 所示。另外,该曲线相对导轮实体是内凹的。这就进一步说明由式(9-129)所决定的导轮理想曲面是复杂的内凹曲面。

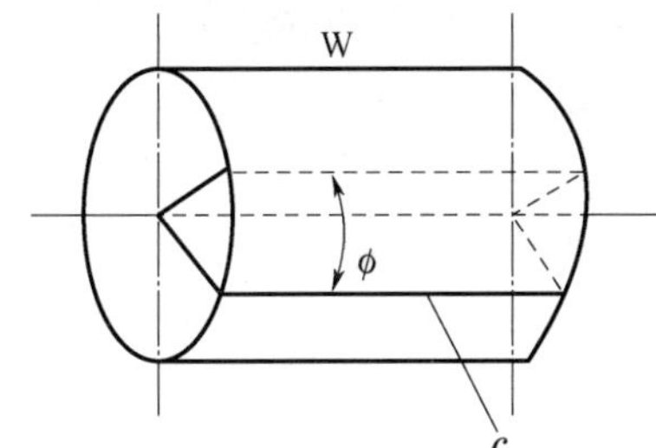

图 9-35　接触线为直线

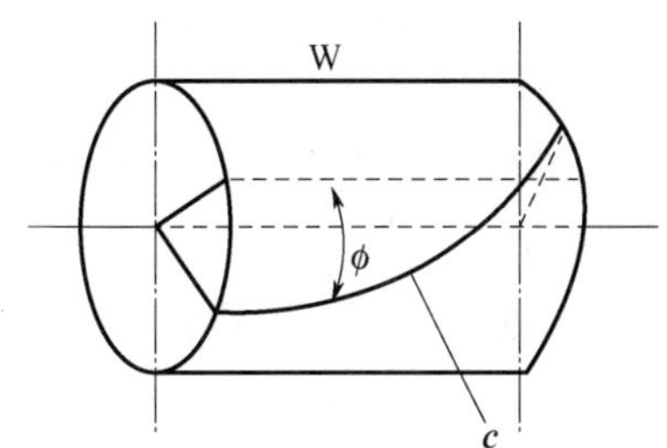

图 9-36　接触线为空间曲线

4. 参数 L 和 h 计算

上述一系列公式中,参数 L 和 h 还是未知量,它们的大小可按下述方法求得。令

$$Z_C=0 \tag{9-133}$$

有

$$X_C=R_C\cos\theta_2 \tag{9-134}$$

$$Y_C=R_C\sin\theta_2 \tag{9-135}$$

式中:R_C 为导轮倾角摆动中心横截面半径(mm),如图 9-37 所示;θ_2 为 R_C 截面内的接触角(rad)。

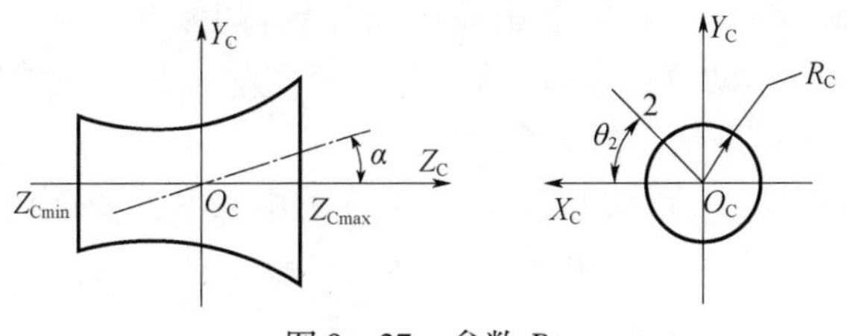

图 9-37　参数 R_C

再设对应于 $Z_C=0$ 的接触角 $\phi=\phi_2$,由式(9-128)可得

$$R_C\cos\theta_2=L-R_W\cos\phi_2 \tag{9-136}$$

$$R_C\sin\theta_2 = (h - R_W\sin\phi_2)\cos\alpha + z\sin\alpha \tag{9-137}$$

$$0 = z\cos\alpha - (h - R_W\sin\phi_2)\sin\alpha \tag{9-138}$$

由式(9－136)～式(9－138)可解出

$$L = R_C\cos\theta_2 + R_W\cos\phi_2 \tag{9-139}$$

$$h = R_W\sin\phi_2 + R_C\sin\theta_2\cos\alpha \tag{9-140}$$

在上述式中，θ_2 和 ϕ_2 不在同一平面内，而且不相等，二者关系由式(9－141)决定：

$$\tan\phi\big|_{Z_C=0} = \tan\phi_2 = \frac{h - R_W\ \sin_2\alpha\sin\phi_2}{L\cos^2\alpha} \tag{9-141}$$

将式(9－139)和式(9－140)代入式(9－141)，经整理后可得

$$\tan\phi_2 = \tan\theta_2/\cos\alpha \tag{9-142}$$

5. 导轮理想截面半径的求解步骤

若已知 R_W，R_C，h 和 α，则导轮理想截面半径的求解步骤为

(1) 由式(9－140)和式(9－142)求出 ϕ_2 和 θ_2；

(2) 由式(9－139)求出 L 值；

(3) 给出一系列 Z_C 值，$Z_C \in [Z_{Cmin}, Z_{Cmax}]$；

(4) 由式(9－132)求出不同 Z_C 下的 ϕ 值；

(5) 将以上诸已定值代入式(9－131)，求出 X_C 和 Y_C；

(6) 最后将 X_C 和 Y_C 代入式(9－129)，就求出了不同 Z_C 下的导轮理想曲面截面半径 r_C 值。

9.4.3 导轮理想曲面的近似修整

1. 导轮的近似修整方法

在生产中，导轮理想曲面很难获得，通常用单叶双曲面代替，并且考虑因代替而产生的修整误差。

根据单叶回转双曲面的生成原理可知，只要修整的金刚石笔尖相对导轮以一定的方向作直线运动，就可以修整出双曲面导轮，如图 9－38 所示。在图 9－38 中，h_d 和 α_d 为金刚石运动轨迹参数（又叫导轮修整参数），导轮修整后的形状以及修整误差 Δr 的大小都取决于这 2 个参数。

为使误差 Δr 为最小，设按参数 h_d 和 α_d 修整出来的双曲面通过导轮倾斜角摆动中心 O_C 的半径 R_C，如图 9－39 所示。于是可以得到近似修整后导轮双曲面上任一点 M 处的半径 r'_C 的表达式：

$$r'_C = \sqrt{(h_d + Z_C\tan\alpha_d)^2 + (R_C^2 - h_d^2)} = \sqrt{R_C^2 + 2Z_C h_d\tan\alpha_d + Z_C^2\tan^2\alpha_d} \tag{9-143}$$

修整误差 Δr 为

$$\Delta r = r_C - r'_C \tag{9-144}$$

通常,应保证沿导轮整个宽度上的最大近似误差

$$\delta r = \max|\Delta r| = \max|r_C - r'_C| \tag{9-145}$$

不大于所要求的工程精度 $\delta r_{\lim}$。这就限制了参数 h_d 和 α_d 的取值范围,即 h_d 和 a_d 的选取至少应使

$$\delta r \leqslant \delta r_{\lim} \tag{9-146}$$

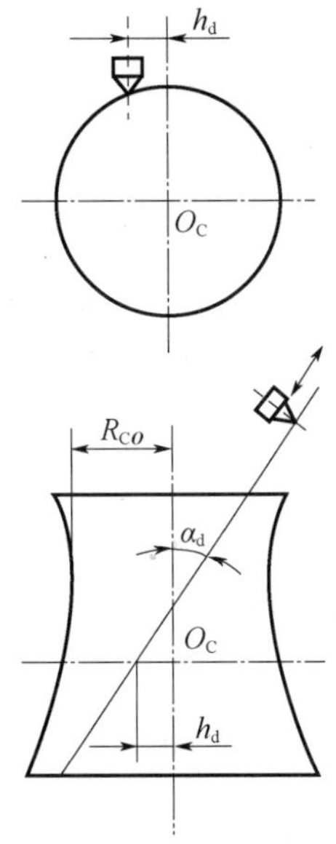

图 9-38　双曲面导轮的修整

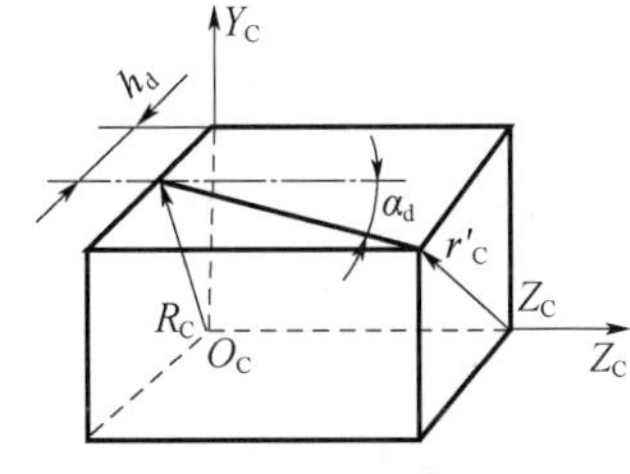

图 9-39　几何关系

2. 导轮修整参数的选择

h_d 和 a_d 是导轮修整的两个重要参数。这两个参数的选择有两种方法,试凑法和最佳逼近法。

1) 试凑法

所谓试凑法是在一定条件下选择满足式(9-146)的 h_d 和 α_d 值。不难看出,满足式(9-146)的 h_d 和 α_d 值有许多组,只要选择其中比较接近的一组即可。具体方法是:

(1) 根据工程需要,首先确定误差极限即工程精度 $\delta r_{\lim}$。一般可以认为 $\delta r_{\lim} = 0.001\text{mm}$。对于高精度无心磨床,$\delta r_{\lim}$ 可取为 0.0001mm。

(2) 在磨床导轮修整参数的可变范围内,试给出 1 组 h_d 和 α_d 值,称为初值。

(3) 将试给的 h_d 和 α_d 值代入式(9-143),计算出导轮双曲面半径诸值 r'_C。

(4) 按照导轮理想截面半径的求解步骤计算导轨理想半径诸值 r_C。

(5) 将 r'_C 和 r_C 诸值代入式(9-144)、式(9-145)和式(9-146),判断 δr 是否大于 $\delta r_{\lim}$。

(6) 若式(9－146)满足，则所试选的 h_d 和 α_d 值可行；否则，再试选 1 组 h_d 和 α_d 值，重复上述步骤，直到式(9－146)满足为止。

(7) 若式(9－146)始终不能满足，则可以根据情况改变 $\delta r_{\lim}$ 值，或者改变 h_d 和 α_d 的取值范围。

(8) 当第(7)步无法实现时，就不能采用双曲面代替理想曲面。

在上述步骤中，试给 h_d 的初值(即第(2)步)是比较重要的。h_d 和 α_d 初值选得好，可以节省很大的工作量。现推荐 h_d 和 α_d 的初值可按钱安宇给出的公式计算：

$$\tan\alpha_d = \tan\alpha\sqrt{\frac{R_{CO}}{R_{CO}+R_W}} \tag{9-147}$$

$$h_d = \frac{h}{\cos\alpha}\sqrt{\frac{R_{CO}}{R_{CO}+R_W}} \tag{9-148}$$

式中：R_{CO} 为导轮喉截半径(最小半径)。R_{CO} 的计算方法如下。

在导轮喉截半径处，工件中心和导轮中心处于同一水平面内，即有

$$L = R_W + R_{CO} \tag{9-149}$$

将式(9－139)代入式(9－149)可得

$$R_{CO} = R_W\cos\theta_2 - R_W(1-\cos\phi_2) \tag{9-150}$$

一般 R_{CO} 和 R_C 是不相等的，只有在 $h=0$ 的特定情况下，R_{CO} 才和 R_C 相等。

2) 最佳逼近法

最佳逼近法又叫 3 点逼近法。其原理是所选的双曲面和导轮理想曲面在 3 个特定点的半径是一致的。这种方法可使修整误差很小。

(1) 第 1 最佳逼近法。

所选 3 点是：导轮倾角摆动中心处的导轮半径 R_C、导轮喉截半径 R_{CO} 和导轮上的实际或假想坐标值 Z_{CZ} 处的半径 R_{CZ}。

这 3 点中，第 1 点即 R_C 在式(9－143)中已经考虑。剩下的 2 点 R_{CO} 和 R_{CZ} 将用来确定导轮修整参数 h_d 和 a_d。

在 R_{CO} 和 R_{CZ} 两点，有

$$r_C\,\big|_{Z_C=Z_{CO}} = R_{CO} = r'_C\,\big|_{Z_C=Z_{CO}} \tag{9-151}$$

$$r_C\,\big|_{Z_C=Z_{CZ}} = R_{CZ} = r'_C\,\big|_{Z_C=Z_{CZ}} \tag{9-152}$$

式(9－151)和式(9－152)属于约束条件，约束了 h_d 和 α_d 的大小。亦即可以从中解出唯一的 1 组 h_d 和 α_d 的值。

将式(9－144)代入式(9－151)和(9－152)，可得

$$R_C^2 + 2Z_{CO}h_d\tan\alpha_d + Z_{CO}^2\tan^2\alpha_d = [R_C\cos\theta_2 - R_W(1-\cos\phi_2)]^2 \tag{9-153}$$

$$R_C^2 + 2Z_{CZ}h_d\tan\alpha_d + Z_{CZ}^2\tan^2\alpha_d = R_C^2 \tag{9-154}$$

经整理后可得

$$\tan_2\alpha_d = \{R_{CZ}^2Z_{CO} - [R_C\cos\theta_2 - R_W(1-\cos\phi_2)]^2Z_{CZ} - R_C^2(Z_{CO}-Z_{CZ})\}/[(Z_{CZ}-Z_{CO})Z_{CO}Z_{CZ}] \tag{9-155}$$

$$h_d = (R_{CZ}^2 - R_C^2 - Z_{CZ}^2 \tan^2\alpha_d)/(2Z_{CZ}\tan\alpha_d) \tag{9-156}$$

从式(9－155)和式(9－156),可解出修整参数 h_d 和 α_d。

(2) 第2最佳逼近法。

所选3点是:R_C 和 R_{CZ} 以及 R_{C1},R_{C1} 为导轮的实际或假想坐标值 Z_{C1} 处的半径。

这3点中,R_C 在式(9－142)中已经考虑。R_{C1} 和 R_{CZ} 将用来确定 h_d 和 α_d 值,即在 R_{C1} 和 R_{CZ},有

$$r_C \big|_{Z_C = Z_{C1}} = R_{C1} = r'_C \big|_{Z_C = Z_{C1}} \tag{9-157}$$

$$r_C \big|_{Z_C = Z_{CZ}} = R_{CZ} = r'_C \big|_{Z_C = Z_{CZ}} \tag{9-158}$$

将式(9－142)代入式(9－157)和式(9－158)可得

$$\tan^2\alpha_d = [R_{CZ}^2 Z_{C1} - R_C^2(Z_{C1} - Z_{CZ}) - R_{C1}^2 Z_{CZ}]/[(Z_{CZ} - Z_{C1})Z_{C1}Z_{CZ}] \tag{9-159}$$

$$h_d = (R_{CZ}^2 - R_C^2 - Z_{CZ}^2 \tan^2\alpha_d)/(2Z_{CZ}\tan\alpha_d) \tag{9-160}$$

从式(9－157)和式(9－158)解出的 h_d 和 α_d 可使误差 δr 为最小。

9.5 无心磨削的运动特性

9.5.1 概述

在无心磨削中,工件的运动和受力状态对加工质量很有影响。本节在研究工件的运动和受力状态时,建立无心磨削中工件的运动学模型和动力学模型,详细分析无心磨削的运动特性,提出无心磨削中工件的"转动稳定性"和"移动稳定性"概念。

为使工件和导轮保持正常线接触,导轮的形状往往是近似的单叶回转双曲面。这样,沿其轴线各处半径不同,从而其工作表面各点线速度亦有差别。由于这种差别不大,为方便研究,假设导轮为理想圆柱体,其工作线速度统一表示为 $\boldsymbol{V}_C^0$,如图9－40和图9－41所示。

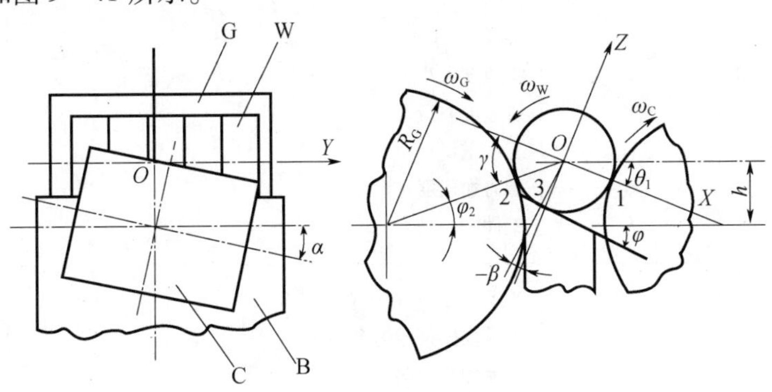

图9－40 工艺布局

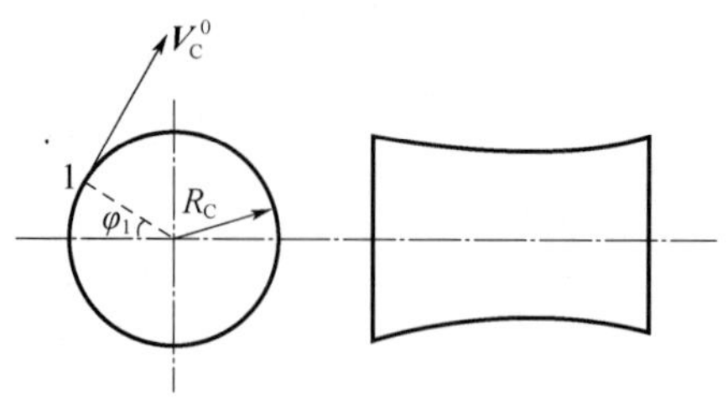

图 9-41 导轮型面

在力学分析中，将磨轮、托板和导轮作用于工件的分布力近似为集中力，它们分别作用于 2,3 点和 1 点(参见图 9-40 ~ 图 9-42)。

为便于阅读，将本节所使用的符号及其含义列于表 9-5 中。

表 9-5 符号表

符号类型	符 号	符 号 意 义	单 位
主体符号	γ	切削角	rad
	ψ	托板斜角	rad
	ϕ	砂轮或托板接触角	rad
	θ	工件接触角	rad
	α	导轮倾斜角	rad
	β	参数，$\beta=\theta-\psi$	rad
主体符号	λ	摩擦力方向角	rad
	ε	角加速度	rad/s^2
	ω	角速度	rad/s
	f	摩擦因数或切削系数	
	J	转动惯量	
	K	速度变化系数	
	N	正压力、切削力或摩擦力大小	
	$\boldsymbol{N}$	力向量	N
	R	半径	mm
	V	线速度大小	mm/s
	$\boldsymbol{V}$	线速度向量	
	W	工件重量	kg
	G	重力加速度	mm/s^2
	h	工件中心高	mm
上角标	J	表示 J 方向，J 为 X、Y 或 Z	
	O	表示主体符号为合向量	
	T	表示切线方向	
	N	表示法线方向	

（续）

符号类型	符　　号	符　　号　　意　　义	单　位
下角标	W G C B I LM	工件 砂轮 导轮 托板 导轮、砂轮或托板与工件的接触点，I 为 1、2 或 3 L 相对于 M、L 和 M 为 G，W 和 B、C	
其他符号	ΣY ΣM_Y M_0 R_4	表征工件移动的运动特征值 表征工件转动的运动特征值 表征工件转动稳定性的参数值 表征工件重力的参数	

9.5.2　工艺系统与工件运动的关系

一般认为，在无心磨削中，工件的运动取决于导轮的运动。这种观点有很大的局限性，其局限性在于孤立地研究导轮与工件的运动关系，而忽略了砂轮、托板的作用。

无心磨削工艺系统由砂轮部件、导轮部件、托板部件与工件组成。在磨削过程中，工件不仅承受导轮的作用力，而且还要受到砂轮磨削力与托板支承力、摩擦力的作用。因此，在分析工件的运动特性时，应立足于整个工艺系统。严格说来，工件的运动状况受导轮、砂轮和托板的联合控制，其中导轮的控制占主要地位。

为了在以后各节中深入研究工件的运动特性，有必要首先对导轮、砂轮和托板在磨削过程中的状态作如下分解式的阐述。

1. 导轮的状态

在磨削中，导轮有可能经历以下 3 种状态：

（1）驱动状态。导轮驱动工件运动的状态叫做导轮的驱动状态。工件的运动可分解为 2 部分：绕自身轴线的转动与沿砂轮轴线的移动。无论是转动还是移动，在驱动状态，导轮的线速度总是高于工件的线速度。

（2）制动状态。制动状态是指导轮对工件运动的阻止状态。在制动状态，工件的转动线速度总是高于导轮的相应分速度，工件有带动导轮的可能性，而导轮反过来阻止工件转动。

（3）空载状态。在空载状态，导轮既不驱动，也不阻止工件的转动。

在上述 3 种状态中，导轮对工件移动的驱动状态存在于整个磨削之中。

2. 砂轮的状态

在磨削中，对于工件的转动而言，砂轮处于驱动状态，驱动力是切向磨削分力；对于工件的移动而言，砂轮处于制动状态，制动力是轴向磨削分力。

3. 托板的状态

托板处于十分简单的状态，无论对工件的转动还是移动，均起制动作用。制动力是沿托板斜面的双向摩擦力。

上述对无心磨削工艺系统中导轮、砂轮和托板在磨削时所处的状态的分析，比较直观，有助于分析问题，但是不严密。

不难看出，上述分析仅考虑了切向力，而没有涉及到法向力；另外，上述分析是分解了各部件对工件运动的作用状态。实际上，工件的运动是各部件作用状态的综合的结果。

下面来研究导轮、砂轮和托板对工件运动的联合控制机理。

9.5.3 工件运动学

1. 导轮的运动

如图 9-40 和图 9-41 所示，在 $OXYZ$ 坐标中，导轮与工件在接触点 1 处线速度为

$$\boldsymbol{V}_{C}^{0} = V_{C}^{X}\boldsymbol{i} + V_{C}^{Y}\boldsymbol{j} + V_{C}^{Z}\boldsymbol{k} \tag{9-161}$$

式中

$$\begin{cases} V_{C}^{X} = \omega_{C}R_{C}(\sin\phi_{1}\cos\theta_{1} - \cos\phi_{1}\cos\alpha\sin\theta_{1}) \\ V_{C}^{Y} = \omega_{C}R_{C}\cos\phi_{1}\sin\alpha \\ V_{C}^{Z} = \omega_{C}R_{C}(\sin\phi_{1}\sin\theta_{1} - \cos\phi_{1}\cos\alpha\cos\theta_{1}) \end{cases}$$

2. 工件的运动

工件上 1 处线速度为

$$\boldsymbol{V}_{W1}^{0} = V_{W1}^{X}\boldsymbol{i} + V_{W1}^{Y}\boldsymbol{j} + V_{W1}^{Z}\boldsymbol{k} \tag{9-162}$$

式中

$$\begin{cases} V_{W1}^{X} = 0 \\ V_{W1}^{X} = K^{Y}V_{C}^{Y} \\ V_{W1}^{Z} = K^{Z}V_{C}^{Z} \end{cases}$$

由式(9-161)可知，工件中心移动速度为 $V_{W1}^{Y}\boldsymbol{j}$，工件绕自身轴线的转动速度为 $V_{W1}^{Z}\boldsymbol{k}$。工件的运动速度由这两个速度组成。

在式(9-161)中，若取 $K^{Y} = K^{Z} = 1$，则工件移动速度大小为

$$\omega_{C}R_{C}\cos\phi_{1}\sin\alpha$$

转动速度大小为

$$\omega_{C}R_{C}(\sin\phi_{1}\sin\theta_{1} - \cos\phi_{1}\cos\alpha\cos\phi_{1})$$

工件转动角速度大小为

$$\omega_{W} = V_{W1}^{Z}/R_{W} \tag{9-163}$$

工件上 2 处线速度为

$$\boldsymbol{V}_{\mathrm{W2}}^{0} = V_{\mathrm{W2}}^{X}\boldsymbol{i} + V_{\mathrm{W2}}^{Y}\boldsymbol{j} + V_{\mathrm{W2}}^{Z}\boldsymbol{k} \tag{9-164}$$

式中

$$\begin{cases} V_{\mathrm{W2}}^{X} = 0 \\ V_{\mathrm{W2}}^{Y} = V_{\mathrm{W1}}^{Y} \\ V_{\mathrm{W2}}^{Z} = -\omega_{\mathrm{W}} R_{\mathrm{W}} \cos\gamma \end{cases}$$

参数 γ 通常称为切削角,大小为

$$\gamma = \theta_1 + \phi_2 \tag{9-165}$$

式中 ϕ_2 由式(9－166)给出:

$$\begin{cases} \tan\phi_2 = h/L \\ h = R_{\mathrm{W}} \sin\theta_1 + R_{\mathrm{C}} \sin\phi_1 \cos\alpha \\ L = \sqrt{(R_{\mathrm{G}} + R_{\mathrm{W}})^2 - h^2} \end{cases} \tag{9-166}$$

工件上 3 处线速度:

$$\boldsymbol{V}_{\mathrm{W3}}^{0} = V_{\mathrm{W3}}^{X}\boldsymbol{i} + V_{\mathrm{W3}}^{Y}\boldsymbol{j} + V_{\mathrm{W3}}^{Z}\boldsymbol{k} \tag{9-167}$$

式中

$$\begin{cases} V_{\mathrm{W3}}^{X} = \omega_{\mathrm{W}} R_{\mathrm{W}} \cos\beta \\ V_{\mathrm{W3}}^{Y} = V_{\mathrm{W1}}^{Y} \\ V_{\mathrm{W3}}^{Z} = \omega_{\mathrm{W}} R_{\mathrm{W}} \sin\beta \end{cases} \tag{9-168}$$

且有

$$\beta = \theta_1 - \psi \tag{9-169}$$

3. 砂轮的运动

砂轮磨削速度为

$$\boldsymbol{V}_{\mathrm{G}}^{0} = V_{\mathrm{G}}^{X}\boldsymbol{i} + V_{\mathrm{G}}^{Y}\boldsymbol{j} + V_{\mathrm{G}}^{Z}\boldsymbol{k} \tag{9-170}$$

式中

$$\begin{cases} V_{\mathrm{G}}^{X} = -\omega_{\mathrm{G}} R_{\mathrm{G}} \sin\gamma \\ V_{\mathrm{G}}^{Y} = 0 \\ V_{\mathrm{G}}^{Z} = -\omega_{\mathrm{G}} R_{\mathrm{G}} \cos\gamma \end{cases} \tag{9-171}$$

4. 工件的相对速度及其方向余弦

工件和导轮的相对速度为

$$\boldsymbol{V}_{\mathrm{WC}}^{0} = \boldsymbol{V}_{\mathrm{W1}}^{0} - \boldsymbol{V}_{\mathrm{C}}^{0} = V_{\mathrm{WC}}^{X}\boldsymbol{i} + V_{\mathrm{WC}}^{Y}\boldsymbol{j} + V_{\mathrm{WC}}^{Z}\boldsymbol{k} \tag{9-172}$$

方向余弦为

$$\begin{cases} -\cos\boldsymbol{\lambda}_1^X = V_{\mathrm{WC}}^{X} / |\boldsymbol{V}_{\mathrm{WC}}^{0}| \\ -\cos\boldsymbol{\lambda}_1^Y = V_{\mathrm{WC}}^{Y} / |\boldsymbol{V}_{\mathrm{WC}}^{0}| \\ -\cos\boldsymbol{\lambda}_1^Z = V_{\mathrm{WC}}^{Z} / |\boldsymbol{V}_{\mathrm{WC}}^{0}| \end{cases} \tag{9-173}$$

式中

$$\begin{cases} V_{WC}^X = V_{W1}^X - V_C^X \\ V_{WC}^Y = V_{W1}^Y - V_C^Y \\ V_{WC}^Z = V_{W1}^Z - V_C^Z \end{cases} \tag{9-174}$$

工件和砂轮的相对速度为

$$\boldsymbol{V}_{WG}^0 = V_{WG}^X \boldsymbol{i} + V_{WG}^Y \boldsymbol{j} + V_{WG}^Z \boldsymbol{k} \tag{9-175}$$

方向余弦为

$$\begin{cases} -\cos\boldsymbol{\lambda}_2^X = V_{WG}^X / |\boldsymbol{V}_{WG}^0| \\ -\cos\boldsymbol{\lambda}_2^Y = V_{WG}^Y / |\boldsymbol{V}_{WG}^0| \\ -\cos\boldsymbol{\lambda}_2^Z = V_{WG}^Z / |\boldsymbol{V}_{WG}^0| \end{cases} \tag{9-176}$$

式中

$$\begin{cases} V_{WG}^X = V_{W2}^X - V_G^X \\ V_{WG}^Y = V_{W2}^Y - V_G^Y \\ V_{WG}^Z = V_{W2}^Z - V_G^Z \end{cases} \tag{9-177}$$

因托板是静止的,故工作相对托板的速度就是工件上3处线速度:

$$\boldsymbol{V}_{W3}^0 = V_{W3}^X \boldsymbol{i} + V_{W3}^Y \boldsymbol{j} + V_{W3}^Z \boldsymbol{k} \tag{9-178}$$

方向余弦为

$$\begin{cases} -\cos\boldsymbol{\lambda}_3^X = V_{W3}^X / |\boldsymbol{V}_{W3}^0| \\ -\cos\boldsymbol{\lambda}_3^Y = V_{W3}^Y / |\boldsymbol{V}_{W3}^0| \\ -\cos\boldsymbol{\lambda}_3^Z = V_{W3}^Z / |\boldsymbol{V}_{W3}^0| \end{cases} \tag{9-179}$$

上述分析中,参数 θ_1 并不等于 ϕ_1,它们的关系可由共轭曲面理论求得

$$(V_{W1}^Y \boldsymbol{j} - \boldsymbol{V}_C^0) \cdot \boldsymbol{i} = 0 \tag{9-180}$$

于是有

$$V_C^X = 0 \tag{9-181}$$

即

$$\tan\theta_1 = \tan\phi_1 / \cos\alpha \tag{9-182}$$

由式(9-182)可知,当 α 很小时,$\theta_1 \approx \phi_1$。

本节建立了无心磨削中工件的运动模型,在此基础上,可以进一步分析力学模型。

9.5.4 工件受力状态

1. 空间力系

图9-42表明了工件的受力状态。由图9-45不难确定空间力系中诸力的数学表达式:

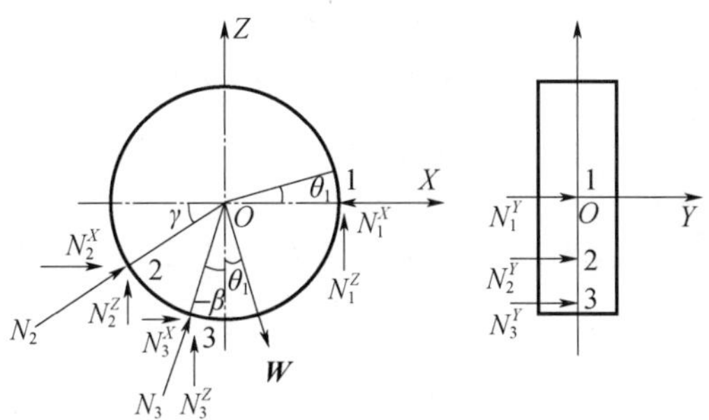

图 9-42　空间力系

1 处摩擦力：

$$\boldsymbol{N}_1^0 = N_1^X \boldsymbol{i} + N_1^Y \boldsymbol{j} + N_1^Z \boldsymbol{k} \tag{9-183}$$

式中

$$\begin{cases} N_1^X = N_1 f_1^X \cos\boldsymbol{\lambda}_1^X \\ N_1^Y = N_1 f_1^Y \cos\boldsymbol{\lambda}_1^Y \\ N_1^Z = N_1 f_1^Z \cos\boldsymbol{\lambda}_1^Z \end{cases} \tag{9-184}$$

3 处摩擦力：

$$\boldsymbol{N}_3^0 = N_3^X \boldsymbol{i} + N_3^Y \boldsymbol{j} + N_3^Z \boldsymbol{k} \tag{9-185}$$

式中

$$\begin{cases} N_3^X = N_3 f_3^X \cos\boldsymbol{\lambda}_3^X \\ N_3^Y = N_3 f_3^Y \cos\boldsymbol{\lambda}_3^Y \\ N_3^Z = N_3 f_3^Z \cos\boldsymbol{\lambda}_3^Z \end{cases} \tag{9-186}$$

2 处摩削力：

$$\boldsymbol{N}_2^0 = (N_2^X + N_2\cos\boldsymbol{\gamma})\boldsymbol{i} + N_2^Y \boldsymbol{j} + (N_2^Z + N_2\sin\boldsymbol{\gamma})\boldsymbol{k} \tag{9-187}$$

式中，N_1 和 N_3 分别为导轮和托板的支承力（1 和 3 处的正压力），与它们相对应的主体符号 f 为摩擦因数。N_2^X 和 N_2^Z 分别为切向磨削分力 N_G^T 在 X 和 Z 轴上的投影，即

$$\begin{cases} N_2^X = N_G^T \sin\boldsymbol{\gamma} \\ N_2^Z = -N_G^T \sin\boldsymbol{\gamma} \end{cases} \tag{9-188}$$

N_2 是法向磨削分力，N_2^Y 为轴向磨削分力。若设 f_2^N 和 f_2^Y 分别为法向和轴向磨削系数，则 N_2 和 N_2^Y 可由 N_G^T 表示：

$$N_2 = N_G^T / f_2^N \tag{9-189}$$

$$N_2^Y = N_G^T / f_2^Y \tag{9-190}$$

N_1 和 N_2 是未知力，其值由力系平衡条件决定，N_G^T 是已知力，其值和磨削用量、砂轮性质以及工件材料等因素有关。

另外，工件重力可表示为

$$\boldsymbol{W} = W(\sin\theta_1 \boldsymbol{i} - \cos\theta_1 \boldsymbol{k}) \tag{9-191}$$

2. 空间力系求解

由图 9－42 可建立方程组：

$$\sum X = -N_1 + N_2\cos\gamma - N_3\sin\beta + W\sin\theta_1 + N_1^X + N_2^X + N_3^X = 0 \tag{9-192}$$

$$\sum Y = N_1^Y + N_2^Y + N_3^Y \tag{9-193}$$

$$\sum Z = -N_2\sin\gamma + N_3\cos\beta - W\cos\theta_1 + N_1^Z + N_2^Z + N_3^Z = 0 \tag{9-194}$$

$$\sum M_Y = R_W(N_1^Z + N_2^X\sin\gamma + N_3^Z\cos\gamma + N_3^X\cos\beta + N_3^Z\sin\beta) \tag{9-195}$$

由式(9－193)、式(9－194)和式(9－184)、式(9－186)可得

$$N_1 = \begin{vmatrix} A_2 A_3 \\ B_2 B_3 \end{vmatrix} / \Delta \tag{9-196}$$

$$N_3 = \begin{vmatrix} A_1 A_2 \\ B_1 B_2 \end{vmatrix} / \Delta \tag{9-197}$$

式中

$$\Delta = \begin{vmatrix} A_1 A_3 \\ B_1 B_3 \end{vmatrix} / \Delta \tag{9-198}$$

$$\begin{cases} A_1 = f_1^X \cos\lambda_1^X - 1 \\ A_2 = -N_2\cos\gamma - N_2^X - W\sin\theta_2 \\ A_3 = f_3^X \cos\lambda_3^X - \sin\beta \\ B_1 = f_1^Z \cos\lambda_1^Z \\ B_2 = -N_2\sin\gamma - N_2^Z - W\cos\theta_1 \\ B_3 = f_3^Z \cos\lambda_3^Z + \cos\beta \end{cases}$$

联立式(9－193)、式(9－195)和式(9－196)、式(9－197)，可以求得 $\sum Y$ 和 $\sum M_Y$ 值。

9.5.5 运动特性分析

1. $\sum Y$ 和 $\sum M_Y$ 的意义

由式(9－193)和式(9－195)可知，$\sum Y$ 和 $\sum M_Y$ 又分别表示为

$$\sum Y = \frac{W}{g} \cdot \frac{\mathrm{d}V_{W1}^Y}{\mathrm{d}t} \tag{9-199}$$

$$\sum M_Y = J_W \varepsilon_W \tag{9-200}$$

不难看出，$\sum Y$ 表征了工件沿 OY 轴的移动特征，$\sum M_Y$ 表征了工件绕 OY 轴转

动特性。

2. 两个基本概念

在贯穿式无心磨削中，要求工件有移动速度 $V_{W1}^{Y}\boldsymbol{j}$ 和转动速度 $V_{W1}^{Z}\boldsymbol{k}$。虽然从形式上给出了这两个速度，见式(9－162)，并且认为它们与导轮速度有关。但实际上，工件的运动主要取决于其受力状态。如图 9－43 所示，在正常情况下，当工件由送料装置刚刚进入磨削区域Ⅰ时，同于受力状况的突然变化(上述运动研究没有考虑这一现象，仅认为工件处于磨削区域Ⅱ。关于工件处于磨削区域Ⅰ或Ⅲ的运动特性，有待于进一步研究)，工件将产生移动加速度 $\mathrm{d}V_{W1}^{Y}/\mathrm{d}t$ 和转动角速度 ε_W。随着磨削的进行，工件运动至磨削区域Ⅱ时，其移动速度和转动角速度基本稳定。如果某些工艺参数的选取和组合不当的话，有可能出现下列情况。

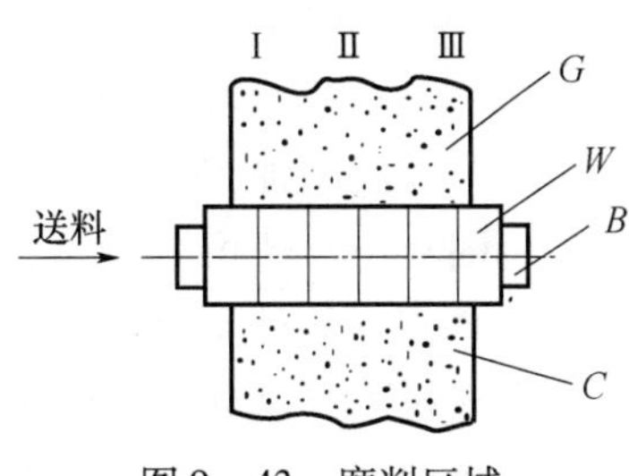

图 9－43　磨削区域

第一是工件不能主动进入磨削区域Ⅰ，或者虽然能勉强进入磨削区域Ⅰ，但其移动非常费力，严重时会出现工件之间相互脱离的情况。

第二是工件转动困难，发生“打滑”现象；或者工件转动过速，发生“倒拖”现象，严重时工件飞出磨削区域。

这 2 种情况可用运动特性参数 $\sum Y$ 和 $\sum M_Y$ 加以描述，并由此引出两个基本概念：

1）移动稳定性

若 $\sum Y \geqslant 0$，表明工件承受的驱动力足以克服阻力，工件顺利地向前移动，这种状况称为工件移动稳定。

若 $\sum Y < 0$，表明工件承受的驱动力难以克服阻力，工件移动困难，这种状况称为工件移动失稳(或不稳定)。

2）转动稳定性

若 $\sum M_Y \gg M_0$(M_0 为各种因素的综合效应值，这里取 M_0 为零附近的某个值，具体大小由实验确定)，工件的驱动力矩大于阻抗力矩，$\varepsilon_W \gg 0$，工件加速转动(此时，导轮的制动作用失灵)，称这种状况为工件转动失稳。

若 $\sum M_Y \ll M_0$，工件承受的驱动力矩大于阻抗力矩，$\varepsilon_W \ll 0$，工件转动十分困难。这种状况亦叫转动失稳。

若 $\sum M_Y = M_0$，ε_W 约等于零，工件的转动角速度基本保持恒定，工件均速转动。这种状况称为工件转动稳定。

显然，这两个概念的引出，有助于深入研究无心磨削的运动规律并揭示其力学本质。为深化这两个概念，将某些重要工艺参数对 $\sum Y$ 和 $\sum M_Y$ 的影响规律展现在图 9－44 和图 9－45 中。在这两个图中，假定工件是宽度为 10mm 的薄壁圆环，并认为 $f_2 = f_2^N = f_2^Y$。

3. 工艺参数对$\sum Y$的影响

由图9－44可知，参数N_G^T，ϕ_1，ψ和α与$\sum Y$几乎成正比；而重力参数R_4（R_4与工件外径及薄厚成正比，之所示称为重力参数，是因为增大R_4，工件重力随之增大）和$\sum Y$呈某种曲线关系。

ψ和N_G^T越大，导轮承受的正压力越大，从而使导轮驱动工件移动的摩擦力N_1^Y亦增大，$\sum Y$随之增大。这有利于工件稳定移动。

f_2越大，砂轮与托板的阻力越大，$\sum Y$越小，这不利于工件的稳定移动。

随着α的增加，$\sum Y$增加，工件将更可靠地保持移动稳定性。

由图9－44还可以看出，一般情况下，$\sum Y>0$，这说明除个别情况外（如重工件），工件很容易处于稳定移动状态。

上述规律可以解释生产实际中的若干现象。例如，磨削较大（重）工件时，常常需要借助推动装置来推动工件进入磨削区域；而磨削较小（轻）工件时，不需要推动装置工件仍会顺利地进入磨削区域。由图9－44（c）可知，这是因为较重工件的移动稳定性差（$\sum Y$小），而较轻工件的移动稳定性好（$\sum Y$大）。再如，当α增大时，工件移动非常轻松，图9－44（f）正好说明了这一点。

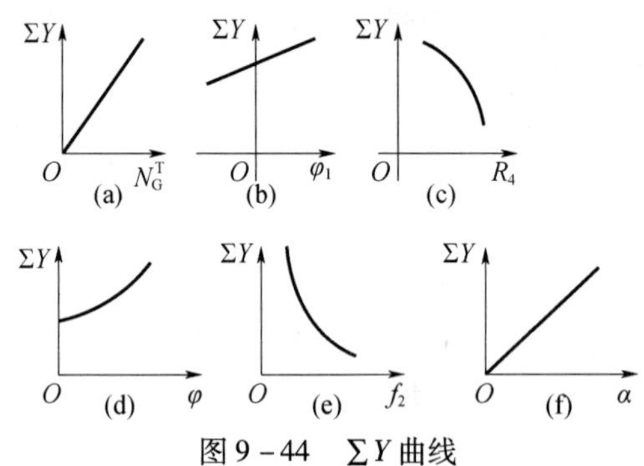

图9－44　$\sum Y$曲线

（a）$N_G^T-\sum Y$；（b）$\phi_1-\sum Y$；（c）$R_4-\sum Y$；（d）$\psi-\sum Y$；（e）$f_2-\sum Y$；（f）$\alpha-\sum Y$。

4. 工艺参数对$\sum M_Y$的影响

由图9－45可知，N_G^T，ψ，ϕ_1，R_4和f_2的变动，都对$\sum M_Y$有较大影响，而α的变动对$\sum M_Y$的影响较小。其中，随着R_4和ψ的增加，$\sum M_Y$以某种曲线形式快速下降；随着f_2，N_G^T，ϕ_1和α的增加，$\sum M_Y$近似直线上升。

由图9－45（a）可以看出，当$\sum M_Y$直线上升，工件加速转动。对应于$\sum M_Y=0$，N_G^T存在允许最大值。生产实际中，这种情况是存在的。当磨削力骤然增大时，工件转速极高，有时会飞出磨削区域。因此，磨削时应调整磨削用量，使N_G^T小于允许最大值。

在图9－45（c）中，R_4和$\sum M_Y$约为抛物线关系。R_4取小值，$\sum M_Y>0$；R_4取大值，$\sum M_Y<0$。这说明对较轻工件，其线速度V_{W1}^Z有可能大于导轮线速度V_C^Z；而对

较重工件，V_{W1}^{Z}有可能小于V_{C}^{Z}。

$\psi - \sum M_Y$ 和 $\phi_1 - \sum M_Y$ 曲线说明，对于工件转动稳定性而言，ψ 和 ϕ_1 都有最佳值，该值在$\sum M_Y = 0$ 附近。

至于较大的f_2有利于工件转动这一现象是不言而喻的。

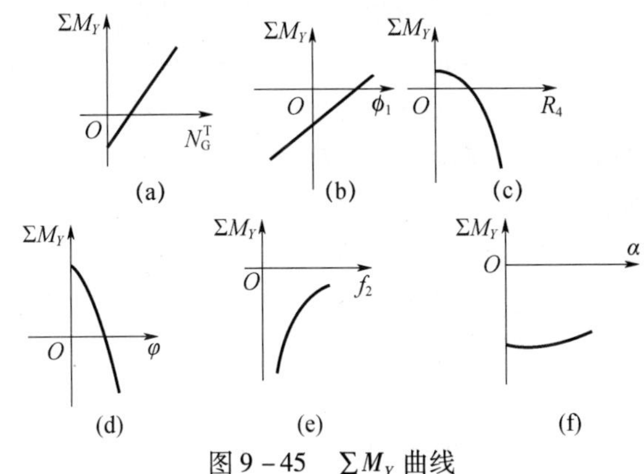

图 9-45　$\sum M_Y$ 曲线

(a)$N_G^T - \sum M_Y$;(b)$\phi_1 - \sum M_Y$;(c)$R_4 - \sum M_Y$;(d)$\psi - \sum M_Y$;(e)$f_2 - \sum M_Y$;(f)$\alpha - \sum M_Y$。

9.5.6　运动特性的实验验证与应用

为了验证无心磨削中工件的“转动稳定性”和“移动稳定性”这两个概念，在某企业生产现场进行了实验研究。

1. 问题及其分析

在外圆无心磨床上粗磨轴承外圆时，大都采用中软砂轮(如 L)。这虽然能保证一定的加工精度，但砂轮的磨损比较严重，平均不到 2 天就要换新的砂轮。那么，能否改用较硬砂轮进行粗磨呢?

如果使用较硬砂轮能否保证本工序的技术要求? 还会不会出现什么新的问题呢? 这些新问题又将如何解决?

在实验的初始阶段，采用硬度为 P 的砂轮，托板斜角 ψ 为 30°，磨削时发现工件离缝、闷车和烧伤等不正常现象，致使实验停止。

为抓住事物的本质，从根本上解决问题，必须进行理论分析。事实上，上述不正常现象就是所谓的工件运动失稳。

离缝，表明工件移动失稳；闷车，是工件转动失稳的典型描述；而烧伤，则显示出运动失稳所带来的严重后果。

据此，可以认为，以前采用 L 砂轮，因其自锐性好，对粗磨有利，这固然是重要因素，但另一个不可忽视的原因在于整个工艺系统的协调，即各参数的最优组合。当采用 P 砂轮时，破坏了原工艺系统中各部件几何参数的最优组合，使得工件的运动特性变坏，失去了移动和转动的稳定性。这就是问题的实质。

可以说，能够采用P砂轮的关键在于选择与之相适应的合理的工艺系统中各部件几何参数的最优组合，使工件保持良好的运动状态。

2. 措施

在生产中，比较容易改变的工艺参数是托板斜角ψ、导轮倾斜角α和工件中心高h（或导轮接触角ϕ_1）。因此，应着重分析这3个参数对工件运动特性的影响。

由图9－44和图9－45可知，较大的托板斜角，有利于工件的稳定移动；而对工件的转动特性而言，最好应取较小的托板斜角。另一方面，较大的导轮倾角，可增强工件移动稳定性，而对工件转动特性影响不大。工件中心高（导轮接触角）的增大，对工件的转动和移动都是有益的。

经过综合评价，实验中，将托板斜角从原来的30°减小为20°；并将导轮倾斜角适当增加，以补偿由于托板斜角的减小而带来的工件移动特性的损失。工件中心高取较大值，为23mm，这是考虑了较大的工件中心高有利于工件的运动和成圆。

3. 结果

根据以上分析，安排了3次实验，结果见表9－6。

表9－6　实验结果

试验号	砂轮硬度	导轮转速/r·min⁻¹	砂轮转速/r·min⁻¹	导轮斜角/°	工件中心高/mm	托板斜角/°	上工序质量	指标					
								椭圆度/μm	锥度/μm	棱圆度/μm	垂直度/μm	综合精度相对打分	合格率/%
1	P	40	1200	2	23	20	随机	8.2	6.4	7.2	7.3	400	100
2	P	40	1200	3	23	20	随机	8.6	6.6	7.4	7.7	384.4	100
3	P	53	1200	25	23	20	随机	10.2	9.7	8.9	9.9	301	94

由表9－6可知，采用P砂轮、20°托板斜角和2°～3°导轮斜角，可以加工出所要求精度的工件。在这3个安排中，1、2号实验的合格率和相对综合精度打分比较高。在这2个实验中，从精度上讲，第1号实验比第2号实验要高些；从效率上讲，第1号实验比第2号实验要低些，效率低的原因是导轮倾角较小。

从表9－6还可以看到，第3号实验的相对综合精度打分稍差，甚至于出现了几个不合格工件。这主要是因为导轮转速较高，造成工件动态定位不佳和系统振动，使磨削精度下降的缘故。

值得注意的是，当采用硬度为P的砂轮和20°斜角托板加工工件时，磨削火花十分均匀，振动也不太明显，工件的转动和移动均处于良好状态。尤其是，砂轮的磨损明显减小，平均大约6天才更换1次砂轮。

总之，合理选择工艺参数，使工件处于稳定的运动状态，就可以采用较硬砂轮进行无心粗磨的生产。

9.6 无心磨削工艺系统综合评价

9.6.1 加工精度综合评价概述

一个无心磨削系统的加工精度是个综合指标。目前,对加工精度的研究,均以尺寸精度、形状精度或位置精度中的某一因素来进行。这种单因素的评价方法,并不能全面揭示无心磨削系统的内在规律。这是因为:首先,一个无心磨削系统的加工精度应是尺寸精度、形状精度和位置精度这3大输出精度的综合反映;其次,该系统可以认为是一个十分复杂而模糊的动态变换器,影响输出精度的误差以及各种误差之间的机制关系和内在规律,不仅有统计性,而且还有很大的模糊性。据此,用数理统计和模糊数学相结合的观点对无心磨削系统的加工精度进行综合评价,是比较科学的。

9.6.2 加工精度的构成和评价规则

1. 加工精度的构成

一般,根据公差理论,无心磨削输出精度包括表9-7所列出的几个方面。

2. 加工精度的综合评价规则

根据输出精度,可以将系统化分为若干个标准的综合精度等级,从而组成备择集 C;实际综合精度是用来评价各精度等级的综合量,可以组成评判集 C_p;评判结果 C_p^* 称为最优水平值。

无心磨削系统的标准综合精度等级级别可以根据生产方式、生产规模、自动化水平、技术要求等来确定。一般情况下,根据标准公差常用等级可以取为1级至12级共12个等级级别,这样,备择集 C 可表示为

$$C=(C_1,C_2,\cdots,C_j,\cdots,C_n)=(1,2,\cdots,j,\cdots,12);j=1,2,\cdots,n;n=12 \tag{9-201}$$

若已经确定了实际综合精度的最优水平值 C_p^*,则可按表9-8的规则裁定系统的标准综合精度等级。

表9-7 各项输出精度

序号	输出	精度因素		
1	尺寸精度			尺寸误差
2 3 4 5	形状精度			直线度 平面度 圆度 圆柱度

（续）

<table>
<tr><th>序号</th><th>输出</th><th colspan="3">精度因素</th></tr>
<tr><td>6</td><td rowspan="12">位置精度</td><td rowspan="3">定向公差</td><td rowspan="3"></td><td>平行度</td></tr>
<tr><td>7</td><td>垂直度</td></tr>
<tr><td>8</td><td>倾斜度</td></tr>
<tr><td>9</td><td rowspan="3">定位公差</td><td rowspan="3"></td><td>同轴度</td></tr>
<tr><td>10</td><td>对称度</td></tr>
<tr><td>11</td><td>位置度</td></tr>
<tr><td>12</td><td rowspan="6">跳动公差</td><td rowspan="3">圆跳动</td><td>径向</td></tr>
<tr><td>13</td><td>端面</td></tr>
<tr><td>14</td><td>斜向</td></tr>
<tr><td>15</td><td rowspan="3">全跳动</td><td>径向</td></tr>
<tr><td>16</td><td>端面</td></tr>
<tr><td>17</td><td>斜向</td></tr>
<tr><td>18</td><td>其他</td><td></td><td></td><td></td></tr>
</table>

表 9－8　标准综合精度等级评判规则

等级	C_j	条件	等级	C_j	条件
1	C_1	$0 \leqslant C_p^* < 1$	7	C_7	$6 \leqslant C_p^* < 7$
2	C_2	$1 \leqslant C_p^* < 2$	8	C_8	$7 \leqslant C_p^* < 8$
3	C_3	$2 \leqslant C_p^* < 3$	9	C_9	$8 \leqslant C_p^* < 9$
4	C_4	$3 \leqslant C_p^* < 4$	10	C_{10}	$9 \leqslant C_p^* < 10$
5	C_5	$4 \leqslant C_p^* < 5$	11	C_{11}	$10 \leqslant C_p^* < 11$
6	C_6	$5 \leqslant C_p^* < 6$	12	C_{12}	$11 \leqslant C_p^* < 12$

C_p^* 值是很重要的，其具体大小应采用数理统计和模糊数学的概念，并根据无心磨削系统的综合精度输出来确定。

9.6.3　加工精度的实验安排与综合评价计算

1. 实验安排

无心磨削系统的各项输出精度因素的数据，是通过大量统计实验获取的。利用正交实验，可以在最少的实验次数下，充分揭示系统的精度输出规律。

正交实验的设计方案为 $L_{n0}(\omega^q)$。这里，$n0$ 表示正交实验次数；q 表示实验因素；ω 表示每一实验因素的水平。$L_{n0}(\omega^q)$ 的选择，应和具体的制造系统相符合。一般，可选 2 或 3 个水平；特殊的系统可选较高水平。实验因素如表 9－9 所列。

表 9－9　实验因素

序号	实验因素	备注
1	磨削用量	工件速度，砂轮速度，进给量，磨削深度等
2	砂轮	几何参数，材料，寿命，刚度，修整等
3	冷却润滑	冷却润滑方式、配方、流量等
4	加工对象	几何参数，形状，材质处理等
5	定位夹紧	方式，夹紧力等
6	其他	

正交实验的结果指标应包括如表 9－7 所列的 3 大输出精度的某些精度因素。

2. 综合评价计算

设正交实验的 m 个精度因素（结果指标）组成因素集：

$$U=(u_1,u_2,\cdots,u_i);i=1,2,\cdots,m \tag{9-202}$$

并取每一因素 u_i 有 n 个等级；则第 i 个因素对该因素的第 j 个等级的隶属度 r_{ij} 组成的子集为

$$R_i=(r_{i1},r_{i2},\cdots,r_{ij},\cdots,r_{in}) \tag{9-203}$$

式中：r_{ij} 为

$$r_{ij}=\mu_{ij}/N \tag{9-204}$$

式中：N 为总实验次数，正交实验次数与补充实验次数之和；μ_{ij} 为第 i 个精度因素的实验结果落在第 j 个等级上的个数。

于是，可用模糊变换器 R 表示机械制造系统：

$$R=\{r_{ij}\}_{m\times n} \tag{9-205}$$

因素权重集 A 的选取主要考虑实验结果的数学期望（平均值）和分散范围（标准差或极差），即有

$$A=(a_1,a_2,\cdots,a_i,\cdots,a_m) \tag{9-206}$$

其中，a_i 为变异系数，且

$$a_i=(X_{Ri}/X_{Mi})/\sum_{i=1}^{m}(X_{Ri}/X_{Mi}) \tag{9-207}$$

式中：X_{Ri} 为第 i 精度因素 u_i 的 N 次实验结果的极差或标准差；X_{Mi} 为第 i 精度因素 u_i 的 N 次实验结果的平均值。

也可以根据具体研究对象直接给出各因素的权重。

综合精度的 1 级模糊评判集为

$$C_p=A\circ B=(C_{p1},C_{p2},\cdots,C_{pj},\cdots,C_{pn}) \tag{9-208}$$

式中

$$C_{pj}=\sum_{i=1}^{m}a_ir_{ij} \tag{9-209}$$

C_{pj}的含意为无心磨削系统的实际综合精度对第j个标准综合精度级别的符合程度。

实际综合精度的最优水平值 C_p^* 可用加权平均法求出：

$$C_p^* = \sum_{j=1}^{n} C_{pj}C_j / \sum_{j=1}^{n} C_{pj} \tag{9-210}$$

9.6.4 无心磨削系统加工精度综合评价的实验

实验目的是综合评价轴承外圈贯穿外圆无心磨削系统粗磨的综合精度级别。实验条件如下：

机床　　M1075

工件　　6107 轴承外圈，主参数：外径 $D=\phi 62$mm，宽度 $B=14$mm

定位　　外表面自身定面

测量仪器　　D913B，测量尺寸精度；H903B，测量圆度；D723，测量垂直度

在轴承外圈贯穿式无心粗磨工序，主要加工精度有尺寸精度、圆度和垂直度。这些精度受磨削力、导轮倾斜角、工件中心高、托板斜角和磨削用量等的影响。因此，选取砂轮硬度和转速、导轮倾角和转速以及工件中心高作为主要实验因素，参见表9-10。考虑到原始误差的影响，实验因素还包括了磨削前工件的综合精度。粗磨属一般加工，故每一实验因素选两个水平。

表 9-10　实验因素与水平

水平	实验因素						
	A 砂轮硬度	B 导轮转速 /r·min^{-1}	C 砂轮转速 /r·min^{-1}	D 导轮倾角	E 中心高/mm	F 导板斜角	G 原始误差
1	L	53	1200	2°30′	23	30°	小
2	P	40	1400	2°	17	40°	大

磨削前的原始误差和磨削前后的精度要求参见表9-11。

正交实验设计为 $L_8(2^7)$，如表9-12所列。表9-13为补充实验设计。

实验号为1~8的正交实验和实验号为9~11的补充实验的实验结果如表9-14所列。

表 9-11　精度情况

工序	圆度 u_1/μm	垂直度 u_2/μm	尺寸误差 u_3/μm
粗磨前	70	240	130~370
粗磨后	12	18	0~20

表 9-12 正交实验设计 $L_8(2^7)$

实验号	实验因素						
	A	B	C	D	E	F	G
1	1	1	1	1	1	1	1
2	1	1	1	2	2	2	2
3	1	2	2	1	1	2	2
4	1	2	2	2	2	1	1
5	2	1	2	1	2	1	2
6	2	1	2	2	1	2	1
7	2	2	1	1	2	2	1
8	2	2	1	2	1	1	2

表 9-13 补充实验设计

实验号	A	B	C	D	E	F	G
9	P	40	1200	2°	23	20°	一般
10	P	40	1200	2°	23	20°	一般
11	P	40	1200	2°30′	23	20°	一般

表 9-14 实验结果

实验号	精度因素		
	圆度 $u_1/\mu m$	垂直度 $u_2/\mu m$	尺寸误差 $u_3/\mu m$
1	11.12	9.09	19.52
2	14.18	11.26	20.88
3	10.59	9.91	17.43
4	12.91	10.65	20.00
5	14.68	10.51	19.48
6	11.25	9.70	18.61
7	9.63	9.05	16.05
8	8.64	7.93	15.41
9	7.20	7.30	13.20
10	7.40	7.70	12.36
11	8.90	9.90	16.10
平均值 X_{Mi}	10.59	9.36	17.19
极差 X_{Ri}	7.48	3.96	8.52
注:各号实验结果均为平均值			

实验结果中,尺寸误差的计算采用综合分析法,即考虑了随机性误差和变值系统误差,并在 1 个调整周期中进行。

由表 9-14 可知:总实验次数 $N=11$,精度因素个数 $m=3$。

表 9－15 给出了输出精度的标准公差等级，可用于计算 μ_{ij}。

表 9－15　主参数 D 和 B 下的标准公差等级

因素	公差等级											
	1	2	3	4	5	6	7	8	9	10	11	12
圆度/μm	0.5	0.8	1.2	2	3	5	8	13	19	30	46	74
垂直度/μm	0.5	1	2	4	6	10	15	25	40	60	100	150
尺寸公差/μm	2	3	5	8	13	19	30	46	70	120	190	300

由式(9－203)～式(9－205)和表 9－14、表 9－15 可以得到研究对象的模糊变换器 R，即

$$R=\begin{bmatrix}0&0&0&0&0&0&0.18&0.64&0.18&0&0&0\\0&0&0&0&0&0.73&0.27&0&0&0&0&0\\0&0&0&0&0.09&0.55&0.36&0&0&0&0&0\end{bmatrix}$$

由式(9－206)、式(9－207)和表 9－14 可得到各因素权重集 A 为

$$A=(0.44,0.25,0.31)$$

从而，综合精度评判集 C_{p} 为

$$C_{\mathrm{p}}=A\circ R=(0,0,0,0,0.0279,0.353,0.2583,0.2816,0.0792,0,0,0)$$

综合精度最优水平值 C_{p}^{*} 为

$$C_{\mathrm{p}}^{*}=\sum_{j=1}^{12}C_{\mathrm{p}j}C_j/\sum_{j=1}^{12}C_{\mathrm{p}j}=7.0312$$

根据表 9－8 的评判规则可知，对于所考虑的因素而言，本系统标准综合精度级别 $C_j=8$，即为 8 级。

实验结论：在实验条件下，M1075 磨削系统的综合精度为 8 级，可以满足 6107 轴承外圈的粗加工要求。

9.7　本章小结

无心磨削工艺系统的动态特性可以用 4 自由度动力学模型描述；系统动态特性的控制受到振动频率区域的制约；为了改善系统的动态特性，应提高导轮、砂轮和托板部件的结构刚度，降低导轮与工件之间的接触刚度，提高磨削刚度。

无心磨削运动稳定性与几何布局参数、工件转速、以及磨削宽度等参数关系密切，通过正计算、反计算与半逆计算，可以方便地获取稳定条件，有效地控制无心磨削的运动稳定性。

无心磨削尺寸误差包括随机误差、变值系统误差和常值系统误差，这些误差可以方便地用本章提出的数学模型进行定量计算。无心磨削的动态尺寸精度取决于随机误差和变值系统误差的分散范围，而变值系统误差的分散范围与连续生产数

量有关。因此,应综合分析与评价无心磨削的动态尺寸精度。

为确保无心磨削过程的稳定性,工件与导轮不是以直线接触,而是以空间曲线接触。该空间曲线绕导轮轴线回转一周,就形成导轮的理想曲面。在生产中,导轮理想曲面很难获得,通常用单叶双曲面代替,并且考虑因代替而产生的修整误差。为此,必须合理选择导轮修正参数,使修整误差满足工程要求。

在无心磨削中,工件的运动由移动和转动两部分组成,表征运动特性的两个概念是移动稳定性和转动稳定性。

无心磨削工艺系统可以用模糊变换器表征,以数理统计为依据,通过合理选择权重集模型进行模糊评判,可以确定无心磨削工艺系统的生产水平级别。

第 10 章　无心超精研过程的动态问题

本章研究无心超精研过程的动态问题,包括螺旋导辊的理论廓形及其简化设计,加工螺旋导辊的砂轮截形设计,以及接触角对无心超精研过程中工件转动特性的影响规律。

10.1　无心超精研方法概述

无心超精研是无心磨削中的超精密加工方法之一,所使用的刀具是油石又称作油石超精加工(简称超精加工)方法。这种加工方法是在 20 世纪 30 年代中期发展起来的,开始时主要用于汽车轴承零件的滚动表面终加工,目前,已经在机械制造工业,尤其是轴承制造企业广泛应用[28,50,59,67-68]。

油石超精研的主要作用是:比较经济地去除磨削表面变质层,降低表面粗糙度,改善圆度误差和波纹误差,得到合适的表面残余压应力,也可以通过超精研得到需要的工作表面母线形状,例如,凸度滚子母线。

无心超精研的方法有很多种,对圆柱体和圆锥体表面的超精研加工,一般采用双导辊方法。在超精研时,两个同向旋转的导辊支承工件,使工件定位并驱动工件运动,细粒度的油石以一定的压力作用在工件被加工表面上,并且做往复振荡(或角度摆动)运动。

无心超精研可以进行切入式和贯穿式加工。加工时,工件的定位状态和几何布局对系统的动态性能、工件的运动特性、成圆过程以及表面质量均有重要影响。本章重点论述确保工件良好定位和稳定运动的问题。内容有:无心超精研导辊定位表面的形状设计和制造以及超精研过程中工件的运动特性等。在论述中,以圆锥滚子滚动表面超精研为研究对象。

10.2　无心超精研螺旋导辊的理论廓形及其简化

凸度圆锥滚子超精研用的螺旋导辊的理论廓形是复杂的内凹曲线,为便于加工,本节论证用直线来代替内凹曲线,同时求出其误差值。

10.2.1　工作原理

常用的凸度圆锥滚子 W 超精研方法如图 10-1 所示。滚子分 3 段超精:第 1

段Ⅰ,超精滚子小端;第 2 段Ⅱ,超精滚子大端;第 3 段Ⅲ,超精滚子直母线。在超精研过程中,滚子轴线与油石工作表面夹角 ε 分段变化。各段中,导辊型面轴向廓形锥角 α 随 ε 变化。

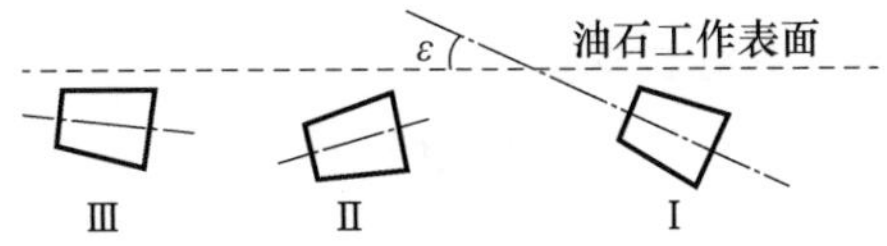

图 10-1　凸度圆锥滚子 3 段超精研

如图 10-2 所示,带挡边的螺旋导辊 G 绕自身轴线 ox 转动,在推动滚子 W 沿 ox 轴正向前进的同时,又带动滚子绕自身轴线 o_1x_1 转动。不带挡边的导辊 G' 与导辊 G 的轴线平行,且处于同一水平面内,二者间距 $2B$。G 与 G' 联合保证滚子的定位和运动。

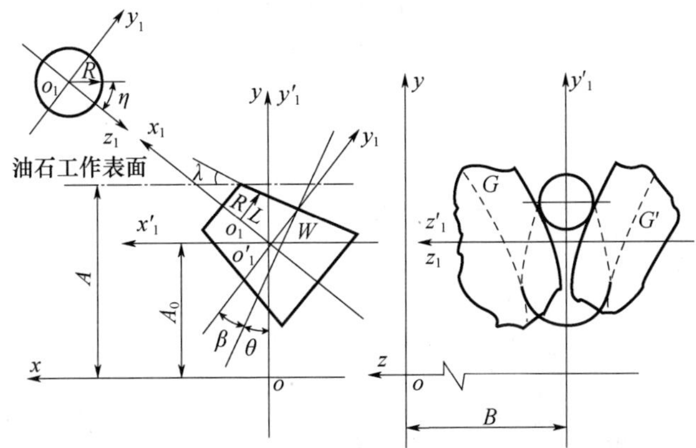

图 10-2　滚子和导辊的位置

10.2.2　导辊廓形方程

1. 滚子型面方程

在 $o_1x_1y_1z_1$ 坐标系中,滚子型面向量 $\boldsymbol{W}_1$ 为

$$\boldsymbol{W}_1 = L\boldsymbol{i}_1 + R\sin\eta\,\boldsymbol{j}_1 + R\cos\eta\,\boldsymbol{k}_1 \tag{10-1}$$

式中:L 为滚子型面长度参变量(mm);η 为滚子型面角度参变量(rad);R 为滚子半径参变量(mm),且有

$$R = R_W - L\tan\beta \tag{10-2}$$

其中:R_W为滚子中部半径(mm);β 为滚子锥顶半角(rad)。

将 $\boldsymbol{W}_1$转入 $o'_1x'_1y'_1z'_1$坐标系中,有

$$\boldsymbol{W}'_1 = \begin{bmatrix} m & -n & 0 \\ n & m & 0 \\ 0 & 0 & 1 \end{bmatrix}\boldsymbol{W}_1 = (mL - nR\sin\eta)\boldsymbol{i} + (nL + mR\sin\eta)\boldsymbol{j} + R\cos\eta\boldsymbol{k}$$

(10-3)

式中

$$\begin{cases} m=\cos(\beta+\theta) \\ n=\sin(\beta+\theta) \end{cases} \tag{10-4}$$

原点 o_1 在 $oxyz$ 坐标系中可表示为

$$\boldsymbol{W}_2=A_0\boldsymbol{j}-B\boldsymbol{k} \tag{10-5}$$

且有

$$A_0=A-mR_W-L_W\sin\lambda/(2\cos\beta) \tag{10-6}$$

式中:L_W 为滚子有效长度(mm);A 为调整参数,油石工作表面与导辊轴线的垂直间距(mm);B 为调整参数,2 个导辊轴线间距半值(mm)。

于是在 $oxyz$ 坐标系中,滚子 W 的型面向量为

$$\boldsymbol{W}=\boldsymbol{W}_2+\boldsymbol{W}'_1=x_T\boldsymbol{i}+y_T\boldsymbol{j}+z_T\boldsymbol{k} \tag{10-7}$$

式中

$$\begin{cases} x_T=mL-nR\sin\eta \\ y_T=nL+mR\sin\eta+A_0 \\ z_T=R\cos\eta-B \end{cases} \tag{10-8}$$

2. 导辊型面方程

在 $oxyz$ 坐标系中,导辊 G 型面向量为

$$\boldsymbol{G}=x\boldsymbol{i}+y\boldsymbol{j}+z\boldsymbol{k} \tag{10-9}$$

式中

$$\begin{cases} x=x_T+P\varphi \\ y=y_T\cos\varphi-z_T\sin\varphi \\ z=y_T\sin\varphi+z_T\cos\varphi \end{cases} \tag{10-10}$$

式中:φ 为导辊型面参变量(rad);P 为参数,且有

$$P=-\frac{h}{2\pi} \tag{10-11}$$

其中:h 为导程(mm)。

在滚子 W 与导辊 G 的接触点 $M(x_T,y_T,z_T)$ 上,滚子型面法线方向向量为

$$\boldsymbol{N}=\boldsymbol{W}_\eta\times\boldsymbol{W}_L \tag{10-12}$$

式中

$$\begin{cases} \boldsymbol{W}_\eta=\dfrac{\partial x_T}{\partial\eta}\boldsymbol{i}+\dfrac{\partial y_T}{\partial\eta}\boldsymbol{j}+\dfrac{\partial z_T}{\partial\eta}\boldsymbol{k}=-nL\cos\eta\boldsymbol{i}+mR\cos\eta\boldsymbol{j}-R\sin\eta\boldsymbol{k} \\ \boldsymbol{W}_L=\dfrac{\partial x_T}{\partial L}\boldsymbol{i}+\dfrac{\partial y_T}{\partial L}\boldsymbol{j}+\dfrac{\partial z_T}{\partial L}\boldsymbol{k}=(m+n\tan\beta\sin\eta)\boldsymbol{i}+(n-m\tan\beta\sin\eta)\boldsymbol{j}-\tan\beta\cos\eta\boldsymbol{k} \end{cases} \tag{10-13}$$

在超精研过程中,导辊和滚子作相对螺旋运动,在接触点 M 上,相对速度为

$$\boldsymbol{v}=P\omega\boldsymbol{i}+\omega\boldsymbol{i}\times\boldsymbol{W}=P\omega\boldsymbol{i}+\begin{vmatrix}\boldsymbol{i}&\boldsymbol{j}&\boldsymbol{k}\\\omega&0&0\\x_{\mathrm{T}}&y_{\mathrm{T}}&z_{\mathrm{T}}\end{vmatrix}=(P\boldsymbol{i}-z_{\mathrm{T}}\boldsymbol{j}+y_{\mathrm{T}}\boldsymbol{k})\omega \quad (10-14)$$

式中:ω 为导辊转动角速度。

由共轭曲面啮合理论可知

$$\boldsymbol{v}\cdot\boldsymbol{N}=0 \quad (10-15)$$

将式(10－12)、式(10－13)和式(10－14)代入式(10－15),可得

$$\begin{vmatrix}P&-z_{\mathrm{T}}&y_{\mathrm{T}}\\-n\cos\eta&m\cos\eta&-\sin\eta\\m+n\tan\beta\sin\eta&n-m\tan\beta\sin\eta&-\tan\beta\cos\eta\end{vmatrix}=0 \quad (10-16)$$

亦即

$$B_1\sin\eta+C_1\cos\eta+D_1=0 \quad (10-17)$$

式(10－17)的解为

$$\eta=\arccos\frac{-D_1}{\sqrt{B_1^2+C_1^2}}+\arctan\frac{B_1}{C_1} \quad (10-18)$$

式中

$$\begin{cases}B_1=nP-mB\\C_1=nR\tan\beta-nL-A_0\\D_1=-(mP+nB)\tan\beta\end{cases} \quad (10-19)$$

联立式(10－10)和式(10－18),即得导辊 G 的型面方程(导辊 G′的型面及廓形与 G 一致)。

3. 导辊廓形方程

在式(10－10)中,令 $z=0$,有

$$\begin{cases}x=x_{\mathrm{T}}+P\varphi\\R_{\mathrm{G}}=y=y_{\mathrm{T}}\cos\varphi-z_{\mathrm{T}}\sin\varphi\\\varphi=\arctan\left(-\dfrac{z_{\mathrm{T}}}{y_{\mathrm{T}}}\right)\end{cases} \quad (10-20)$$

式中:R_{G}为导辊理论廓形半径(mm)。

式(10－20)为导辊廓形方程。

10.2.3 有关参数的确定

1. 弦切角

如图 10－3 所示,滚子小端 1 的弦切角 λ_1和大端 2 的弦切角 λ_2,可统一表示为

$$\lambda=\arcsin\frac{L_{\mathrm{W}}}{2R_{\mathrm{T}}\cos\beta} \quad (10-21)$$

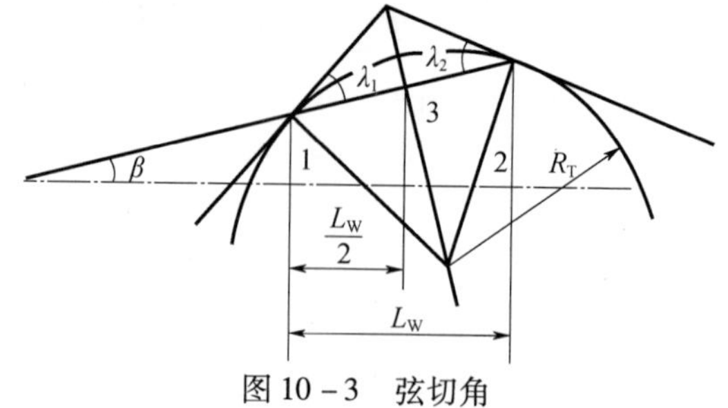

图 10－3　弦切角

式中：R_T为滚子母线凸度半径（mm）；λ 为弦切角（rad）。

对于直母线部分，弦切角为

$$\lambda_3 = 0 \tag{10-22}$$

2. 滚子位置参数

由图 10－1 和图 10－2 可知：

$$\theta = \begin{cases} \lambda_1 > 0（超精滚子小端 1） \\ \lambda_2 < 0（超精滚子小端 2） \\ \lambda_3 = 0（超精滚子直母线 3） \end{cases} \tag{10-23}$$

式中：θ 为滚子位置参数（rad）。

3. 调整参数

如图 10－4 所示导辊 G 的半径 R_0与滚子中部半径 R_W相对应，在此情形中，有（注意到 A 和 B 均为常数，与 θ 无关）

$$\begin{cases} \theta = \lambda_3 = 0 \\ L = 0 \\ R = R_W \\ y_T = R_0 \sin\varphi_0 \\ z_T = -R_0 \cos\varphi_0 \end{cases} \tag{10-24}$$

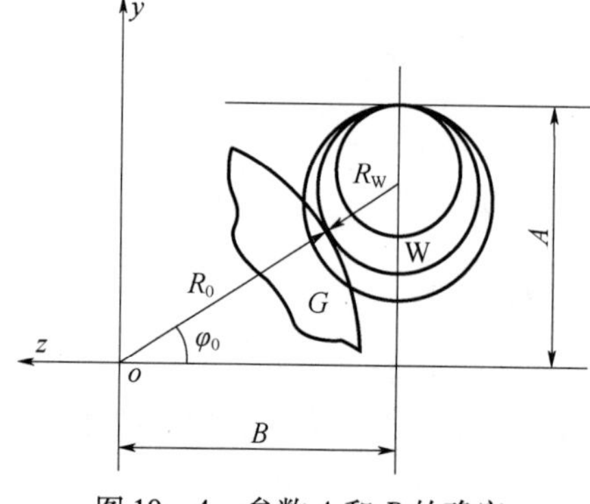

图 10－4　参数 A 和 B 的确定

式中：R_0为导辊型面上对应于滚子中部半径R_W处的半径（mm）；φ_0为对应R_0处，导辊与滚子在导辊横截面上的接触角（rad）。

将式（10－24）代入式（10－8）可解出

$$\begin{cases} A = R_0 \sin\varphi_0 + R_W(1 - \sin\eta)\cos\beta \\ B = R_0 \cos\varphi_0 + R_W \cos\eta \end{cases} \tag{10-25}$$

将式（10－24）代入式（10－19），得

$$\begin{cases} B_1 = P\sin\beta - B\cos\beta \\ C_1 = R_W \sin\beta\tan\beta - R_0\sin\varphi_0 + R_W\cos\beta\sin\eta \\ D_1 = -(P + B\tan\beta)\sin\beta \end{cases} \tag{10-26}$$

将式（10－26）和式（10－25）代入式（10－18）并整理可得

$$\eta = \arccos\frac{-T}{\sqrt{E^2+F^2}} + \arctan\frac{E}{F} \tag{10-27}$$

式中

$$\begin{cases} E = P\sin\beta - R_0\cos\varphi_0\cos\beta \\ F = -R_0\sin\varphi_0 \\ T = -(P + R_0\cos\varphi_0\tan\beta)\sin\beta \end{cases} \tag{10-28}$$

由式（10－25）、式（10－27）和式（10－28）可解出A和B。

4. **接触角**

接触角φ_0是一个重要的工艺参数，它主要和超精研工艺系统的干涉以及超精研过程中滚子的转动特性有关。一般认为，φ_0的常用范围是15°～19°。

10.2.4 导辊廓形的简化

导辊的理论廓形是一条复杂的曲线，在实际生产中难以加工，应予以简化。在图10－5中，点M_1和M_2之间的粗实线弧表示导辊的理论廓形，虚直线段表示导辊的简化廓形。点M_1和M_2的坐标分别为(x_{min},R_{Gmin})和(x_{max},R_{Gmax})。由2点式方程可得导辊的简化廓形：

$$R_{GJ} = \frac{R_{Gmax} - R_{Gmin}}{x_{max} - x_{max}}(x_J - x_{min}) + R_{Gmin} \tag{10-29}$$

式中：R_{GJ}为导辊简化廓形半径（mm）。

简化廓形锥角为

$$\alpha = \arctan\frac{R_{Gmax} - R_{Gmin}}{x_{max} - x_{min}} \tag{10-30}$$

式中：α为导辊简化廓形锥角（rad）。

由于简化而产生的廓形误差Δ为

$$\Delta = R_{GJ} - R_G \tag{10-31}$$

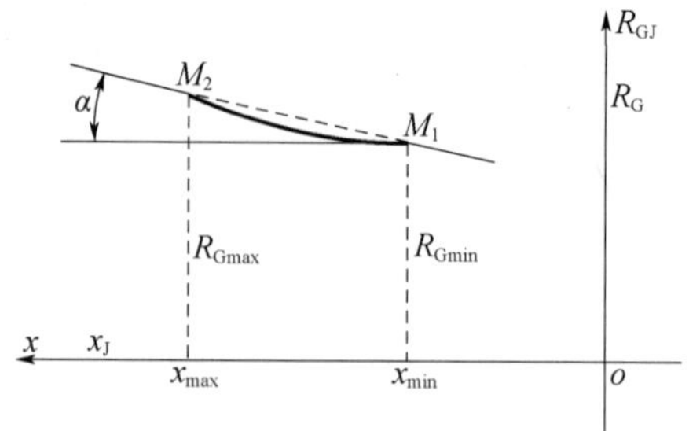

图 10 - 5 廓形的简化

条件是

$$x = x_J \tag{10-32}$$

10.2.5 计算实例

1. 已知条件

$L_W = 13.88\text{mm}$;$R_W = 5.97964\text{mm}$;$\beta = 2°$;$R_T = 2043.78204\text{mm}$;$R_0 = 73\text{mm}$;$H = 30\text{mm}$;$\varphi_0 = 15°$。

2. 调整参数 A 和 B

$$A = 26.40760\text{mm};B = 76.29086\text{mm}$$

3. 导辊廓形

表 10 - 1 给出了 $\theta = \lambda_3 = 0$ 时的 1 组导辊廓形数据。由表 10 - 1 可知,在已知条件下,用直线廓形代替理论廓形,误差很小,最大误差仅有 0.27μm。这说明廓形的简化是可行的。简化误差 $\Delta \geqslant 0$,意味着导辊型面是内凹的,这和实际生产中用砂轮磨削成形的导辊型面相一致。因此,在简化导辊廓形时,最关心的是确定实用的廓形锥角参数 α,误差 Δ 对超精研加工的影响可以忽略不计。

表 10 - 2 给出了导辊各段的锥角 α 值以及简化廓形方程 R_{GJ}。

表 10 - 1 计算结果

序号	L/mm	z/mm	R_G/mm	R_{GJ}/mm	Δ/mm
1	-6.94	-13.1411922	72.6953446	72.6953446	0
2	-4	-10.2011003	72.8243214	72.82443441	0.00011
3	0	-6.19629866	73.0000000	73.00027213	0.00027
4	4	-2.19152092	73.1759087	73.1761088	0.00020
5	6.94	-0.75197544	73.30534809	73.30534809	0

表 10－2　简化的廓形

序号	θ	简化廓形方程/mm	α
1	0°9′55.87″	$R_{GJ}=0.044628088x_J+73.2722115$	2°23′19.1″
2	－0°9′55.87″	$R_{GJ}=0.043144615x_J+73.26250326$	2°28′13.7″
3	0°	$R_{GJ}=0.04390672x_J+73.27233131$	2°30′50.6″

研究表明，凸度圆锥滚子超精研用螺旋导辊的理论廓形是复杂的内凹曲线，用直线代替它，误差很小。在设计导辊廓形时，应着重关心简化廓形的锥角 α。

10.3　加工螺旋导辊的砂轮截形设计

在生产实践中，直母线和带有微小凸度的圆锥滚子的超精加工，一般都采用贯穿式或者切入式方法（切入式可认为是贯穿式的特例）。对于这种加工方法来说，导辊的截形精度直接影响到滚子在超精过程中的稳定性和加工精度。因此，精确地加工螺旋导辊就显得十分重要。制造导辊的关键在于精确磨削其轴向截面形状，而想得到预期的导辊截形，必须正确设计计算砂轮的工作截形，这便是本节所要论述的主要内容。

10.3.1　砂轮理论截形

1. 导辊曲面方程

贯穿式超精研圆锥滚子用的导辊，通常是一个有特定轴向截形的等距圆柱螺旋曲面，磨削该曲面时，砂轮和导辊布局如图 10－6 所示。在图 10－6 中，砂轮置于坐标系 $oxyz$ 中，oz 为其回转轴线；螺旋导辊置于坐标系 $o_1x_1y_1z_1$ 中，o_1z_1 为其回转轴线。上述两轴线最短间距为 a_0，夹角即安装角为 β。磨削时，砂轮和导辊各绕自身轴线转动，并且作相对螺旋运动。砂轮型面 $\boldsymbol{r}$ 与导辊型面 $\boldsymbol{r}_1$ 的接触线 $\boldsymbol{C}$ 是一条复杂的空间曲线。

图 10－7 为螺旋导辊的轴向截形。超精研圆锥滚子时，导辊底槽直线 $\boldsymbol{L}_1$ 和挡边直线 $\boldsymbol{L}_2$ 所在型面分别与滚子滚动工作表面及大端端面接触。砂轮轴向截形按这 2 条直线所在型面设计。为方便研究，下面论述中，分别用 l_1 和 l_2 表示 $\boldsymbol{L}_1$ 和 $\boldsymbol{L}_2$ 模的变化量即长度变量，并将 l_1 和 l_2 统称为 l，将 $\boldsymbol{L}_1$ 方向角 α_1 和 $\boldsymbol{L}_2$ 方向角 α_2 统称为 α。

设 l 和 θ 为导辊型面 $\boldsymbol{r}_1$ 的 2 个参变量，在 $o_1x_1y_1z_1$ 坐标系中，导辊型面方程：

$$\boldsymbol{r}_1=\boldsymbol{r}_1(l,\theta) \tag{10-33}$$

在图 10－7 中，导辊轴向截形方程为

$$\begin{cases}x_I=b_0+l\sin\alpha\\ y_I=0\\ z_I=l\cos\alpha\end{cases} \tag{10-34}$$

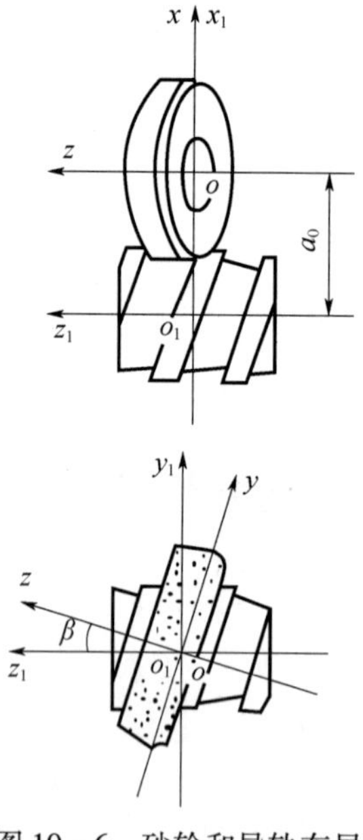

图 10-6　砂轮和导轨布局

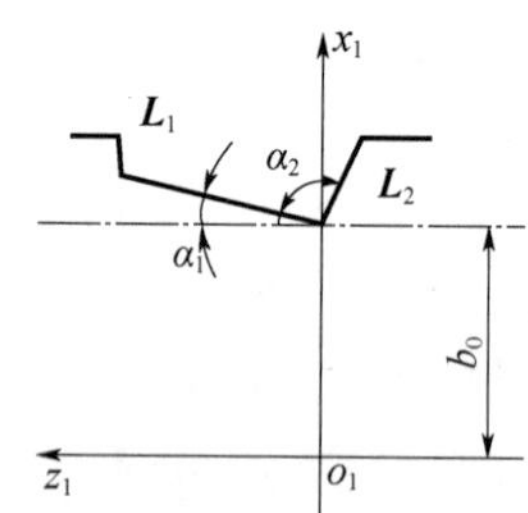

图 10-7　导辊轴向截形

式(10-34)绕 o_1z_1 轴以 θ 为参变量作螺旋运动,得到

$$\begin{bmatrix} x_1 \\ y_1 \\ z_1 \end{bmatrix} = \begin{bmatrix} \cos\theta & -\sin\theta & 0 \\ \sin\theta & \cos\theta & 0 \\ 0 & 0 & 1 \end{bmatrix} \begin{bmatrix} x_{\mathrm{I}} \\ y_{\mathrm{I}} \\ z_{\mathrm{I}} \end{bmatrix} + \begin{bmatrix} 0 \\ 0 \\ P\theta \end{bmatrix} \tag{10-35}$$

式中:$P=-h/(2\pi)$,h 为导程,负号表示左旋。

整理式(10-33)~式(10-35),得导辊曲面方程:

$$\boldsymbol{r}_1 = x_1\boldsymbol{i}_1 + y_1\boldsymbol{j}_1 + z_1\boldsymbol{k}_1 \tag{10-36}$$

式中

$$\begin{cases} x_1 = (b_0 + l\sin\alpha)\cos\theta \\ y_1 = (b_0 + l\sin\alpha)\sin\theta \\ z_1 = l\cos\alpha + P\theta \end{cases} \tag{10-37}$$

2. 接触线方程

在求导辊和砂轮的接触线 $\boldsymbol{C}$ 之前,首先叙述下列关于接触线的两个条件:

(1) 磨削过程中,砂轮和导辊相切于空间接触线 $\boldsymbol{C}$,$\boldsymbol{C}$ 为砂轮 $\boldsymbol{r}$ 和导辊 $\boldsymbol{r}_1$ 公有,因此,在 $\boldsymbol{C}$ 上,式(10-36)满足砂轮型面方程;

(2) 数学上的砂轮回转曲面是分段连续光滑的,导辊型面上通过 $\boldsymbol{C}$ 的法线必和砂轮轴线 oz 相交或者平行。

有了这两个条件,就可以很容易地求出接触线 $\boldsymbol{C}$。

设 $M(x_1,y_1,z_1)$ 为接触线 $\boldsymbol{C}$ 上任意一点,过 M 点型面 $\boldsymbol{r}_1$ 的法线方向向量为

$$\boldsymbol{n}=\boldsymbol{r}_{1l}\times\boldsymbol{r}_{1\theta} \tag{10-38}$$

式中

$$\begin{cases}\boldsymbol{r}_{1l}=\dfrac{\partial x_1}{\partial l}\boldsymbol{i}_1+\dfrac{\partial y_1}{\partial l}\boldsymbol{j}_1+\dfrac{\partial z_1}{\partial l}\boldsymbol{k}_1=\sin\alpha\cos\theta\boldsymbol{i}_1+\sin\alpha\sin\theta\boldsymbol{j}_1+\cos\alpha\boldsymbol{k}_1\\ \boldsymbol{r}_{1\theta}=\dfrac{\partial x_1}{\partial\theta}\boldsymbol{i}_1+\dfrac{\partial y_1}{\partial\theta}\boldsymbol{j}_1+\dfrac{\partial z_1}{\partial\theta}\boldsymbol{k}_1=-(b_0+l\sin\alpha)\cos\theta\boldsymbol{i}_1+(b0+l\sin\alpha)\cos\theta\boldsymbol{j}_1+P\boldsymbol{k}_1\end{cases} \tag{10-39}$$

将式(10-39)代入式(10-38),得

$$\boldsymbol{n}=\begin{vmatrix}\boldsymbol{i}_1 & \boldsymbol{j}_1 & \boldsymbol{k}_1\\ \sin\alpha\cos\theta & \sin\alpha\sin\theta & \cos\alpha\\ -(b_0+l\sin\alpha)\sin\theta & (b_0+l\sin\alpha)\cos\theta & P\end{vmatrix}=(b_0+l\sin\alpha)(n_1\boldsymbol{i}_1+n_2\boldsymbol{j}_1+n_3\boldsymbol{k}_1) \tag{10-40}$$

式中

$$\begin{cases}n_1=P_0\sin\alpha\sin\theta-\cos\alpha\cos\theta\\ n_2=-(\cos\alpha\sin\theta+P_0\sin\alpha\cos\theta)\\ n_3=\sin\alpha\end{cases} \tag{10-41}$$

其中

$$P_0=\frac{P}{b_0+l\sin\alpha}$$

在图 10-6 中,砂轮轴线 oz 在 $o_1x_1y_1z_1$ 中的方向向量:

$$\boldsymbol{\varepsilon}=\sin\beta\boldsymbol{j}_1+\cos\beta\boldsymbol{k}_1 \tag{10-42}$$

连接点 M 和原点 o 可得一向量:

$$\boldsymbol{\lambda}=(x_1-a_0)\boldsymbol{i}_1+y\boldsymbol{j}_1+z_1\boldsymbol{k}_1 \tag{10-43}$$

由条件(2)知,向量 $\boldsymbol{n}$,$\boldsymbol{\lambda}$ 和 $\boldsymbol{\varepsilon}$ 共面,即有(图 10-8)

$$(\boldsymbol{\varepsilon}\times\boldsymbol{\lambda})\cdot\boldsymbol{n}=0 \tag{10-44}$$

将式(10-40)~式(10-43)代入式(10-44),有

$$\begin{Vmatrix}0 & \sin\beta & \cos\beta\\ x_1-a_0 & y_1 & z_1\\ n_1 & n_2 & n_3\end{Vmatrix}=0 \tag{10-45}$$

即

$$f=\cos\beta[n_2(x_1-a_0)-n_1y_1]-\sin\beta[n_3(x_1-a_0)-n_1z_1]=0 \tag{10-46}$$

给定 α,取不同的 l,由式(10-46)解出相应的 θ,然后通过式(10-37)即条件(1)便得接触线 $\boldsymbol{C}$ 上 $M(x_1,y_1,z_1)$ 的坐标值。

接触线 $\boldsymbol{C}$ 在 $oxyz$ 坐标系中可表示为

$$\begin{bmatrix} x \\ y \\ z \end{bmatrix} = \begin{bmatrix} 1 & 0 & 0 \\ 0 & \cos\beta & -\sin\beta \\ 0 & \sin\beta & \cos\beta \end{bmatrix} \begin{bmatrix} x_1 \\ y_1 \\ z_1 \end{bmatrix} - \begin{bmatrix} a_0 \\ 0 \\ 0 \end{bmatrix} \tag{10-47}$$

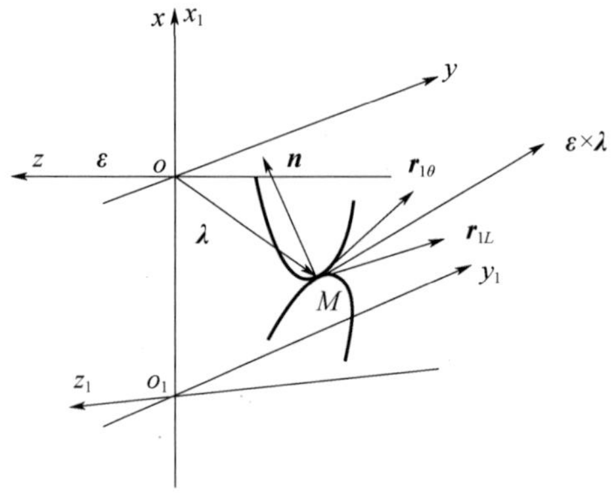

图 10－8　向量 $\boldsymbol{n}$,$\boldsymbol{\lambda}$ 和 $\boldsymbol{\varepsilon}$ 共面

3. 砂轮理论截形

将式(10－47)绕 oz 轴回转,即得砂轮型面 $\boldsymbol{r}$,通过 oz 轴切开砂轮,便得砂轮轴向截形:

$$\begin{cases} z = z \\ R = \sqrt{x^2 + y^2} \end{cases} \tag{10-48}$$

式中:R 为砂轮半径变量;x 和 y 由式(10－47)定义。

式(10－48)就是所求的 $oxyz$ 坐标系中砂轮的理论截形。

10.3.2 边界条件

理论上计算出的砂轮截形如图 10－9(a)所示。其中,E_1E_0 和 E_0E_2 曲线段所在的砂轮型面分别用于磨削图 10－7 所示的 $\boldsymbol{L}_1$ 和 $\boldsymbol{L}_2$ 所在的导辊型面,E_1E_0 和 E_0E_2 曲线段边界的交点 E_0 点对应于 $\boldsymbol{L}_1$ 和 $\boldsymbol{L}_2$ 的交点,即边界条件相同。但若有关参数选取不妥当,就满足不了边界条件,即发生边界干涉,如图 10－9(b)所示。在图 10－9(b)中,边界点 E_{01} 和 E_{02} 不重合,按这种截形设计砂轮,E_{01} 和 E_{02} 两段弧是无法修整出来的,从而使最终加工出来的 $\boldsymbol{L}_1$ 和 $\boldsymbol{L}_2$ 不符合要求。为避免这种现象发生,应使 $l = l_1 = l_2 = 0$ 时,具有相同的 z 值,并且半径一致:

$$f_0 = R_{01}(\theta, \beta, a_0, \alpha_1, l_1) - R_{02}(\theta, \beta, a_0, \alpha_2, l_2) = 0 \tag{10-49}$$

式中:R_{01} 为对应于 $l_1 = 0$ 时的砂轮半径 R_0;R_{02} 为对应于 $l_2 = 0$ 时的砂轮半径 R_0。

式(10－49)为不发生边界干涉的边界条件。下面具体研究边界条件。将

$$\begin{cases} l = 0 \\ \theta = 0 \end{cases} \tag{10-50}$$

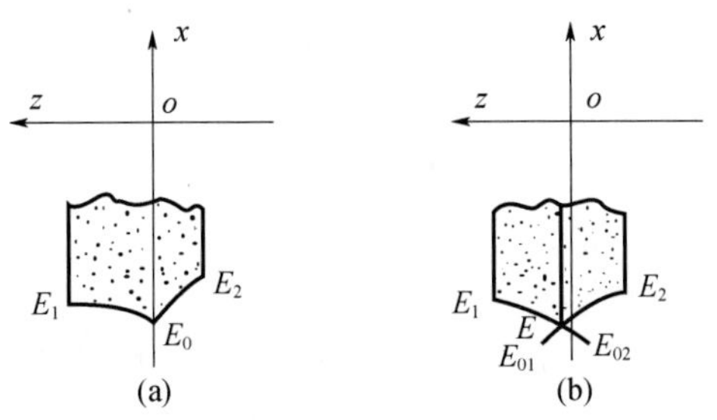

图 10－9　边界条件

(a)满足边界;(b)边界干涉。

代入式(10－46),得

$$f=-\frac{b_0-a_0}{b_0}P\cos\beta\sin\alpha-(b_0-a_0)\sin\beta\sin\alpha=0 \tag{10-51}$$

因为$(b_0-a_0)\sin\alpha$不总为零,所以

$$\beta=\arctan\frac{-P}{b_0}=\arctan\frac{h}{2\pi b_0} \tag{10-52}$$

在推导式(10－52)时,并没有限制α的取值范围,也即无论α取何值,式(10－50)和式(10－51)同时满足式(10－46)。

将式(10－50)和式(10－52)代入式(10－48)得

$$\begin{cases}z=0\\R=a_0-b_0\end{cases} \tag{10-53}$$

式(10－53)满足式(10－50)。

当β值满足式(10－52)时,边界条件随之满足。因此,砂轮安装角β由式(10－52)确定。

10.3.3　砂轮简化截形

图 10－10 为砂轮截形示意图。图中,对应于 3 个点E_0,E_1和E_2的砂轮截形半径分别为R_0,R_1和R_2,E_1E_0和E_0E_2曲线段所在的砂轮型面分别用于磨削图 10－7 所示的$\boldsymbol{L}_1$和$\boldsymbol{L}_2$所在的导辊型面。E_1E_0和E_0E_2曲线是理论上计算出来的曲线。

这种砂轮截形不便于生产应用,须简化。在实践中,通常将其简化为最易成形的直线,即图 10－10 中虚线。用这两条直线段代替E_1E_0和E_0E_2曲线段。

图 10－11 为简化后砂轮型面,由图可知,简化后的砂轮型面向量$\boldsymbol{r}_j$为

$$\boldsymbol{r}_j=x_j\boldsymbol{i}+y_j\boldsymbol{j}+z_j\boldsymbol{k} \tag{10-54}$$

式中

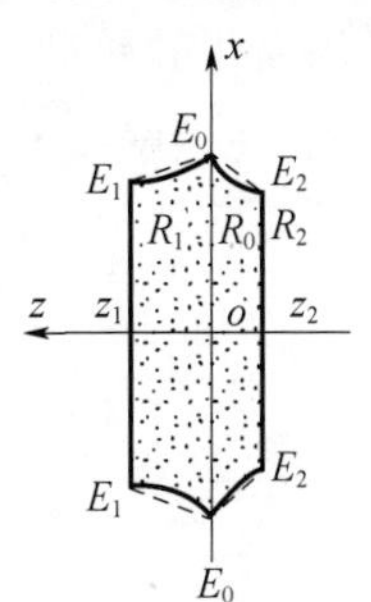

图 10－10　砂轮截形示意图

$$\begin{cases} x_j = R_j\cos\gamma \\ y_j = R_j\sin\gamma \\ z_j = z_j \end{cases} \tag{10-55}$$

其中

$$R_j = R_0 + z_j\tan\mu \tag{10-56}$$

式中:z_j为简化后砂轮型面的轴向坐标尺寸;R_j为简化后砂轮型面在z_j处的半径;R_0为砂轮的最大半径且满足式(10-53);μ为简化后砂轮型面的2个锥角μ_1和μ_2的统称(见图10-11)。

$$\begin{cases} \tan\mu_1 = -\left|\dfrac{R_0 - R_{j1}}{z_{j1}}\right| \\ \tan\mu_2 = \left|\dfrac{R_0 - R_{j2}}{z_{j2}}\right| \end{cases} \tag{10-57}$$

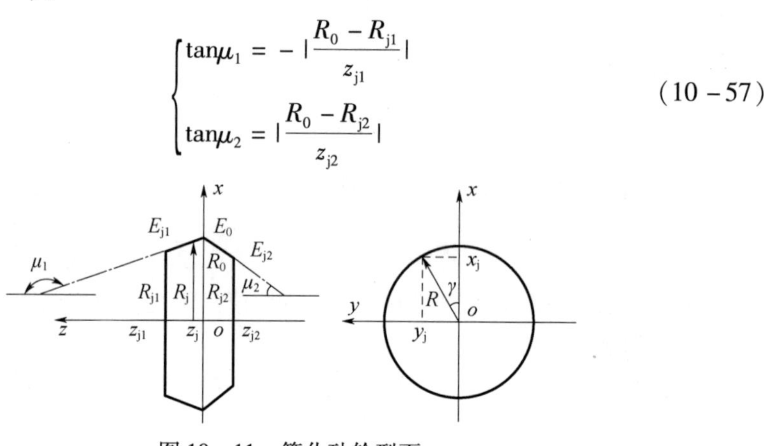

图10-11 简化砂轮型面

简化砂轮型面后,必然出现这样的问题:

(1)简化砂轮所产生的砂轮误差;

(2)用简化砂轮磨削导辊所产生的导辊误差。

这两种误差都可以计算出来,但在生产中,最关心的是后者。下面就定量分析由于简化而造成的导辊误差。

10.3.4 导辊误差

1. 导辊型面

设用简化砂轮型面$\boldsymbol{r}_j$磨削成形的导辊型面为$\boldsymbol{r}_{Tj}$。磨削时,接触线$\boldsymbol{C}_j$为二者公有。因此,在接触线$\boldsymbol{C}_j$上,导辊型面$\boldsymbol{r}_{1j}$亦满足$\boldsymbol{r}_j$。在$o_1x_1y_1z_1$坐标系中,接触线$\boldsymbol{C}_j$上导辊型面向量可表示为

$$\boldsymbol{r}_{Tj} = x_{Tj}\boldsymbol{i}_1 + y_{Tj}\boldsymbol{j}_1 + z_{Tj}\boldsymbol{k}_1 \tag{10-58}$$

式中

$$\begin{cases} x_{Tj} = R_j\cos\gamma + a_0 \\ y_{Tj} = R_j\sin\gamma\cos\beta + z_j\sin\beta \\ z_{Tj} = -R_j\sin\gamma\sin\beta + z_j\cos\beta \end{cases} \tag{10-59}$$

砂轮和导辊磨削时作相对螺旋运动，因此，在接触线 $\boldsymbol{C}_{\mathrm{j}}$ 上，二者相对速度向量：

$$\boldsymbol{v}_{\mathrm{j}}=\omega_{\mathrm{j}}\boldsymbol{k}_1\times\boldsymbol{r}_{\mathrm{Tj}}+P\omega_{\mathrm{j}}\boldsymbol{k}_1 \tag{10-60}$$

式中：ω_{j} 为导辊转动角速度；$P=-h/(2\pi)$，h 为导程。

将式(10－58)代入式(10－60)得

$$\boldsymbol{v}_{\mathrm{j}}=\begin{bmatrix}\boldsymbol{i}_1 & \boldsymbol{j}_1 & \boldsymbol{k}_1\\ 0 & 0 & \omega_{\mathrm{j}}\\ x_{\mathrm{Tj}} & y_{\mathrm{Tj}} & z_{\mathrm{Tj}}\end{bmatrix}+P\omega_{\mathrm{j}}\boldsymbol{k}_1=\omega_{\mathrm{j}}(-y_{\mathrm{Tj}}\boldsymbol{i}_1+x_{\mathrm{Tj}}\boldsymbol{j}_1+P\boldsymbol{k}_1) \tag{10-61}$$

在 $\boldsymbol{C}_{\mathrm{j}}$ 上，砂轮型面法线方向向量为

$$\boldsymbol{n}_{\mathrm{j}}=\boldsymbol{r}_{\mathrm{Tjzj}}\times\boldsymbol{r}_{\mathrm{Tj}\gamma} \tag{10-62}$$

式中

$$\begin{cases}\boldsymbol{r}_{\mathrm{Tjzj}}=\dfrac{\partial x_{\mathrm{Tj}}}{\partial z_{\mathrm{j}}}\boldsymbol{i}_1+\dfrac{\partial y_{\mathrm{Tj}}}{\partial z_{\mathrm{j}}}\boldsymbol{j}_1+\dfrac{\partial z_{\mathrm{Tj}}}{\partial z_{\mathrm{j}}}\boldsymbol{k}_1\\ \quad=\tan\mu\cos\gamma\boldsymbol{i}_1+(\tan\mu\sin\gamma\cos\beta+\sin\beta)\boldsymbol{j}_1+(-\tan\mu\sin\gamma\sin\beta+\cos\beta)\boldsymbol{k}_1\\ \boldsymbol{r}_{\mathrm{Tj}\gamma}=\dfrac{\partial x_{\mathrm{Tj}}}{\partial\gamma}\boldsymbol{i}_1+\dfrac{\partial y_{\mathrm{Tj}}}{\partial\gamma}\boldsymbol{j}_1+\dfrac{\partial z_{\mathrm{Tj}}}{\partial\gamma}\boldsymbol{k}_1=R_{\mathrm{j}}(-\sin\gamma\boldsymbol{i}_1+\cos\gamma\cos\beta\boldsymbol{j}_1-\cos\gamma\sin\beta\boldsymbol{k}_1)\end{cases} \tag{10-63}$$

由啮合理论知

$$\boldsymbol{n}_{\mathrm{j}}\cdot\boldsymbol{v}_{\mathrm{j}}=0 \tag{10-64}$$

将式(10－61)～式(10－63)代入式(10－64)得

$$\begin{vmatrix}-y_{\mathrm{Tj}} & x_{\mathrm{Tj}} & P\\ \tan\mu\cos\gamma & \tan\mu\sin\gamma\cos\beta+\sin\beta & -\tan\mu\sin\gamma\sin\beta+\cos\beta\\ -\sin\gamma & \cos\gamma\cos\beta & -\cos\gamma\sin\beta\end{vmatrix}=0 \tag{10-65}$$

将式(10－59)代入式(10－65)得

$$a_1\sin\gamma+b_1\cos\gamma+c_1=0 \tag{10-66}$$

式中

$$\begin{cases}a_1=a_0\cos\beta-P\sin\beta\\ b_1=-(z_{\mathrm{j}}+R_{\mathrm{j}}\tan\mu)\sin\beta\\ c_1=-(P\cos\beta+a_0\sin\beta)\tan\mu\end{cases} \tag{10-67}$$

式(10－66)的解为

$$\gamma=\arctan\frac{a_1}{b_1}+\arccos\frac{-c_1}{\sqrt{a_1^2+b_1^2}} \tag{10-68}$$

联立式(10－58)、式(10－59)、式(10－67)和式(10－68)可求出接触线 $\boldsymbol{C}_{\mathrm{j}}$ 的坐标值。

将接触线 $\boldsymbol{C}_{\mathrm{j}}$ 绕 o_1z_1 轴以 θ_{j} 为参变量作螺旋运动得

$$\boldsymbol{r}_{1j}=x_{1j}\boldsymbol{i}_1+y_{1j}\boldsymbol{j}_1+z_{1j}\boldsymbol{k}_1 \tag{10-69}$$

式中

$$\begin{bmatrix} x_{1j} \\ y_{1j} \\ z_{1j} \end{bmatrix}=\begin{bmatrix} \cos\theta_j & -\sin\theta_j & 0 \\ \sin\theta_j & \cos\theta_j & 0 \\ 0 & 0 & 1 \end{bmatrix}\begin{bmatrix} x_{Tj} \\ y_{Tj} \\ z_{Tj} \end{bmatrix}+\begin{bmatrix} 0 \\ 0 \\ P\theta_j \end{bmatrix} \tag{10-70}$$

式(10－69)就是用简化砂轮型面 $\boldsymbol{r}_j$ 磨削成形的导辊型面方程。

2. **导辊误差计算**

在生产中，通常给出导辊轴向截面的尺寸，如图(10－7)和式(10－34)。为了在轴向截面内比较 $\boldsymbol{r}_j$ 和 $\boldsymbol{r}_{1j}$ 的差别，在式(10－70)中，令 $y_{1j}=0$，得

$$\begin{cases} z_{1j}=z_{Tj}+P\theta \\ x_{1j}=\cos\theta_j x_{Tj}-\sin\theta_j y_{Tj} \\ \tan\theta_j=-\dfrac{y_{Tj}}{x_{Tj}} \end{cases} \tag{10-71}$$

式(10－71)为 $\boldsymbol{r}_{1j}$ 的轴向截面形状方程。

在轴向截面内，$\boldsymbol{r}_j$ 和 $\boldsymbol{r}_{1j}$ 的误差可表示为

$$\Delta=x_1-x_{1j} \tag{10-72}$$

条件是

$$z_{1j}=z_1 \tag{10-73}$$

10.3.5 计算实例

1. **已知数据**

$\alpha_1=2°31'6''$；$l_{1\max}=30\text{mm}$；$\alpha_2=92°$；$l_{2\max}=7\text{mm}$；$b_0=73\text{mm}$；$h=40\text{mm}$；$R_0=150\text{mm}$。

2. **安装参数 a_0 和 β**

$$a_0=R_0+b_0=223\text{mm}$$

$$\beta=\arctan[h/(2\pi b_0)]=4°59'2.59''$$

3. **简化砂轮截形参数 μ_1 和 μ_2**

将上述已定参数代入有关计算公式，可得简化砂轮截形的参数，见表 10－3。

表 10－3　简化砂轮截形参数 μ_1 和 μ_2

序号 m	α_m	$l_{m\max}$/mm	z_{jm}/mm	R_{jm}/mm	μ_m
1	2°31′6″	30	29.85904	148.69699	180°－2°29′56″
2	92°	7	－0.12495	145.81276	88°17′27″

4. **导辊误差**

超精研圆锥滚子时，导辊上 $\boldsymbol{L}_2$ 所在型面与工件大端面呈点接触，其作用是推动滚子前进；$\boldsymbol{L}_1$ 所在型面与滚子滚动工作表面呈线接触，其作用是带动滚子转动，

并保证滚子在超精过程中的稳定性以及超精后滚子母线的质量。$\boldsymbol{L}_1$和$\boldsymbol{L}_2$的作用不同,所要求的精度就有差别。生产实践中,人们主要关心的是具有较高精度的$\boldsymbol{L}_1$。因此,在分析误差时,仅考虑$\boldsymbol{L}_1$。

表 10-4 给出了用简化砂轮磨削导辊所产生的导辊误差$\Delta = x_1 - x_{1j}$。

表 10-4　导辊误差($\alpha_1 = 2°31'6''$)

序号	l_1/mm	z_1/mm	z_{1j}/mm	x_1/mm	x_{1j}/mm	$\Delta = x_1 - x_{1j}$/mm
1	0	0	0	73	73	0
2	7.5	7.49276	7.49276	73.32954	73.32954	0
3	15	14.98552	14.98552	73.65909	73.65908	0.00001
4	22.5	22.47827	22.47827	73.98863	73.98863	0
5	30	29.97103	29.97103	74.31817	74.31817	0

由表 10-4 可知,用简化砂轮磨削出来的导辊截形是内凹的曲线($\Delta \geqslant 0$),这条曲线和所要求的直线$\boldsymbol{L}_1$比较,最大差值仅有 0.01μm,如此微小的误差是可以满足工程需要的。

由上述分析可得出下列结论:

(1) 用于磨削螺旋导辊的砂轮理论截形是一条复杂的曲线。

(2) 用直线代替该理论曲线可以满足工程要求。

(3) 用简化后的砂轮磨削出的导辊截形是一微微内凹的曲线,该曲线与所要求的直线相比较,差值甚微。

10.4　无心超精研的运动特性

在超精研直母线或者凸度圆锥滚子过程中,螺旋导辊接触φ_i($i=1,2$,通常$\varphi_1 = \varphi_2$)是一个极其重要的工艺参数。它除了和系统的干涉有关外,还直接影响到滚子的转动特性。如果选取不当,在超精研过程中,滚子将会失去转动稳定性,从而降低超精研精度。

本节从滚子在超精研过程中的运动学和动力学着手,定量地分析了滚子的转动特性和螺旋导辊接触角φ_i的关系,推导出了合理选择φ_1的计算公式,对生产实践有一定的指导意义。

图 10-12 表明了贯穿式超精研滚子的工作原理。带挡边的导辊 C_1和不带挡边的导辊 C_2分别在$o_1x_1y_1z_1$和$o_2x_2y_2z_2$坐标系中以相同的角速度ω_C分别绕各自轴线o_1x_1和o_2x_2旋转。滚子 W 在随导辊 C_1上挡边 1′处推动力的作用下,随$oxyz$坐标系沿o_3x_3轴正向前进的同时,又依赖其滚动表面与两导辊接触线上的摩擦力的驱动,绕ox轴以角速度ω_W转动。在$o_3x_3y_3z_3$坐标系中,油石 I 弹性地压在滚子上并在o_3x_3轴方向作高频率、低振幅的往复振动,从而实现超精研加工。

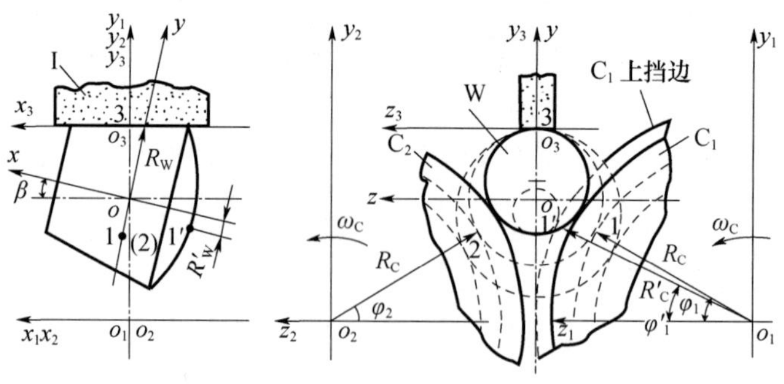

图 10-12　工作原理

10.4.1　运动学

1. 导辊线速度

1）导辊 C_1 上 1 处线速度

在 $o_1x_1y_1z_1$ 坐标系中,导辊 C_1 上 1 处线速度为

$$\boldsymbol{V}_{C_1}^{(01)}=\omega_C R_C(-\cos\varphi_1\,\boldsymbol{j}_1+\sin\varphi_1\,\boldsymbol{k}_1) \tag{10-74}$$

将 $\boldsymbol{V}_{C_1}^{(01)}$ 转入 $oxyz$ 坐标系中,有

$$\boldsymbol{V}_{C_1}^{(0)}=\begin{bmatrix}\cos\beta & \sin\beta & 0\\ -\sin\beta & \cos\beta & 0\\ 0 & 0 & 1\end{bmatrix}\boldsymbol{V}_{C_1}^{(01)}=V_{C_1}^{(x)}\boldsymbol{i}+V_{C_1}^{(y)}\boldsymbol{j}+V_{C_1}^{(z)}\boldsymbol{k} \tag{10-75}$$

其中

$$\begin{cases}V_{C_1}^{(x)}=-\omega_C R_C\cos\varphi_1\sin\beta\\ V_{C_1}^{(y)}=-\omega_C R_C\cos\varphi_1\cos\beta\\ V_{C_1}^{(z)}=\omega_C R_C\sin\varphi_1\end{cases} \tag{10-76}$$

式中:ω_C 为导辊 C_1 和 C_2 的转动角速度(rad/s);R_C 为导辊上 1 和 2 处的半径(mm);φ_1 为导辊上 1 处的接触角;β 为圆锥滚子半锥角(rad)。

2）导辊 C_1 上 1′处线速度

同上理可得导辊 C_1 上挡边 1′处线速度在 $oxyz$ 坐标系中的表达式

$$\boldsymbol{V}_{C'_1}^{(0)}=V_{C'_1}^{(x)}\boldsymbol{i}+V_{C'_1}^{(y)}\boldsymbol{j}+V_{C'_1}^{(z)}\boldsymbol{k} \tag{10-77}$$

其中

$$\begin{cases}V_{C'_1}^{(x)}=-\omega_C R_C\cos\varphi'\sin\beta\\ V_{C'_1}^{(y)}=-\omega_C R_C\cos\varphi'\cos\beta\\ V_{C'_1}^{(z)}=\omega_C R_C\sin\varphi'\end{cases} \tag{10-78}$$

式中:φ' 为导辊 C_1 上 1′处的接触角(rad)。

3）导辊 C_1 上 2 处线速度

在 $o_2x_2y_2z_2$ 坐标系中，导辊 C_2 上 2 处线速度为

$$\boldsymbol{V}_{C_2}^{(02)} = \omega_C R_C(\cos\varphi_2 \boldsymbol{j}_2 + \sin\varphi_2 \boldsymbol{k}_2) \tag{10-79}$$

将 $\boldsymbol{V}_{C_2}^{(02)}$ 转入 $oxyz$ 坐标系中，有

$$\boldsymbol{V}_{C_2}^{(0)} = V_{C_2}^{(x)}\boldsymbol{i} + V_{C_2}^{(y)}\boldsymbol{j} + V_{C_2}^{(z)}\boldsymbol{k} \tag{10-80}$$

其中

$$\begin{cases} V_{C_2}^{(x)} = \omega_C R_C \cos\varphi_2 \sin\beta \\ V_{C_2}^{(y)} = \omega_C R_C \cos\varphi_2 \cos\beta \\ V_{C_2}^{(z)} = \omega_C R_C \sin\varphi_2 \end{cases} \tag{10-81}$$

式中：φ_2 为导辊上 2 处的接触角（rad）。

2. 油石振动速度

在 $o_3x_3y_3z_3$ 坐标系中，油石 I 的往复振动速度为

$$\boldsymbol{V}_{13}^{(03)} = V_{13}^{(03)}\boldsymbol{i}_3 \tag{10-82}$$

其中

$$V_{13}^{(03)} = A_1\omega_1\cos(\omega_1 t + \beta_1) \tag{10-83}$$

式中：A_1 为油石振幅（mm）；ω_1 为油石振动角频率（rad/s）；t 为时间（s）；β_1 为油石振动初相位角（rad）。

将 $\boldsymbol{V}_{13}^{(03)}$ 转入 $oxyz$ 坐标系中，有

$$\boldsymbol{V}_{13}^{(3)} = V_{13}^{(x)}\boldsymbol{i} + V_{13}^{(y)}\boldsymbol{j} + V_{13}^{(z)}\boldsymbol{k} \tag{10-84}$$

其中

$$\begin{cases} V_{13}^{(x)} = V_{13}^{(03)}\cos\beta \\ V_{13}^{(y)} = -V_{13}^{(03)}\sin\beta \\ V_{13}^{(z)} = 0 \end{cases} \tag{10-85}$$

3. 滚子线速度

（1）滚子 o 处速度。滚子 o 处速度即动坐标系 $oxyz$ 沿 o_3x_3 轴前进速度为

$$\boldsymbol{V}_{W_0}^{(0)} = \omega_C P(\cos\beta\boldsymbol{i} - \sin\beta\boldsymbol{j}) \tag{10-86}$$

式中：P 为螺旋参数，$P = h/(2\pi)$，h 为导程（mm）。

（2）滚子转动角速度。滚子绕 ox 轴转动的角速度 ω_W 取决于导辊 C_1 的速度，为

$$\omega_W = \frac{k\omega_C R_C}{R_W}\sqrt{\sin^2\varphi_1 + \cos^2\beta\cos^2\varphi_1} \tag{10-87}$$

式中：k 为滚子转动线速度滑动系数；R_W 为滚子中部半径，即 1 和 2 处半径（mm）；ω_W 为滚子转动角速度（rad/s）。

（3）滚子上 1 处线速度。滚子上 1 处线速度在 $oxyz$ 坐标系中为

$$\boldsymbol{V}_{\mathrm{W}_1}^{(0)} = \boldsymbol{V}_{\mathrm{W}_0}^{(0)} + \omega_{\mathrm{W}} R_{\mathrm{W}} (-\cos\eta_1 \boldsymbol{j} + \sin\eta_1 \boldsymbol{k}) = V_{\mathrm{W}_1}^{(x)} \boldsymbol{i} + V_{\mathrm{W}_1}^{(y)} \boldsymbol{j} + V_{\mathrm{W}_1}^{(z)} \boldsymbol{k} \tag{10-88}$$

其中

$$\begin{cases} V_{\mathrm{W}_1}^{(x)} = \omega_{\mathrm{C}} P \cos\beta \\ V_{\mathrm{W}_1}^{(y)} = -\omega_{\mathrm{W}} R_{\mathrm{W}} \cos\eta_1 - \omega_{\mathrm{C}} P \sin\beta \\ V_{\mathrm{W}_1}^{(z)} = \omega_{\mathrm{W}} R_{\mathrm{W}} \sin\eta_1 \end{cases} \tag{10-89}$$

式中：η_1为滚子上对应于 φ_1的接触角(rad)。

(4) 滚子上 2 处线速度。滚子上 2 处线速度在 $oxyz$ 坐标系中为

$$\boldsymbol{V}_{\mathrm{W}_2}^{(0)} = V_{\mathrm{W}_2}^{(x)} \boldsymbol{i} + V_{\mathrm{W}_2}^{(y)} \boldsymbol{j} + V_{\mathrm{W}_2}^{(z)} \boldsymbol{k} \tag{10-90}$$

其中

$$\begin{cases} V_{\mathrm{W}_2}^{(x)} = V_{\mathrm{W}_1}^{(x)} \\ V_{\mathrm{W}_2}^{(y)} = \omega_{\mathrm{W}} R_{\mathrm{W}} \cos\eta_2 - \omega_{\mathrm{C}} P \sin\beta \\ V_{\mathrm{W}_2}^{(z)} = \omega_{\mathrm{W}} R_{\mathrm{W}} \cos\eta_2 \end{cases} \tag{10-91}$$

式中：η_2为滚子上对应于 φ_2的接触角(rad)。

(5) 滚子上 3 处线速度。滚子上 3 处线速度在 $oxyz$ 坐标系中为

$$\boldsymbol{V}_{\mathrm{W}_3}^{(0)} = V_{\mathrm{W}_3}^{(x)} \boldsymbol{i} + V_{\mathrm{W}_3}^{(y)} \boldsymbol{j} + V_{\mathrm{W}_3}^{(z)} \boldsymbol{k} \tag{10-92}$$

其中

$$\begin{cases} V_{\mathrm{W}_3}^{(x)} = V_{\mathrm{W}_1}^{(x)} \\ V_{\mathrm{W}_3}^{(y)} = -\omega_{\mathrm{C}} P \sin\beta \\ V_{\mathrm{W}_3}^{(z)} = -\omega_{\mathrm{W}} R_{\mathrm{W}} \end{cases} \tag{10-93}$$

(6) 滚子上 1′处线速度。滚子上 1′处线速度在 $oxyz$ 坐标系中为

$$\boldsymbol{V}_{\mathrm{W'}_1}^{(0)} = V_{\mathrm{W'}_1}^{(x)} \boldsymbol{i} + V_{\mathrm{W'}_1}^{(y)} \boldsymbol{j} + V_{\mathrm{W'}_1}^{(z)} \boldsymbol{k} \tag{10-94}$$

其中

$$\begin{cases} V_{\mathrm{W'}_1}^{(x)} = V_{\mathrm{W}_1}^{(x)} \\ V_{\mathrm{W'}_1}^{(y)} = -\omega_{\mathrm{W}} R'_{\mathrm{W}} \cos\eta' - \omega_{\mathrm{C}} P \sin\beta \\ V_{\mathrm{W'}_1}^{(z)} = -\omega_{\mathrm{W}} R'_{\mathrm{W}} \sin\eta' \end{cases} \tag{10-95}$$

式中：R'_{W}为滚子上 1′处半径(mm)；η'为滚子上对应于 φ'的接触角(rad)。

(7) 参数 η_1、η_2和 η'的确定。参数 η_1、η_2和 η'可由下式确定：

$$\begin{cases} \boldsymbol{n}_1 \cdot (\boldsymbol{V}_{\mathrm{W}_0}^{(0)} - \boldsymbol{V}_{\mathrm{C}_1}^{(0)}) = 0 \\ \boldsymbol{n}_2 \cdot (\boldsymbol{V}_{\mathrm{W}_0}^{(0)} - \boldsymbol{V}_{\mathrm{C}_2}^{(0)}) = 0 \\ \boldsymbol{n}'_1 \cdot (\boldsymbol{V}_{\mathrm{W}_0}^{(0)} - \boldsymbol{V}_{\mathrm{C'}_1}^{(0)}) = 0 \end{cases} \tag{10-96}$$

式中：$\boldsymbol{n}_1$为滚子上 1 处的法线方向向量；$\boldsymbol{n}_2$为滚子上 2 处的法线方向向量；$\boldsymbol{n}'_1$为滚子上 1′处的法线方向向量。

4. 相对速度及其方向余弦

(1) 1 处滚子和导辊的相对速度及其方向余弦。

相对速度为

$$\boldsymbol{V}_{\mathrm{WC}_1}^{(0)} = \boldsymbol{V}_{\mathrm{W}_1}^{(0)} - \boldsymbol{V}_{\mathrm{C}_1}^{(0)} = V_{\mathrm{WC}_1}^{(x)}\boldsymbol{i} + V_{\mathrm{WC}_1}^{(y)}\boldsymbol{j} + V_{\mathrm{WC}_1}^{(z)}\boldsymbol{k} \tag{10-97}$$

其中

$$\begin{cases} V_{\mathrm{WC}_1}^{(x)} = V_{\mathrm{W}_1}^{(x)} - V_{\mathrm{C}_1}^{(x)} \\ V_{\mathrm{WC}_1}^{(y)} = V_{\mathrm{W}_1}^{(y)} - V_{\mathrm{C}_1}^{(y)} \\ V_{\mathrm{WC}_1}^{(z)} = V_{\mathrm{W}_1}^{(z)} - V_{\mathrm{C}_1}^{(z)} \end{cases} \tag{10-98}$$

方向余弦为

$$\begin{cases} -\cos^{(x)}\boldsymbol{\lambda}_1 = V_{\mathrm{WC}_1}^{(x)} / |\boldsymbol{V}_{\mathrm{WC}_1}^{(0)}| \\ -\cos^{(y)}\boldsymbol{\lambda}_1 = V_{\mathrm{WC}_1}^{(y)} / |\boldsymbol{V}_{\mathrm{WC}_1}^{(0)}| \\ -\cos^{(z)}\boldsymbol{\lambda}_1 = V_{\mathrm{WC}_1}^{(z)} / |\boldsymbol{V}_{\mathrm{WC}_1}^{(0)}| \end{cases} \tag{10-99}$$

(2) 2 处滚子和导辊的相对速度及其方向余弦。

相对速度为

$$\boldsymbol{V}_{\mathrm{WC}_2}^{(0)} = \boldsymbol{V}_{\mathrm{W}_2}^{(0)} - \boldsymbol{V}_{\mathrm{C}_2}^{(0)} = V_{\mathrm{WC}_2}^{(x)}\boldsymbol{i} + V_{\mathrm{WC}_2}^{(y)}\boldsymbol{j} + V_{\mathrm{WC}_2}^{(z)}\boldsymbol{k} \tag{10-100}$$

其中

$$\begin{cases} V_{\mathrm{WC}_2}^{(x)} = V_{\mathrm{W}_2}^{(x)} - V_{\mathrm{C}_2}^{(x)} \\ V_{\mathrm{WC}_2}^{(y)} = V_{\mathrm{W}_2}^{(y)} - V_{\mathrm{C}_2}^{(y)} \\ V_{\mathrm{WC}_2}^{(z)} = V_{\mathrm{W}_2}^{(z)} - V_{\mathrm{C}_2}^{(z)} \end{cases} \tag{10-101}$$

方向余弦为

$$\begin{cases} -\cos^{(x)}\boldsymbol{\lambda}_2 = V_{\mathrm{WC}_2}^{(x)} / |\boldsymbol{V}_{\mathrm{WC}_2}^{(0)}| \\ -\cos^{(y)}\boldsymbol{\lambda}_2 = V_{\mathrm{WC}_2}^{(y)} / |\boldsymbol{V}_{\mathrm{WC}_2}^{(0)}| \\ -\cos^{(z)}\boldsymbol{\lambda}_2 = V_{\mathrm{WC}_2}^{(z)} / |\boldsymbol{V}_{\mathrm{WC}_2}^{(0)}| \end{cases} \tag{10-102}$$

(3) 1′处滚子和导辊的相对速度及其方向余弦。

相对速度为

$$\boldsymbol{V}_{\mathrm{WC'}_1}^{(0)} = \boldsymbol{V}_{\mathrm{W'}_1}^{(0)} - \boldsymbol{V}_{\mathrm{C'}_1}^{(0)} = V_{\mathrm{WC'}_1}^{(x)}\boldsymbol{i} + V_{\mathrm{WC'}_1}^{(y)}\boldsymbol{j} + V_{\mathrm{WC'}_1}^{(z)}\boldsymbol{k} \tag{10-103}$$

其中

$$\begin{cases} V_{\mathrm{WC'}_1}^{(x)} = V_{\mathrm{W'}_1}^{(x)} - V_{\mathrm{C'}_1}^{(x)} \\ V_{\mathrm{WC'}_1}^{(y)} = V_{\mathrm{W'}_1}^{(y)} - V_{\mathrm{C'}_1}^{(y)} \\ V_{\mathrm{WC'}_1}^{(z)} = V_{\mathrm{W'}_1}^{(z)} - V_{\mathrm{C'}_1}^{(z)} \end{cases} \tag{10-104}$$

方向余弦为

$$\begin{cases} -\cos^{(x)}\boldsymbol{\lambda}'_1 = V_{\mathrm{WC'}_1}^{(x)} / |\boldsymbol{V}_{\mathrm{WC'}_1}^{(0)}| \\ -\cos^{(y)}\boldsymbol{\lambda}'_1 = V_{\mathrm{WC'}_1}^{(y)} / |\boldsymbol{V}_{\mathrm{WC'}_1}^{(0)}| \\ -\cos^{(z)}\boldsymbol{\lambda}'_1 = V_{\mathrm{WC'}_1}^{(z)} / |\boldsymbol{V}_{\mathrm{WC'}_1}^{(0)}| \end{cases} \tag{10-105}$$

(4) 3 处滚子和油石相对速度及其方向余弦。

相对速度为

$$V_{W1_3}^{(0)} = V_{W_3}^{(0)} - V_{13}^{(0)} = V_{W1_3}^{(x)}\boldsymbol{i} + V_{W1_3}^{(y)}\boldsymbol{j} + V_{W1_3}^{(z)}\boldsymbol{k} \tag{10-106}$$

其中

$$\begin{cases} V_{W1_3}^{(x)} = V_{W_3}^{(x)} - V_{13}^{(x)} \\ V_{W1_3}^{(y)} = V_{W_3}^{(y)} - V_{13}^{(y)} \\ V_{W1_3}^{(z)} = V_{W_3}^{(z)} - V_{13}^{(z)} \end{cases} \tag{10-107}$$

方向余弦为

$$\begin{cases} -\cos^{(x)}\boldsymbol{\lambda}_3 = V_{W1_3}^{(x)} / |\boldsymbol{V}_{W1_3}^{(0)}| \\ -\cos^{(y)}\boldsymbol{\lambda}_3 = V_{W1_3}^{(y)} / |\boldsymbol{V}_{W1_3}^{(0)}| \\ -\cos^{(z)}\boldsymbol{\lambda}_3 = V_{W1_3}^{(z)} / |\boldsymbol{V}_{W1_3}^{(0)}| \end{cases} \tag{10-108}$$

到此为止,已建立了超精研过程中圆锥滚子的运动及相对运动的数学模型;由此,可以求出滚子在各点处所承受摩擦力的方向余弦,从而为动力学研究打下基础。

10.4.2 动力学

1. 空间力系的构成

如图 10-13 所示,滚子在超精研过程中所承受的作用力构成一空间力系。下面来分述其组成力。

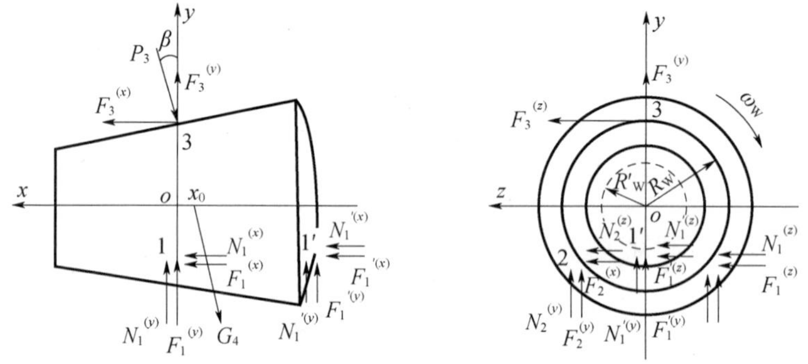

图 10-13　空间力系

(1) 导辊支承力。导辊 C_1 和 C_2 对滚子的支承力分别为 $\boldsymbol{N}_1$ 和 $\boldsymbol{N}_2$。设它们为作用 1 和 2 处的集中载荷。若 $\boldsymbol{N}_1$ 和 $\boldsymbol{N}_2$ 的方向余弦分别为 $n_1^{(x)}, n_1^{(y)}, n_1^{(z)}$ 和 $n_2^{(x)}, n_2^{(y)}, n_2^{(z)}$,则有

$$\boldsymbol{N}_1 = N_1^{(x)}\boldsymbol{i} + N_1^{(y)}\boldsymbol{j} + N_1^{(z)}\boldsymbol{k} \tag{10-109}$$

其中

$$\begin{cases} N_1^{(x)} = n_1^{(x)} |\boldsymbol{N}_1| \\ N_1^{(y)} = n_1^{(y)} |\boldsymbol{N}_1| \\ N_1^{(z)} = n_1^{(z)} |\boldsymbol{N}_1| \end{cases} \tag{10-110}$$

和

$$\boldsymbol{N}_2 = N_2^{(x)}\boldsymbol{i} + N_2^{(y)}\boldsymbol{j} + N_2^{(z)}\boldsymbol{k} \tag{10-111}$$

其中

$$\begin{cases} N_2^{(x)} = n_2^{(x)} |\boldsymbol{N}_2| \\ N_2^{(y)} = n_2^{(y)} |\boldsymbol{N}_2| \\ N_2^{(z)} = n_2^{(z)} |\boldsymbol{N}_2| \end{cases} \tag{10-112}$$

(2) 1 和 2 处摩擦力。在 1 和 2 处,若摩擦因数分别为f_1和f_2,则由$\boldsymbol{N}_1$和$\boldsymbol{N}_2$产生的摩擦力分别为(注意摩擦力的方向余弦)

$$\boldsymbol{F}_1 = F_1^{(x)}\boldsymbol{i} + F_1^{(y)}\boldsymbol{j} + F_1^{(z)}\boldsymbol{k} \tag{10-113}$$

其中

$$\begin{cases} F_1^{(x)} = |\boldsymbol{N}_1| f_1 \cos\boldsymbol{\lambda}_1^{(x)} \\ F_1^{(y)} = |\boldsymbol{N}_1| f_1 \cos\boldsymbol{\lambda}_1^{(y)} \\ F_1^{(z)} = |\boldsymbol{N}_1| f_1 \cos\boldsymbol{\lambda}_1^{(z)} \end{cases} \tag{10-114}$$

和

$$\boldsymbol{F}_2 = F_2^{(x)}\boldsymbol{i} + F_2^{(y)}\boldsymbol{j} + F_2^{(z)}\boldsymbol{k} \tag{10-115}$$

其中

$$\begin{cases} F_2^{(x)} = |\boldsymbol{N}_2| f_2 \cos\boldsymbol{\lambda}_2^{(x)} \\ F_2^{(y)} = |\boldsymbol{N}_2| f_2 \cos\boldsymbol{\lambda}_2^{(y)} \\ F_2^{(z)} = |\boldsymbol{N}_2| f_2 \cos\boldsymbol{\lambda}_2^{(z)} \end{cases} \tag{10-116}$$

滚子的转动依赖于 $F_1^{(y)}$,$F_1^{(z)}$ 和 $F_2^{(y)}$,$F_2^{(z)}$。

(3) 1′处的作用力。在 1′处,导辊 C_1 的挡边对滚子的推力为 $\boldsymbol{N'}_1$ 的方向余弦为 $n'^{(x)}_1$,$n'^{(y)}_1$,$n'^{(z)}_1$,则

$$\boldsymbol{N'}_1 = N'^{(x)}_1\boldsymbol{i} + N'^{(y)}_1\boldsymbol{j} + N'^{(z)}_1\boldsymbol{k} \tag{10-117}$$

其中

$$\begin{cases} N'^{(x)}_1 = n'^{(x)}_1 |\boldsymbol{N'}_1| \\ N'^{(y)}_1 = n'^{(y)}_1 |\boldsymbol{N'}_1| \\ N'^{(z)}_1 = n'^{(z)}_1 |\boldsymbol{N'}_1| \end{cases} \tag{10-118}$$

若摩擦因数为f'_1,则 1′处的摩擦力为

$$\boldsymbol{F'}_1 = F'^{(x)}_1\boldsymbol{i} + F'^{(y)}_1\boldsymbol{j} + F'^{(z)}_1\boldsymbol{k} \tag{10-119}$$

其中

$$\begin{cases} F'^{(x)}_1 = |\boldsymbol{N'}_1| f'_1 \cos\boldsymbol{\lambda}'^{(x)}_1 \\ F'^{(y)}_1 = |\boldsymbol{N'}_1| f'_1 \cos\boldsymbol{\lambda}'^{(y)}_1 \\ F'^{(z)}_1 = |\boldsymbol{N'}_1| f'_1 \cos\boldsymbol{\lambda}'^{(z)}_1 \end{cases} \tag{10-120}$$

(4) 3 处作用力。在 3 处,设油石压力 P_3 为集中载荷。若切削系数为f_3,则由

P_3产生的切向切削力为

$$\boldsymbol{F}_3 = F_3^{(x)}\boldsymbol{i} + F_3^{(y)}\boldsymbol{j} + F_3^{(z)}\boldsymbol{k} \tag{10-121}$$

其中

$$\begin{cases} F_3^{(x)} = P_3 f_3 \cos\lambda_3^{(x)} \\ F_3^{(y)} = P_3 f_3 \cos\lambda_3^{(y)} \\ F_3^{(z)} = P_3 f_3 \cos\lambda_3^{(z)} \end{cases} \tag{10-122}$$

（5）滚子重力。滚子重心坐标为$(x_0,0,0)$，重力为

$$G_4 = \rho V \tag{10-123}$$

式中：ρ 为滚子材料密度（$\mathrm{kg/mm^3}$）；V 为滚子体积（$\mathrm{mm^3}$）。

2. 力 $\boldsymbol{N}_1$，$\boldsymbol{N}_2$ 和 $\boldsymbol{N'}_1$ 的方向余弦

（1）力 $\boldsymbol{N}_1$ 和 $\boldsymbol{N}_2$ 的方向余弦。由图 10－13 可知，$\boldsymbol{N}_1$ 的方向向量为

$$\boldsymbol{n}_1 = -\tan\beta\boldsymbol{i} + \sin\eta_1\boldsymbol{j} + \cos\eta_1\boldsymbol{k} \tag{10-124}$$

从而

$$\begin{cases} n_1^{(x)} = -\tan\beta/|\boldsymbol{n}_1| \\ n_1^{(y)} = \sin\eta_1/|\boldsymbol{n}_1| \\ n_1^{(z)} = \cos\eta_1/|\boldsymbol{n}_1| \end{cases} \tag{10-125}$$

$\boldsymbol{N}_2$的方向向量为

$$\boldsymbol{n}_2 = -\tan\beta\boldsymbol{i} + \sin\eta_2\boldsymbol{j} + \cos\eta_2\boldsymbol{k} \tag{10-126}$$

从而

$$\begin{cases} n_2^{(x)} = -\tan\beta/|\boldsymbol{n}_2| \\ n_2^{(y)} = \sin\eta_2/|\boldsymbol{n}_2| \\ n_2^{(z)} = \cos\eta_2/|\boldsymbol{n}_2| \end{cases} \tag{10-127}$$

（2）力 $\boldsymbol{N'}_1$的方向余弦。由图 10－14 可知，$\boldsymbol{N'}_1$的方向向量为

$$\boldsymbol{n'}_1 = -\cot\beta'\boldsymbol{i} + \sin\eta'\boldsymbol{j} + \cos\eta'\boldsymbol{k} \tag{10-128}$$

从而

$$\begin{cases} n'^{(x)}_1 = -\cot\beta'/|\boldsymbol{n'}_1| \\ n'^{(y)}_1 = \sin\eta'/|\boldsymbol{n'}_1| \\ n'^{(z)}_1 = \cos\eta'/|\boldsymbol{n'}_1| \end{cases} \tag{10-129}$$

其中

$$\beta' = \sin^{-1}(R'_{\mathrm{W}}/R) \tag{10-130}$$

式中：R 为球基面半径（mm）。

3. 空间力系的求解

在 $oxyz$ 坐标系中，可建立平衡方程组：

$$\sum X = N'^{(x)}_1 + N_1^{(x)} + N_2^{(x)} + F'^{(x)}_1 + F_1^{(x)} + F_2^{(x)} + F_3^{(x)} - (P_3 + G_4)\sin\beta = 0 \tag{10-131}$$

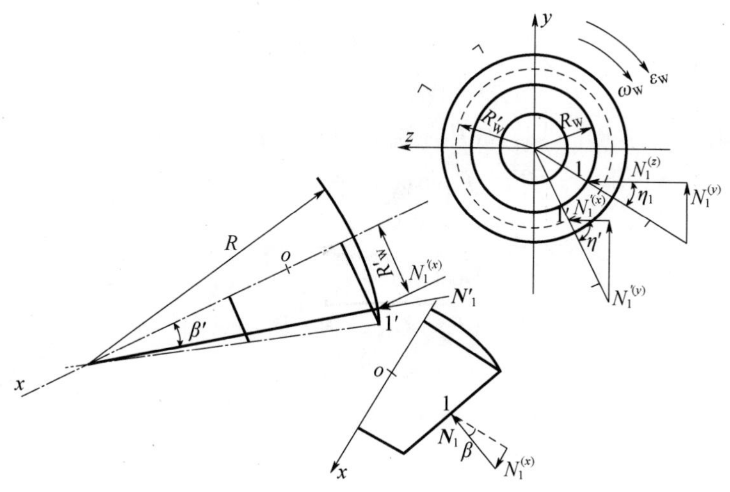

图 10-14 $\boldsymbol{N}_1,\boldsymbol{N}_2$和$\boldsymbol{N}'_1$的方向余弦

$$\sum Y = N'^{(y)}_1 + N^{(y)}_1 + N^{(y)}_2 + F'^{(y)}_1 + F^{(y)}_1 + F^{(y)}_2 + F^{(y)}_3 - (P_3 + G_4)\cos\beta = 0 \tag{10-132}$$

$$\sum Z = N'^{(z)}_1 + N^{(z)}_1 + N^{(z)}_2 + F'^{(z)}_1 + F^{(z)}_1 + F^{(z)}_2 + F^{(z)}_3 = 0 \tag{10-133}$$

$$\sum M_x = R'_W(\sin\eta' F'^{(z)}_1 - \cos\eta' F'^{(y)}_1) + R_W(\sin\eta_1 F^{(z)}_1 - \cos\eta_1 F^{(y)}_1 + \sin\eta_2 F^{(z)}_2 + \cos\eta_2 F^{(y)}_1 - F^{(z)}_3) \tag{10-134}$$

可以解出

$$N'_1 = |\boldsymbol{N}'_1| = \frac{1}{\Delta}\begin{vmatrix} A_3 & A_1 & A_2 \\ B_3 & B_1 & B_2 \\ C_3 & C_1 & C_2 \end{vmatrix} \tag{10-135}$$

$$N_1 = |\boldsymbol{N}_1| = \frac{1}{\Delta}\begin{vmatrix} A'_1 & A_3 & A_2 \\ B'_1 & B_3 & B_2 \\ C'_1 & C_3 & C_2 \end{vmatrix} \tag{10-136}$$

$$N_2 = |\boldsymbol{N}_2| = \frac{1}{\Delta}\begin{vmatrix} A'_1 & A_1 & A_3 \\ B'_1 & B_1 & B_3 \\ C'_1 & C_1 & C_3 \end{vmatrix} \tag{10-137}$$

式中

$$\Delta = \begin{vmatrix} A'_1 & A_1 & A_2 \\ B'_1 & B_1 & B_2 \\ C'_1 & C_1 & C_2 \end{vmatrix} \tag{10-138}$$

$$
\begin{cases}
A'_1 = f'_1 \cos\lambda'^{(x)}_1 + n'^{(x)}_1 \\
A_1 = f_1 \cos\lambda^{(x)}_1 + n^{(x)}_1 \\
A_2 = f_2 \cos\lambda^{(x)}_2 + n^{(x)}_2 \\
A_3 = (P_3 + G_4)\sin\beta - P_3 f_3 \cos\lambda^{(x)}_3
\end{cases} \tag{10-139}
$$

$$
\begin{cases}
B'_1 = f'_1 \cos\lambda'^{(y)}_1 + n'^{(y)}_1 \\
B_1 = f_1 \cos\lambda^{(y)}_1 + n^{(y)}_1 \\
B_2 = f_2 \cos\lambda^{(y)}_2 + n^{(y)}_2 \\
B_3 = (P_3 + G_4)\cos\beta - P_3 f_3 \cos\lambda^{(y)}_3
\end{cases} \tag{10-140}
$$

$$
\begin{cases}
C'_1 = f'_1 \cos\lambda'^{(z)}_1 + n'^{(z)}_1 \\
C_1 = f_1 \cos\lambda^{(z)}_1 + n^{(z)}_1 \\
C_2 = f_2 \cos\lambda^{(z)}_2 + n^{(z)}_2 \\
C_3 = -P_3 f_3 \cos\lambda^{(z)}_3
\end{cases} \tag{10-141}
$$

式(10－134)随之变为

$$
\begin{aligned}
\sum M_x = & R'_W N'_1 f'_1 (\cos\lambda'^{(z)}_1 \sin\eta' - \cos\lambda'^{(y)}_1 \cos\eta') \\
& + R_W N_1 f_1 (\cos\lambda^{(z)}_1 \sin\eta_1 - \cos\lambda^{(y)}_1 \cos\eta_1) \\
& + R_W N_2 f_2 (\cos\lambda^{(z)}_2 \sin\eta_2 + \cos\lambda^{(y)}_2 \cos\eta_2) \\
& - R_W P_3 f_3 \cos\lambda^{(z)}_3
\end{aligned} \tag{10-142}
$$

式(10－142)就是滚子转动的动力学模型。

10.4.3 接触角对转动特性的影响

若令

$$
\sum M_x = 0 \tag{10-143}
$$

必有 $\varphi_i(i=1,2)$存在,使式(10－143)满足式(10－142)。此 φ_i就是临界接触角 $\varphi_{i\max}$。下面详细研究。

1. 参数$\sum M_x$的意义

由动力学方程(10－134)可知,$\sum M_x$和滚子转动角加速度有关:

$$
\sum M_x = J_x \varepsilon_W \tag{10-144}
$$

式中:J_x为滚子绕 ox 轴的转动惯量;ε_W为滚子转动角加速度。

显然,$\sum M_x$表征了超精研过程中滚子的转动特性。

2. 参数 φ_i对$\sum M_x$的影响

取原始数据为

$$
\beta = 2°, R_W = 6\text{mm}, R = 179\text{mm}, R'_W = 4\text{mm}, h = 30\text{mm},
$$
$$
R_C = 80\text{mm}, \omega_C = 10\text{rad/s}, \varphi_1 = \varphi_2 = \varphi'_2 = \varphi_i, k = 0.9,
$$

$$f_1=f_2=f_1'=0.15, f_3=0.3, P=10\text{kg}, G_4=0.03\text{kg},$$
$$\omega_1 t+\beta_1=180°, A_1=1\text{mm}, \omega_1=100\text{rad/s}$$
可以得到图 10－15。从图 10－15 可以看出，φ_i对$\sum M_x$的影响可分 3 种情况。

（1）$\sum M_x>0$。当 $\varphi_i<\varphi_{i\max}$时，$\sum M_x>0$。这表明可能产生的最大驱动力矩大于阻抗力矩，滚子承受的实际驱动力矩尚未达到最大值便可以平衡阻抗力矩。滚子轻快地匀速转动。这时，称滚子处于稳定转动状态。

（2）$\sum M_x<0$。当 $\varphi_i>\varphi_{i\max}$时，$\sum M_x<0$。这表明可能产生的最大驱动力矩小于阻抗力矩，滚子承受的实际驱动力矩虽已达到最大值，仍难以平衡阻抗力矩。此时，$\varepsilon_W<0$，ω_W逐渐减小，滚子失去稳定转动的可能性。

（3）$\sum M_x=0$。当 $\varphi_i=\varphi_{i\max}$时，$\sum M_x=0$，是上两种情况的临界点。这表明可能产生的最大驱动力矩刚好等于阻抗力矩。此时，从理论上讲，系统处于平衡状态，滚子将以初角速度 ω_W稳定转动；但是，实际生产中所存在的许多随机因素（如电压和滚子表面质量以及油石性能的变化等）会破坏驱动力矩和阻抗力矩的平衡，致使$\sum M_x$在零附近波动。因此，滚子的转动角速度忽大忽小，仍是不稳定。

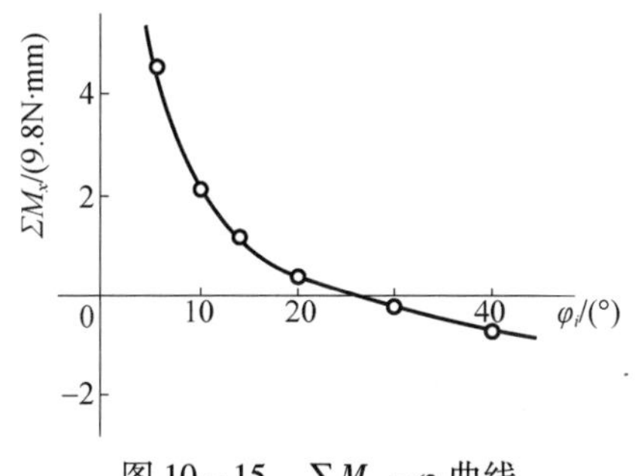

图 10－15　$\sum M_x-\varphi_i$曲线

3. 参数 φ_i的合理选取

由上述分析可知，较大的 φ_i不利于滚子的转动；当 φ_i等于和大于临界值 $\varphi_{i\max}$时，滚子转动将失去稳定性，于是可得保证滚子稳定转动的条件（考虑到导辊 C_1上挡边和油石干涉，φ_i也不能取得过小）：

$$\varphi_i<\varphi_{i\max} \tag{10-145}$$

或者说，合理选取的导辊接触角 φ_i，应当满足

$$\sum M_x>0 \tag{10-146}$$

式（10－146）定量地表明螺旋导辊接触角和圆锥滚子转动特性的关系。

在超精研过程中，螺旋导辊接触角 φ_i对圆锥滚子的转动特性影响很大，较大的 φ_i不利于滚子转动；当 φ_i等于或大于临界 $\varphi_{i\max}$值时，滚子的转动将失去稳定性。保证滚子稳定转动的条件为

$$\varphi_i<\varphi_{i\max}$$

并且,合理选取 φ_i所满足的不等式

$$\sum M_x > 0$$

定量地表明了接触角 φ_i和滚子转动特性的关系。

10.5 本章小结

圆锥滚子超精研用螺旋导辊的理论廓形是复杂的内凹曲线,用直线代替它,误差很小。在设计导辊廓形时,应着重关心简化廓形的锥角。

用于磨削螺旋导辊的砂轮截形是一条复杂的理论曲线,用直线代替该理论曲线可以满足工程要求,用简化后的砂轮磨削出的导轮截形是一条微微内凹的曲线,该曲线与所要求的直线比较,差值甚微。

在超精研过程中,螺旋导辊接触角对滚子的转动特性影响很大,较大的接触角不利于滚子转动;当接触角等于或大于临界值时,滚子的运动将失去稳定性。保证滚子稳定转动的条件为接触角应小于临界值。

第4篇　滚动轴承振动性能的实验评估与预测

本篇由第11章~第14章构成,主要涉及滚动轴承振动性能的因素分析、品质聚类、品质实现可靠性评估、不确定性的静态评估与动态预测,以及时间序列变异的泊松过程等内容。

第11章研究加工质量和轴承振动的灰关联分析方法,以及振动性能影响因素的灰色定性融合分析方法,对滚动轴承振动性能的因素进行评估;并提出灰类评估方法,对滚动轴承振动性能进行品质聚类。第12章提出品质实现可靠性的概念,建立品质实现可靠性评估模型,并以圆锥滚子轴承为例进行了现场实验及仿真实验研究。第13章提出模糊范数方法,研究滚动轴承振动性能不确定性的静态评估问题;提出灰自助方法,研究轴承振动性能不确定性的动态预测问题。第14章将灰自助原理融入泊松过程,提出灰自助泊松方法,以预测滚动轴承振动性能可靠性的变异过程。

第 11 章　滚动轴承振动性能的因素分析与品质聚类

本章提出加工质量和轴承振动的灰关联分析方法与振动性能影响因素的灰色定性融合分析方法，对滚动轴承振动性能的因素进行评估；并提出灰类评估方法，对滚动轴承振动性能进行品质聚类。

11.1　因素分析与品质聚类概述

11.1.1　因素分析问题

滚动轴承的振动问题虽然一直受到轴承工程界的关注，但是，自 20 世纪 60 年代以来，研究主要致力于轴承零件缺陷对振动的影响，认为零件的加工质量对轴承振动与噪声会产生一定的影响，没有对各种质量指标对轴承振动与噪声的影响大小进行比较。机械制造理论认为，加工质量包括尺寸误差、形状误差、相互位置误差以及表面粗糙度、表面损伤等内容。这些加工质量指标的性质不同，对轴承振动与噪声的贡献可能不同。另外，加工质量指标越高，制造成本越高。因此，不分主次地提高加工质量指标可能不利于经济地减振降噪，也可能因抓不住问题的关键而效果不显著[42-45,56-57]。

为此，选取常用的深沟球轴承和圆锥滚子轴承为实验研究对象，比较并评价不同性质的加工质量指标以及轴承内部各个零件对轴承振动的影响程度。考虑到统计理论的适用条件，研究主要采用灰色系统理论的基本概念。

11.1.2　品质聚类问题

在生产实践中，总是希望稳定地获得高品质的低振动轴承，但是，由于多种因素的干扰，轴承产品的振动通常具有很大的不确定性，给准确而精细地鉴别轴承振动的品质等级带来许多困扰，进而影响品质的工艺控制策略制定。

聚类分析是产品品质评估的一种常用方法，基于振动性能可以进行轴承产品的品质聚类，以定量评估轴承产品品质的聚类分布特征，为控制轴承振动性能提供有针对性的决策建议[56-57]。

11.2 加工质量和滚动轴承振动的灰关联分析

本节通过实验研究，比较并评价不同性质的加工质量指标对轴承振动与噪声的影响程度。在研究中，采用的轴承有 6311 和 6205，并选取沟道曲率半径、沟道形状误差和沟道表面粗糙度作为不同性质加工质量参数的代表。

11.2.1 实验数据

表 11－1 列出本节使用的符号及其含义。在测量轴承振动时，规定外圈端面标有一点的为轴承的正面，另一面为反面。最终数据取正面和反面数据的算术平均值，如表 11－2 和表 11－3 所列。

表 11－1 符号

序号	符号	含义	参数性质	单位
1	X_0	振动加速度	性能	dB
2	X_1	内圈沟道曲率半径	结构尺寸	mm
3	X_2	外圈沟道曲率半径	结构尺寸	mm
4	X_3	内圈沟道形状误差	宏观形状	μm
5	X_4	外圈沟道形状误差	宏观形状	μm
6	X_5	内圈沟道表面粗糙度	微观形貌	μm
7	X_6	外圈沟道表面粗糙度	微观形貌	μm

表 11－2 6311 轴承数据

k	X_1	X_2	X_3	X_4	X_5	X_6	X_0
1	10.64	10.68	0.58	0.46	0.02	0.03	49.5
2	10.67	10.67	0.67	0.60	0.02	0.04	53.0
3	10.65	10.68	0.53	0.69	0.02	0.02	50.0
4	10.68	10.68	0.51	0.8	0.03	0.04	50.0
5	10.64	10.67	0.50	0.46	0.03	0.03	47.0
6	10.67	10.68	0.45	0.56	0.03	0.02	52.5
7	10.60	10.69	0.42	1.28	0.03	0.03	46.0
8	10.65	10.70	0.42	0.56	0.03	0.04	49.0
9	10.65	10.68	0.63	0.50	0.03	0.04	48.0
10	10.65	10.69	0.54	0.56	0.03	0.09	48.0
11	10.66	10.67	0.35	0.68	0.05	0.03	48.5
12	10.63	10.70	0.54	0.96	0.02	0.05	56.5
13	10.64	10.68	0.50	0.55	0.02	0.03	52.5

（续）

k	X_1	X_2	X_3	X_4	X_5	X_6	X_0
14	10.63	10.69	0.58	0.57	0.03	0.03	51.0
15	10.64	10.69	0.39	0.67	0.03	0.06	49.5
16	10.63	10.68	0.48	0.75	0.02	0.02	58.0
17	10.68	10.68	0.36	0.38	0.02	0.03	48.0
18	10.63	10.69	0.38	0.43	0.02	0.05	49.0
19	10.64	10.67	0.57	0.64	0.04	0.04	46.0
20	10.64	10.69	0.50	0.43	0.02	0.03	51.5
21	10.61	10.69	0.48	0.60	0.03	0.02	50.5
22	10.63	10.68	0.49	0.80	0.03	0.03	52.0
23	10.65	10.69	0.54	0.46	0.04	0.05	48.5
24	10.67	10.68	0.41	0.56	0.03	0.03	47.0
25	10.65	10.67	0.60	0.68	0.03	0.04	56.5
26	10.68	10.70	0.52	0.61	0.02	0.04	47.0
27	10.64	10.67	0.56	0.53	0.04	0.04	51.5
28	10.64	10.68	0.72	0.71	0.03	0.05	48.0

表 11－3　6205 轴承数据

k	X_1	X_2	X_3	X_4	X_5	X_6	X_0
1	4.0987	4.1715	0.59	0.68	0.042	0.067	35.0
2	4.0851	4.1648	1.23	0.49	0.068	0.041	35.0
3	4.0921	4.1811	0.40	0.73	0.044	0.050	35.5
4	4.0869	4.1678	0.24	0.49	0.03	0.043	39.0
5	4.0971	4.1681	0.38	0.28	0.045	0.026	36.5
6	4.0937	4.1699	0.34	0.33	0.035	0.030	37.5
7	4.0974	4.1685	0.81	0.49	0.045	0.028	35.5
8	4.0878	4.1802	0.36	0.24	0.024	0.033	36.5
9	4.0963	4.1590	0.36	0.67	0.037	0.550	36.5
10	4.0997	4.1701	0.40	0.60	0.031	0.048	40.5
11	4.0943	4.1717	0.29	0.29	0.038	0.030	37.0
12	4.0883	4.1654	0.43	0.40	0.035	0.024	43.5
13	4.0954	4.1560	0.77	0.56	0.037	0.049	35.0
14	4.0937	4.1694	0.29	0.46	0.028	0.045	35.0
15	4.0927	4.1591	0.42	0.27	0.054	0.037	37.0
16	4.0935	4.1729	0.32	0.40	0.023	0.039	37.0

（续）

k	X_1	X_2	X_3	X_4	X_5	X_6	X_0
17	4.1032	4.1682	0.39	0.38	0.031	0.027	37.0
18	4.0958	4.1764	0.38	0.22	0.036	0.025	33.5
19	4.0934	4.1624	1.51	0.49	0.085	0.053	35.5
20	4.0954	4.1662	0.61	0.22	0.039	0.033	35.0
21	4.0974	4.1544	0.38	0.37	0.036	0.032	48.0
22	4.0873	4.1677	0.55	0.30	0.055	0.033	37.0
23	4.1049	4.1589	0.41	0.38	0.030	0.051	37.0
24	4.0927	4.1591	0.30	0.37	0.050	0.039	36.5
25	4.0934	4.1720	0.31	0.46	0.026	0.056	36.0
26	4.0920	4.1584	0.38	0.45	0.029	0.039	36.0
27	4.0990	4.1764	0.43	0.56	0.047	0.040	35.0

11.2.2 灰关联度分析

轴承结构参数和加工质量参数对轴承振动的影响规律是十分复杂的，必须了解轴承振动值的概率分布，并有大批量的实验数据，才可能进行统计学意义上的定量分析，另外，在这方面公开发表的研究资料很少。这给定量的统计分析带来难度。下面的研究将采用灰色系统理论的基本概念。主要原因是：灰色系统理论研究问题，允许很少的数据，并对数据的概率分布无特殊要求。

轴承振动数据 X_0 和结构参数数据 X_j 分别构成如下序列：

$$X_0 = (x_0(1), x_0(2), \cdots, x_0(k), \cdots, x_0(n)) \tag{11-1}$$

$$X_j = (x_j(1), x_j(2), \cdots, x_j(k), \cdots, x_j(n)) \tag{11-2}$$

式中：j 为数据列序号，$j=1,2,\cdots,6$；k 为数据序号，$k=1,2,\cdots,n$。

无量纲初始化后，X_0 和 X_j 分别变为

$$Y_0 = (y_0(1), y_0(2), \cdots, y_0(k), \cdots, y_0(n)) \tag{11-3}$$

$$Y_j = (y_j(1), y_j(2), \cdots, y_j(k), \cdots, y_j(n)) \tag{11-4}$$

其中

$$y_0(k) = x_0(k)/x_0(1) \tag{11-5}$$

$$y_j(k) = x_j(k)/x_j(1) \tag{11-6}$$

灰关联系数为

$$\xi_{0j}(k) = \frac{\Delta_{\min} + \Delta_{\max}\xi}{\Delta_{0j}(k) + \Delta_{\max}\xi} \tag{11-7}$$

其中

$$\Delta_{0j}(k) = |y_0(k) - y_j(k)| \tag{11-8}$$

$$\Delta_{\min} = \min_j \min_k \Delta_{0j}(k) \tag{11-9}$$

$$\Delta_{\max} = \max_j \max_k \Delta_{0j}(k) \tag{11-10}$$

分辨系数 $\xi \in [0,1]$,其取值大小不影响本问题的评价结果,本节取 $\xi = 0.1$。

灰关联度为

$$\gamma_{0j} = \frac{1}{n}\sum_{k=1}^{n}\xi_{0j}(k) \tag{11-11}$$

灰色系统理论认为 $\gamma_{0j} \in (0,1]$;γ_{0j}的大小,表示 X_j相对 X_0的关联程度。γ_{0j}越大,X_j相对 X_0的关联度越大,反之越小。因此。可以根据 γ_{0j}的相对大小来评价各参数 X_j对轴承振动 X_0的影响程度。为便于分析,将相关计算结果列在表 11-4 中。

表 11-4　相对关联度 $\gamma_{0j}(\xi = 0.1)$

轴承型号	γ_{01}	γ_{02}	γ_{03}	γ_{04}	γ_{05}	γ_{06}
6311	0.8281	0.8278	0.5928	0.4764	0.4622	0.5153
6205	0.9298	0.9296	0.6360	0.6507	0.7430	0.6012

由表 11-4 可以知道:对 6311 轴承而言,有

$$\gamma_{01} \approx \gamma_{02} > \gamma_{03} > \gamma_{06} > \gamma_{04} \approx \gamma_{05}$$

对 6205 轴承而言,有

$$\gamma_{01} \approx \gamma_{02} > \gamma_{05} > \gamma_{04} \approx \gamma_{03} \approx \gamma_{06}$$

γ_{01}和 γ_{02}比较大,γ_{03},γ_{04},γ_{05}以及 γ_{06}比较小,说明尺寸参数对轴承振动的影响比较大,宏观形状参数和微观形貌参数对轴承振动的影响比较小。

$\gamma_{01} \approx \gamma_{02}$,说明外圈尺寸参数的变化和内圈尺寸参数的变化对轴承振动的影响程度是一致的,因此,外圈和内圈尺寸参数的变化范围应当保持一致。

难以区分 γ_{03},γ_{04},γ_{05}以及 γ_{06}的大小,说明宏观形状参数的变化和微观形貌参数的变化,对轴承振动的影响程度没有大的差异。

以上结果还表明:很难区分内圈各参数和外圈各参数谁对轴承振动的贡献大。

必须注意,以上讨论结果是相对性的。宏观形状参数和微观形貌参数对轴承振动的影响小,表示所研究轴承的宏观形状误差和微观形貌误差已经达到比较高的水平,以至于对轴承振动的影响不再成为主要因素,可以继续保持现在的质量水平。结构尺寸对轴承振动的影响大,表示所研究轴承的结构尺寸参数大小及其误差允许范围的设计方法还存在一些问题,从而成为影响轴承振动的主要因素,必须进行新的设计。事实上,所研究轴承的设计方法仍然采用了 20 世纪 80 年代的疲劳寿命设计方法,这显然是不合适的,因为轴承振动与噪声的设计完全不同于疲劳寿命设计,其中结构参数设计是很重要的。当然,轴承振动与噪声的设计理论与方法也将成为一个重要的研究课题。

轴承振动是轴承零件各种参数的综合反映,其中,结构尺寸参数是最重要的。

难以鉴别内圈的参数和外圈的参数谁对轴承振动的激励大。

在轴承产品设计时，内圈和外圈的相应参数，例如尺寸参数、宏观形状参数和微观形貌参数等的变化范围可以保持一致。

轴承的振动与噪声设计不同于疲劳寿命设计。

11.3 滚动轴承振动性能影响因素的灰色定性融合分析

本节以圆锥滚子轴承振动加速度为具体的例子，基于灰色系统理论，提出滚动轴承性能影响因素的灰色定性融合分析方法。

影响圆锥滚子轴承振动加速度的因素很多，主要考虑套圈和滚子的加工质量参数。加工质量参数很多，必须有针对性地抓住其中的主要因素，才能有效地控制轴承振动加速度值。另外，考虑实验成本，生产现场抽样个数比较少。如何在有限的数据个数条件下，寻找出最重要的因素，就成为问题的关键。

根据滚动轴承乏信息实验分析与评估原理，比较可靠的措施是用多种数学方法研究，得出多种结论，由于每一种结果都有其局限性，因此应对这些结果进行对比分析和融合，得出具有共性的唯一结论，这个结论就是影响圆锥滚子轴承振动加速度的最重要因素即问题的最终解。

11.3.1 轴承性能影响因素分析的定性融合模型

设凭经验知道有 N 个相互独立的因素(例如结构参数和润滑条件等)可能会影响滚动轴承的性能(例如振动) P，有因素符号集 X 为

$$X = (X_1, X_2, \cdots, X_i, \cdots, X_N) \tag{11-12}$$

用 m 种数学方法对实验数据进行处理，得到 m 个影响因素排序集(因素的影响从大到小排序，对性能影响越大的因素，其符号位置越靠左)即对于性能 P，有

$$X_{(l)}^{(k)} > X_{l-1}^{(k)}; l = 2, 3, \cdots, N \tag{11-13}$$

于是得到排序因素符号矩阵：

$$\boldsymbol{X}_{(i)}^{(k)} = \begin{bmatrix} \boldsymbol{X}^{(1)} \\ \boldsymbol{X}^{(2)} \\ \vdots \\ \boldsymbol{X}^{(k)} \\ \vdots \\ \boldsymbol{X}^{(m-1)} \\ \boldsymbol{X}^{(m)} \end{bmatrix} = \begin{bmatrix} X_{(1)}^{(1)} & X_{(2)}^{(1)} & \vdots & X_{(i)}^{(1)} & \vdots & X_{(N-1)}^{(1)} & X_{(N)}^{(1)} \\ X_{(1)}^{(2)} & X_{(2)}^{(2)} & \vdots & X_{(i)}^{(2)} & \vdots & X_{(N-1)}^{(2)} & X_{(N)}^{(2)} \\ \vdots & \vdots & \vdots & \vdots & \vdots & \vdots & \vdots \\ X_{(1)}^{(k)} & X_{(2)}^{(k)} & \vdots & X_{(i)}^{(k)} & \vdots & X_{(N-1)}^{(k)} & X_{(N)}^{(k)} \\ \vdots & \vdots & \vdots & \vdots & \vdots & \vdots & \vdots \\ X_{(1)}^{(m-1)} & X_{(2)}^{(m-1)} & \vdots & X_{(i)}^{(m-1)} & \vdots & X_{(N-1)}^{(m-1)} & X_{(N)}^{(m-1)} \\ X_{(1)}^{(m)} & X_{(2)}^{(m)} & \vdots & X_{(i)}^{(m)} & \vdots & X_{(N-1)}^{(m)} & X_{(N)}^{(m)} \end{bmatrix}_{m \times N} \tag{11-14}$$

且

$$X_{(i)}^{(k)} \subseteq X; k = 1, 2, \cdots, m; i = 1, 2, \cdots, N \tag{11-15}$$

式中：>表示优于；X 表示某因素；(i) 表示排序序号；(k) 表示用第 k 种数学方法计算。

在 m 个因素排序即矩阵 $\boldsymbol{X}_{(i)}^{(k)}$ 中，各挑出 $n \leqslant N$ 个位置靠左的因素符号即矩阵 $\boldsymbol{X}_{(i)}^{(k)}$ 中的前 n 列，作为解集 F，即

$$F=\begin{bmatrix} f_1 \\ f_2 \\ \vdots \\ f_k \\ \vdots \\ f_{m-1} \\ f_m \end{bmatrix}^{\mathrm{T}}=\begin{bmatrix} X_{(1)}^{(1)} & X_{(2)}^{(1)} & \cdots & X_{(i)}^{(1)} & \cdots & X_{(n-1)}^{(1)} & X_{(n)}^{(1)} \\ X_{(1)}^{(2)} & X_{(2)}^{(2)} & \cdots & X_{(i)}^{(2)} & \cdots & X_{(n-1)}^{(2)} & X_{(n)}^{(2)} \\ \vdots & \vdots & \vdots & \vdots & \vdots & \vdots & \vdots \\ X_{(1)}^{(k)} & X_{(2)}^{(k)} & \cdots & X_{(i)}^{(k)} & \cdots & X_{(n-1)}^{(k)} & X_{(n)}^{(k)} \\ \vdots & \vdots & \vdots & \vdots & \vdots & \vdots & \vdots \\ X_{(1)}^{(m-1)} & X_{(2)}^{(m-1)} & \cdots & X_{(i)}^{(m-1)} & \cdots & X_{(n-1)}^{(m-1)} & X_{(n)}^{(m-1)} \\ X_{(1)}^{(m)} & X_{(2)}^{(m)} & \cdots & X_{(i)}^{(m)} & \cdots & X_{(n-1)}^{(m)} & X_{(n)}^{(m)} \end{bmatrix}^{\mathrm{T}}, n \leqslant N \tag{11-16}$$

则最终解 f_0 为 F 中均具有的因素的集合（符号），即

$$f_0=\bigcap_{k=1}^{m} f_k=f_1 \cap f_2 \cap \cdots \cap f_k \cap \cdots \cap f_m \tag{11-17}$$

若基数

$$s=\#(f_0)>1 \tag{11-18}$$

即

$$f_0 \neq \Phi \tag{11-19}$$

则定性融合有唯一解。

在最终解 f_0 中，s 个因素是不分前后顺序的，它们都是影响轴承性能 P 的主要因素，将它们改用新的符号并重新编号，有

$$f_0=(x_1, x_2, \cdots, x_i, \cdots, x_s) \subset X, 1 \leqslant s \leqslant n \tag{11-20}$$

在以上分析中，一般 n 的大小取

$$n \in [0.5N, N] \tag{11-21}$$

可以看出，因 $f_0 \subset X$，故在 f_0 中没有新信息。

11.3.2 解集获取的灰方法

设轴承振动加速度值 X_0 构成的数据序列为

$$X_0=(x_0(1), x_0(2), \cdots, x_0(k), \cdots, x_0(K)) \tag{11-22}$$

影响因素 X_i 构成的数据序列为

$$X_i=(x_i(1), x_i(2), \cdots, x_i(k), \cdots, x_i(K)) \tag{11-23}$$

式中：K 是数据个数。

1. 灰关联度方法

第 1 步 均值化变换。计算公式为

$$y_i = \frac{x_i(k)}{\sum_{k=1}^{K} x_i(k)} \tag{11-24}$$

$$y_0 = \frac{x_0(k)}{\sum_{k=1}^{K} x_0(k)} \tag{11-25}$$

第 2 步 求在各点上 X_0与 X_i的关联系数 $L_{0i}(k)$,计算公式为

$$L_{0i}(k) = \frac{\Delta_{\min} + \xi\Delta_{\max}}{\Delta_{0i}(k) + \xi\Delta_{\max}} \tag{11-26}$$

其中

$$\Delta_{0i} = |y_0(k) - y_i(k)| \tag{11-27}$$

$$\Delta_{\min} = \min_i \min_k |y_0(k) - y_i(k)| \tag{11-28}$$

$$\Delta_{\max} = \max_i \max_k |y_0(k) - y_i(k)| \tag{11-29}$$

式中:ξ 是分辨系数,$\xi \in (0,1]$。

第 3 步 求关联度。计算公式为

$$\gamma_{0i} = \frac{1}{K}\sum_{k=1}^{K} L_{0i}(k) \tag{11-30}$$

第 4 步 排关联序。将 m 个子序列对同一母序列的关联度按大小顺序排列起来,即组成关联序,它直接反映了各个子序列对同一母序列的"优劣"或"主次"关系。若 $\gamma_{0a} > \gamma_{0b}$,则称子序列 X_a对于相同母序列 X_0有优于子序列 X_b的特点。

2. 灰绝对关联度方法

设序列 X_0与 X_i的长度相同且初值皆不为零,那么可以用灰色绝对关联度来表征 X_0与 X_i的相对始点的几何形状之间的关系,若 X_0与 X_i的几何形状越接近,那么它们的绝对关联度越大。灰色绝对关联度计算步骤如下。

第 1 步 初值零化处理。

$$y_0(k) = x_0(k) - x_0(1) \tag{11-31}$$

$$y_i(k) = x_i(k) - x_i(1) \tag{11-32}$$

第 2 步 计算绝对关联度。

$$\varepsilon_{0i} = \frac{1 + |s_0| + |s_i|}{1 + |s_0| + |s_i| + |s_i - s_0|} \tag{11-33}$$

式中

$$|s_0| = \left|\sum_{k=2}^{K-1} y_0(k) + \frac{1}{2}y_0(K)\right| \tag{11-34}$$

$$|s_i| = \left|\sum_{k=2}^{K-1} y_i(k) + \frac{1}{2}y_i(K)\right| \tag{11-35}$$

$$|s_i - s_0| = \left|\sum_{k=2}^{K-1} (y_i(k) - y_0(k)) + \frac{1}{2}(y_i(K) - y_0(K))\right| \tag{11-36}$$

3. 灰相对关联度方法

第 1 步 计算初值像。

$$y_0(k)=x_0(k)/x_0(1) \tag{11-37}$$

$$y_i(k)=x_i(k)/x_i(1) \tag{11-38}$$

第 2 步 求始点零化像。

$$z_0(k)=y_0(k)-y_0(1) \tag{11-39}$$

$$z_i(k)=y_i(k)-y_i(1) \tag{11-40}$$

第 3 步 计算灰相对关联度。

$$\gamma_{0i}=\frac{1+|s'_0|+|s'_i|}{1+|s'_0|+|s'_i|+|s'_i-s'_0|} \tag{11-41}$$

式中

$$|s'_0|=\left|\sum_{k=2}^{K-1}z_0(k)+\frac{1}{2}z_0(K)\right| \tag{11-42}$$

$$|s'_i|=\left|\sum_{k=2}^{K-1}z_i(k)+\frac{1}{2}z_i(K)\right| \tag{11-43}$$

$$|s'_i-s'_0|=\left|\sum_{k=2}^{K-1}(z_i(k)-z_0(k))+\frac{1}{2}(z_i(K)-z_0(K))\right| \tag{11-44}$$

计算出灰相对关联度，从而进行排序分析。

11.3.3 圆锥滚子轴承振动加速度影响因素的实验研究

研究 30204 型圆锥滚子轴承的振动加速度问题。通过实验来研究轴承内外圈和滚动体的参数与轴承振动之间的关系。

1. 实验方案

确定了轴承的 16 个套圈参数和 16 个滚子参数共计 32 个参数作为研究对象。通过实验研究轴承的各项参数与轴承振动之间的关系。

为方便研究，在表 11-5 中给出实验研究所使用的符号及其含义。为便于叙述，用“差”代表一套轴承中 15 个滚子该项参数的极差，用“均”代表一套轴承中 15 个滚子该项参数的均值，用“内”代表内圈滚道，用“外”代表外圈滚道。

表 11-5 符号及其含义

符号	含义	部件	备注
X_0	振动加速度	轴承产品	滚子、内圈和外圈质量参数共 32 个，其中宏观误差参数 21 个，微观质量参数 7 个，其他 4 个。 滚子质量参数 16 个，内圈质量参数 9 个，外圈质量参数 7 个
X_1	Dw(均)	滚子	
X_2	Δ2φ(均)	滚子	
X_3	凸度(均)	滚子	
X_4	圆度(均)	滚子	

（续）

符号	含义	部件	备注
X_5	波纹度(均)	滚子	
X_6	粗糙度(均)	滚子	
X_7	基面粗糙度(均)	滚子	
X_8	基面跳动(均)	滚子	
X_9	Dw(差)	滚子	
X_{10}	Δ2φ(差)	滚子	
X_{11}	凸度(差)	滚子	
X_{12}	圆度(差)	滚子	
X_{13}	波纹度(差)	滚子	
X_{14}	粗糙度(差)	滚子	
X_{15}	基面粗糙度(差)	滚子	
X_{16}	基面跳动(差)	滚子	
X_{17}	Ki	内圈	滚子、内圈和外圈质量参数共32个，其中宏观误差参数21个，微观质量参数7个，其他4个。 滚子质量参数16个，内圈质量参数9个，外圈质量参数7个
X_{18}	Sdi	内圈	
X_{19}	Δ2β(内)	内圈	
X_{20}	Li	内圈	
X_{21}	圆度(内)	内圈	
X_{22}	波纹度(内)	内圈	
X_{23}	粗糙度(内)	内圈	
X_{24}	Sif(挡边)	内圈	
X_{25}	粗糙度(挡边)	内圈	
X_{26}	Ke	外圈	
X_{27}	SE	外圈	
X_{28}	Δ2α(外)	外圈	
X_{29}	Le	外圈	
X_{30}	圆度(外)	外圈	
X_{31}	波纹度(外)	外圈	
X_{32}	粗糙度(外)	外圈	

实验用轴承振动加速度 X_0 的测量结果为(dB)

46.0 47.7 47.7 47.0 48.0 47.7 48.0 47.7 47.7 46.7 47.7 44.0 46.0 46.7 48.0 45.0 47.0 45.3 45.7 45.3 47.3 48.0 47.0 47.3 47.3 47.0 47.3 46.7 44.6 47.3

参数 $X_1 \sim X_{32}$ 的实验数据略。

2. 灰关联度的计算结果

取 $\xi = 0.5$，得各参数与振动值的关联度排序如下：

$$\gamma_{03} = 0.9545 > \gamma_{01} = 0.9501 > \gamma_{08} = 0.8984 > \gamma_{07} = 0.8968 > \gamma_{023} = 0.8937 >$$
$$\gamma_{011} = 0.8829 > \gamma_{06} = 0.8827 > \gamma_{024} = 0.8814 > \gamma_{09} = 0.8723 > \gamma_{030} = 0.8625 >$$
$$\gamma_{029} = 0.8609 > \gamma_{025} = 0.8574 > \gamma_{032} = 0.8548 > \gamma_{026} = 0.8535 > \gamma_{021} = 0.8420 >$$
$$\gamma_{015} = 0.8348 > \gamma_{010} = 0.8281 > \gamma_{016} = 0.8228 > \gamma_{04} = 0.8122 > \gamma_{031} = 0.8121 >$$
$$\gamma_{018} = 0.7928 > \gamma_{017} = 0.7923 > \gamma_{027} = 0.7912 > \gamma_{020} = 0.7903 > \gamma_{014} = 0.7860 >$$
$$\gamma_{028} = 0.7830 > \gamma_{02} = 0.7801 > \gamma_{022} = 0.7507 > \gamma_{05} = 0.7466 > \gamma_{012} = 0.7329 >$$
$$\gamma_{013} = 0.7128 > \gamma_{019} = 0.6890$$

3. 灰绝对关联度的计算结果

根据灰色绝对关联度法，得各参数与振动值的绝对关联度排序如下：

$$\varepsilon_{012} = 0.7535 > \varepsilon_{020} = 0.7258 > \varepsilon_{029} = 0.7134 > \varepsilon_{013} = 0.7045 > \varepsilon_{03} = 0.6648 >$$
$$\varepsilon_{019} = 0.6492 > \varepsilon_{028} = 0.6397 = \varepsilon_{030} = 0.6397 > \varepsilon_{021} = 0.6143 > \varepsilon_{04} = 0.5967 >$$
$$\varepsilon_{05} = 0.5940 > \varepsilon_{031} = 0.5835 > \varepsilon_{022} = 0.5808 > \varepsilon_{07} = 0.5803 > \varepsilon_{011} = 0.5765 >$$
$$\varepsilon_{015} = 0.5645 > \varepsilon_{025} = 0.5331 > \varepsilon_{023} = 0.5160 > \varepsilon_{032} = 0.5150 > \varepsilon_{014} = 0.5121 >$$
$$\varepsilon_{06} = 0.5099 > \varepsilon_{016} = 0.5078 > \varepsilon_{02} = 0.5072 > \varepsilon_{01} = 0.5071 = \varepsilon_{08} = 0.5071 >$$
$$\varepsilon_{09} = 0.5070 = \varepsilon_{010} = 0.5070 = \varepsilon_{017} = 0.5070 = \varepsilon_{018} = 0.5070 = \varepsilon_{024} = 0.5070 =$$
$$\varepsilon_{026} = 0.5070 = \varepsilon_{027} = 0.5070$$

4. 灰相对关联度的计算结果

根据灰相对关联度法，得各参数与振动值的相对关联度排序如下：

$$\gamma_{01} = 0.9624 > \gamma_{03} = 0.9479 > \gamma_{08} = 0.9159 > \gamma_{011} = 0.9158 > \gamma_{09} = 0.9117 >$$
$$\gamma_{06} = 0.9115 > \gamma_{024} = 0.9114 > \gamma_{026} = 0.9098 > \gamma_{032} = 0.8962 > \gamma_{030} = 0.8953 >$$
$$\gamma_{023} = 0.8880 > \gamma_{025} = 0.8877 > \gamma_{021} = 0.8797 > \gamma_{010} = 0.8725 \gamma_{017} = 0.8614 >$$
$$\gamma_{016} = 0.8565 > \gamma_{04} = 0.8546 > \gamma_{029} = 0.8510 > \gamma_{027} = 0.8475 > \gamma_{018} = 0.8442 >$$
$$\gamma_{014} = 0.8310 > \gamma_{028} = 0.8295 > \gamma_{02} = 0.8215 > \gamma_{015} = 0.8075 > \gamma_{031} = 0.7886 >$$
$$\gamma_{012} = 0.7860 > \gamma_{022} = 0.7775 > \gamma_{07} = 0.7645 > \gamma_{05} = 0.7572 > \gamma_{020} = 0.7486 >$$
$$\gamma_{013} = 0.7148 > \gamma_{019} = 0.5763$$

5. 结果的讨论

将以上 3 种方法排序结果中前 16 名取出，用因素符号 X_i 表示在表 11－6 中。

表 11－6　在 3 种方法排序结果中的前 16 名

方法	前 16 名
灰关联度	X_3，X_1，X_8，X_7，X_{23}，X_{11}，X_6，X_{24}，X_9，X_{30}，X_{29}，X_{25}，X_{32}，X_{26}，X_{21}，X_{15}
灰绝对关联度	X_{12}，X_{20}，X_{29}，X_{13}，X3，X_{19}，X_{28}，X_{30}，X_{21}，X_4，X_5，X_{31}，X_{22}，X_7，X_{11}，X_{15}
灰相对关联度	X_1，X_3，X_8，X_{11}，X_9，X_6，X_{24}，X_{26}，X_{32}，X_{30}，X_{23}，X_{25}，X_{21}，X_{10}，X_{17}，X_{16}

最重要的因素集合为

$$f_0 = (X_3, X_{11}, X_{21}, X_{30})$$

在3种数学方法的排序结果中,将前16名作为可能的重要因素。前16名出现的频数和影响程度分别见表11-7和表11-8。将表11-7中的影响因素进行分类,结果见表11-9。

表11-7　在3种数学方法排序中前16个因素出现的频数

序号	影响轴承振动加速度的因素	频数
1	$X_3, X_{11}, X_{21}, X_{30}$	3
2	$X_1, X_6, X_7, X_8, X_9, X_{15}, X_{23}, X_{24}, X_{25}, X_{26}, X_{29}, X_{32}$	2
3	$X_4, X_5, X_{10}, X_{12}, X_{13}, X_{16}, X_{17}, X_{19}, X_{20}, X_{22}, X_{28}, X_{31}$	1

表11-8　在3种数学方法排序中前16个因素对轴承振动加速度的影响程度

序号	影响因素	影响程度
1	凸度(均),凸度(差),圆度(内),圆度(外)	最重要
2	Dw(均),粗糙度(均),基面粗糙度(均),基面跳动(均),Dw(差),基面粗糙度(差),粗糙度(内),Sif(挡边),粗糙度(挡边),Ke,Le,粗糙度(外)	第2重要
3	圆度(均),波纹度(均),$\Delta 2\varphi$(差),圆度(差),波纹度(差),基面跳动(差),Ki,$\Delta 2\beta$(内),Li,波纹度(内),$\Delta 2\alpha$(外),波纹度(外)	第3重要

表11-9　主要影响因素按误差类型分类

轴承零件	误差类型	主要影响因素		
		最重要	第2重要	第3重要
一套轴承中的滚子	宏观误差	凸度值的大小与极差	直径值的大小与极差,球基面跳动值的大小	圆度值的大小与极差,锥角值的极差,球基面跳动值的极差
	介于宏观微观之间的误差	—	—	波纹度的大小与极差
	微观误差	—	粗糙度值的大小,球基面粗糙度值的大小与极差	—
内圈	宏观误差	滚道圆度	Sif	Ki,Li,$\Delta 2\beta$
	介于宏观微观之间的误差	—	—	滚道波纹度
	微观误差	—	滚道粗糙度,挡边粗糙度	—

（续）

轴承零件	误差类型	主要影响因素		
		最重要	第 2 重要	第 3 重要
外圈	宏观误差	滚道圆度	Ke,Le	$\Delta 2\alpha$
	介于宏观微观之间的误差	—	—	滚道波纹度
	微观误差	—	滚道粗糙度	—

如表 11－8 和表 11－9 所列，总体看来共有 28 个主要因素，其中滚子质量参数 14 个，内圈质量参数 8 个，外圈质量参数 6 个。因此，对于实验用轴承而言，3 个零件对振动加速度的影响权重比为

$$滚子/内圈/外圈 = 14/8/6 \approx 2.3/1.3/1$$

从最重要因素和第 2 重要因素中发现，共有 16 个主要因素，其中滚子质量参数 8 个，内圈质量参数 4 个，外圈质量参数 4 个。因此，对于实验用轴承而言，3 个零件对振动加速度的影响权重比为

$$滚子/内圈/外圈 = 8/4/4 = 2/1/1$$

从最重要因素中发现，共有 4 个主要因素，其中滚子质量参数 2 个，内圈质量参数 1 个，外圈质量参数 1 个。因此，对于实验用轴承而言，3 种零件对振动加速度的影响权重比为

$$滚子/内圈/外圈 = 2/1/1$$

因此，在测量条件下，对实验轴承振动加速度贡献最大的是滚子，其次是内圈和外圈。得到这个结论的一个主要原因是滚子质量参数最多，内圈次之，外圈最少（见表 11－5 和表 11－8）。

实验研究发现，在测量条件下，对滚子而言，圆锥表面母线凸度是实验轴承的最薄弱环节。这说明凸度的形状、大小与加工质量对轴承振动加速度有重要影响；对内外圈而言，滚道圆度误差是实验轴承的最薄弱环节。这 4 个质量参数均为宏观误差参数。

11.4 滚动轴承振动性能的灰类评估

本节主要针对滚动轴承振动加速度性能进行灰类评估。首先，简要介绍灰统计评估原理，建立滚动轴承振动加速度评估模型。然后对滚动轴承的振动加速度进行评估，并给出合理的灰类评估结果。

11.4.1 灰类评估原理

灰类评估是以灰色系统理论中的灰统计原理为基础的，在少量信息及数据概

率分布和趋势项未知的情况下,可以充分挖掘系统数据的内在规律。

假设需要考核滚动轴承某项性能指标,通过实验可以获得轴承性能指标的 n 个实验数据,数据序列如下

$$\boldsymbol{X}=(x_1,x_2,\cdots,x_k,\cdots,x_n) \tag{11-45}$$

式中:k 为数据序号;n 为数据个数;x_k为某性能指标的第 k 个实验数据。

已知 Z_j为灰类 S_j的评估标准值,x_k为性能指标的实验值,若性能指标实验值满足

$$Z_j \leqslant x_k < Z_{j+1}, j=0,1,\cdots,J \tag{11-46}$$

则此性能指标实验值归入灰类 S_j中,称此过程为灰统计。

白化权函数可以定量地描述某一评估对象隶属于某个灰类的程度,性能指标灰类 S_j的白化权函数可以表示为

$$f^j(x_k)=\begin{cases}(x_k-Z_{j+1})/(Z_j-Z_{j+1}), & x_k\in[Z_{j+1},Z_j] \\ 0, & x_k\notin[Z_{j+1},Z_j]\end{cases} \tag{11-47}$$

白化权函数一般为线性函数,以反映灰色系统理论少量信息的特点,其具体表达式可以根据所研究问题灰类特征决定,没有严格的要求。

根据性能指标的白化权函数,可以将实验获得的 n 个数据进行灰统计分析,定义性能指标灰类 S_j的灰统计系数为

$$\omega_j=\frac{\sum_{k=1}^{m} f^j(x_k)}{\sum_{j=1}^{J}\sum_{k=1}^{m} f^j(x_k)} \tag{11-48}$$

式中:k 为满足灰类 S_j的实验序号,$k=1,2,\cdots,m,m\leqslant n$。

由灰类 S_j构成的灰统计系数集 $\boldsymbol{S}$ 为

$$\boldsymbol{S}=(\omega_0,\omega_1,\cdots,\omega_j,\cdots,\omega_J) \tag{11-49}$$

根据最大隶属度原则,由灰类系数集可确定所研究的滚动轴承性能所属灰类。

由经典统计理论,可以统计出性能指标实验数据的灰类分布状态,如表 11-10 所列。

表 11-10　性能实验数据灰类状态分布表

序号	灰类	灰类评估标准值	实验值符合标准值的频数
0	S_0	Z	N_0
1	S_1	Z_1	N_1
⋮	⋮	⋮	⋮
j	S_j	Z_j	N_j
⋮	⋮	⋮	⋮
J	S_J	Z_J	N_J

定义性能指标的统计系数集 $\boldsymbol{Y}$ 为

$$\boldsymbol{Y} = (y_0, y_1, \cdots, y_j, \cdots, y_J) \tag{11-50}$$

式中

$$y_j = \frac{N_j}{\sum_{j=0}^{J} N_j} \tag{11-51}$$

根据最大隶属度原则，由统计分析的系数集可确定所研究的滚动轴承性能所属灰类。灰类评估不同于经典的统计评估，灰类评估考虑了实验数据的分布状态。

11.4.2 灰类评估的实验研究

1. 对 6203 型滚动轴承振动加速度实验研究

在生产现场随机选取 30 套 6203 型圆锥滚子轴承，测量振动加速度值，记录的正面和反面原始实验数据如图 11－1 和图 11－2 所示。

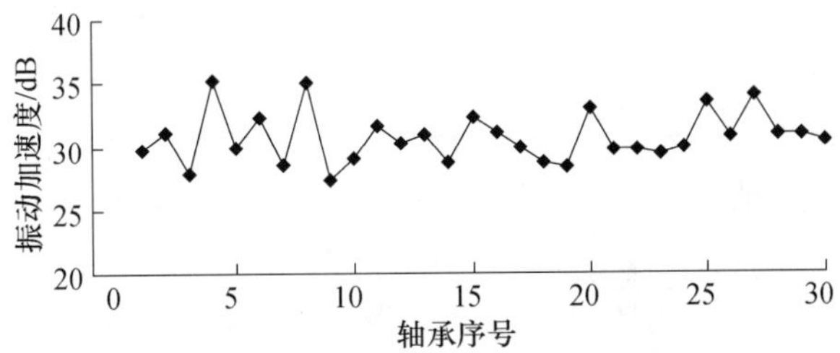

图 11－1　6203 型轴承正面振动加速度数据

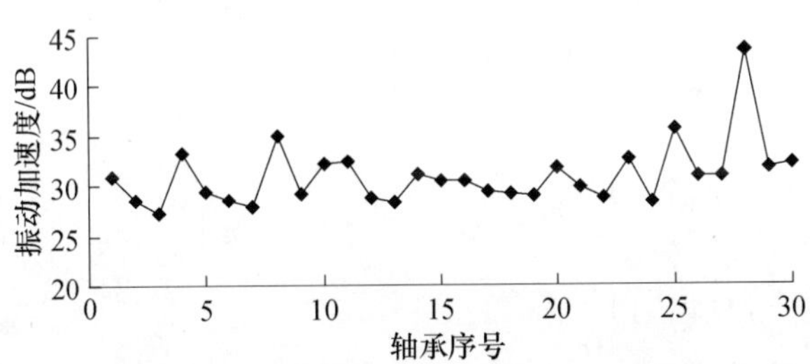

图 11－2　6203 型轴承反面振动加速度数据

将测量得到的轴承振动加速度正面和反面数据取算术平均作为该轴承的振动加速度值，轴承振动加速度数据序列为（图 11－3）。

$\boldsymbol{X}$ =（30.335　29.835　27.58　34.25　29.665　30.415　28.165　35　28.25　30.585　32.085 29.5 29.665 29.92 31.415 30.835 29.58 28.92 28.665 32.415 29.75 29.25 31 29.165 34.585 30.83 32.415 37.25 31.415 31.335）

由图 11－3 知，所研究轴承的振动加速度数据同样呈现出不确定性，并且其趋势项和概率分布未知，可以借助灰类评估原理进行分析。

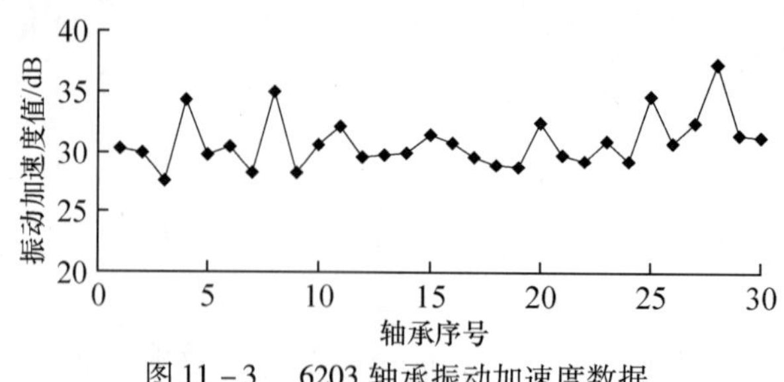

图 11－3　6203 轴承振动加速度数据

深沟球轴承振动标准 JB/T 7047—2006 规定了轴承振动加速度值的组别，如表 11－11 所列。为研究方便，在标准中没有的组别，用 Z_4-5 表示。

表 11－11　6203 轴承振动加速度值的有关组别

序号	1	2	3	4	5	6
灰类 S_j	0	1	2	3	4	5
组别边界值	Z	Z_1	Z_2	Z_3	Z_4	Z_4-5
计算符号 Z_k/dB	Z_0	Z_1	Z_2	Z_3	Z_4	Z_5
实际振动值/dB	47	45	41	36	31	26

由轴承实际振动值，振动组别的白化权函数可以表示如下

$$f^0(x)=\begin{cases}(x-47)/(47-45), & x\in[45,47]\\ 0, & x\notin[45,47]\end{cases}$$

$$f^1(x)=\begin{cases}(x-41)/(45-41), & x\in[41,45]\\ 0, & x\notin[41,45]\end{cases}$$

$$f^2(x)=\begin{cases}(x-36)/(41-36), & x\in[36,41]\\ 0, & x\notin[36,41]\end{cases}$$

$$f^3(x)=\begin{cases}(x-31)/(36-31), & x\in[31,36]\\ 0, & x\notin[31,36]\end{cases}$$

$$f^4(x)=\begin{cases}(x-26)/(31-26), & x\in[26,31]\\ 0, & x\notin[26,31]\end{cases}$$

根据轴承振动组别的白化权函数，可以将获得的实验数据进行灰统计分析，统计出轴承振动加速度实验数据的分布状态，如表 11－12 所列。

表 11－12　轴承振动加速度实验数据灰类状态分布表

序号	灰类	灰类评估标准值	实验值符合标准值的频数
1	S_0	47	0
2	S_1	45	0
3	S_2	41	0
4	S_3	36	0

（续）

序号	灰类	灰类评估标准值	实验值符合标准值的频数
5	S_4	31	10
6	S_5	26	20

由轴承振动加速度值，通过白化权函数，计算可得所研究轴承的灰系数集和统计系数集分别为

$$\boldsymbol{S}=(0,0,0,0,0.2356,0.7644)$$

$$\boldsymbol{Y}=(0,0,0,0,0.3333,0.6667)$$

由计算结果知，所研究的圆锥滚子轴承属于灰类 S_4 振动值 36～31dB 的程度为 0.2356，属于灰类 S_5 振动值 31～26dB 的程度为 0.7644；运用经典统计理论，分析计算可得属于灰类 S_4 的百分比为 0.3333，属于灰类 S_5 的百分比为 66.67%。由此可知，运用灰统计分析和经典统计分析的结果有一定的差别，这是因为灰统计理论在计算灰系数集时考虑了轴承的实际振动值和标准组别值的距离，而经典统计理论在计算百分比时并没有考虑。

2. 对 32210 型圆锥滚子轴承振动加速度实验研究

在生产现场随机选取的 50 套 32210 型圆锥滚子轴承，测量振动加速度值，记录的实验数据序列为（见图 11－4）。

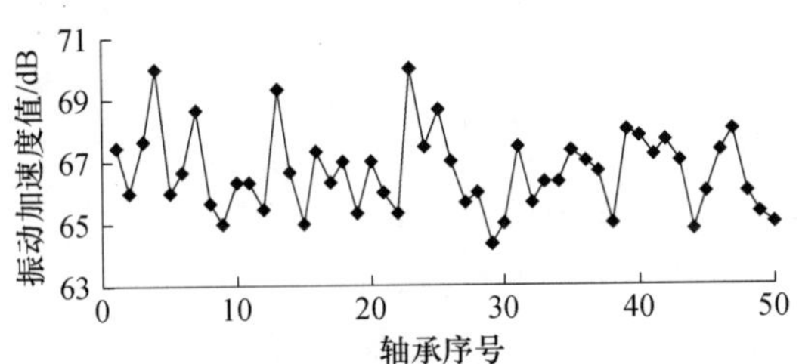

图 11－4　32210 圆锥滚子轴承的振动加速度数据

由图 11－4 知，所研究轴承的振动加速度数据呈现不确定性，并且其趋势项和概率分布未知，可以借助灰统计评估原理进行分析。

圆锥滚子轴承振动标准 JB/T 10237—2001 规定了轴承振动加速度值的组别，如表 11－13 所列。为研究方便，在标准中没有的组别，分别用 $Z+3$，$Z+6$ 表示。

表 11－13　32210 轴承振动加速度值的有关组别

序号	1	2	3	4	5
灰类 S_j	0	1	2	3	4
组别边界值	$Z+6$	$Z+3$	Z	Z_1	Z_2
计算符号	Z_0	Z_1	Z_2	Z_3	Z_4
实际振动值/dB	73	70	67	64	59

由轴承实际振动值，振动组别的白化权函数可以表示如下：

$$f^0(x)=\begin{cases}(x-70)/(73-70), & x\in[70,73]\\ 0, & x\notin[70,73]\end{cases}$$

$$f^1(x)=\begin{cases}(x-67)/(70-67), & x\in[67,70]\\ 0, & x\notin[67,70]\end{cases}$$

$$f^2(x)=\begin{cases}(x-64)/(67-64), & x\in[64,67]\\ 0, & x\notin[64,67]\end{cases}$$

$$f^3(x)=\begin{cases}(x-59)/(64-59), & x\in[59,64]\\ 0, & x\notin[59,64]\end{cases}$$

根据轴承振动组别的白化权函数，可以将获得的实验数据进行灰统计分析，统计出性能指标实验数据的分布状态，如表 11－14 所列。

表 11－14　轴承振动加速度实验数据灰类状态分布表

序号	灰类	灰类评估标准值	实验值符合标准值的频数
1	S_0	73	0
2	S_1	70	0
3	S_2	67	17
4	S_3	64	33
5	S_4	59	0

由轴承振动加速度值，通过白化权函数，计算可得所研究轴承的灰系数集和统计系数集分别为

$$\boldsymbol{S}=(0,0,0.2261,0.7739,0)$$

$$\boldsymbol{Y}=(0,0,0.34,0.66,0)$$

由计算结果知，所研究的圆锥滚子轴承属于灰类 S_2 振动值 70～67dB 的程度为 0.2261，属于灰类 S_3 振动值 67～64dB 的程度为 0.7739；运用经典统计理论，分析计算可得属于灰类 S_2 的百分比为 0.34，属于灰类 S_3 的百分比为 66%。

11.4.3　细分灰类评估方法

本节运用灰统计理论对 30204 型圆锥滚子轴承的振动加速度进行评估，选择的样本数量为 30 套。

灰统计分析可以分为一般算法和细分灰类算法，细分灰类更能表达出性能数据在一个灰类中的分布状态。本次实验分析过程中采用了细分灰类分析，即根据灰统计理论利用式（11－47）对记录的实验数据进行细分灰类分析。

在生产现场随机选取 30 套 30204 型圆锥滚子轴承，测量振动加速度值，得到的数据序列为（图 11－5）。

$\boldsymbol{X}$ = (46 47.7 47.7 47 48 47.7 48 47.7 47.7 46.7 47.7 44 46 46.7 48

45 47 45.3 45.7 45.3 47.3 48 47 47.3 47.3 47 47.3 46.7 44.6 47.3)

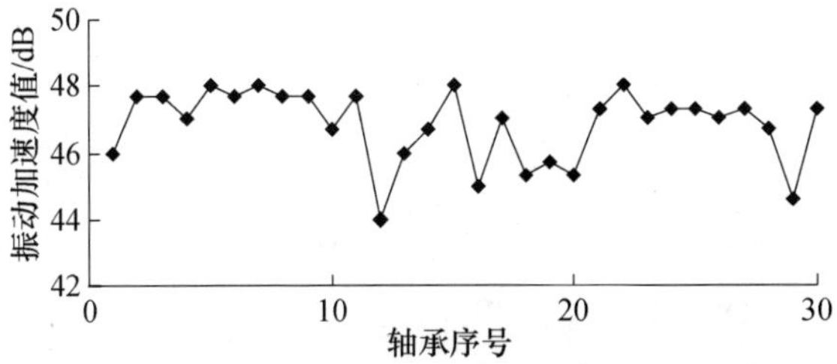

图 11-5 30204 圆锥滚子轴承的振动加速度数据

由图 11-5 知，所研究轴承的振动加速度数据同样呈现出不确定性，并且其趋势项和概率分布未知，因此可以借助灰统计原理进行分析。

1. 灰分析基本算法

圆锥滚子轴承振动标准 JB/T 10237—2001 规定了轴承振动加速度值的组别，如表 11-15 所列。为研究方便，在标准中没有的组别，分别用 Z_2-4，Z_2-8 表示。

表 11-15 30204 轴承振动加速度值的有关组别

序号	1	2	3	4	5
灰类 S_j	0	1	2	3	4
组别边界值	Z	Z_1	Z_2	Z_2-4	Z_2-8
计算符号	Z_0	Z_1	Z_2	Z_3	Z_4
实际振动值/dB	57	55	51	47	43

由轴承实际振动值，振动组别的白化权函数可以表示为

$$f^0(x)=\begin{cases}(x-55)/(57-55), & x\in[55,57]\\0, & x\notin[55,57]\end{cases}$$

$$f^1(x)=\begin{cases}(x-51)/(55-51), & x\in[51,55]\\0, & x\notin[51,55]\end{cases}$$

$$f^2(x)=\begin{cases}(x-47)/(51-47), & x\in[47,51]\\0, & x\notin[47,51]\end{cases}$$

$$f^3(x)=\begin{cases}(x-43)/(47-43), & x\in[43,47]\\0, & x\notin[43,47]\end{cases}$$

根据轴承振动组别的白化权函数，可以将获得的实验数据进行灰统计分析，统计出性能指标实验数据的分布状态，如表 11-16 所列。

表 11-16 轴承振动加速度实验数据灰类状态分布表

序号	灰类	灰类评估标准值	实验值符合标准值的频数
1	S_0	57	0
2	S_1	55	0

（续）

序号	灰类	灰类评估标准值	实验值符合标准值的频数
3	S_2	51	15
4	S_3	47	15
5	S_4	43	0

由轴承振动加速度值，通过白化权函数，计算可得所研究轴承的灰系数集和统计系数集分别为

$$\boldsymbol{S}=(0,0,0.1392,0.8608,0)$$

$$\boldsymbol{Y}=(0,0,0.5,0.5,0)$$

由以上计算结果知，所研究的圆锥滚子轴承属于灰类 S_2 振动值 51 ~ 47dB 的程度为 0.1392，属于灰类 S_3 振动值 47 ~ 43dB 的程度为 0.8608；运用经典统计理论，分析计算可得属于灰类 S_2 的百分比为 50%，属于灰类 S_3 的百分比为 50%。此时，运用灰统计分析和经典统计分析的结果相差较大，更加表明了灰统计理论在计算灰系数集时考虑了轴承的实际振动值和标准组别值的距离，灰统计评估从不同的侧面反映了滚动轴承振动加速度的分布状态，更能真实反映数据的分布状态。

2. 细分灰类算法

由上节分析结果可知，属于灰类 S_3 振动值 47 ~ 43dB 的程度为 0.8608，但并不知道灰类 S_3 的具体分布情况，这就需要对灰类 S_3 进一步细分。

将灰类 S_3 细分为 S_{30} 和 S_{31} 共 2 个小灰类，细分后的有关组别如表 11－17 所列。

表 11－17　30204 轴承振动加速度值细分灰类的有关组别

序号	1	2	3	4	5	6
灰类 S_j	0	1	2	30	31	4
组别边界值	Z	Z_1	Z_2	Z_2-4	Z_2-6	Z_2-8
计算符号	Z_0	Z_1	Z_2	Z_{30}	Z_{31}	Z_4
实际振动值/dB	57	55	51	47	45	43

细分灰类后，相应的白化权函数为

$$f^{30}(x)=\begin{cases}(x-45)/(47-45), & x\in[45,47]\\0, & x\notin[45,47]\end{cases}$$

$$f^{31}(x)=\begin{cases}(x-43)/(45-43), & x\in[43,45]\\0, & x\notin[43,45]\end{cases}$$

根据轴承振动组别细分后的白化权函数，可以将获得的实验数据进行灰统计分析，统计出性能指标实验数据的分布状态，如表 11－18 所列。

表 11-18　轴承振动加速度实验数据细分灰类状态分布表

序号	灰类	灰类评估标准值	实验值符合标准值的频数
1	S_0	57	0
2	S_1	55	0
3	S_2	51	15
4	S_3	47	12
5	S_4	45	3
6	S_5	43	0

由轴承振动加速度值,通过白化权函数,计算可得所研究轴承细分灰类后的灰系数集和统计系数集分别为

$$\boldsymbol{S}=(0,0,0.1876,0.6344,0.1780,0)$$

$$\boldsymbol{Y}=(0,0,0.5,0.4,0.1,0)$$

由以上计算结果可知,所研究的圆锥滚子轴承属于灰类 S_{30} 的程度为 0.6344,百分比为 40%,属于灰类 S_{31} 的程度为 0.1780,百分比为 10%,统计分析和灰分析结果表明所研究轴承更多靠近 47dB 即接近 Z_{30} 组。

11.5　最优工艺方案的灰类评估

在轴承振动与噪声的综合研究与控制中,经常会做各种各样的工艺实验,然后从中选取最优工艺方案,该方案使轴承振动效果最好。这就需要对所研究轴承的振动值进行评估,以判别各种工艺方案的优劣性。经常使用的方法是数理统计分析,例如用实验轴承的振动值 x 满足标准规定的振动组别(Z,Z_1 和 Z_2 组)的百分比值为依据,选择最优工艺方案。这种方法没有考虑振动值 x 在同一组别中的分布状态,会导致所选方案不是最优的。本节采用灰类评估方法进行分析,可以克服数理统计分析的缺陷,取得比较好的结果。

11.5.1　数学模型

设有 n 个统计对象,m 个统计指标,s 个不同的类别,根据对象 $i(i=1,2,\cdots,n)$ 关于指标 $j(j=1,2,\cdots,m)$ 的样本值 x_{ij},将指标 j 归入灰类 $k(k=s_0,s_0+1,\cdots,s_1-1,s_1)$ 中,称为灰色统计。

定义对象加权统计系数:

$$\sigma_j^k=\frac{\sum_{i=1}^{n}f^k(x_{ij})\eta_i}{\sum_{k=s_0}^{s_1}\sum_{i=1}^{n}f^k(x_{ij})\eta_i}\tag{11-52}$$

式中：σ_j^k 为第 j 个指标对第 k 个灰类的加权统计系数，$\sigma_j^k \in [0,1]$；η_i 为对象 i 的权；$f^k(x)$ 为灰类 k 关于 x 的白化权函数；x 为对象样本值 x_{ij} 的连续变量；s 为灰类个数；s_0 为灰类的开始序号；s_1 为灰类的终止序号。

要求

$$\sum_{i=1}^{n} \eta_i = 1 \tag{11-53}$$

当 $\eta_i = 1/n(i=1,2,\cdots,n)$ 时，σ_j^k 为对象等权统计系数，否则 σ_j^k 为对象非等权统计系数。σ_j^k 的实际意义是第 j 个指标属于灰类 k 的权系数。

对象加权统计系数 σ_j^k 可以构成系数矩阵：

$$\sum = \{\sigma_j^k\} = \begin{bmatrix} \sigma_1^{s_0} & \sigma_1^{s+1} & \cdots & \sigma_1^{s_1} \\ \sigma_2^{s_0} & \sigma_2^{s_0+1} & \cdots & \sigma_2^{s_1} \\ \vdots & \vdots & \ddots & \vdots \\ \sigma_m^{s_0} & \sigma_m^{s_0+1} & \cdots & \sigma_m^{s_1} \end{bmatrix} \tag{11-54}$$

在计算时，对象样本值 x_{ij} 的排列格式如表 11－19 所列。

表 11－19　对象样本值 x_{ij} 的排列格式

对象序号	指标 1	指标 2	…	指标 j	…	指标 $m-1$	指标 m
1	x_{11}	x_{12}	…	x_{1j}	…	$x_{1,m-1}$	$x_{1,m}$
2	x_{21}	x_{22}	…	x_{2j}	…	$x_{2,m-1}$	$x_{2,m}$
⋮	⋮	⋮	⋮	⋮	⋮	⋮	⋮
i	x_{i1}	x_{i2}	…	x_{ij}	…	$x_{i,m-1}$	$x_{i,m}$
⋮	⋮	⋮	⋮	⋮	⋮	⋮	⋮
$n-1$	$x_{n-1,1}$	$x_{n-1,2}$	…	$x_{n-1,j}$	…	$x_{n-1,m-1}$	$x_{n-1,m}$
n	x_{n1}	x_{n2}	…	x_{nj}	…	$x_{n,m-1}$	$x_{n,m}$

11.5.2　应用案例

1. 基本算法

在研究 32308 轴承振动与噪声中，采用了 4 种不同工艺方案，实验结果如表 11－20所列。现在要根据实验结果评价出最好的工艺方案，该方案应使轴承的振动效果最好。

表 11－20　4 种工艺方案的实验结果

轴承序号 i	方案 1($j=1$)	方案 2($j=2$)	方案 3($j=3$)	方案 4($j=4$)
1	68.33	62.00	63.33	65.00
2	68.33	65.33	64.33	65.67
3	64.67	65.33	65.00	64.00

（续）

轴承序号 i	方案 1($j=1$)	方案 2($j=2$)	方案 3($j=3$)	方案 4($j=4$)
4	63.00	65.67	56.67	66.33
5	68.67	62.33	63.33	65.67
6	63.67	63.00	63.67	63.00
7	65.00	63.67	62.00	67.00
8	66.00	60.00	65.33	65.33
9	66.67	55.00	62.67	65.67
10	62.00	55.67	64.33	67.33

圆锥滚子轴承振动(加速度)标准 JB/T 10236—2001 规定了轴承振动加速度值的有关组别,如表 11-21 所列。在表 11-21 中,为了研究方便,标准没有规定的组别,分别用 $Z_2-5\text{dB}$ 和 $Z_2-8\text{dB}$ 表示。表 11-21 实际上属于所研究问题的灰类,$s_0=0$,$s_1=4$,$k=0,1,2,3,4$,共有 5 个灰类。

根据表 11-21 可以建立灰类 k 的白化权函数,如图 11-6 所示。

表 11-21　32308 轴承振动加速度值的有关组别

序号	1	2	3	4	5
灰类 k	0	1	2	3	4
组别边界值	Z	Z_1	Z_2	$Z_2-5\text{dB}$	$Z_2-8\text{dB}$
计算符号	Z_0	Z_1	Z_2	Z_3	Z_4
实际振动值 x/dB	69	66	61	56	53

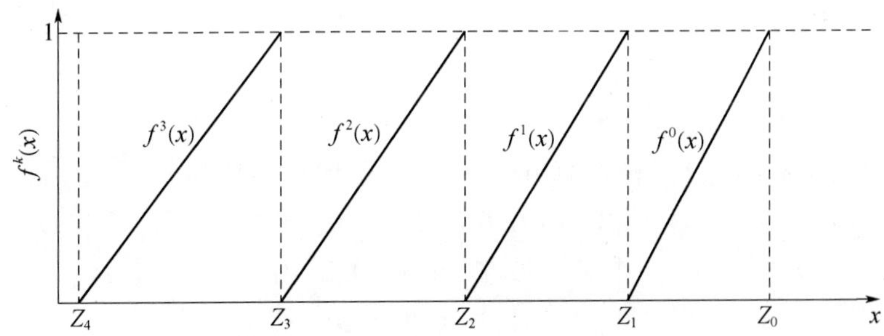

图 11-6　振动组别的白化权函数

图 11-6 中函数的表达为

$$f^0(x)=\begin{cases}(x-Z_1)/(Z_0-Z_1), & x\in[Z_1,Z_0]\\ 0, & x\notin[Z_1,Z_0]\end{cases}\tag{11-55}$$

$$f^1(x)=\begin{cases}(x-Z_2)/(Z_1-Z_2), & x\in[Z_2,Z_1]\\ 0, & x\notin[Z_2,Z_1]\end{cases}\tag{11-56}$$

$$f^2(x)=\begin{cases}(x-Z_3)/(Z_2-Z_3), & x\in[Z_3,Z_2]\\0, & x\notin[Z_3,Z_2]\end{cases}\tag{11-57}$$

$$f^3(x)=\begin{cases}(x-Z_4)/(Z_3-Z_4), & x\in[Z_4,Z_3]\\0, & x\notin[Z_4,Z_3]\end{cases}\tag{11-58}$$

通过计算可以得到

$$\sum=(\sigma_j^k)=\begin{bmatrix}0.4210 & 0.5790 & 0 & 0 & 0\\0 & 0.6330 & 0.1246 & 0.2424 & 0\\0 & 0.9739 & 0.0261 & 0 & 0\\0.1395 & 0.8605 & 0 & 0 & 0\end{bmatrix}\tag{11-59}$$

在式(11-59)中，$\sigma_j^k(j=1,2,3,4;k=0,1,2,3,4)$表示采用第$j$个工艺方案得到的轴承加速度振动值对第$k$个灰类的灰色统计权系数(即符合和灰类$k$对应的振动组别的程度)，和传统的统计理论计算的百分比有相似之处，但不完全一样。

可以看出：对于第1个工艺方案来说，轴承振动值属于Z组($k=0$灰类)的程度为0.4210，属于Z_1组($k=1$灰类)的程度为0.5790，属于Z_2-5dB和Z_2-8dB组($k=2$和$k=3$灰类)的程度均为0；对于第2个工艺方案来说，轴承振动值属于Z组($k=0$灰类)的程度为0，属于Z_1组($k=1$灰类)的程度为0.6330，属于Z_2-5dB组($k=2$类)的程度为0.1264，属于Z_2-8dB组($k=3$类)的程度为0.2424；对于第3个工艺方案来说，轴承振动值属于Z_1组($k=1$灰类)的程度为0.9739，属于Z_2组($k=2$灰类)的程度为0.0261，属于Z和Z_2-8dB组($k=0$和$k=3$灰类)的程度均为0；对于第4个工艺方案来说，轴承振动值属于Z组($k=0$灰类)的程度为0.1395，属于Z_1组($k=1$灰类)的程度为0.8605，属于Z_2-5dB和Z_2-8dB组($k=2$和$k=3$灰类)的程度均为0。因此，第2个工艺方案是最好的方案。

如果用传统的统计理论计算百分比的方法计算，结果为

$$\begin{bmatrix}0.4 & 0.6 & 0 & 0 & 0\\0 & 0.7 & 0.1 & 0.2 & 0\\0 & 0.9 & 0.1 & 0 & 0\\0.3 & 0.7 & 0 & 0 & 0\end{bmatrix}$$

和式(11-59)计算结果有比较明显的差异。原因是：灰色统计理论在计算灰色统计权系数时用到了灰类k的白化权函数，这就考虑了轴承的实际振动值x和标准组别边界值(Z,Z_1,Z_2等)的距离亦即轴承实际振动值的分布状态，而传统的统计理论在计算百分比时却不考虑。

轴承的实际振动值x和标准组别边界值的距离可以表示为

$$\delta_k=x-Z_k, x\in[Z_k,Z_{k-1}]\tag{11-60}$$

在灰类 k 中，δ_k 越大越好。δ_k 越大，x 值越接近灰类 $k-1$，轴承振动组别越接近 Z_{k-1} 组。

2. 细分灰类算法

有一种特殊情况需要将灰类 k 进一步细分：当某一指标的样本数据全部落在某一灰类中时，必有 $\sigma_j^k=1$。例如，表 11-22 是两种方案的 32308 轴承实验数据。可以看出，方案 2 比较好，因为方案 2 的实际振动值十分接近 Z_1 组别边界值，方案 1 的实际振动值十分接近 Z 组别边界值。

表 11-22 两种方案的 32308 轴承实验数据

轴承序号 i	方案 1($j=1$)	方案 2($j=2$)
1	68.0	66.5
2	68.0	66.5
3	67.0	67.0

通过计算可以得到

$$\sum=(\sigma_j^k)=\begin{bmatrix}1&0&0&0\\1&0&0&0\end{bmatrix}$$

即两种方案结果一样，所得到的轴承振动值均为灰类 0 即 Z 组，无法区分两种方案的优劣。可以用下面的方法解决这类问题。

将灰类 0 细分为 00 和 01 两个小灰类，相应的白化权函数如图 11-7 所示。

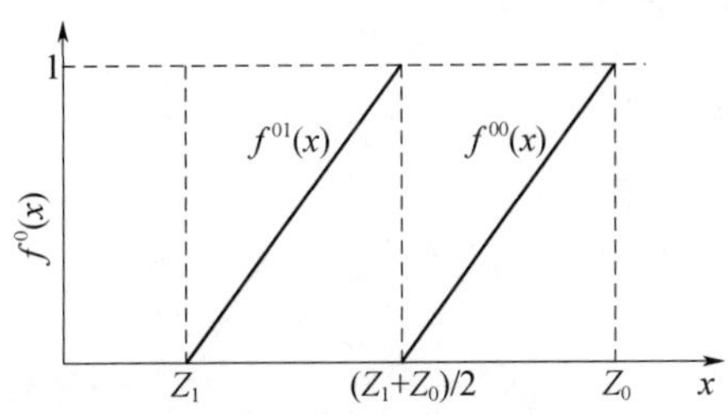

图 11-7 灰类 0 的细分

图 11-7 的表达式为

$$f^{00}(x)=\begin{cases}(x-(Z_0+Z_1)/2)/(Z_0-(Z_0+Z_1)/2), & x\in[(Z_0+Z_1)/2,Z_0]\\0, & x\notin[(Z_0+Z_1)/2,Z_0]\end{cases}\tag{11-61}$$

$$f^{01}(x)=\begin{cases}(x-Z_1)/((Z_0+Z_1)/2-Z_1), & x\in[Z_1,(Z_0+Z_1)/2]\\0, & x\notin[Z_1,(Z_0+Z_1)/2]\end{cases}\tag{11-62}$$

通过计算可以得到

$$\sum^{0}=(\sigma_{1,2}^{00,01})=\begin{bmatrix}0.5 & 0.5\\0 & 1\end{bmatrix}$$

由计算结果可以看出,方案 2 比方案 1 的效果更好。

3. 分段算法

另一种方法是采用分段白化权函数,其一般形式为($k=0,1,2,3,4$):

$$f^{k}(x)=\begin{cases}f_{k1}^{\alpha_k}(x),x\in[Z_{k+1},Z_k]\\f_{k2}^{\beta_k}(x),x\in[Z_k,Z_{k-1}]\\0, \quad x\notin[Z_{k+1},Z_{k-1}]\end{cases}\tag{11-63}$$

规定

$$f^{k}(Z_{k-1})=f^{k}(Z_{k+1})=0,f^{k}(Z_k)=1\tag{11-64}$$

α^k和β^k的选择应使$f^k(x_{k1})=f^k(x_{k2})=0.5$,即

$$\alpha_k=-\lg2/\lg(f^k(x_{k1}))\tag{11-65}$$

$$\beta_k=-\lg2/\lg(f^k(x_{k2}))\tag{11-66}$$

$$x_{k1}=(Z_{k+1}+Z_k)/2\tag{11-67}$$

$$x_{k2}=(Z_k+Z_{k-1})/2\tag{11-68}$$

一般设

$$f_{k1}(x)=(Z_{k+1}-x)/(Z_{k+1}-Z_k)\tag{11-69}$$

$$f_{k2}(x)=(Z_{k-1}-x)/(Z_{k-1}-Z_k)\tag{11-70}$$

白化权函数的形状如图 11-8 所示。

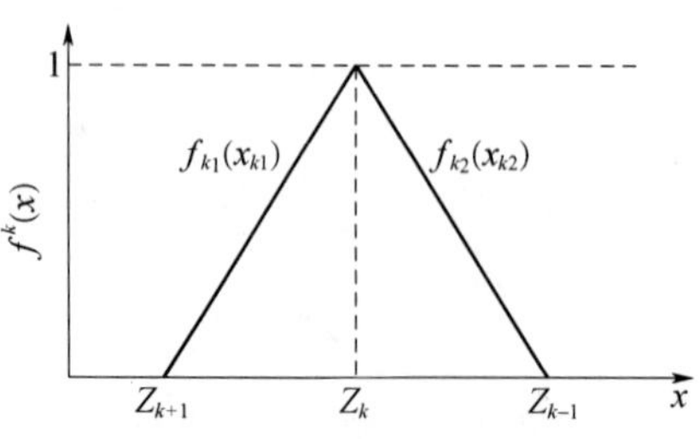

图 11-8 分段白化权函数

根据表 11-20 和表 11-21 的数据,通过计算可以得到有关参数(表 11-23),最终结果为

$$\sum=(\sigma_j^k)=\begin{bmatrix}0.2667 & 0.5001 & 0.2332 & 0 & 0\\0 & 0.4066 & 0.3734 & 0.1757 & 0.0443\\0 & 0.4998 & 0.4136 & 0.0866 & 0\\0.0887 & 0.7581 & 01532 & 0 & 0\end{bmatrix}\tag{11-71}$$

可以看出,第 2 个工艺方案是最好的方案。

表 11-23 有关参数的计算结果

k	Z_{k-1}	Z_k	Z_{k+1}	x_{k1}	x_{k2}	$f_{k1}(x_{k1})$	$f_{k2}(x_{k2})$	α_k	β_k
1	69	66	61	67.5	63.5	0.5	0.5	1	1
2	66	61	56	63.5	58.5	0.5	0.5	1	1
3	61	56	53	58.5	54.5	0.5	0.5	1	1

对于具体的例子而言,式(11-60)和式(11-72)的具体结果不同,但评估结果基本一致。当然,这并不意味这2种方法的评估结果必然相同,实际上有很多情况是不同的,即不同的评估方法可能有不同的结果。因此,在评估时应当采用多种方法,最后再进行综合评估。

11.6 本章小结

对于球轴承而言,结构尺寸误差参数对轴承振动的影响比较大,宏观形状误差参数和微观形貌参数对轴承振动的影响比较小。这表示轴承的宏观形状误差和微观形貌误差已经达到比较高的质量水平,以至于对轴承振动的影响不再成为主要因素,而轴承的结构尺寸参数及其公差存在着设计方法上的一些问题,从而成为影响轴承振动加速度的主要因素。

对于圆锥滚子轴承而言,滚子圆锥表面母线凸度是实验轴承的最薄弱环节。这说明凸度的形状、大小与加工质量对圆锥滚子轴承振动加速度有重要影响;对内外圈而言,滚道圆度误差是实验轴承的最薄弱环节。这4个质量参数均为宏观误差参数,因此,从现有制造质量水平来看,宏观误差是影响圆锥滚子轴承振动加速度的主要因素。

提出灰类评估理论在滚动轴承振动性能评估中的应用方法,并以深沟球轴承和圆锥滚子轴承振动加速度的评估为例进行实验与应用研究。

第12章　滚动轴承振动品质实现可靠性评估

滚动轴承产品品质实现可靠性的研究是从因素的分析与合成角度针对产品的品质实现问题进行研究。从经济性考虑，研究该问题可以将实验样本减少到最少，从小样本出发获取更多有用信息，为决策者提供理论依据。从学术性考虑，该问题的研究可以弥补经典统计理论的一些不足，针对滚动轴承产品的品质提出了新的概念，提供了一种新的研究方法，具有重要的学术意义[38,41]。

本章研究滚动轴承振动品质实现可靠性问题，提出品质实现可靠性的概念，建立品质实现可靠性评估模型，并以圆锥滚子轴承为例进行了现场实验及模拟实验研究。

12.1　产品品质的实现可靠性概述

产品品质的实现可靠性是指在指定的条件下，产品的品质可以达到一定的等级、机械装备的加工水平可以使产品的考核指标控制在一定范围内的能力大小。品质实现可靠性可以表征为一个函数，此函数的具体计算值称为产品品质的实现可靠度[38,41]。

通常，一个复杂影响因素的状态很难预知。针对复杂影响因素分析可行有效的方法就是将复杂影响因素的状态分解为便于检测的多个简单因素，然后把这些便于测量的简单因素合成为复杂因素状态。产品的品质受很多因素的影响，本章通过研究产品品质影响的简单因素状态，根据这些简单影响因素来合成整个品质实现可靠度的影响因素状态，进而来研究滚动轴承产品振动品质实现可靠度。

为了更好地了解产品品质状态及装备的加工控制水平，就需要对产品品质实现可靠度进行评估。对品质实现可靠度的评估可以及时发现生产过程中存在的缺陷与薄弱环节，及时采取有效的控制方法以避免出现严重的品质事故。为此，本章建立滚动轴承产品振动品质实现可靠度模型，然后基于乏信息理论对产品品质实现可靠度进行真值与区间估计，最后以 30204 圆锥滚子轴承为例进行实验研究。

12.2　滚动轴承振动品质实现可靠性模型

12.2.1　滚动轴承振动品质分级

1. 轴承振动性能数据序列综合矩阵

产品品质如零件加工工艺、加工精度与表面质量以及产品性能等可以从多方面考核，如轴承性能可以从轴承的振动速度、振动加速度、噪声、摩擦力矩等方面进行考核，这些性能考核指标受很多关键因素的影响。对品质实现可靠性的研究需根据所研究的产品特点，确立产品品质考核指标和考核指标的影响因素。

在现有的加工装备和工艺方案下，假设需考核轴承产品的振动性能指标（即产品品质的考核指标）的实现可靠性，通过对现场轴承振动性能进行测试，获得振动性能数据序列 $\boldsymbol{X}_0$，即

$$\boldsymbol{X}_0 = (x_0(1), x_0(2), \cdots, x_0(k), \cdots, x_0(n)) \tag{12-1}$$

式中：k 为数据的序号；n 为数据的个数；$x_0(k)$ 为数据序列中第 k 个数据即轴承振动品质状态值。

假设影响轴承振动性能指标的影响因素有 m 个，通过对全部影响因素事先检测，可以获得第 i 个影响因素的数据序列向量 $\boldsymbol{X}_i$，即

$$\boldsymbol{X}_i = (x_i(1), x_i(2), \cdots, x_i(k), \cdots, x_i(n)) \tag{12-2}$$

式中：i 为轴承振动影响因素的数据列序号，$i=1,2,\cdots,m$；k 为数据序列中数据的序号，$k=1,2,\cdots,n$；$x_i(k)$ 为第 i 个影响因素数据序列中的第 k 个数据值即性能影响因素状态值。

由轴承振动性能考核指标数据序列 $\boldsymbol{X}_0$ 和性能影响因素数据序列 $\boldsymbol{X}_i$，可以构成轴承产品振动性能的数据序列综合矩阵 $\boldsymbol{A}$，即

$$\boldsymbol{A} = \begin{bmatrix} \boldsymbol{X}_0 \\ \boldsymbol{X}_1 \\ \vdots \\ \boldsymbol{X}_i \\ \vdots \\ \boldsymbol{X}_m \end{bmatrix} = \begin{bmatrix} x_0(1) & x_0(2) & \cdots & x_0(k) & \cdots & x_0(n) \\ x_1(1) & x_1(2) & \cdots & x_1(k) & \cdots & x_1(n) \\ \vdots & \vdots & \vdots & \vdots & \vdots & \vdots \\ x_i(1) & x_i(2) & \cdots & x_i(k) & \cdots & x_i(n) \\ \vdots & \vdots & \vdots & \vdots & \vdots & \vdots \\ x_m(1) & x_m(2) & \cdots & x_m(k) & \cdots & x_m(n) \end{bmatrix}, i=0,1,2,\cdots,m \tag{12-3}$$

2. **实验数据品质分级**

假设 Z_j 是轴承产品振动性能及性能影响因素 S_j（序号 $j=1,2,\cdots,J$）级品质等级标准值，$x_i(k)$ 是其实验状态值，如果振动性能及性能影响因素的某个实验状态值 $x_i(k)$ 满足

$$Z_{j-1} < x_i(k) \leqslant Z_j; i=0,1,\cdots,m; k=1,2,\cdots,n; j=1,2,\cdots,J \tag{12-4}$$

则称该实验状态值所对应的轴承产品振动性能的品质等级为 S_j 级。品质等级标准值选取比较复杂，可以根据国家标准、机械标准、行业标准等对产品品质各影响因素的加工要求确定，也可以根据不同用户的需求确定。

根据式（12-4）的描述，可以对实验状态值综合矩阵 $\boldsymbol{A}$ 中实验状态值数据进行品质等级分级。在式（12-3）中，产品性能考核指标 $\boldsymbol{X}_0$ 及性能影响因素 $\boldsymbol{X}_i$ 的数据序列中有 n 个实验状态值。假设有 N_{ji} 个实验状态值满足式（12-4），则可以获

得轴承产品的振动性能及其影响因素实验状态值的品质等级分级表,如表 12-1 所列。规定产品最高的品质等级为 S_1 级,最低的品质等级为 S_J 级。产品品质等级值越高,表明产品的品质与其影响因素的状态越好,即产品越优良。通常,取产品的品质等级个数 $J=4\sim7$,就可以满足不同层次轴承产品振动性能的品质控制要求。

表 12-1 产品性能及其影响因素的状态值品质等级分级表

序号 j	品质等级	品质等级标准值	状态值满足品质等级的频数
1	S_1	Z_1	N_{1i}
2	S_2	Z_2	N_{2i}
⋮	⋮	⋮	⋮
j	S_j	Z_j	N_{ji}
⋮	⋮	⋮	⋮
J	S_J	Z_J	N_{Ji}

由表 12-1 可以对产品性能及其影响因素的实验状态值进行品质等级分级,可以得到品质等级实现频率序列:

$$\boldsymbol{Y}_i^0=(y_i^0(1),y_i^0(2),\cdots,y_i^0(j),\cdots,y_i^0(J)) \tag{12-5}$$

式中

$$y_i^0(j)=\frac{N_{ji}}{n};j=1,2,\cdots,J;i=0,1,2,\cdots,m \tag{12-6}$$

轴承产品振动性能及其影响因素的状态值品质等级的实现积累分布序列为

$$\boldsymbol{Y}_i=(y_i(1),y_i(2),\cdots,y_i(j),\cdots,y_i(J)) \tag{12-7}$$

式中

$$y_i(j)=\sum_{s=1}^{j}y_i^0(s);j=1,2,\cdots,J;i=0,1,2,\cdots,m \tag{12-8}$$

由式(12-7)知,轴承产品振动性能及其影响因素的品质等级实现的积累分布矩阵 $\boldsymbol{E}$ 为

$$\boldsymbol{E}=\begin{bmatrix}\boldsymbol{Y}_0\\ \boldsymbol{Y}_1\\ \vdots\\ \boldsymbol{Y}_i\\ \vdots\\ \boldsymbol{Y}_m\end{bmatrix}=\begin{bmatrix}y_0(1) & y_0(2) & \cdots & y_0(j) & \cdots & y_0(J)\\ y_1(1) & y_1(2) & \cdots & y_1(j) & \cdots & y_1(J)\\ \vdots & \vdots & \vdots & \vdots & \vdots & \vdots\\ y_i(1) & y_i(2) & \cdots & y_i(j) & \cdots & y_i(J)\\ \vdots & \vdots & \vdots & \vdots & \vdots & \vdots\\ y_m(1) & y_m(2) & \cdots & y_m(j) & \cdots & y_m(J)\end{bmatrix};i=0,1,2,\cdots,m \tag{12-9}$$

12.2.2 品质实现可靠性计算

利用因素的分解与合成法对所有性能影响因素的状态进行合成,可以得到振动性能的品质等级影响因素的状态合成值 x_j,即

$$x_j = \sum_{i=1}^{m} \omega_i^d y_i(j);d = 1,2,\cdots,D;j = 1,2,\cdots,J \tag{12-10}$$

式中:d 为第 d 个性能影响因素的权重;D 为性能影响因素的权重总个数,$D=5$。

由组织可靠性应用理论,轴承振动品质实现可靠性 $r_j(d)$ 可以定义为

$$r_j(d) \approx 1 - \exp(-ax_j^b);j=1,2,\cdots,J \tag{12-11}$$

式中:a,b 为品质影响系数;$r_j(d)$ 为轴承振动的品质等级在 S_j 级时,应采用第 d 种影响因素的权重确定方法所得到品质实现可靠性函数值。

由式(12-11)可以看出,作为一个新概念,滚动轴承振动品质实现可靠性,与传统产品寿命的可靠性有很大的不同。首先,滚动轴承振动品质实现可靠性的自变量不是该轴承产品的寿命,而是各品质等级影响因素状态的合成值。这表征了组成轴承产品的零件(影响因素)生产加工能力和产品质量的控制水平,以及影响因素对轴承振动性能影响的大小。其次,作为一个自变量,各品质等级影响因素状态的合成值越大,则表明品质实现可靠性取值就会越大。这说明对轴承产品性能的品质要求就越低,实现此品质等级的能力就会越大;反之,则说明该品质等级的实现能力就会越小。

12.2.3 品质影响因素权重的确定

品质影响因素权重表征了影响因素和产品品质考核指标间关系的紧密关联程度。在对滚动轴承振动品质实现可靠度评估过程中,每个关键影响因素对品质实现可靠度的影响不同,这就需要对各关键影响因素在总体影响因素中的作用进行区别对待。用一种方法作为关键影响因素的权重来研究轴承振动品质实现可靠度具有一定的片面性,只有综合多种方法才能更全面地反映轴承振动品质实现可靠性。

影响因素权重的确定有很多种方法,如邓聚龙提出的灰关联度,刘思峰提出的绝对关联度、相对关联度、综合关联度,以及模糊理论中的海明贴近度、欧几里得贴近度等。本节简要介绍品质影响因素权重的几种确定方法。

1. 灰绝对关联度

由式(12-1)、式(12-2)知品质等级考核指标序列及其影响因素序列为 $\boldsymbol{X}_0$ 和 $\boldsymbol{X}_i$,则它们的始点零化像分布为

$$\begin{aligned}\boldsymbol{X}_0^0 &= (x_0^0(1),x_0^0(2),\cdots,x_0^0(k),\cdots,x_0^0(n)) = (x_0(1)-x_0(1),\\ &\quad x_0(2)-x_0(1),\cdots,x_0(k)-x_0(1),\cdots,x_0(n)-x_0(1))\end{aligned} \tag{12-12}$$

$$\begin{aligned}\boldsymbol{X}_i^0 &= (x_i^0(1),x_i^0(2),\cdots,x_i^0(k),\cdots,x_i^0(n)) = (x_i(1)-x_i(1),\\ &\quad x_i(2)-x_i(1),\cdots,x_i(k)-x_i(1),\cdots,x_i(n)-x_i(1))\end{aligned} \tag{12-13}$$

令

$$|s_0| = \left| \sum_{k=2}^{n-1} x_0^0(k) + \frac{1}{2}x_0^0(n) \right| \tag{12-14}$$

$$|s_i| = \left| \sum_{k=2}^{n-1} x_i^0(k) + \frac{1}{2}x_i^0(n) \right| \tag{12-15}$$

$$|s_0 - s_i| = \left| \sum_{k=2}^{n-1} (x_0^0(k) - x_i^0(k)) + \frac{1}{2}(x_0^0(n) - x_i^0(n)) \right| \tag{12-16}$$

称

$$\varepsilon_{0i} = \frac{1 + |s_0| + |s_i|}{1 + |s_0| + |s_i| + |s_0 - s_i|} \tag{12-17}$$

为品质指标序列 $\boldsymbol{X}_0$ 与影响因素序列 $\boldsymbol{X}_i$ 间的灰绝对关联度。

灰绝对关联度仅和数据序列几何形状相关,而和它在空间的位置无关,对其平移并不会改变灰绝对关联度的数值;灰绝对关联度的值越大,表明品质指标序列 $\boldsymbol{X}_0$ 与影响因素序列 $\boldsymbol{X}_i$ 在几何上的相似程度就越大,否则就越不相似。

由灰绝对关联度权重法,品质影响因素 $\boldsymbol{X}_i$ 的权重可以定义为

$$\omega_i^1 = \frac{\varepsilon_{0i}}{\sum_{i=1}^{m} \varepsilon_{0i}};i = 1,2,\cdots,m \tag{12-18}$$

2. 灰相对关联度

由式(12-1)、式(12-2)知机械产品品质考核指标序列及其影响因素序列,$\boldsymbol{X}_0$ 和 $\boldsymbol{X}_i$ 的初值像可以分别表示为

$$\boldsymbol{X}'_0 = \frac{\boldsymbol{X}_0}{\boldsymbol{X}_0(1)} = (x'_0(1), x'_0(2), \cdots, x'_0(k), \cdots, x'_0(n)) \tag{12-19}$$

$$\boldsymbol{X}'_i = \frac{\boldsymbol{X}_i}{\boldsymbol{X}_i(1)} = (x'_i(1), x'_i(2), \cdots, x'_i(k), \cdots, x'_i(n)) \tag{12-20}$$

可知,$\boldsymbol{X}'_0$ 与 $\boldsymbol{X}'_i$ 的始点零化像可以分别表示为

$$\begin{aligned}\boldsymbol{X}'^0_0 &= (x'^0_0(1), x'^0_0(2), \cdots, x'^0_0(k), \cdots, x'^0_0(n)) = (x'_0(1) - x'_0(1), \\ &\quad x'_0(2) - x'_0(1), \cdots, x'_0(k) - x'_0(1), \cdots, x'_0(n) - x'_0(1))\end{aligned} \tag{12-21}$$

$$\begin{aligned}\boldsymbol{X}'^0_i &= (x'^0_i(1), x'^0_i(2), \cdots, x'^0_i(k), \cdots, x'^0_i(n)) = (x'_i(1) - x'_i(1), \\ &\quad x'_i(2) - x'_i(1), \cdots, x'_i(k) - x'_i(1), \cdots, x'_i(n) - x'_i(1))\end{aligned} \tag{12-22}$$

令

$$|s'_0| = \left| \sum_{k=1}^{n-1} x'^0_0(k) + \frac{1}{2}x'^0_0(n) \right| \tag{12-23}$$

$$|s'_i| = \left| \sum_{k=1}^{n-1} x'^0_i(k) + \frac{1}{2}x'^0_i(n) \right| \tag{12-24}$$

$$|s'_i - s'_0| = \left| \sum_{k=2}^{n-1} (x'^0_i(k) - x'^0_0(k)) + \frac{1}{2}(x'^0_i(n) - x'^0_0(n)) \right| \tag{12-25}$$

称

$$\gamma_{0i}=\frac{1+|s'_0|+|s'_i|}{1+|s'_0|+|s'_i|+|s'_i-s'_0|} \tag{12-26}$$

为 $\boldsymbol{X}_0$ 和 $\boldsymbol{X}_i$ 间的灰相对关联度。

灰相对关联度是考核指标序列 $\boldsymbol{X}_0$ 与影响因素序列 $\boldsymbol{X}_i$ 相对于起点变化速率的表征，γ_{0i} 越大表明 $\boldsymbol{X}_0$ 与 $\boldsymbol{X}_i$ 的变化速率就越接近，反之就越不接近。

由灰相对关联度权重法，机械产品品质影响因素 $\boldsymbol{X}_i$ 的权重可以定义为

$$\omega_i^2=\frac{\gamma_{0i}}{\sum_{i=1}^{m}\gamma_{0i}};i=1,2,\cdots,m \tag{12-27}$$

3. 灰综合关联度

由轴承振动品质考核指标序列及考核指标影响因素，设它们的长度相同且初值不等于零，参数 $\theta\in[0,1]$，则称

$$\rho_{0i}=\theta\gamma_{0i}+(1-\theta)\varepsilon_{0i} \tag{12-28}$$

为考核指标序列 $\boldsymbol{X}_0$ 与影响因素序列 $\boldsymbol{X}_i$ 的灰综合关联度。

灰综合关联度既表征了影响因素序列与考核指标序列的相似程度，又反映出了二者相对起点变化速率接近程度，一般取参数 $\theta=0.5$。

由灰综合关联度权重法，轴承振动品质影响因素 $\boldsymbol{X}_i$ 的权重可以定义为

$$\omega_i^3=\frac{\rho_{0i}}{\sum_{i=1}^{m}\rho_{0i}};i=1,2,\cdots,m \tag{12-29}$$

4. 灰等价关系系数

由轴承振动品质考核指标序列及其影响因素序列，根据灰最少信息理论，可以设参考序列 X_C 由轴承振动性能数据序列中的第 1 个数据组成：

$$\boldsymbol{X}_C=(x_C(1),x_C(2),\cdots,x_C(k),\cdots,x_C(n))=(x_0(1),x_0(1),\cdots,x_0(1)) \tag{12-30}$$

或设参考序列 $\boldsymbol{X}_C$ 由考核指标序列和影响因素序列的均值序列组成：

$$\boldsymbol{X}_C=(x_C(1),x_C(2),\cdots,x_C(k),\cdots,x_C(n))=\Big(\Big(\sum_{k=1}^{n}x_0(k)+\sum_{k=1}^{n}x_i(k)\Big)/(2n),\Big(\sum_{k=1}^{n}x_0(k)+\sum_{k=1}^{n}x_i(k)\Big)/(2n),\cdots,\Big(\sum_{k=1}^{n}x_0(k)+\sum_{k=1}^{n}x_i(k)\Big)/(2n)\Big) \tag{12-31}$$

称式(12－30)描述的参考序列 $\boldsymbol{X}_C$ 为初值常数序列，式(12－31)描述的参考序列 $\boldsymbol{X}_C$ 为均值常数序列。

考核指标序列 $\boldsymbol{X}_0$ 与影响因素序列 $\boldsymbol{X}_i$ 之间的灰关联度为

$$\mu_{Ci}=\mu(\boldsymbol{X}_C,\boldsymbol{X}_i)=\frac{1}{n}\sum_{k=1}^{n}\mu(x_C(k),x_i(k));i=0,1,2,\cdots,m \tag{12-32}$$

取分辨系数 $\xi \in [0,1]$，则式(12-32)中的灰联度系数可以表示为

$$\mu(x_C(k), x_i(k)) = \frac{\min_i \min_k |x_i(k) - x_C(k)| + \xi \max_i \max_k |x_i(k) - x_C(k)|}{|x_i(k) - x_C(k)| + \xi \max_i \max_k |x_i(k) - x_C(k)|} \tag{12-33}$$

称

$$d_{0i}(\xi) = |\mu_{C0} - \mu_{Ci}| \tag{12-34}$$

为考核指标序列 $\boldsymbol{X}_0$ 与影响因素序列 $\boldsymbol{X}_i(i=1,2,\cdots,m)$ 间的灰距离。

最大灰距离为

$$d(x_0, x_i) = \max_{\xi \to \xi^*} d_{0i}(\xi) \tag{12-35}$$

式中：ξ^* 为最优分辨系数。

称

$$\tau_{0i} = 1 - d(x_0, x_i) \tag{12-36}$$

为考核指标序列 $\boldsymbol{X}_0$ 与影响因素 $\boldsymbol{X}_i$ 之间的灰等价关系系数。

灰等价关系系数表征了2个数据序列间关系的密切程度。其值越大，表明2个数据序列间的属性越密切；否则，越不密切。

由灰等价关系系数权重方法，品质影响因素 $\boldsymbol{X}_i$ 的权重可以定义为

$$\omega_i^{4,5} = \frac{\tau_{0i}}{\sum_{i=1}^{m} \tau_{0i}}; i = 1,2,\cdots,m \tag{12-37}$$

式中，ω_i^4 为用初值常数序列计算得到的品质影响因素权重，ω_i^5 为用均值常数序列计算得到的品质影响因素权重。

12.3 品质实现可靠性的真值及其区间估计

当获得的实验样本数据个数比较少时，可以利用自助原理对小样本数据进行模拟，得到大量的数据，再运用最大熵原理建立品质实现可靠性概率密度函数，进而可以得出概率分布，最后在指定的置信水平下对真值进行估计。本节基于乏信息系统理论，对轴承振动性能各品质等级的实现可靠性进行自助再抽样，得出品质实现可靠性的自助样本，进而建立其最大熵概率密度函数和概率分布，最后对产品品质实现可靠性进行真值与区间估计。

1. 品质实现可靠性自助样本

由式(12-11)，当品质等级为 S_j 级时，品质等级的实现可靠性序列 $\boldsymbol{R}_j$ 可以表示为

$$\boldsymbol{R}_j = (r_j(1), r_j(2), \cdots, r_j(d), \cdots, r_j(D)); d = 1,2,\cdots,D; D = 5 \tag{12-38}$$

由自助法，从数据序列 $\boldsymbol{R}_j$ 中等概率可放回抽样，可得到品质实现可靠性样本

$\boldsymbol{R}_b$，设为

$$\boldsymbol{R}_b=(r_b(1),r_b(2),\cdots,r_b(k),\cdots,r_b(D)) \tag{12-39}$$

式中：$\boldsymbol{R}_b$为抽取的第 b 个样本；$r_b(k)$为 $\boldsymbol{R}_b$中第 k 个数据，$k=1,2,\cdots,D$。

则式(12－39)中自助样本 $\boldsymbol{R}_b$的均值表示为

$$r_b=\frac{1}{D}\sum_{k=1}^{D}r_b(k) \tag{12-40}$$

对数据序列进行连续重复 B 次抽样，可以求得品质等级实现可靠性 B 个样本，用向量可以表示为

$$\boldsymbol{R}=[r_1,r_2,\cdots,r_b,\cdots,r_B]^{\mathrm{T}} \tag{12-41}$$

式中：r_b为抽取的第 b 个样本的均值，$b=1,2,\cdots,B$。

2. 品质实现可靠度的最大熵概率密度

式(12－41)中，B 值可以为一个很大数，可以得到品质等级实现可靠性 r_j的各阶原点矩为

$$m_l=\frac{1}{B}\sum_{b=1}^{B}r_b^l \tag{12-42}$$

式中：l 为原点矩阶数，$l=1,2,\cdots,M$；M 为最高阶数；m_l为第 l 阶的原点矩。

由最大熵原理，品质等级实现可靠度 r_j的各原点矩需满足

$$m_l=\frac{\int_{\Omega}r^l\exp\left(\sum_{l=1}^{M}\lambda_l r^l\right)\mathrm{d}r}{\int_{\Omega}\exp\left(\sum_{l=1}^{M}\lambda_l r^l\right)\mathrm{d}r} \tag{12-43}$$

式中：r 为关于 r_b的连续随机变量；Ω 为 r 的可行域；λ_l 为拉格朗日乘子。

由式(12－43)在求出 $\lambda_1,\lambda_2,\cdots,\lambda_M$ 后，可以求出 λ_0：

$$\lambda_0=-\ln\left(\int_{\Omega}\exp\left(\sum_{l=1}^{M}\lambda_l r^l\right)\mathrm{d}r\right) \tag{12-44}$$

轴承振动性能的品质等级实现可靠性最大熵概率密度函数可以表示为

$$f=f(r)=\exp\left(\lambda_0+\sum_{l=1}^{M}\lambda_l r^l\right) \tag{12-45}$$

3. 品质实现可靠度的概率分布

由式(12－45)可知，品质等级实现可靠性最大熵概率分布为

$$F=F(r)=\int_{\Omega_0}^{r}f(r)\mathrm{d}r=\int_{\Omega_0}^{r}\exp\left(\lambda_0+\sum_{i=1}^{M}\lambda_l r^l\right)\mathrm{d}r \tag{12-46}$$

式中：Ω_0为积分下限。

4. 品质实现可靠性的真值估计

品质 S_j级的品质等级实现可靠性真值 r_j为

$$r_j=\int_{\Omega}rf(r)\mathrm{d}r \tag{12-47}$$

5. 品质实现可靠性的真值区间估计

设显著水平 $\beta \in [0,1]$，置信水平为

$$P=(1-\beta)\times 100\% \tag{12-48}$$

对应置信水平 $P=\beta/2$ 处的置信区间的下边界 $r_{jL}=r_{j\frac{\beta}{2}}$ 应满足

$$P=\frac{\beta}{2}=\int_{r_0}^{r_{j\frac{\beta}{2}}} F(r)\,\mathrm{d}r \tag{12-49}$$

对应置信水平 $P=1-\beta/2$ 处的置信区间的上边界 $r_{jU}=r_{j\left(1-\frac{\beta}{2}\right)}$ 应满足

$$P=1-\frac{\beta}{2}=1-\int_{r_0}^{r_{j\left(1-\frac{\beta}{2}\right)}} F(r)\,\mathrm{d}r \tag{12-50}$$

由式(12-49)、式(12-50)，于是轴承振动品质实现可靠度的估计区间为

$$[r_{jL},r_{jU}]=[r_{j\frac{\beta}{2}},r_{j\left(1-\frac{\beta}{2}\right)}] \tag{12-51}$$

12.4 实验研究

12.4.1 现场实验研究

本实验选定 30204 型滚子轴承振动加速度作为产品品质的考核指标。实验样品数量为 30 套，即 $n=30$。轴承振动加速度的影响因素有很多，主要考虑滚子、内圈和外圈的加工参数，其中，滚子有 8 个因素、内圈有 7 个因素、外圈有 5 个因素，即 $m=20$。为研究方便，在表 12-2 中说明了实验研究使用的符号以及表达的含义。

表 12-2　30204 型轴承实验符号及含义

序号	符号	含义	部件	单位
0	X_0	振动加速度	轴承产品	dB
1	X_1	直径误差	滚子	μm
2	X_2	锥角误差	滚子	μm
3	X_3	凸度	滚子	μm
4	X_4	圆度	滚子	μm
5	X_5	波纹度	滚子	μm
6	X_6	粗糙度	滚子	μm
7	X_7	基面粗糙度	滚子	μm
8	X_8	基面跳动	滚子	μm
9	X_9	锥角误差	内滚道	μm

（续）

序号	符号	含义	部件	单位
10	$\boldsymbol{X}_{10}$	直线度	内滚道	μm
11	$\boldsymbol{X}_{11}$	圆度	内滚道	μm
12	$\boldsymbol{X}_{12}$	波纹度	内滚道	μm
13	$\boldsymbol{X}_{13}$	粗糙度	内滚道	μm
14	$\boldsymbol{X}_{14}$	挡边跳动	内滚道	μm
15	$\boldsymbol{X}_{15}$	挡边粗糙度	内滚道	μm
16	$\boldsymbol{X}_{16}$	锥角误差	外滚道	μm
17	$\boldsymbol{X}_{17}$	直线度	外滚道	μm
18	$\boldsymbol{X}_{18}$	圆度	外滚道	μm
19	$\boldsymbol{X}_{19}$	波纹度	外滚道	μm
20	$\boldsymbol{X}_{20}$	粗糙度	外滚道	μm

在生产加工现场随机抽取 30 套 30204 圆锥滚子轴承，编号后对其振动加速度值进行测量，数据见图 12－1。然后将编号测量后的轴承拆套，分别对内圈、外圈以及滚子的品质影响因素进行测量，记录各品质影响因素测量值。

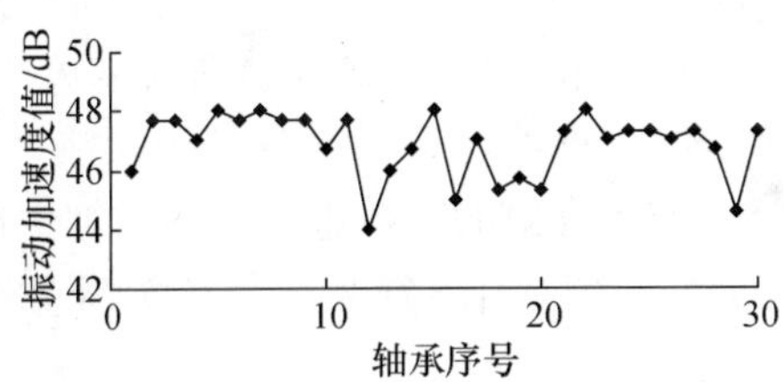

图 12－1　30204 圆锥滚子轴承的振动加速度数据

由表 12－1 对图 12－1 中 30204 型滚子轴承的振动加速度测量数据进行品质等级分级，取产品品质的等级个数 $J=6$ 即将轴承振动加速度品质等级分 6 级。圆锥滚子轴承振动加速度分 6 级可满足不同用户需求，30204 型圆锥滚子轴承振动加速度品质分级如表 12－3 所列。

表 12－3　30204 型圆锥滚子轴承的振动加速度状态值品质等级分级

序号 j	品质等级 S_j	品质等级标准值 Z_j	状态值符合品质等级的频数 N_{j0}	状态值的品质等级实现积累分布 $y_0(j)$
1	S_1	43	0	0/30
2	S_2	45	3	3/30
3	S_3	47	12	15/30
4	S_4	49	15	30/30

（续）

序号 j	品质等级 S_j	品质等级标准值 Z_j	状态值符合品质等级的频数 N_{j0}	状态值的品质等级实现积累分布 $y_0(j)$
5	S_5	51	0	30/30
6	S_6	55	0	30/30

从表 12 – 3 可知，圆锥滚子轴承各品质等级的标准值，通过各品质等级标准值对记录的实验数据品质分级，可以得出圆锥滚子轴承实验状态值符合各等级的频数，对符合各品质等级实验状态值进行一次累加生成可得到实验圆锥滚子轴承的积累频数分布。实验圆锥滚子轴承振动加速度品质等级状态值的等级实现积累分布如图 12 – 2 所示。

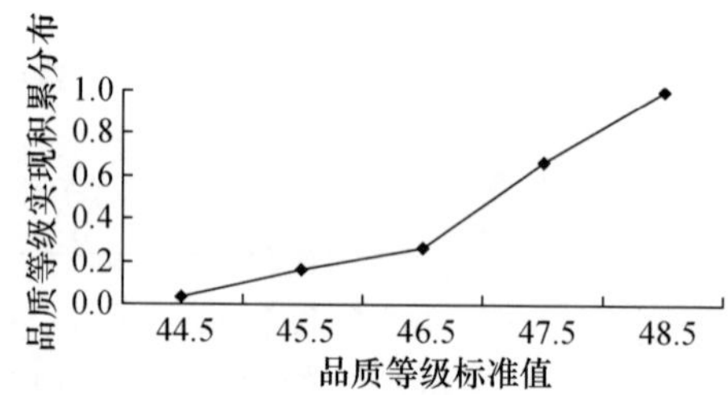

图 12 – 2　30204 型圆锥滚子轴承品质等级实现积累分布图

根据轴承加工标准对各影响因素质量加工公差要求可得品质影响因素各等级标准值，由品质影响因素等级标准值对记录的各品质影响因素数据进行品质分级计算，然后对各品质等级符合标准值的频数进行一次累加生成，可以得到各品质影响因素的品质等级积累分布，各影响因素品质等级分级频数及频数积累分布如图 12 – 3 ~ 图 12 – 22 所示。

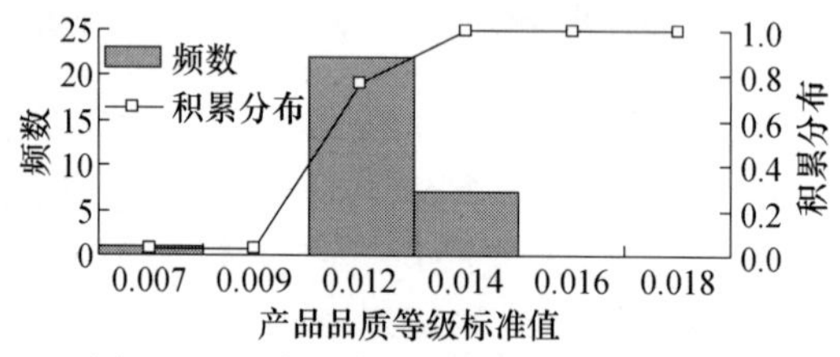

图 12 – 3　滚子直径误差频数及积累分布

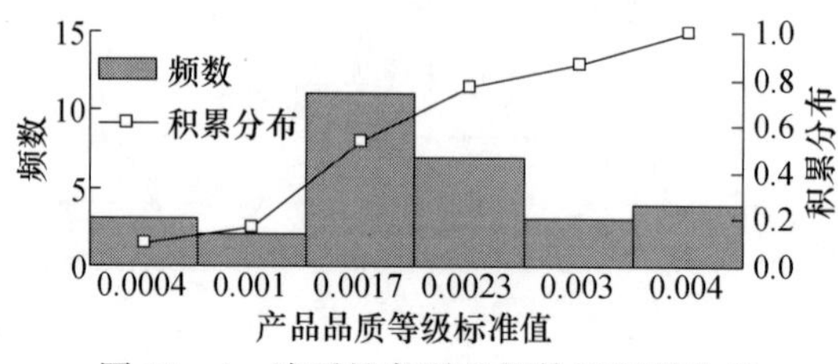

图 12 – 4　滚子锥角误差频数及积累分布

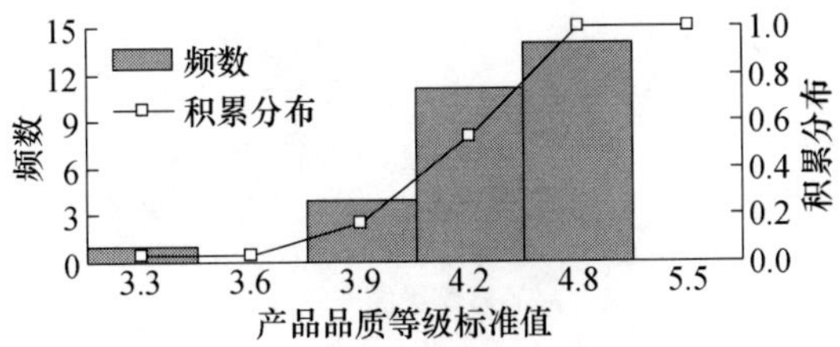

图 12-5　滚子凸度频数及积累分布

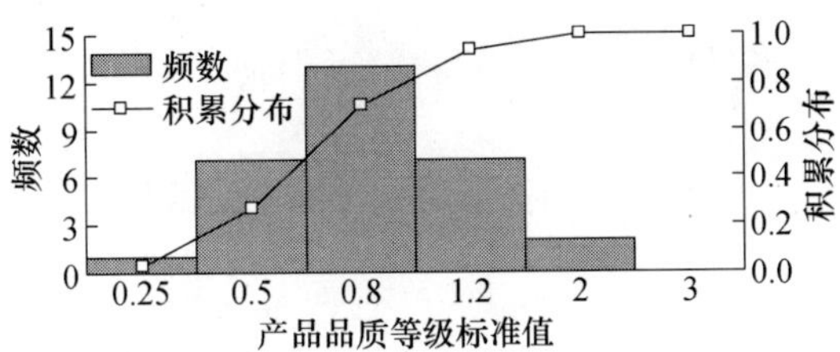

图 12-6　滚子圆度频数及积累分布

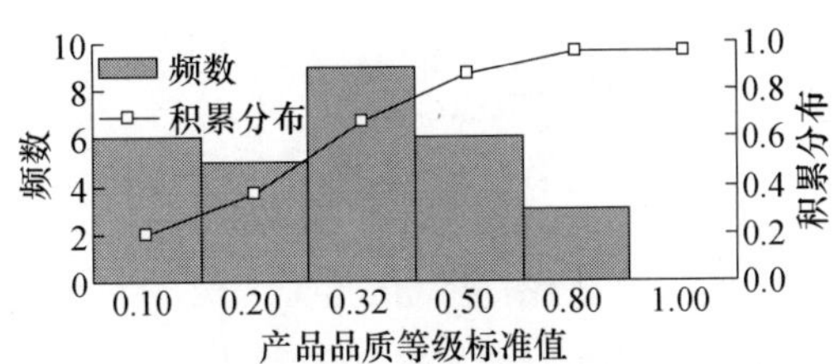

图 12-7　滚子波纹度频数及积累分布

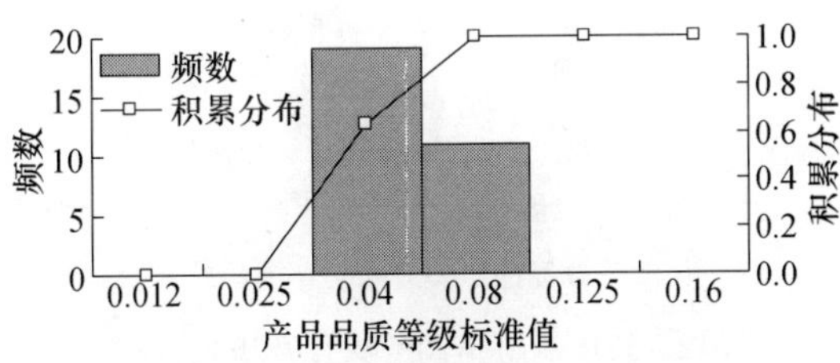

图 12-8　滚子粗糙度频数及积累分布

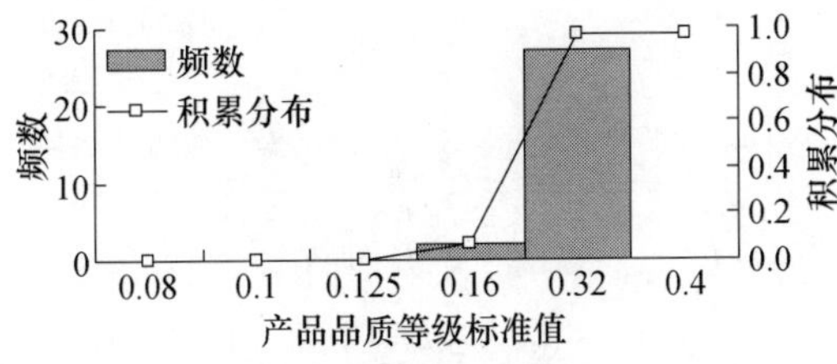

图 12-9　滚子基面粗糙度频数及积累分布

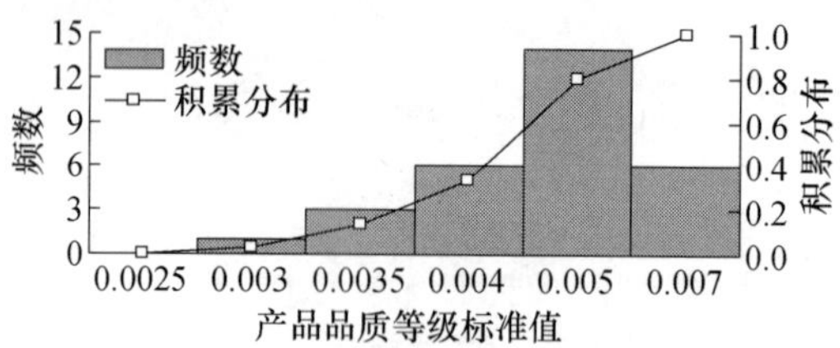

图 12-10　滚子基面跳动频数及积累分布

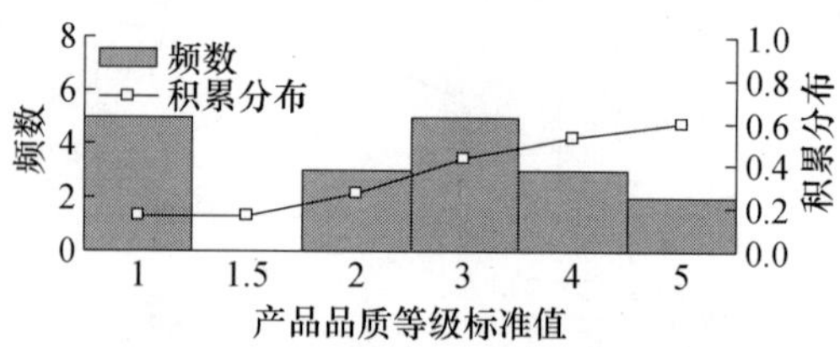

图 12-11　内滚道锥角误差频数及积累分布

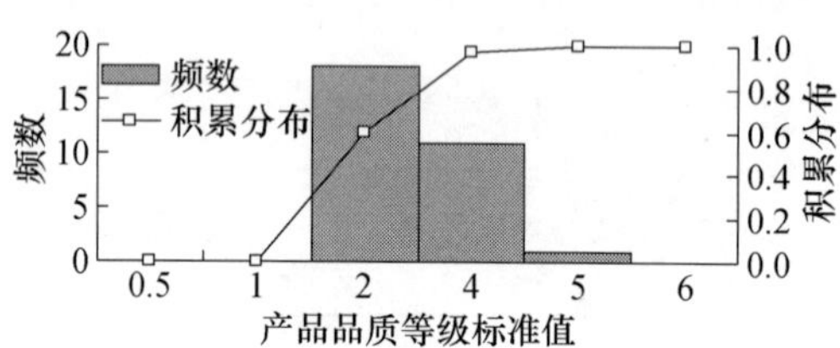

图 12-12　内滚道直线度频数及积累分布

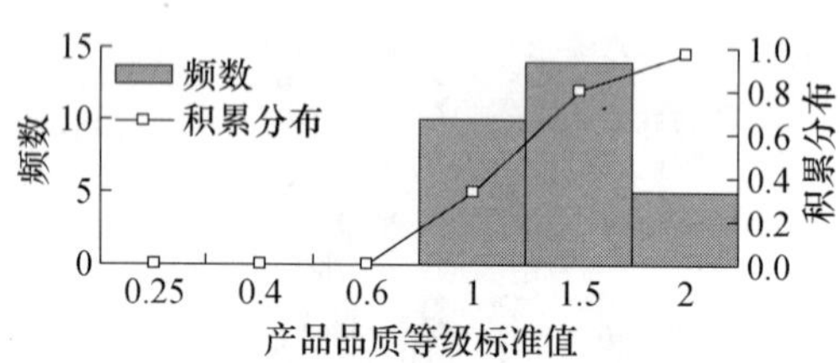

图 12-13　内滚道圆度频数及积累分布

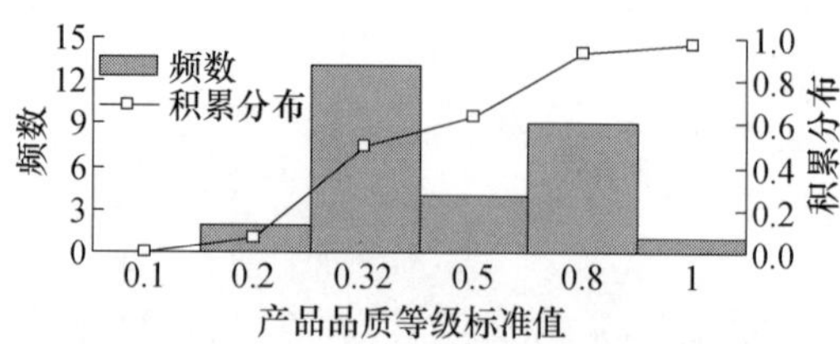

图 12-14　内滚道波纹度频数及积累分布

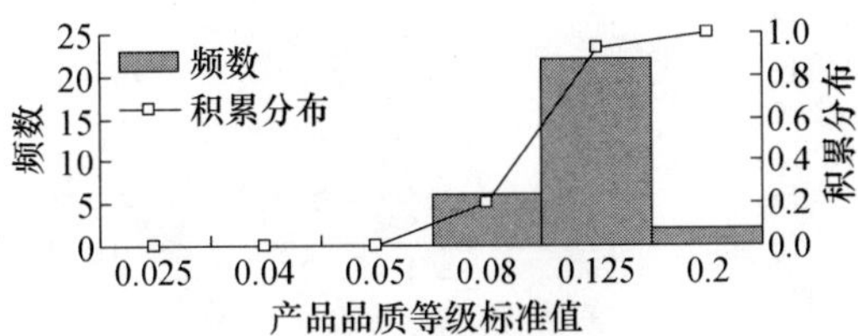

图 12-15　内滚道粗糙度频数及积累分布

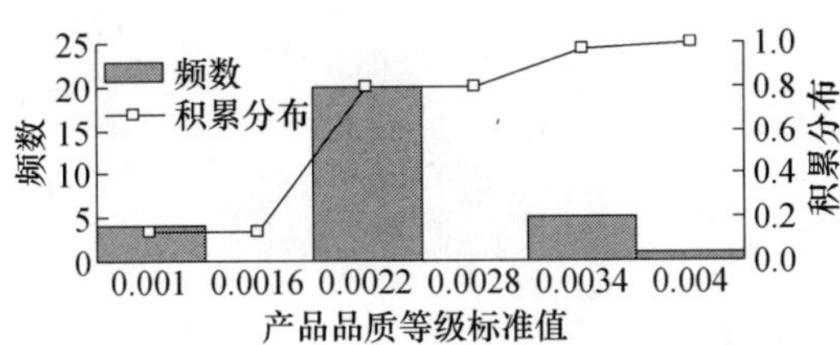

图 12-16　内滚道挡边跳动频数及积累分布

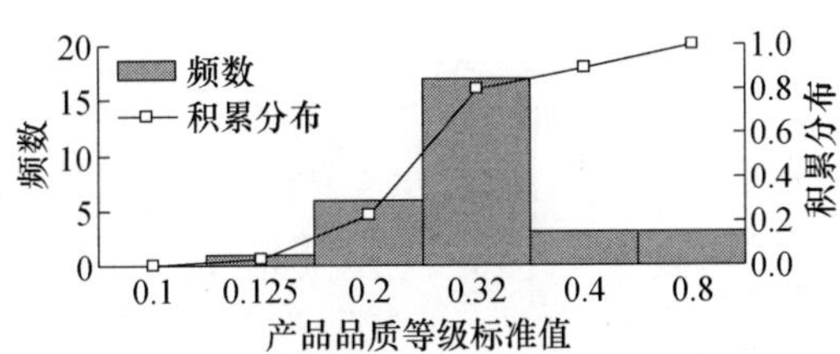

图 12-17　内滚道挡边粗糙度频数及积累分布

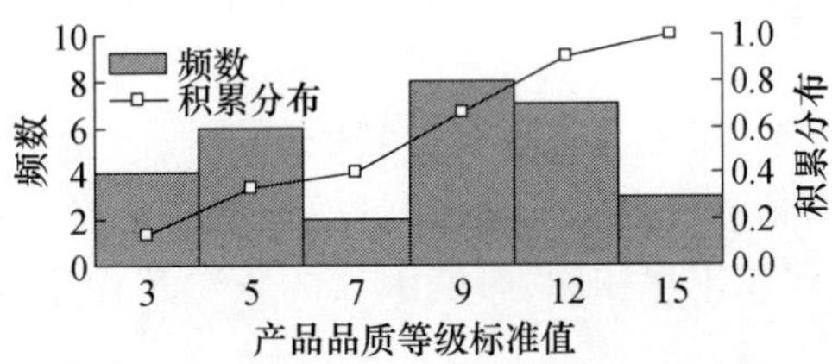

图 12-18　外滚道锥角误差频数及积累分布

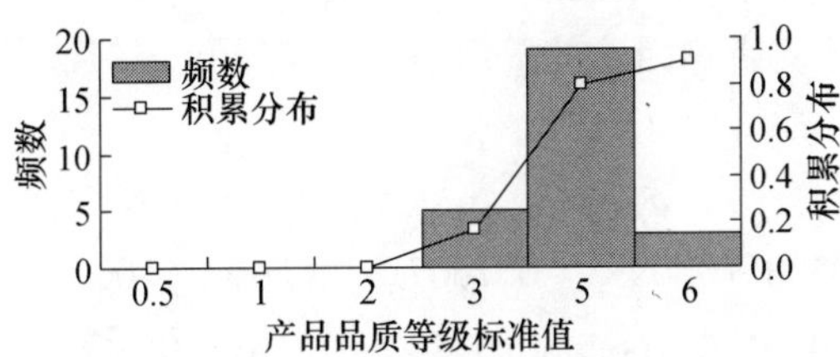

图 12-19　外滚道直线度频数及积累分布

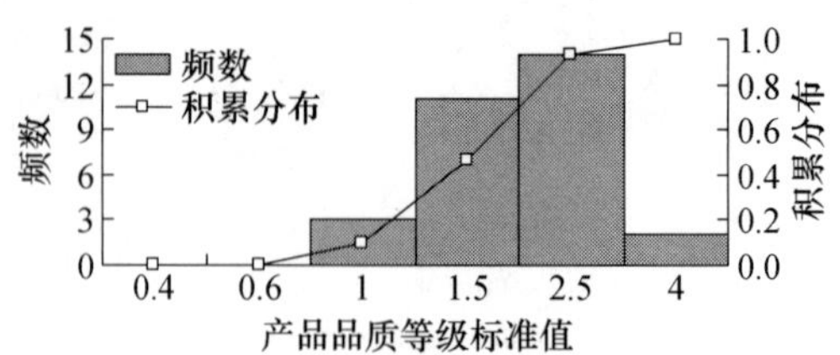

图 12-20　外滚道圆度频数及积累分布

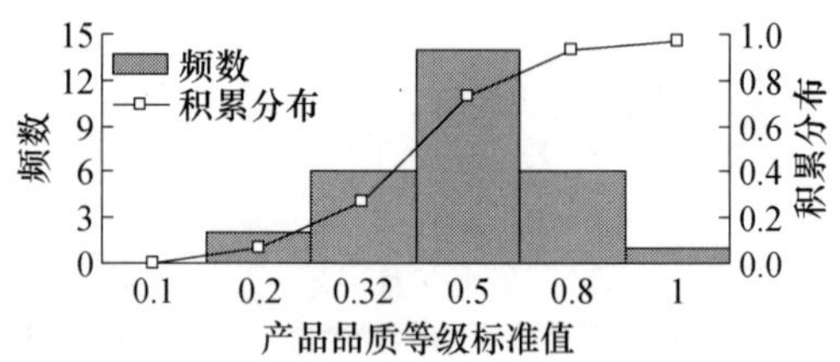

图 12-21　外滚道波纹度频数及积累分布

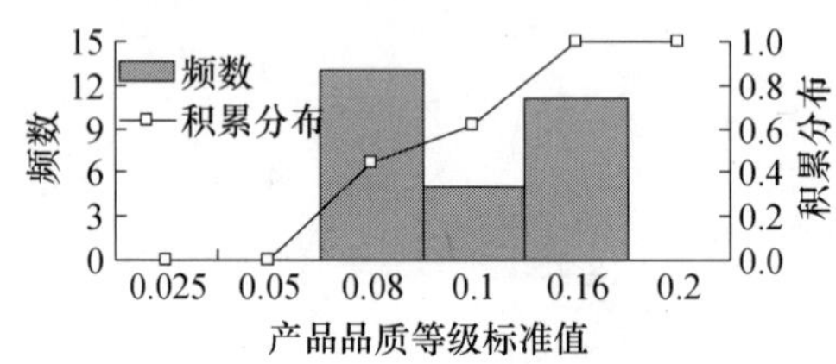

图 12-22　外滚道粗糙度频数及积累分布

由滚动轴承振动品质影响因素分级频数及频数积累分布图知,实验研究圆锥滚子轴承各影响因素品质等级分布状态。圆锥滚子轴承品质在较高的品质等级时,实验状态值的频数越少,表明该影响因素的品质控制能力较低;在较低的品质等级时,实验状态值的频数较多,表明在稍低的品质时该影响因素的品质状态好。不同影响因素的品质状态不尽相同,影响因素的频数及积累分布表明了该影响因素的品质状态。

在对所有实验测量记录的振动加速度品质各影响因素测量数值进行品质等级分级后,收集所有圆锥滚子轴承品质各影响因素品质等级频数积累分布数值,就可以得到实验轴承各品质影响因素的等级综合矩阵 $\boldsymbol{E}$,实验轴承影响因素品质等级综合矩阵为

	S_1	S_2	S_3	S_4	S_5	S_6
$\boldsymbol{X}_1$	0.0333	0.0333	0.7667	1.0000	1.0000	1.0000
$\boldsymbol{X}_2$	0.1000	0.1667	0.5333	0.7667	0.8667	1.0000
$\boldsymbol{X}_3$	0.0333	0.0333	0.1667	0.5333	1.0000	1.0000

X_4	0.0333	0.2667	0.7000	0.9333	1.0000	1.0000
X_5	0.2000	0.3667	0.6667	0.8667	0.9667	0.9667
X_6	0.0000	0.0000	0.6333	1.0000	1.0000	1.0000
X_7	0.0000	0.0000	0.0000	0.0667	0.9667	0.9667
X_8	0.0000	0.0333	0.1333	0.3333	0.8000	1.0000
X_9	0.1667	0.1667	0.2667	0.4333	0.5333	0.6000
X_{10}	0.0000	0.0000	0.6000	0.9667	1.0000	1.0000
X_{11}	0.0000	0.0000	0.0000	0.3333	0.8000	0.9667
X_{12}	0.0000	0.0667	0.5000	0.6333	0.9333	0.9667
X_{13}	0.0000	0.0000	0.0000	0.2000	0.9333	1.0000
X_{14}	0.1333	0.1333	0.8000	0.8000	0.9667	1.0000
X_{15}	0.0000	0.0333	0.2333	0.8000	0.9000	1.0000
X_{16}	0.1333	0.3333	0.4000	0.6667	0.9000	1.0000
X_{17}	0.0000	0.0000	0.0000	0.1667	0.8000	0.9000
X_{18}	0.0000	0.0000	0.1000	0.4667	0.9333	1.0000
X_{19}	0.0000	0.0667	0.2667	0.7333	0.9333	0.9667
X_{20}	0.0000	0.0000	0.4483	0.6207	1.0000	1.0000

各影响因素对轴承的振动加速度影响不同,需要对品质各影响因素进行区别对待。根据权重的确定方法,以灰关系权重法中初值常数序列为参考序列的影响因素权重计算方法来计算各品质影响因素的权重,可以得到实验圆锥滚子轴承振动加速度各品质影响因素数据序列和品质性能数据序列间的最大灰距离为

$d(x_0,x_1)=0.722$, $d(x_0,x_2)=0.722$, $d(x_0,x_3)=0.711$, $d(x_0,x_4)=0.721$, $d(x_0,x_5)=0.721$, $d(x_0,x_6)=0.722$, $d(x_0,x_7)=0.722$, $d(x_0,x_8)=0.722$, $d(x_0,x_9)=0.710$, $d(x_0,x_{10})=0.717$, $d(x_0,x_{11})=0.719$, $d(x_0,x_{12})=0.721$, $d(x_0,x_{13})=0.722$, $d(x_0,x_{14})=0.722$, $d(x_0,x_{15})=0.722$, $d(x_0,x_{16})=0.698$, $d(x_0,x_{17})=0.710$, $d(x_0,x_{18})=0.718$, $d(x_0,x_{19})=0.721$, $d(x_0,x_{20})=0.722$

从以上实验轴承各品质影响因素的最大灰距离,依照灰关系权重法中影响因素权重的计算方法可以计算得出实验圆锥滚子轴承振动加速度品质各影响因素的权重为(图 12-23)

$\omega_1^4=0.0493$, $\omega_2^4=0.0493$, $\omega_3^4=0.0513$, $\omega_4^4=0.0495$, $\omega_5^4=0.0495$, $\omega_6^4=0.0493$, $\omega_7^4=0.0493$, $\omega_8^4=0.0493$, $\omega_9^4=0.0515$, $\omega_{10}^4=0.0502$, $\omega_{11}^4=0.0499$, $\omega_{12}^4=0.0495$, $\omega_{13}^4=0.0493$, $\omega_{14}^4=0.0493$, $\omega_{15}^4=0.0493$, $\omega_{16}^4=0.0536$, $\omega_{17}^4=0.0515$, $\omega_{18}^4=0.0500$, $\omega_{19}^4=0.0495$, $\omega_{20}^4=0.0493$

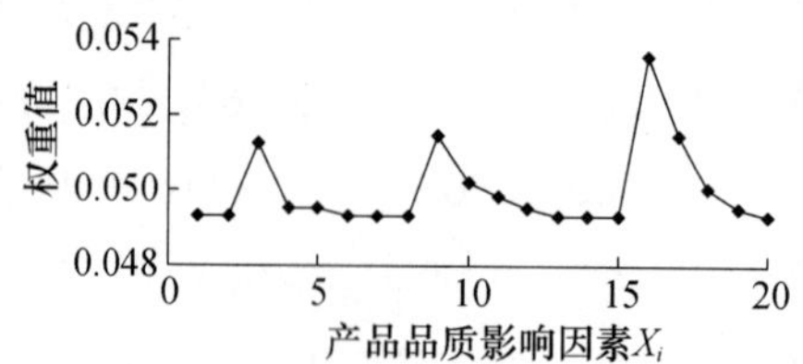

图 12－23 灰关系法中初值参考序列确定的影响因素及其权重值

由品质影响因素的权重值和品质等级的实现积累分布矩阵，通过影响因素的分解与合成法将各影响因素进行品质状态合成，可以得出各品质等级影响因素的状态合成值为

$x_1 = 0.0421, x_2 = 0.0858, x_3 = 0.3595, x_4 = 0.6149, x_5 = 0.9108, x_6 = 0.9660$

同理，根据滚动轴承振动加速度和各影响因素实验数据，运用其他影响因素权重确定方法可以计算出每种方法确定的影响因素权重，各品质影响因素的权重如图 12－24～图 12－27 所示。

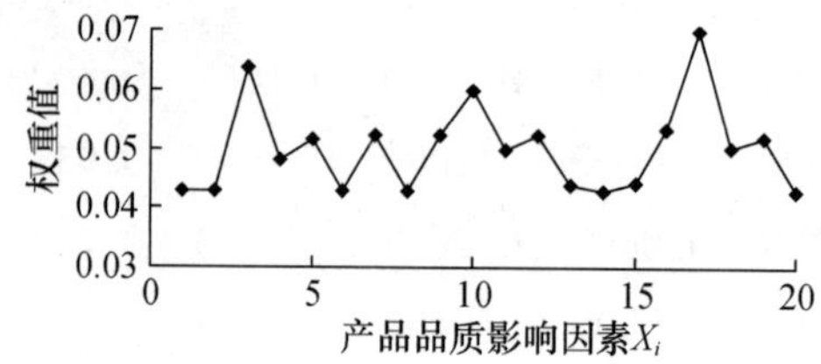

图 12－24 绝对关联度法确定的影响因素权重值

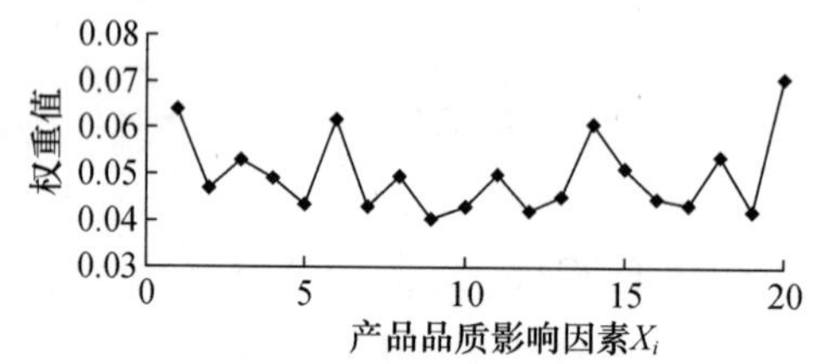

图 12－25 相对关联度法确定的影响因素权重值

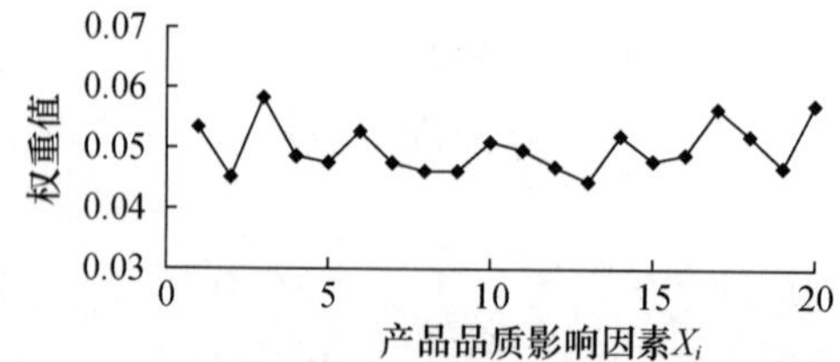

图 12－26 综合关联度法确定的影响因素权重值

根据品质各权重方法确定的影响因素的权重值和各品质影响因素等级综合矩

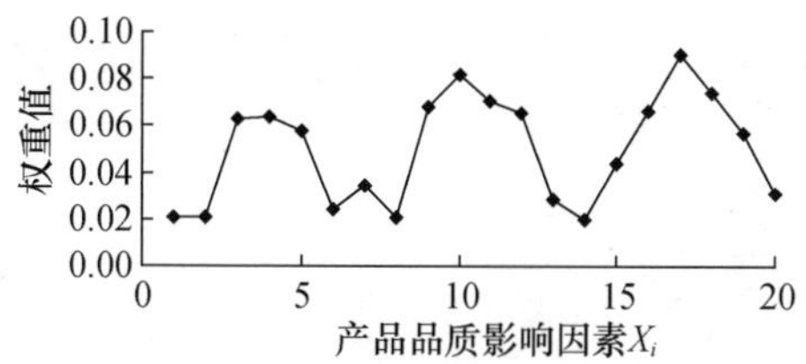

图 12-27　灰关系法中均值参考序列确定的影响因素权重值

阵，通过因素的分解与合成法可以计算得到各品质影响因素的等级状态合成值综合矩阵为

	x_1	x_2	x_3	x_4	x_5	x_6
ω_l^1	0.0413	0.0845	0.3471	0.6036	0.9096	0.9636
ω_l^2	0.0398	0.0797	0.3768	0.6318	0.9194	0.9720
ω_l^3	0.0405	0.0820	0.3623	0.6180	0.9146	0.9679
ω_l^4	0.0421	0.0858	0.3595	0.6149	0.9108	0.9660
ω_l^5	0.0412	0.0904	0.3269	0.5968	0.8997	0.9544

由品质各影响因素状态合成值综合矩阵，根据组织可靠性理论，选取品质影响系数 $a=10$ 和 $b=2.2$，可以计算求得实验圆锥滚子轴承的振动加速度在不同品质等级时实现可靠性取值综合矩阵为

	ω_l^1	ω_l^2	ω_l^3	ω_l^4	ω_l^5
$r_1(k)$	0.00897	0.00829	0.00862	0.00938	0.00892
$r_2(k)$	0.04263	0.03755	0.03999	0.04410	0.04931
$r_3(k)$	0.62278	0.68904	0.65739	0.65126	0.57460
$r_4(k)$	0.96288	0.97378	0.96884	0.96764	0.95973
$r_5(k)$	0.99970	0.99975	0.99973	0.99971	0.99964
$r_6(k)$	0.99990	0.99992	0.99991	0.99991	0.99988

根据式(12-41)，选取 $B=100000$，对实验研究的轴承振动加速度实现可靠性矩阵中各品质等级自助再抽样。由式(12-47)对实验轴承各品质等级的真值及真值区间进行估计，可以求得实验轴承振动加速度品质实现可靠性的真值及真值区间估计图，如图 12-28 和图 12-29 所示。

由真值和真值区间估计图知，实验研究的 30204 型圆锥滚子轴承振动加速度品质随着品质等级提高其品质实现可靠性在逐渐降低，而在高品质等级时这种变化较明显；可以看出在等级 S_1 时的品质实现可靠性较低，产品的品质实现可靠性随产品的品质等级降低而逐渐提高，当产品品质等级在 S_4 级时其品质实现可靠度值可以达到 96%。因此，实验研究的 30204 型圆锥滚子轴承现有加工水平，可以使振动加速度值普遍保持在品质等级第 S_4级即振动加速度值为 49dB，相对应的产品品质实现可靠度值为 96.79%。

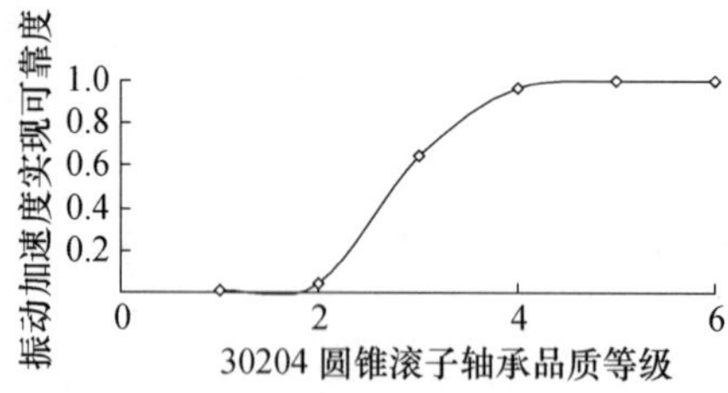

图 12-28　30204 型圆锥轴承品质实现可靠性的真值估计图

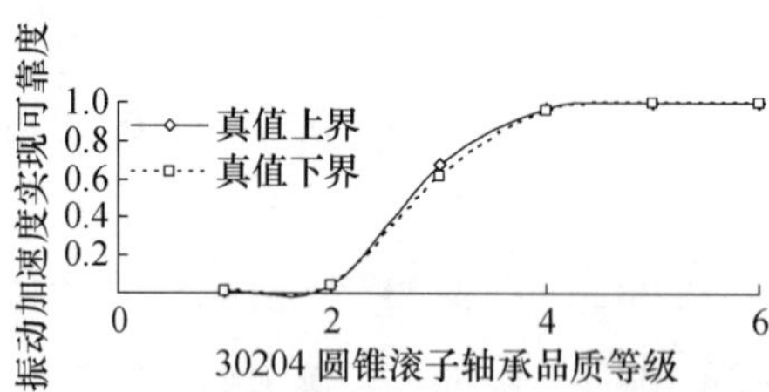

图 12-29　30204 型圆锥轴承品质实现可靠性的真值区间估计图

12.4.2　模拟实验研究

计算机模拟是通过软件对实验数据进行模拟，然后对模拟的数据进行分析。本节是基于上节的实验研究，对圆锥滚子轴承振动加速度及品质影响因素进行数据模拟，然后研究其品质实现可靠性。通过计算机对轴承振动加速度进行模拟，模拟得到的 10000 个振动加速度数据如图 12-30 所示。

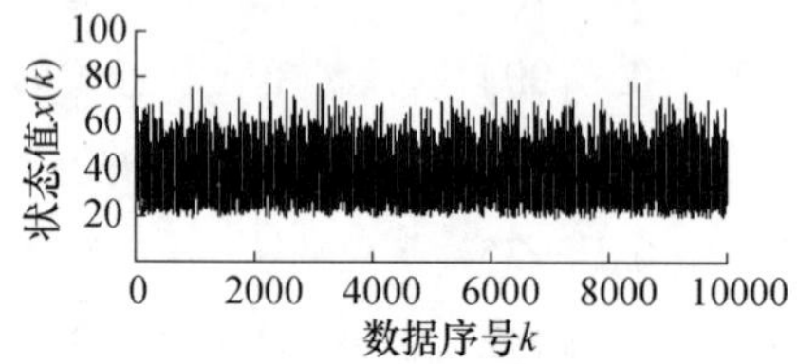

图 12-30　30204 圆锥滚子轴承振动加速度模拟数据

同理，对滚子 8 个因素、内圈 7 个因素、外圈 5 个因素进行计算机模拟实验，振动加速度各影响因素模拟的前 1000 个数据如图 12-31～图 12-50 所示。

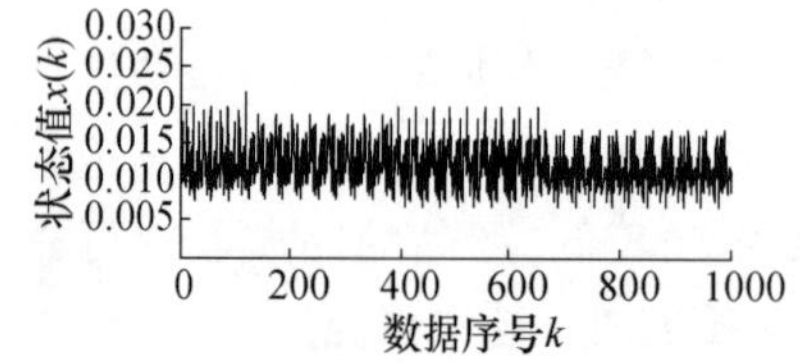

图 12-31　滚子直径误差模拟数据

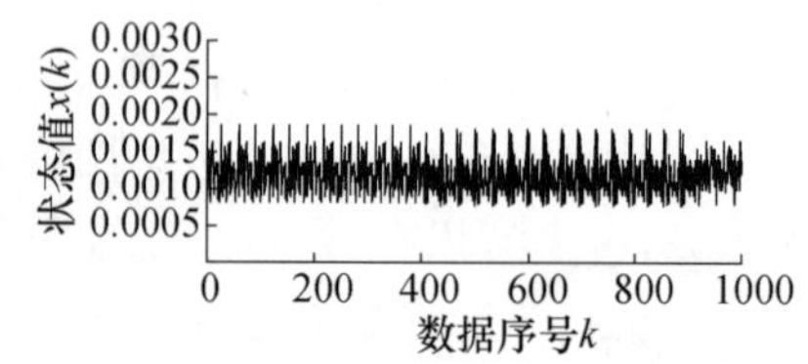

图 12-32　滚子锥角误差模拟数据

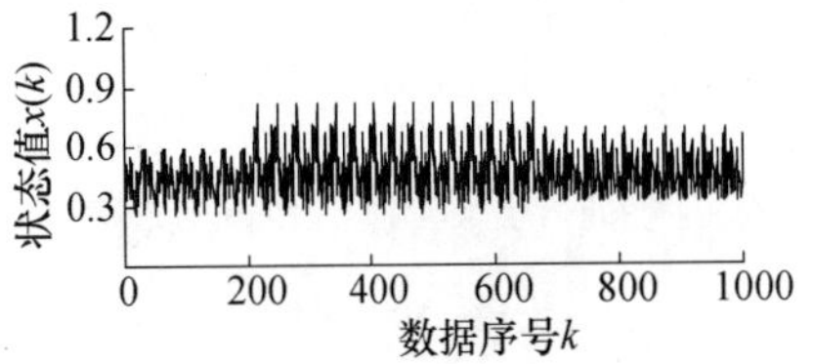

图 12－33　滚子凸度模拟数据

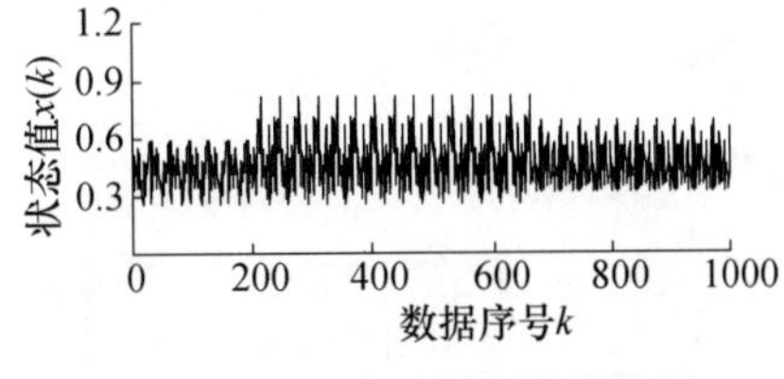

图 12－34　滚子圆度模拟数据

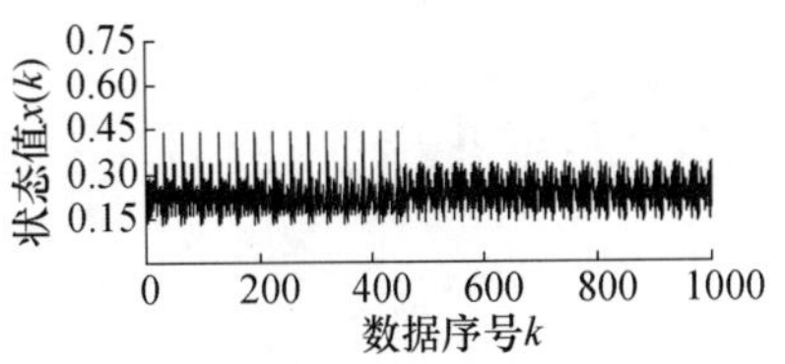

图 12－35　滚子波纹度模拟数据

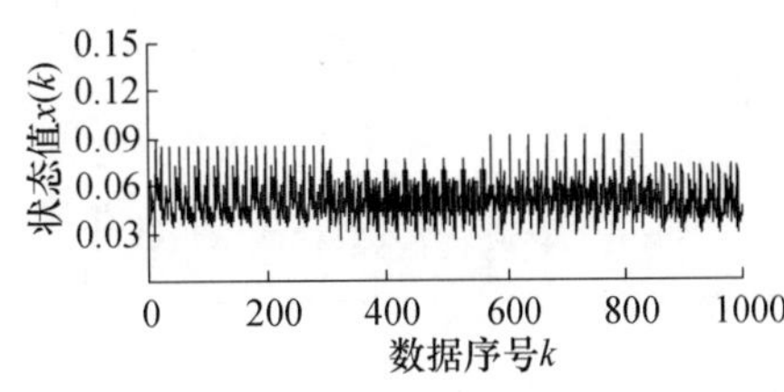

图 12－36　滚子粗糙度模拟数据

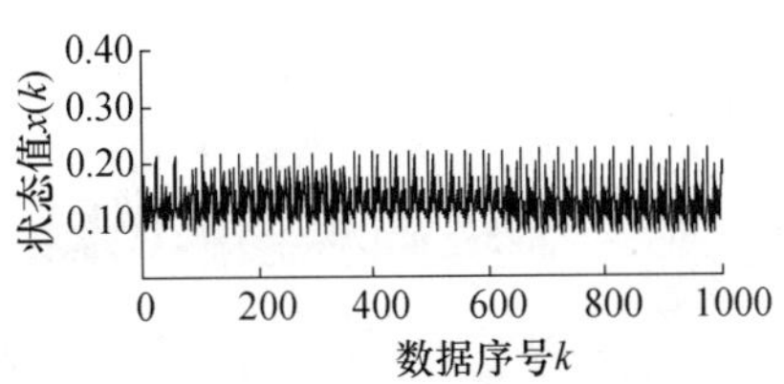

图 12－37　滚子基面粗糙度模拟数据

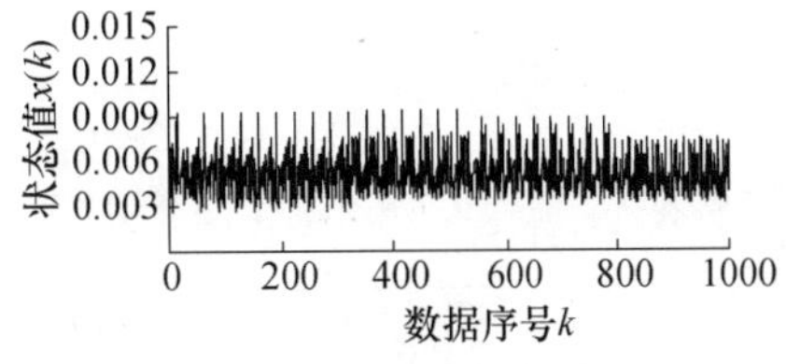

图 12－38　滚子基面跳动模拟数据

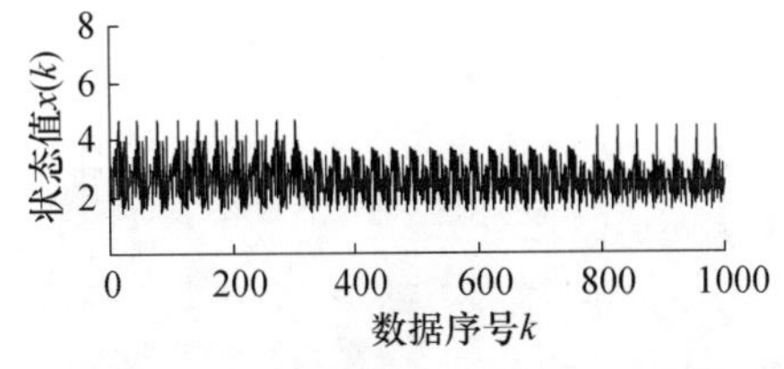

图 12－39　内滚道锥角误差模拟数据

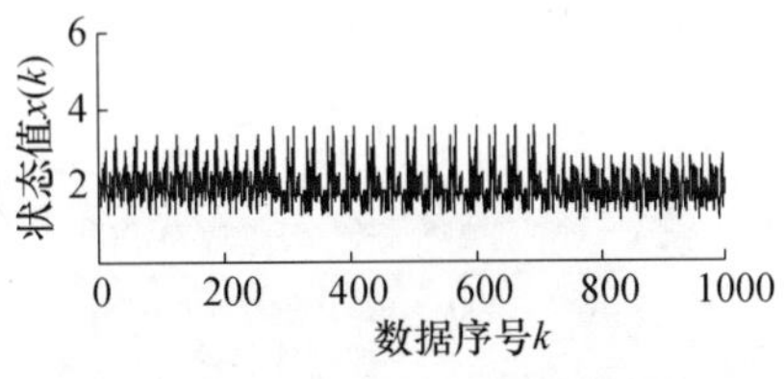

图 12－40　内滚道直线度模拟数据

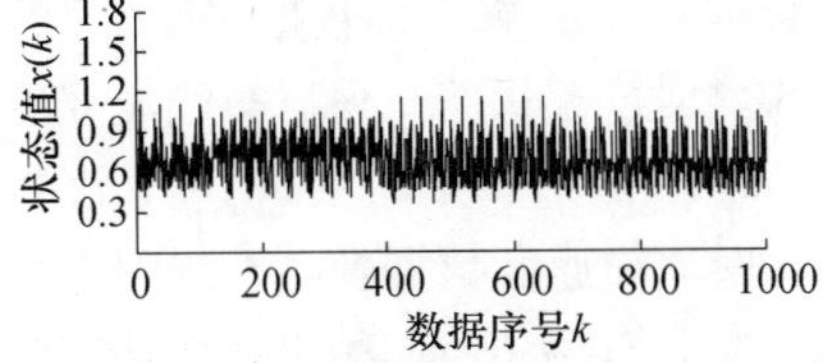

图 12－41　内滚道圆度模拟数据

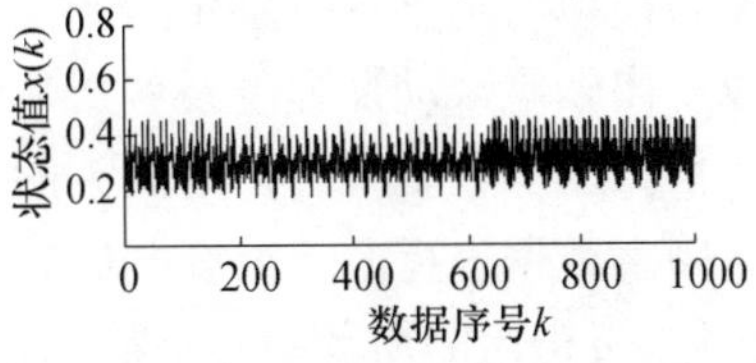

图 12－42　内滚道波纹度模拟数据

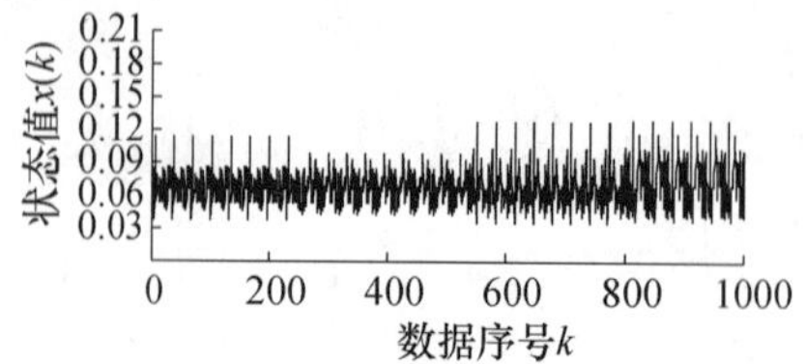

图 12 - 43　内滚道粗糙度模拟数据

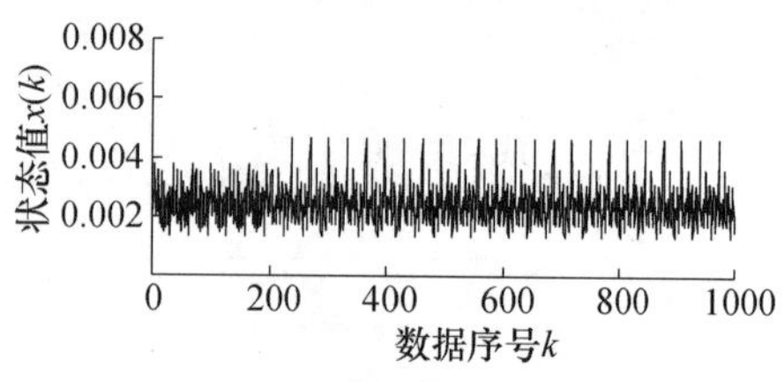

图 12 - 44　内滚道挡边跳动模拟数据

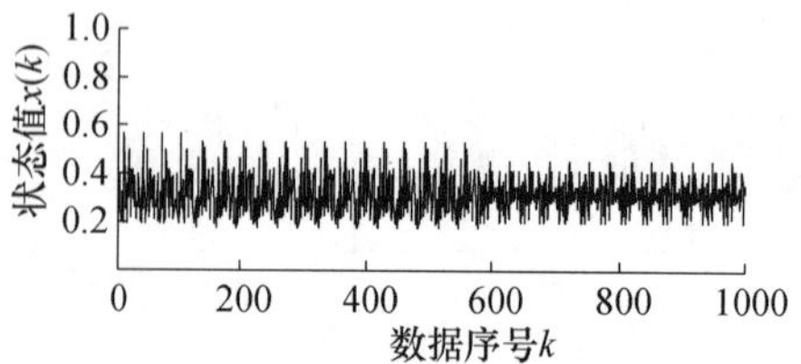

图 12 - 45　内滚道挡边粗糙度模拟数据

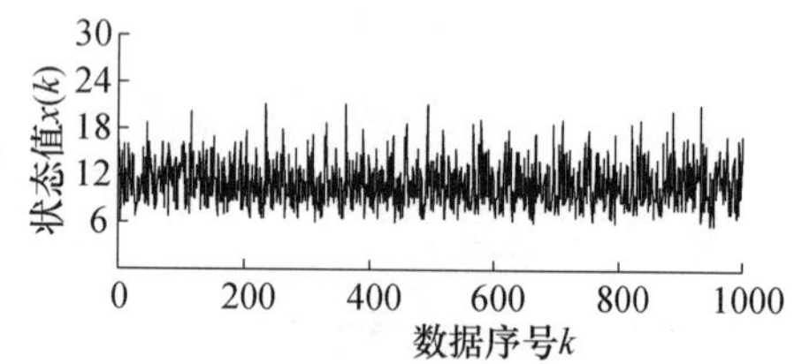

图 12 - 46　外滚道锥角误差模拟数据

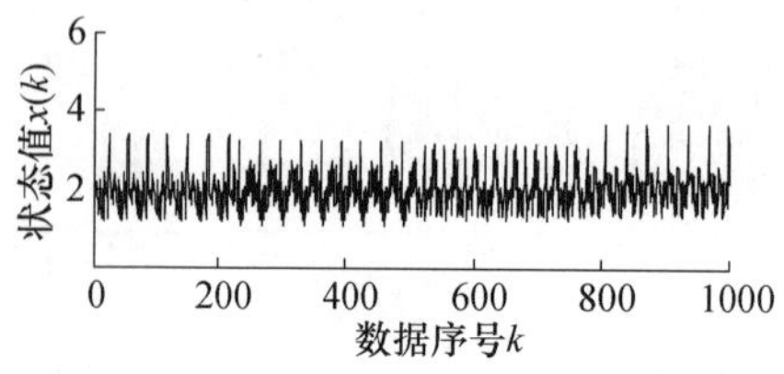

图 12 - 47　外滚道直线度模拟数据

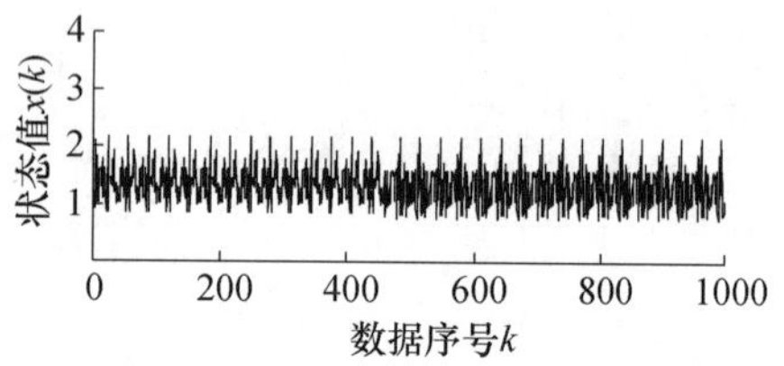

图 12 - 48　外滚道圆度模拟数据

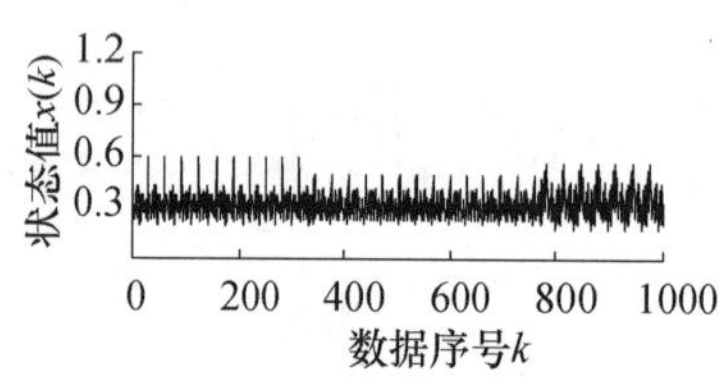

图 12 - 49　外滚道波纹度模拟数据

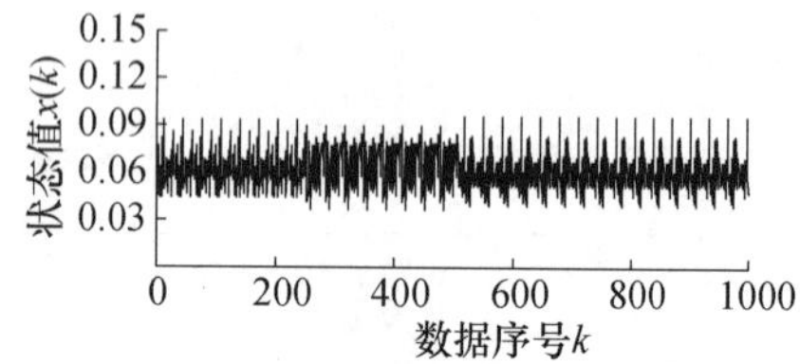

图 12 - 50　外滚道粗糙度模拟数据

整理模拟的圆锥滚子轴承振动加速度数据和各影响因素数据，从模拟的数据图可以看出轴承振动加速度及各影响因素的数据分布状态。根据实验研究的圆锥滚子轴承振动加速度及各影响因素的品质等级标准值对模拟的振动加速度数据和各影响因素数据进行品质等级分级。对轴承振动加速度数据及各影响因素数据品质分级后，可得出品质等级分级后的轴承振动加速度各影响因素频数及频数积累分布。

在对所有模拟实验记录的轴承振动加速度及各影响因素数值进行品质等级分级后，收集所有圆锥滚子轴承品质各影响因素品质等级频数积累分布值，可以得到

实验模拟的轴承各品质影响因素的等级综合矩阵，则轴承影响因素品质等级综合矩阵为

	S_1	S_2	S_3	S_4	S_5	S_6
$\boldsymbol{X}_1$	0.3000	0.1649	0.5103	0.7412	0.8844	0.9695
$\boldsymbol{X}_2$	0.0000	0.2349	0.9043	1.0000	1.0000	1.0000
$\boldsymbol{X}_3$	0.3092	0.4179	0.5250	0.6112	0.8159	0.9258
$\boldsymbol{X}_4$	0.0046	0.6475	0.9985	1.0000	1.0000	1.0000
$\boldsymbol{X}_5$	0.0000	0.2778	0.8822	0.9991	1.0000	1.0000
$\boldsymbol{X}_6$	0.0000	0.0000	0.2299	0.9761	1.0000	1.0000
$\boldsymbol{X}_7$	0.0516	0.2479	0.5586	0.8310	1.0000	1.0000
$\boldsymbol{X}_8$	0.0000	0.0229	0.0982	0.2315	0.5101	0.9034
$\boldsymbol{X}_9$	0.0000	0.0181	0.2073	0.7552	0.9457	1.0000
$\boldsymbol{X}_{10}$	0.0000	0.0000	0.6351	0.9688	1.0000	1.0000
$\boldsymbol{X}_{11}$	0.0000	0.0201	0.3462	0.9379	1.0000	1.0000
$\boldsymbol{X}_{12}$	0.0000	0.0920	0.6886	0.9964	1.0000	1.0000
$\boldsymbol{X}_{13}$	0.0000	0.0297	0.1753	0.7693	0.9947	1.0000
$\boldsymbol{X}_{14}$	0.0000	0.0640	0.3326	0.6619	0.8652	0.9821
$\boldsymbol{X}_{15}$	0.0000	0.0000	0.0687	0.6169	0.8972	1.0000
$\boldsymbol{X}_{16}$	0.0000	0.0000	0.0410	0.2406	0.6323	0.8861
$\boldsymbol{X}_{17}$	0.0000	0.0000	0.5279	0.9620	1.0000	1.0000
$\boldsymbol{X}_{18}$	0.0000	0.0000	0.1210	0.6372	0.9883	1.0000
$\boldsymbol{X}_{19}$	0.0000	0.0330	0.4950	0.9527	1.0000	1.0000
$\boldsymbol{X}_{20}$	0.0000	0.2368	0.8350	0.9929	1.0000	1.0000

根据影响因素权重的确定方法，以灰关系权重法中基于均值常数序列为参考序列的品质影响因素权重计算方法，可以计算求得模拟实验圆锥滚子轴承的各影响因素数据序列与振动加速度品质性能数据序列的权重值，各品质影响因素的权重为

$\omega_1^5=0.3031$，$\omega_2^5=0.0566$，$\omega_3^5=0.5674$，$\omega_4^5=0.3441$，$\omega_5^5=0.3262$，$\omega_6^5=0.3070$，$\omega_7^5=0.3146$，$\omega_8^5=0.1882$，$\omega_9^5=0.5021$，$\omega_{10}^5=0.4465$，$\omega_{11}^5=0.3654$，$\omega_{12}^5=0.3287$，$\omega_{13}^5=0.3087$，$\omega_{14}^5=0.1126$，$\omega_{15}^5=0.3311$，$\omega_{16}^5=0.7533$，$\omega_{17}^5=0.4559$，$\omega_{18}^5=0.4111$，$\omega_{19}^5=0.3367$，$\omega_{20}^5=0.3081$

由品质影响因素的权重值及品质等级实现积累分布矩阵，根据因素的分解与合成法，可得品质等级影响因素的状态合成值：

$x_1 = 0.0402, x_2 = 0.1193, x_3 = 0.4245, x_4 = 0.7654, x_5 = 0.9163, x_6 = 0.9777$

同理,根据影响因素权重的其他确定方法,可以得到不同权重法的品质影响因素的状态合成值,各品质等级影响因素的状态值组成状态合成值综合矩阵。于是,各品质等级影响因素状态合成值综合矩阵为

	x_1	x_2	x_3	x_4	x_5	x_6
ω_l^1	0.0324	0.1210	0.4438	0.7723	0.9163	0.9799
ω_l^2	0.0319	0.1302	0.4707	0.7944	0.9264	0.9835
ω_l^3	0.0321	0.1265	0.4600	0.7863	0.9224	0.9820
ω_l^4	0.0421	0.0858	0.3595	0.6149	0.9108	0.9660
ω_l^5	0.0334	0.1249	0.4569	0.7913	0.9253	0.9828

根据组织可靠性理论,选取品质影响系数 $a = 10$ 和 $b = 2.2$,由影响因素的合成状态值矩阵,可求得模拟实验圆锥滚子轴承振动加速度在不同品质等级时的品质实现可靠性取值矩阵:

	ω_l^1	ω_l^2	ω_l^3	ω_l^4	ω_l^5
$r_1(k)$	0.00528	0.00510	0.00517	0.00563	0.00847
$r_2(k)$	0.09149	0.10656	0.10041	0.09779	0.08885
$r_3(k)$	0.81262	0.85133	0.83659	0.83221	0.78085
$r_4(k)$	0.99664	0.99759	99724	0.99746	0.99613
$r_5(k)$	0.99974	0.99979	0.99977	0.99978	0.99974
$r_6(k)$	0.99993	0.99993	0.99993	0.99993	0.99993

由式(12-41),取 $B = 100000$,应用计算机模拟对实验的圆锥滚子轴承品质性能实现可靠性数据矩阵中各品质等级进行自助再抽样。然后由式(12-47)对模拟实验圆锥滚子轴承各品质等级进行真值及区间估计,可求得模拟实验圆锥滚子轴承产品的品质实现可靠性真值和真值区间估计图,如图 12-51 和图 12-52 所示。

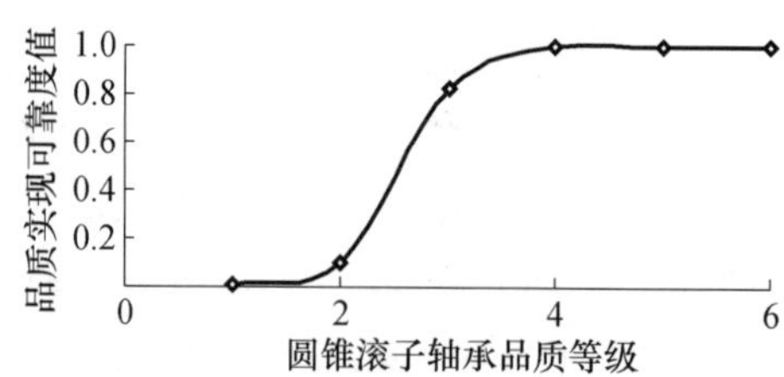

图 12-51　模拟实验圆锥滚子轴承模拟实验实现可靠性的真值估计图

由模拟实验轴承的真值和真值估计图知,在少量信息下得出的实验结果是比较可靠的,所研究的圆锥滚子轴承振动加速度品质变化趋势一致,即随着品质等级

提高其品质实现可靠性在逐渐降低,在较高品质等级时这种变化较明显;另外模拟实验估计结果表明,模拟实验研究的圆锥滚子轴承当轴承振动加速度品质在4级时其品质实现可靠度值可以达到99.72%。

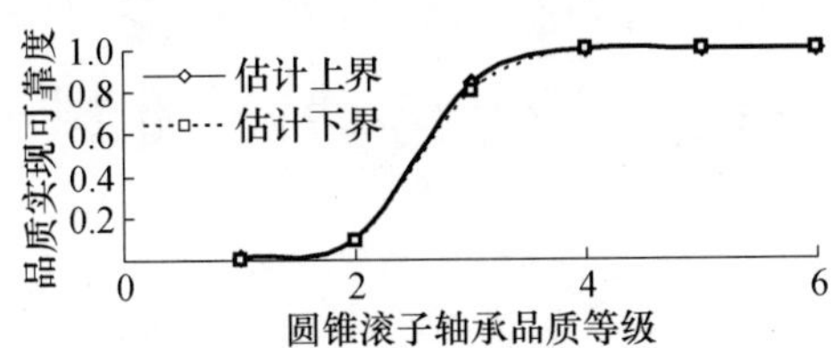

图12-52　模拟实验圆锥滚子轴承模拟实验实现可靠性的真值区间估计图

12.5　本章小结

提出了机械产品的品质实现可靠性概念,阐述产品品质等级分级方法,简要介绍品质影响因素权重的确定方法,并建立了产品品质实现可靠性模型,通过自助再抽样对机械产品的品质实现可靠性真值和真值区间进行了估计。针对提出的模型进行实验研究,实验研究证实了滚动轴承振动品质实现可靠性模型与可靠性真值估计方法的可行性与有效性。

第13章　滚动轴承振动性能不确定性的静态评估与动态预测

基于模糊集合理论与范数理论，提出模糊范数方法，以实施滚动轴承振动性能不确定性的静态评估；基于灰色系统理论与自助原理，提出灰自助方法，以实施滚动轴承振动性能不确定性的动态预测。

13.1　实验方案与实验数据

实验是在一个在专用的轴承性能实验台上进行的，用加速度传感器测量轴承径向振动加速度，实验数据单位为 m/s^2。实验用某型号球轴承的运行条件为轴向载荷 19.6N，转速 1500r/min。实验时间为 2010 年 11 月 8 日至 2010 年 12 月 23 日共 46 天。

对采集到的实验数据按天进行处理即每 5 天取一次数据，共计 10 天数据。也即选取 11 月 8 号数据，11 月 13 号数据，11 月 18 号数据，11 月 23 号数据，11 月 28 号数据，12 月 3 号数据，12 月 8 号数据，12 月 13 号数据，12 月 18 号数据，12 月 23 号数据。

每天选取前 1000 个数据作为研究的对象，从而得到轴承整个实验过程的 10000 个原始振动数据（共计 $R=10$ 个时间单元，每个时间单元有 $n=1000$ 个数据）。振动信息的时间序列如图 13－1 所示。

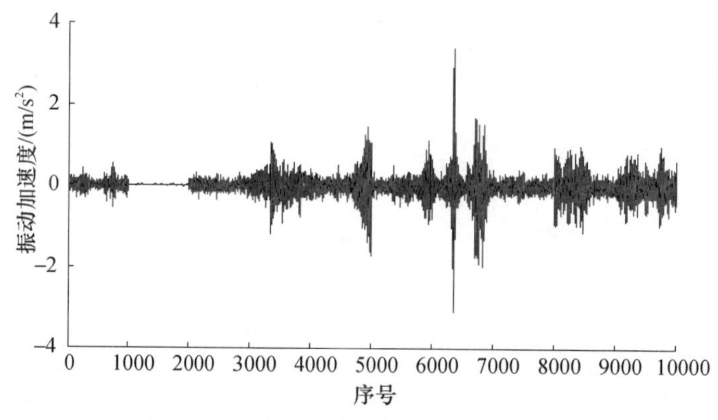

图 13－1　振动信息的时间序列 X_1-X_{10}

13.2 滚动轴承振动性能不确定性的静态评估

由于轴承振动性能概率分布与趋势先验信息的缺乏,而使得统计分析难以进行。为此,通过融合模糊理论和范数方法,本节提出的轴承振动性能不确定性的模糊范数评估方法,可以在概率分布和趋势未知的条件下揭示轴承振动性能的变异程度。

13.2.1 滚动轴承振动性能不确定性的模糊范数法评估模型

假设所研究的轴承的振动性能为随机变量 x。在轴承服役或者实验期间,对其振动性能进行定期采样分析,获得该性能的 R 个时间单元的数据。令 $\boldsymbol{X}_r$表示第 r 个时间单元所测得的数据,并构成第 r 个时间序列 $\boldsymbol{X}_r$为

$$\boldsymbol{X}_r = \{x_r(k)\}; k = 1,2,\cdots,n; r = 1,2,\cdots,R \tag{13-1}$$

式中:$x_r(k)$为 $\boldsymbol{X}_r$中的第 k 个原始数据;k 为当前数据的序号。

1. 测量值的模糊可用区间

借助于隶属函数,模糊数学研究具有模糊性的事物从真到假或从假到真变化的中间过渡规律。测量过程中所获得的被测量的真值(记为 X_0)总是客观且唯一存在的。因此,定义集合 $\boldsymbol{A}$ 为

$$\boldsymbol{A} = \{X_0\} \tag{13-2}$$

集合 $\boldsymbol{A}$ 中只有唯一的一个元素 X_0。

根据集合理论[53,56,69],测量值 x_i($i = 1,2,\cdots,n$;n 是测量值的个数)和集合 $\boldsymbol{A}$ 之间满足如下的二值逻辑特征函数关系:

$$G_A(x) = \begin{cases} 1, x_i \in \boldsymbol{A} \\ 0, x_i \notin \boldsymbol{A} \end{cases} \tag{13-3}$$

式中:1 表示真,即 $x_i \in \boldsymbol{A}$;0 表示假,即 $x_i \notin \boldsymbol{A}$。

根据模糊集合理论,x_i对集合 $\boldsymbol{A}$ 的隶属关系,表示 x_i接近 $\boldsymbol{A}$ 的程度,可以被认为是一种过渡,可以将过渡区间记为 B,并由下面的隶属函数表征,如图 13-2 所示。

$$\mu(x) = \begin{cases} \mu_1(x), x_i \leqslant X_0 \\ \mu_2(x), x_i > X_0 \end{cases} \tag{13-4}$$

式中,$\mu_1(x) \in [0,1]$,$\mu_2(x) \in [0,1]$。隶属函数 $\mu(x)$描述了测量值 x_i符合集合 $\boldsymbol{A}$ 的程度。

通常,真值 X_0是未知的,可用统计理论中的数学期望或模糊数学中的模糊期望来估计。在图 13-2 中,可用 x_v即 $\mu(x) = 1$ 时 x 的值来估计 X_0。

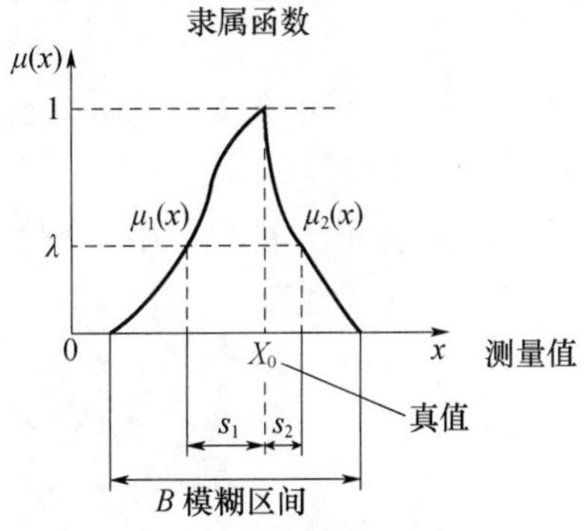

图 13-2 隶属函数与测量值

$$X_0 \approx x\,|_{\mu(x)=1} = x_v \tag{13-5}$$

由图 13-2 可以看出,$\mu_1(x)$是增函数,而$\mu_2(x)$是减函数。若取 $\lambda \in [0,1]$为 λ 水平,则 $\mu_{A_\lambda} = \lambda$,$x$ 隶属于集合 $\boldsymbol{A}$ 的区间为

$$U_{F_\lambda} = x_U - x_L = s_1 + s_2 \tag{13-6}$$

式中,x_L和 x_U分别由式(13-7)和式(13-8)确定,s_1和 s_2是 λ 水平下 x 轴上 X_0两侧附近的两个区间:

$$\min|\mu_1(x) - \lambda|x = x_L \tag{13-7}$$

$$\min|\mu_2(x) - \lambda|x = x_U \tag{13-8}$$

对于所有的测量值 x_i,如给定 $\lambda = \lambda^*$,则 $U_{F_\lambda} = U_{F_{\lambda^*}}$ 被唯一确定,即测量值 x_i 相对真值 X_0的分散范围为 $U_{F_{\lambda^*}}$。

在图 13-1 中,B 为模糊区间,λ^*为最优水平,$U_{F_{\lambda^*}}$为最优水平 λ^*下的模糊可用区间。于是可以定义下列特征函数

$$G_{A_\lambda}(x) = \begin{cases} 1(\text{真}),\mu_A(x) \geqslant \lambda^* \\ 0(\text{假}),\mu_A(x) < \lambda^* \end{cases} \tag{13-9}$$

式(13-7)表明,落在区间 $U_{F_{\lambda^*}}$内的 x 值是可用的,用 1 表示(为真),而那些落在区间 $U_{F_{\lambda^*}}$外的 x 值是不可用的,用 0 表示(为假)。

根据测量不确定度理论,可以用模糊可用区间 $U_{F_{\lambda^*}}$来表征测量结果的扩展不确定度。

2. λ^*的理论取值

从模糊数学角度讲,λ^*确定了事物从一个极端向另一个极端转变的界限。事实上,λ^*可以被看成一个模糊数,而模糊数取值 0.5 时最具模糊性,即亦真亦假。$\lambda \geqslant 0.5$ 意味着集合 $\boldsymbol{A}$ 中包含了绝大部分可用的 x。因此,在理论上,可以确定 λ^*为 0.5。但在实际测量中,一般取 $\lambda^* = 0.4 \sim 0.5$。当 n 值较小时,取 $\lambda^* = 0.4$。

3. 参数的映射

模糊数学中的隶属函数可以用误差理论中的概率分布密度函数确定。如果 $p = p(x)$已知,则通过如下线性变换

$$\mu(x) = (p(x) - p_{\min})/(p_{\max} - p_{\min})\, p_{\max} \neq p_{\min} \tag{13-10}$$

将 p 映射到区间[0,1],从而得到$\mu(x)$。由式(13-8)和式(13-9)可知,x_v对应着最大概率密度值 $p_{\max}$。

因为前面已将 x_i视为一个模糊数,故理论上它也属于[0,1]区间。于是,可以通过如下的线性变换:

$$\eta_v = (x_v - x_{\min})/(x_{\max} - x_{\min}) \tag{13-11}$$

$$\eta(x) = (x - x_{\min})/(x_{\max} - x_{\min}) \tag{13-12}$$

$$\tau = \tau(x) = |\eta(x) - \eta_v| = |x - x_v|/|x_{\max} - x_{\min}| \tag{13-13}$$

将测量值 x_i映射到[0,1]区间,从而得到用模糊数 $\tau(x)$表示的测量值,在式(13-13)

中，x_v可以用 $\tau_v=0$ 代替。

在区间[0,1]上，如果用 Φ_{F_λ}表示 U_{F_λ}，ξ_1 和 ξ_2 分别表示 s_1和 s_2，式(13－6)就可以表示为

$$\begin{aligned}U_{F_\lambda} &= s_1+s_2\\ &= |x-x_v|_{\mu_1(x)=\lambda}+|x-x_v|_{\mu_2(x)=\lambda}\\ &= (x_{\max}-x_{\min})(\tau|_{\mu_1(\tau)=\lambda})+(x_{\max}-x_{\min})(\tau|_{\mu_2(\tau)=\lambda})\\ &= (\tau|_{\mu_1(\tau)=\lambda}+\tau|_{\mu_2(\tau)=\lambda})(x_{\max}-x_{\min})\\ &= (\xi_1+\xi_2)(x_{\max}-x_{\min})=\Phi_{F_\lambda}(x_{\max}-x_{\min})\end{aligned} \tag{13-14}$$

式中

$$\Phi_{F_\lambda}=\xi_1+\xi_2 \tag{13-15}$$

于是，图 13－2 就变成了图 13－3。

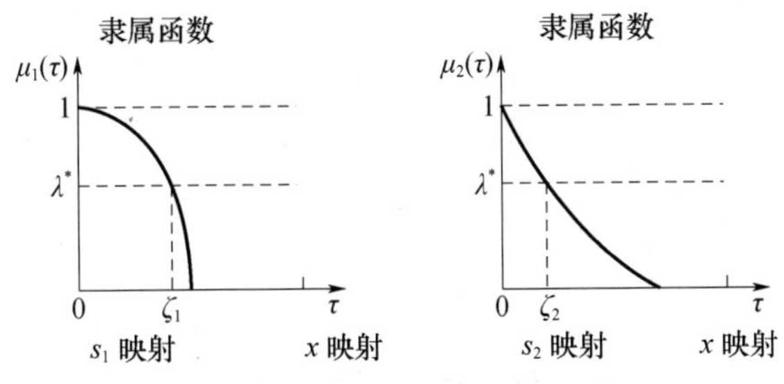

图 13－3　隶属函数与映射参数

如果已知离散值$\mu_{1j}(\tau_j)$和$\mu_{2j}(\tau_j)$，$j=1,2,\cdots,n$，就可以用下面的最大模糊范数最小法得到$\mu_1(\tau)$和$\mu_2(\tau)$。

首先，定义最大模范数为

$$\|r\|_\infty=\max|r_j|,j=1,2,\cdots,n \tag{13-16}$$

其次，用多项式

$$f_1=f_1(\tau)=1+\sum_{l=1}^{L}a_l\tau^l \tag{13-17}$$

$$f_2=f_2(\tau)=1+\sum_{l=1}^{L}b_l\tau^l \tag{13-18}$$

分别逼近离散值$\mu_{1j}(\tau_j)$和$\mu_{2j}(\tau_j)$，就可以得到

$$\mu_1(\tau)=f_1(\tau) \tag{13-19}$$

$$\mu_2(\tau)=f_2(\tau) \tag{13-20}$$

然后，假设

$$r_{1j}=f_1(\tau_j)-\mu_{1j}(\tau_j),j=1,2,\cdots,v \tag{13-21}$$

$$r_{2j}=f_2(\tau_j)-\mu_{2j}(\tau_j),j=v,v+1,\cdots,n \tag{13-22}$$

选择 $a_l=a_l^*$，满足

$$\min \| r_1 \|_\infty \tag{13-23}$$

选择 $b_l = b_l^*$，满足

$$\min \| r_2 \|_\infty \tag{13-24}$$

从而求出待定系数 a_l 和 b_l。

在式(13－17)和式(13－18)中，通常多项式阶次 L 取值为 3 或 4 时，即可获得较高的逼近精度。

式(13－23)和式(13－24)的约束条件为

$$f'_1 = \mathrm{d}f_1/\mathrm{d}\tau \leqslant 0 \tag{13-25}$$

$$f'_2 = \mathrm{d}f_2/\mathrm{d}\tau \leqslant 0 \tag{13-26}$$

这显示了隶属函数本身的单调性。

上述最大模糊范数最小法的逼近精度高于最小 2 乘法。另外，ξ_1 和 ξ_2 可以通过下面 2 个式子求解：

$$\min \left| \mu_1(\tau) - \lambda^* \right|_{\tau=\xi_1} \tag{13-27}$$

$$\min \left| \mu_2(\tau) - \lambda^* \right|_{\tau=\xi_2} \tag{13-28}$$

置信水平 P 为

$$P = \frac{\int_0^{\xi_1} f_1(\tau)\mathrm{d}\tau \Big|_\lambda + \int_0^{\xi_2} f_2(\tau)\mathrm{d}\tau \Big|_\lambda}{\int_0^{\xi_1} f_1(\tau)\mathrm{d}\tau \Big|_{\lambda=0} + \int_0^{\xi_2} f_2(\tau)\mathrm{d}\tau \Big|_{\lambda=0}} \times 100\% \tag{13-29}$$

式中：$|_\lambda$ 表示在水平 λ 下。式(13－29)还必须满足：$0 \leqslant P \leqslant 1$。

由式(13－29)可知，置信水平 P 受 λ 和 L 的共同影响。在实际计算中，一般给定置信水平 P，优选 $L=3$，再参照参数 λ^* 的理论取值，调节 λ 以满足 P，就可以得到 P 置信水平下的最优水平 λ^* 和模糊可用区间 $U_{F_{\lambda^*}}$。

4. 线性隶属函数的建立

本节提出隶属函数的排序线性估计法。

将数据序列 $\boldsymbol{X}_r$ 按升序排列，得到一个新的数据序列：

$$\boldsymbol{X} = \{x_1, \cdots, x_i, \cdots, x_n\}; x_i \leqslant x_{i+1} \tag{13-30}$$

定义相邻数据的差值为

$$\Delta_i = x_{i+1} - x_i \geqslant 0 \tag{13-31}$$

一般 Δ_i 越小，测量值越密集；反之，越疏松。即 Δ_i 和 x_i 的分布密度有关。

基于差值序列 Δ_i，定义线性隶属函数：

$$m_j = 1 - (\Delta_j - \Delta\min)/\Delta_{\max} \tag{13-32}$$

为近似的概率密度因子。其中

$$\Delta_{\max} = \max_{j=1}^{n-1} \Delta_j \tag{13-33}$$

$$\Delta_{\min} = \min_{j=1}^{n-1} \Delta_j \tag{13-34}$$

根据模糊集合理论，设最大概率密度因子为 m_{max}，对应 m_{max} 的 x_i 为 x_v，序号 i 为 v。若有 t 个相同的 m_{max}，则可以由算数平均值算法确定 x_v 和 v。因此有

$$p_{1j}(x_j)=m_j, j=1,2,\cdots,v \tag{13-35}$$

$$p_{2j}(x_j)=m_j, j=v,v+1,\cdots,n \tag{13-36}$$

最后，由式(13－10)～式(13－26)可以得到 $\mu_{1j}(\tau_j)$ 和 $\mu_{2j}(\tau_j)$。

13.2.2 静态评估的步骤

(1) 测量样本为

$$\boldsymbol{X}_r=\{x_r(k)\};k=1,2,\cdots,n;r=1,2,\cdots,R$$

(2) 将测量序列 $\boldsymbol{X}_r$ 按升序排列，得到 R 个新序列

$$X=\{x_1,\cdots,x_i,\cdots,x_n\};x_i\leqslant x_{i+1}$$

(3) 获得 v 和 x_v 之后，由式(13－31)～式(13－36)计算

$$p_{1j}(x_j)=m_j(j=1,2,\cdots,v)\text{和}p_{2j}(x_j)=m_j(j=v,v+1,\cdots,n)$$

(4) 由式(13－10)、式(13－12)和式(13－13)计算

$$\mu_{1j}(\tau_j)(j=1,2,\cdots,v)、\mu_{2j}(\tau_j)(j=v,v+1,\cdots,n)$$

(5) 在约束条件式(13－25)和式(13－26)下，根据式(13－17)、式(13－18)和式(13－21)～式(13－24)建立 f_1 和 f_2 的数学模型；

(6) 由式(13－19)和式(13－20)，得到隶属函数 $\mu_1(\tau)$ 和 $\mu_2(\tau)$；

(7) 给定置信水平 $P=90\%$，多项式阶次 $L=3$，调节 λ，由式(13－27)和式(13－28)计算出 $\lambda=\lambda^*$ 水平下的 ξ_1 和 ξ_2，根据式(13－14)得到模糊可用区间 $U_{F_{\lambda^*}}$，亦即测量值的扩展不确定度。

13.2.3 静态评估的实验结果分析

置信水平 P 受水平 λ 和多项式 f_1 和 f_2 阶次 L 的共同影响。在本案例中要求 $P=90\%$，$L=3$，通过调节 λ 获得 λ^* 来满足 $P=90\%$ 这个要求。获得的最优水平 λ^* 如表 13－1 所列。

表 13－1　$P=90\%$，$L=3$ 时，10 个时间区间对应的最优水平 λ^*

r	1	2	3	4	5	6	7	8	9	10
λ^*	0.5895	0.459	0.557	0.6	0.523	0.622	0.7135	0.521	0.728	0.55

借助于静态评估的步骤，可以得到 $\lambda=\lambda^*$ 水平下的 ξ_1 和 ξ_2 以及被测量的真值 X_0，再借助式(13－13)，分别计算出轴承振动加速度每天的上下边界值 X_U 和 X_L，计算结果如图 13－4 所示。

在最优水平 λ^* 下，获得的轴承振动性能的扩展不确定度的计算结果如图 13－5 所示。

对比分析图 13－4 和图 13－5，可以得到以下结果：

在图 13 -4 中,轴承振动加速度的估计真值基本保持不变,表明使用模糊数学中的模糊期望来估计真值是可靠的,也表明真值是唯一存在的。

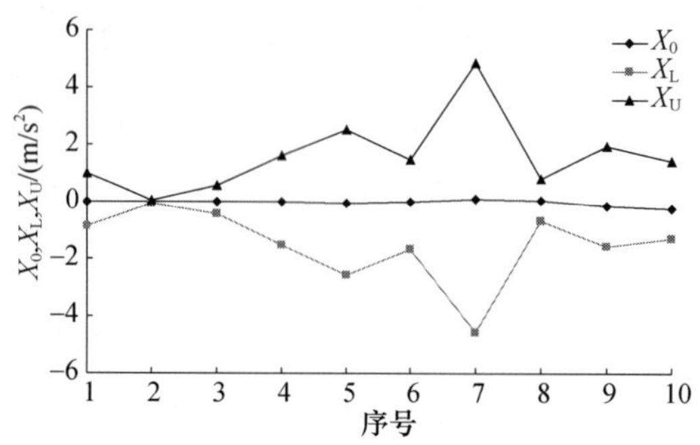

图 13 -4 10 个振动加速时间序列的真值及上下边界值

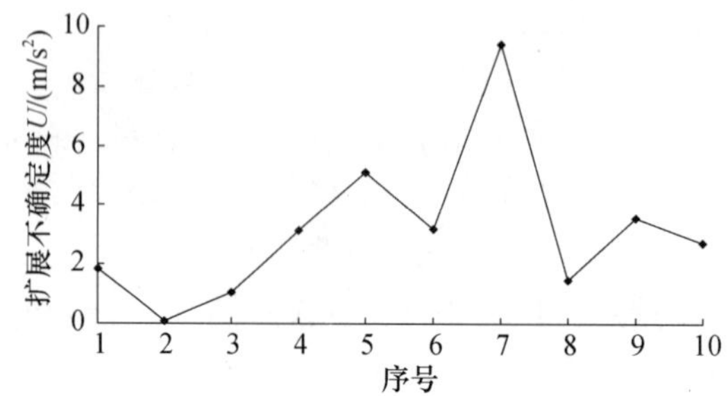

图 13 -5 10 个振动加速度时间序列的扩展不确定度

当 $r=1\sim3$ 时,也就是从第 1 天到第 3 天,相对于各自的估计真值而言,轴承呈现出比较平稳的振动过程,振动加速度的波动区间以及不确定性均比较平稳,其中计算得到的不确定度分别为 1. 8531、0. 0776 和 1. 0257,表明轴承振动性能变异比较小。

当 $r=4\sim7$ 时,也就是从第 4 天到第 7 天,相对于各自的估计真值而言,加速度波动量除了第 6 天相对第 5 天略有降低外,轴承呈现出波动量增大的振动过程,即波动区间逐渐增大,不确定性也相应逐渐增大,并在第 7 天达到最大值。这 4 天计算得到的不确定度分别为 3. 1213、5. 0954、3. 1609 和 9. 4221,与前 3 天相比,明显增加,表明轴承振动性能发生了较大变异,需要进行进一步诊断,方能确定是否需要采取维护措施。

当 $r=8\sim10$ 时,也就是从 8 天到第 10 天,相对于各自的估计真值而言,轴承再次呈现出比较平稳的振动过程,其不确定度分别为 1. 4493、3. 5387 和 2. 7066,表明轴承振动性能变异不大。

可以看到图 13 -4 中的估计区间$[X_L,X_U]$描绘了轴承振动加速时间序列相对各自真值 X_0 的波动范围,图 13 -5 中的扩展不确定度则表征了振动加速度时间序列的不确定性。二者均很好地表明轴承振动性能的变异是一个动态的、非线性的复杂的未知变化过程。

最为重要的是，在该实验中，轴承振动加速度的概率分布和变化趋势事先均未知，除了获得的振动加速度的时间序列之外，再也没有其他任何先验信息存在。尽管轴承振动性能信息是如此的不完备，所提出的模糊范数方法仍然可以真实地评估轴承振动性能的不确定性。

13.3 滚动轴承振动性能不确定性的动态预测

基于 GM(1,1) 模型完善的预测机制和自助法强大的模拟再抽样能力[39,54-55,57]，建立轴承振动性能不确定性的灰自助动态预测模型。该模型首先对当前时刻获得的一个小样本数据子序列用自助法模拟出大量的自助样本，然后用 GM(1,1) 模型预测出大量的数据，进而用统计理论获取当前的概率分布函数，最后获取当前时刻轴承振动性能不确定性的特征信息。

13.3.1 滚动轴承振动性能不确定性的灰自助预测数学模型

假设所研究的轴承的振动性能为随机变量 x。在轴承服役或者实验期间，对其振动性能进行定期采样分析，假设获得了该性能的 R 个时间单元的数据。令 $\boldsymbol{X}_r$ 表示第 r 个时间单元所采集的数据，并构成第 r 个时间序列 $\boldsymbol{X}_r$ 为

$$\boldsymbol{X}_r = \{x_r(n)\};n=1,2,\cdots;r=1,2,\cdots,R \tag{13-37}$$

式中：$\boldsymbol{X}_r(n)$ 表示 $\boldsymbol{X}_r$ 中的第 n 个原始数据；n 为当前数据的序号，也就是时刻 n。

本节研究的问题是，借助于与时刻 n 紧邻时刻的前 m 个数据（包括时刻 n 的数据）来评估时刻 n 的不确定度。参数 m 的选择很重要，在时刻 n 只考虑 m 个数据的原因是，在动态测量中，不确定度随时间而变化，m 越大，包含的旧信息越多，估计的不确定度的误差越大。灰色系统理论的灰预测模型 GM(1,1) 和自助法要求 m 的最小值为 4。

在时刻 n，从 $\boldsymbol{X}_r$ 中抽取 m 个数据，形成一个小样本数据子序列 $\boldsymbol{X}_{rm}$ 为

$$\boldsymbol{X}_{rm} = \{x_{rm}(u)+q_r\};u=n-m+1,n-m+2,\cdots,n;n\geqslant m \tag{13-38}$$

式中：q_r 是一个常数，在灰预测 GM(1,1) 中，如果 $x_{rm}(u)<0$，q_r 应满足 $x_{rm}(u)+q_r\geqslant 0$。如果 $x_{rm}(u)\geqslant 0$，则取 $q_r=0$。

借助于自助原理，在时刻 n，从子序列 $\boldsymbol{X}_{rm}$ 中等概率可放回地随机抽取 1 个数据，重复抽取 m 次，可以得到一个大小为 m 的自助样本。再连续重复 B 步，则能得到 B 个自助再抽样样本，用向量表示为

$$\boldsymbol{Y}_{r\text{Bootstrap}} = (\boldsymbol{Y}_{r1},\boldsymbol{Y}_{r2},\cdots,\boldsymbol{Y}_{rb},\cdots,\boldsymbol{Y}_{rB}) \tag{13-39}$$

式中：$\boldsymbol{Y}_{rb}$ 是第 r 个时间单元中的第 b 个自助样本，且有

$$\boldsymbol{Y}_{rb} = \{y_{rb}(u)\};u=n-m+1,n-m+2,\cdots,n;n\geqslant m;b=1,2,\cdots,B \tag{13-40}$$

式中：$y_{rb}(u)$是$\boldsymbol{Y}_{rb}$中的第u个自助再抽样数据；B是自助再抽样样本个数。

根据灰预测模型GM(1,1)，设$\boldsymbol{Y}_{rb}$的一次累加生成序列向量为

$$\boldsymbol{X}_{rb} = \{x_{rb}(u)\} = \left\{\sum_{j=n-m+1}^{u} y_{rb}(j)\right\}; u = n-m+1, n-m+2, \cdots, n; n \geqslant m; b = 1,2,\cdots,B \tag{13-41}$$

灰生成模型可以被描述为如下的灰微分方程：

$$\frac{\mathrm{d}x_{rb}(u)}{\mathrm{d}u} + c_{r1}x_{rb}(u) = c_{r2} \tag{13-42}$$

式中：u是时间变量，c_{r1}和c_{r2}是待估系数（$c_{r1} \neq 0$）。

用增量代替微分，即

$$\frac{\mathrm{d}x_{rb}(u)}{\mathrm{d}u} = \frac{\Delta x_{rb}(u)}{\Delta u} = x_{rb}(u+1) - x_{rb}(u) = y_{rb}(u+1) \tag{13-43}$$

式中：Δu取单位时间间隔1，再设均值生成序列向量为

$$\boldsymbol{Z}_{rb} = \{z_{rb}(u)\} = \{0.5x_{rb}(u) + 0.5x_{rb}(u-1)\}; u = n-m+2, n-m+3, \cdots, n; n \geqslant m; b = 1,2,\cdots,B \tag{13-44}$$

在初始条件$x_{rb}(n-m+1) = y_{rb}(n-m+1)$下，式(13-42)的最小二乘解为

$$\hat{x}_{rb}(j+1) = (y_{rb}(n-m+1) - c_{r2}/c_{r1})\mathrm{e}^{-c_{r1}j} + c_{r2}/c_{r1}; j = u-1, u \tag{13-45}$$

式中，c_{r1}和c_{r2}为

$$(c_{r1}, c_{r2})^{\mathrm{T}} = (\boldsymbol{D}_r^{\mathrm{T}}\boldsymbol{D}_r)^{-1}\boldsymbol{D}_r^{\mathrm{T}}(\boldsymbol{Y}_{rb})^{\mathrm{T}} \tag{13-46}$$

$$\boldsymbol{D} = (-\boldsymbol{Z}_{rb}, \boldsymbol{I})^{\mathrm{T}} \tag{13-47}$$

$$\boldsymbol{I} = (1, 1, \cdots, 1) \tag{13-48}$$

由累减生成，在时刻$w = n+1$的预测值可以描述为

$$\hat{y}_{rb}(n+1) = \hat{x}_{rb}(n+1) - \hat{x}_{rb}(n) - q_r; b = 1,2,\cdots,B \tag{13-49}$$

因此，可以获得第r个时间单元在$w = n+1$时刻的B个数据，构成如下的序列向量：

$$\hat{\boldsymbol{X}}_{rw} = \{\hat{y}_{rb}(w)\}; b = 1,2,\cdots,B; w = n+1 \tag{13-50}$$

对式(13-50)中的数据用统计理论的直方图方法，可以建立第r个时间单元在时刻w的概率密度函数：

$$f_{rw} = f_{rw}(x_{rm}) \tag{13-51}$$

式中：f_{rw}是第r个时间单元在时刻w的数据序列的灰自助概率密度函数；x_{rm}是描述第r个时间单元中被测数据$x_{rm}(w)$的随机变量。

假设显著性水平为α，则置信水平可以表示为

$$P = (1-\alpha) \times 100\% \tag{13-52}$$

且在时刻n，在某一置信水平P下，对变量x_{rm}的估计区间为

$$[X_{r\mathrm{L}}, X_{r\mathrm{U}}] = [X_{r\mathrm{L}}(w), X_{r\mathrm{L}}(w)] = [X_{r\alpha/2}, X_{r1-\alpha/2}] \tag{13-53}$$

式中：$X_{r\alpha/2}$是变量x_{rm}对应于概率$\alpha/2$的值；$X_{r1-\alpha/2}$是变量x_{rm}对应于概率$1-\alpha/2$的

值;X_{rL}是估计区间的下边界;X_{rU}是估计区间的上边界。

定义 n 时刻的扩展不确定度为

$$U_r = U_r(w) = X_{rU} - X_{rL} \tag{13-54}$$

式中:U_r是 n 时刻在置信水平 P 下的估计不确定度,即瞬时不确定度。

显然,基于 GM(1,1)的自助预测用 $w = n + 1$ 时刻的预测值描述 n 时刻的瞬时不确定度。定义式(13-54)的不确定度为时刻 n 的函数,也叫做动态不确定度。伴随时间历程的动态测量过程,不同于经典统计方法的静态不确定度,而是随着时刻 n 变化而变化。

在动态测量过程中,假设在每个时间单元中,测量数据的总数为 $n_r = N$。如果有 h_r个数据落在估计区间$[X_{rL},X_{rU}]$之外,则定义参数 P_{rB}为

$$P_{rB} = (1 - h_r/(N - m + 1)) \times 100\% \tag{13-55}$$

式中:P_{rB}是给定置信水平 P 下,对第 r 个时间单元估计结果的可靠度,用于描述基于 GM(1,1)的自助预测的可信度。一般,P_{rB}不等于 P。根据 P_{rB}的定义知,P_{rB}越大越好,最好是 $P_{rB} \geqslant P$。

由$[X_{rL},X_{rU}]$和 P_{rB}的定义可知,在 w 时刻,P 越大,则 U_r越大。若 $P = 100\%$,则 U_r可以取到最大值。必须注意到的是,U_r越大,$[X_{rL},X_{rU}]$越偏离真值,进而估计结果越失真。因此,给出一个条件

$$U_{r\text{mean}} = (1/(N - m + 1)) \sum_{k=m}^{N} U(k) \big|_{P_{rB}=100\%} \tag{13-56}$$

考虑到最小不确定性原理,P 应满足

$$U_{r\text{mean}} \big|_{m,B,P} \to \min \tag{13-57}$$

式中:$U_{r\text{mean}}$是第 r 个时间单元的估计的平均不确定度;$|_{P_{rB}=100\%}$ 表示在 $P_{rB} = 100\%$ 的条件下;→表示趋近一个极限。

第 r 个时间单元的平均不确定度 $U_{r\text{mean}}$实际上是一个统计量,它是动态测量过程中变量不确定度的均值,可以作为动态测量过程中随机变量波动状态的评价指标。

从式(13-56)和式(13-57)可以看出,最合适的评估结果是在 $P_{rB} = 100\%$ 的条件下,$U_{r\text{mean}}$得到最小值。为此,在工程实践中,应结合具体的研究对象合理地选择 3 个参数:m,B 和 P。

13.3.2 动态预测的实验结果分析

考虑所提模型中 m,B 和 P 的选取对 $U_{r\text{mean}}$的影响,以第 1 个时间单元的数据 $\boldsymbol{X}_1$为例进行说明。

在预测过程中,参数 B 取值过小,自助再抽样将不充分,直接影响预测结果的准确性;参数 B 取值过大,会使预测速度降低同时过多地占用计算机内存,同样不利于研究对象的在线预测与控制。此外,过大的 B 值并不会使预测的准确性提

高，也即预测的准确性存在一个极限值。综合考虑，本实验中令 $B=1000$，变化 m 和 P，基于灰预测模型 GM(1,1) 对时间序列 X_1 进行自助预测，得到如表 13－2 的比较结果。

表 13－2　m，B 和 P 的选取对 $U_{r\mathrm{mean}}$ 的影响

m	B	P/%	P_{1B}/%	$U_{1\mathrm{mean}}/(\mathrm{m/s^2})$
5	1000	100	100	0.58936
5	1000	99	100	0.48739
5	1000	95	99.09	0.40829
5	1000	90	100	0.48801
6	1000	90	99.89	0.46593
7	1000	90	98.89	0.43201

可以看出，对第 1 个时间序列 $\boldsymbol{X}_1$ 而言，在 $P_{1B}=100\%$，同时 P 较小的条件下，$m=5$，$P=99\%$，$U_{1\mathrm{mean}}$ 得到最小值 0.48739。鉴于此，对本实验中的其他 9 个时间单元的实验数据均采取 $m=5$，$P=99\%$，$B=1000$ 进行分析。

分别计算 10 个时间单元的平均不确定度，结果如图 13－6 所示，相应的预测可靠度如图 13－7 所示。

比较图 13－6 和图 13－1，可以看出，对于第 r 个时间单元而言，数据波动越剧烈，相应的 $U_{r\mathrm{mean}}$ 的值就越大，性能变异就显著。具体说来，在第 2 个时间单元中，数据波动最小，对应的 $U_{2\mathrm{mean}}=0.02275$ 几乎接近 0，即轴承振动性能变异最小；而在第 7 个时间单元中，数据波动最剧烈，对应的 $U_{7\mathrm{mean}}$ 的值达到最大，即振动性能变异最显著；在第 1、3 和第 8 个时间单元中，数据波动相对较小，对应的 $U_{r\mathrm{mean}}(r=1,3,8)$ 的值均在 0.5 左右，即轴承振动性能变异不甚显著；而其他 5 个时间单元，数据的波动相对较大，对应的 $U_{r\mathrm{mean}}(r=4,5,6,9,10)$ 的值在 1 和 1.5 之间，即轴承振动性能变异较为显著。因此，可以用估计的平均不确定度 $U_{r\mathrm{mean}}$ 来表征轴承振动性能的波动状态也即变异程度。

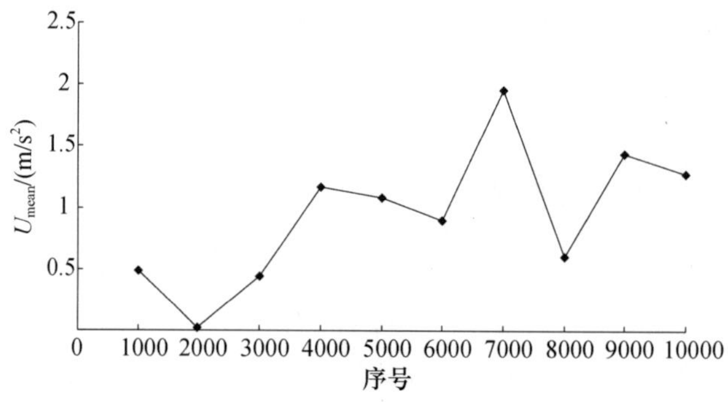

图 13－6　10 个时间序列的估计的平均确定度

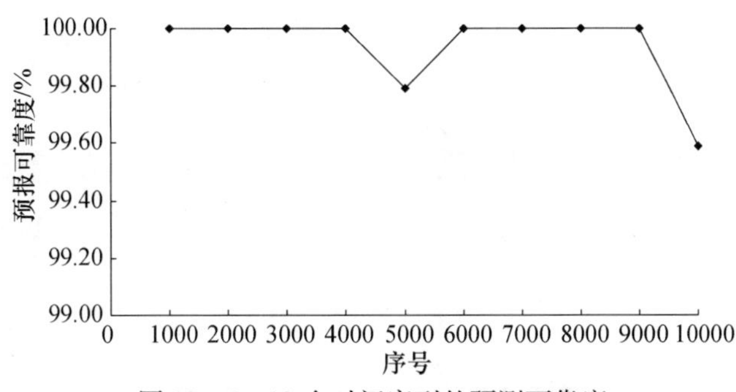

图 13 – 7　10 个时间序列的预测可靠度

每个时间单元的振动加速度在各个时刻的估计区间如图 13 – 8 ~ 图 13 – 17 所示。

从图 13 – 8 ~ 图 13 – 17 中，可以看到轴承各个时刻轴承振动性能数据至少有 99.59% 包络在估计区间内，表明所建立的预测模型能够有效地预测轴承振动性能的变化范围。

在该实验中，轴承振动加速度的概率分布和变化趋势事先均未知，除了振动加速度的时间序列之外，再也没有其他任何的先验信息。尽管轴承性能信息如此不完备，所提出的灰自助方法仍然可以真实地预测轴承振动性能的不确定性，而且预测的可靠度最小为 99.59%，最大为 100%，表明该动态预测方法是可行的。

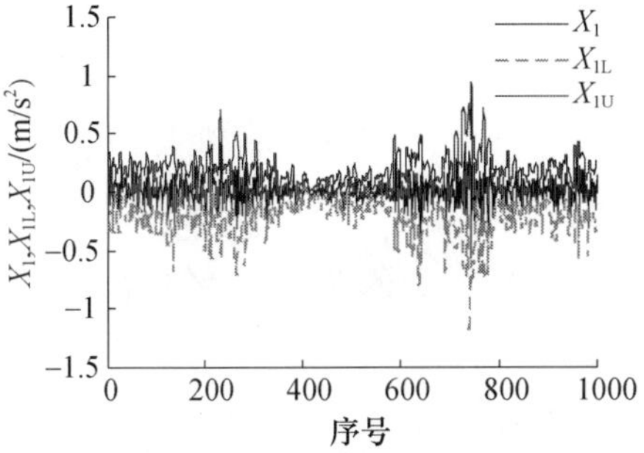

图 13 – 8　原始数据序列 $\boldsymbol{X}_1$ 的估计区间 $[X_{1L}, X_{1U}]$

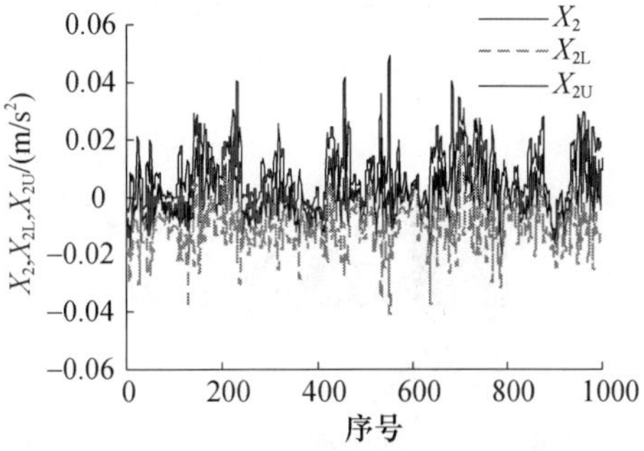

图 13 – 9　原始数据序列 $\boldsymbol{X}_2$ 的估计区间 $[X_{2L}, X_{2U}]$

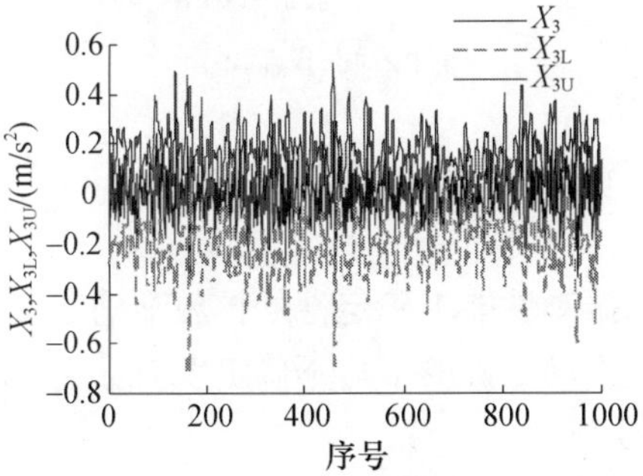

图 13 – 10　原始数据 $\boldsymbol{X}_3$ 的估计区间 $[X_{3L}, X_{3U}]$

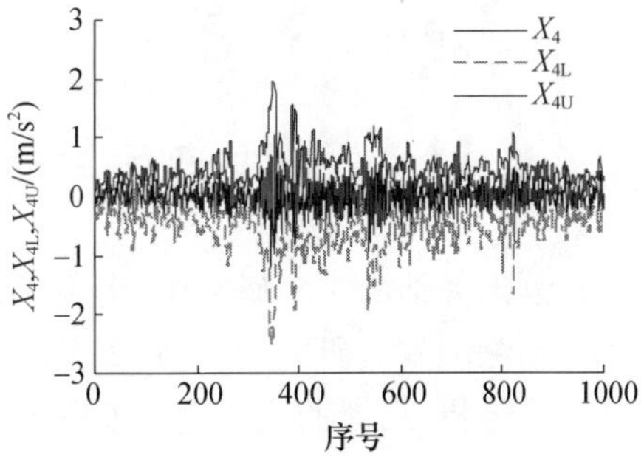

图 13 – 11　原始数据序列 $\boldsymbol{X}_4$ 的估计区间 $[X_{4L}, X_{4U}]$

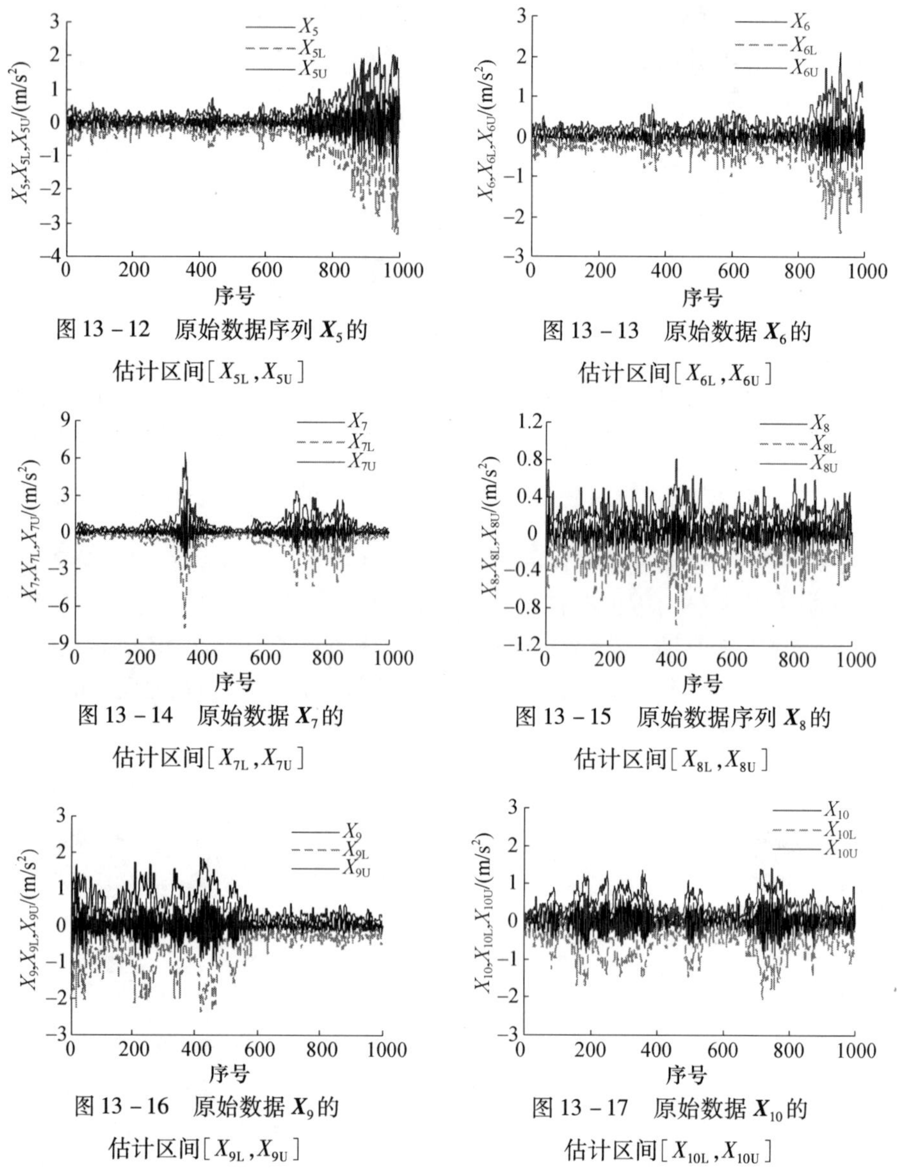

图 13－12　原始数据序列 $\boldsymbol{X}_5$ 的估计区间 $[X_{5L}, X_{5U}]$

图 13－13　原始数据 $\boldsymbol{X}_6$ 的估计区间 $[X_{6L}, X_{6U}]$

图 13－14　原始数据 $\boldsymbol{X}_7$ 的估计区间 $[X_{7L}, X_{7U}]$

图 13－15　原始数据序列 $\boldsymbol{X}_8$ 的估计区间 $[X_{8L}, X_{8U}]$

图 13－16　原始数据 $\boldsymbol{X}_9$ 的估计区间 $[X_{9L}, X_{9U}]$

图 13－17　原始数据 $\boldsymbol{X}_{10}$ 的估计区间 $[X_{10L}, X_{10U}]$

13.4　静态评估与动态预测结果的对比分析

在静态评估的实验研究中，得到了轴承振动性能不确定性的扩展不确定度 U，在动态预测的实验研究中，得到了振动性能不确定性的平均不确定度 $U_{r\,\mathrm{mean}}$。现在进行对比分析，二者的变化趋势如图 13－18 所示。

从图 13－18 可以看出，轴承振动性能不确定性的静态评估或动态预测的变化趋势基本一致，数值上的差异在于，在一个评价时间区间内，静态评估结果是用 2

条直线包络数据，而动态预测首先用 2 条曲线来包络数据，然后以这 2 条曲线的波动范围平均值作为评估结果。动态预测的整个预测过程是动态的，不断的将旧信息抛弃，同时又将新信息补充进来，从而可以排除各种随机因素和周期趋势的影响，更好地实时追踪振动性能的概率函数和趋势项的变化，比较可靠地预测出轴承振动性能未来的发展状态；相反地，静态评估，不能及时排除系统中各种随机因素和周期趋势的影响，其预测结果的可靠性就相对较低。

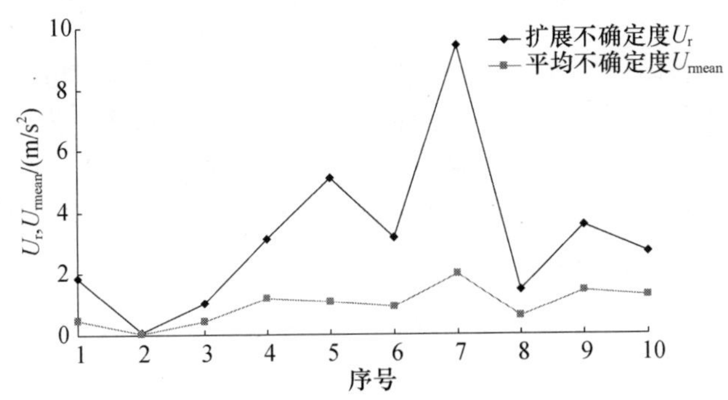

图 13－18　振动性能不确定性的静态评估与动态预测结果

如果仅仅考虑振动性能不确定性的变化趋势的话，这 2 种方法均可采用。因为轴承的振动性能从整体上看是一个动态的变化过程，但在局部的短时间内可将其看成是静态的过程；如果需要精确的预测出振动性能的变化趋势及其变化的大小，动态预测是较为可靠的方法。

13.5　本 章 小 结

在实验研究中，轴承振动加速度的概率分布和变化趋势事先均未知，除了获得的振动加速度的时间序列之外，再也没有其他任何先验信息存在。尽管轴承振动性能信息如此不完备，所提出的模糊范数方法仍然可以真实地静态评估轴承振动性能的不确定性，所提出的灰自助方法仍然可以真实地动态预测轴承振动性能的不确定性。

如果仅仅考虑振动性能不确定性的变化趋势的话，模糊范数方法和灰自助方法均可采用。因为轴承的振动性能从整体上看是一个动态的变化过程，但在局部的短时间内可将其看成是静态的过程；如果需要精确预测振动性能的变化趋势及其变化的大小，动态预测是较为可靠的方法。

第 14 章　滚动轴承振动时间序列变异的泊松过程

将灰自助原理融入泊松过程，提出灰自助泊松方法，以预测滚动轴承振动性能可靠性的变异过程。凭借时间序列的计数过程，在短时间区间内获取轴承振动表现出的变异强度的极少量原始信息；经过对变异强度原始信息的自助再抽样，模拟出变异强度的大量生成信息；用灰预测模型处理生成信息，获取变异强度估计值；用泊松过程表征可靠性函数，实时预测轴承振动性能可靠性的变异过程。轴承振动时间序列可靠性的实验研究表明，性能可靠性变异状态可以被真实描述，预测值与检验值具有很好的一致性。

14.1　基本原理

14.1.1　问题的提出

为确保安全运行，许多系统，如航天器、飞机、高速列车与核反应堆等，对滚动轴承服役期间的可靠性有很严格的要求。轴承在失效前会显露许多可疑迹象，例如振动、温升或摩擦等性能变得异常，预示轴承内部零件的损伤或磨损恶化状态，因此，实时评估与预测轴承性能可靠性的变异（变化/退化）过程，可以及时发现失效隐患，提前采取措施，避免恶性事故发生[5,70,71-75]。

轴承振动性能可靠性，是指轴承在服役期间的振动性能满足工作主机要求的可能性。

从服役开始到失效，轴承性能连续变异，形成一个时间序列，具有不断变化的性能与可靠性轨迹。基于超球体多类支持向量机，用改进的经验模式分解方法和特征参量遗传优化方法，可以评估轴承性能退化程度；基于最小熵解卷积与自回归的柯尔莫哥罗夫－斯米尔诺夫检验方法，可以检测出轴承出现初期微弱缺陷时的异常现象；用频率响应和相轨迹等概念进行非线性动力学分析，可以描述轴承性能的多变性。这些成果呈现出轴承性能变异的力学与统计学规律，但尚未涉及轴承性能可靠性的变异过程预测问题。为此，基于振动信息的时间序列，通过定义变异强度的概念，有机地将灰自助原理融入泊松过程，提出灰自助泊松方法[40]，以监控与预测滚动轴承性能可靠性的变异过程。

14.1.2 滚动轴承性能的变异强度

灰自助泊松方法是基于“振动可能对轴承造成损伤”这一事件的。内部零件损伤与磨损会引起轴承振动,轴承振动又可能加剧内部零件损伤与磨损。这个过程的持续循环,成为“振动可能对轴承造成损伤”的条件。由于多种随机干扰,即使不存在任何损伤与磨损的轴承,在良好润滑的服役期间仍然会产生振动。因此,通常容许轴承存在振动,但振动不能超过要求的阈值。事实上,振动幅值超过阈值的频率越高即振动越剧烈,对轴承造成损伤的概率就越大,可靠性就越低。根据随机过程理论,这种“振动可能对轴承造成损伤”的事件,属于计数过程,可以用泊松过程表示。

根据泊松过程,基于振动信息的时间序列,定义滚动轴承性能可靠性变异过程是以变异强度为参数的一个计数过程。变异强度是指振动幅值超过阈值的频率,属于影响轴承性能可靠性变异过程的重要特征参数。变异强度随着轴承性能在不同的时间区间变异而变化[40]。

考虑实时预测,在短时间区间内获取变异强度的原始信息极少,而预测变异强度需要很多信息。用自助再抽样方法模拟出变异强度的大量生成信息,用灰预测模型获取变异强度的估计值,就可以实施轴承振动性能可靠性变异过程的监控与预测。

灰自助泊松方法的基本过程,是用灰自助方法实时处理轴承振动性能的当前信息,估计出未来时间区间的变异强度信息,再借用泊松过程预测未来时间区间内轴承振动性能的可靠性信息,及时发现轴承振动性能的恶性变异轨迹,揭示轴承失效状态与程度,为避免恶性事故发生提供科学的决策建议。

14.2 数 学 模 型

14.2.1 变异强度的原始信息向量

定义时间变量为 τ。设定评估周期,从不同的时间 $\tau=\tau_L$开始计时,到时间 $\tau=\tau_U$结束计时。取时间区间 $\Delta\tau=\tau_U-\tau_L=T$ 为取值很小的常数,并用下标 i 表示不同时间 τ 下的时间区间,形成一个短时间区间序列:

$$\Delta\Gamma=(\Delta\tau_1,\Delta\tau_2,\cdots,\Delta\tau_i,\cdots,\Delta\tau_I);i=1,2,\cdots,I \tag{14-1}$$

式中:$\Delta\tau_i$为第 i 个时间区间;i 为时间区间序号;I 为时间区间个数;T 为评估周期。

假设在第 i 个时间区间内,通过测量系统获得服役期间轴承振动信息的一个时间序列 X_i为

$$X_i=(x_i(1),x_i(2),\cdots,x_i(w),\cdots,x_i(W));w=1,2,\cdots,W \tag{14-2}$$

式中:$x_i(w)$为 X_i中的第 w 个数据;w 为序号;W 为 X_i中的数据个数。

所获得的时间序列构成一个时间序列向量 $\boldsymbol{X}$ 为

$$\boldsymbol{X}=\{X_i\}=\{x(l)\};l=1,2,\cdots,L \tag{14-3}$$

式中:$x(l)$ 为所获得的第 l 个数据;l 为序号;L 为 $\boldsymbol{X}$ 中的数据个数,且有

$$L=I\times W \tag{14-4}$$

为了衰减随机噪声对预测结果的影响,将 X_i 等分为 G 个子序列,每个子序列有 K 个数据,其中,第 g 个子序列为

$$X_{ig}=(x_{ig}(1),x_{ig}(2),\cdots,x_{ig}(k),\cdots,x_{ig}(K));k=1,2,\cdots,K;g=1,2,\cdots,G \tag{14-5}$$

式中:$x_{ig}(k)$ 为 X_{ig} 中的第 k 个数据;g 为子序列序号;K 为 X_{ig} 中的数据个数,且有

$$K=\frac{W}{G} \tag{14-6}$$

设轴承振动性能的阈值为 c。对于第 g 个子序列 X_{ig},通过对振动信息的时间序列计数,计算 $x_{ig}(k)$ 超出 $\pm c$ 的次数 n_{ig},得到第 i 个时间区间的第 g 个子序列的变异强度的原始信息:

$$\theta_{ig}=\frac{n_{ig}}{T_g} \tag{14-7}$$

式中,T_g 表示对第 g 个子序列 X_{ig} 的计算周期:

$$T_g=\frac{T}{G} \tag{14-8}$$

对于 G 个子序列,可以构建一个变异强度的原始信息向量 $\boldsymbol{\Theta}_{i1}$,即

$$\boldsymbol{\Theta}_{i1}=\{\theta_{ig}\} \tag{14-9}$$

基于 $\boldsymbol{\Theta}_{i1}$,可以提取出变异强度的估计值,为预测轴承振动性能可靠性变异过程奠定参数基础。

14.2.2 变异强度的估计

采用灰自助原理,获得变异强度的估计值。

根据自助再抽样方法,从 $\boldsymbol{\Theta}_{i1}$ 中等概率可放回地随机抽取 1 个数据,抽取 m 次($m=3,4,\cdots,G$),得到 1 个维数为 m 的自助再抽样样本向量。这个过程连续重复 B 步(通常可取 $B=1000\sim500000$),得到 B 个自助再抽样样本向量,用矩阵表示为

$$\boldsymbol{Y}_{i\text{Bootstrap}}=\{\boldsymbol{Y}_{ib}\}_{B\times m};b=1,2,\cdots,B \tag{14-10}$$

式中:$\boldsymbol{Y}_{ib}$ 是第 b 个自助再抽样样本向量,且有

$$\boldsymbol{Y}_{ib}=\{y_{ib}(j)\};j=1,2,\cdots,m \tag{14-11}$$

其中:$y_{ib}(j)$ 是 $\boldsymbol{Y}_{ib}$ 中第 j 个自助再抽样数据。

由灰预测模型,设 $\boldsymbol{Y}_{ib}$ 的一次累加生成序列向量为

$$\boldsymbol{X}_{ib}=\{\theta_{ib}(u)\}=\left\{\sum_{j=1}^{u}y_{ib}(j)\right\};u=1,2,\cdots,m \tag{14-12}$$

一次累加生成序列可以用灰微分方程描述为

$$\frac{\mathrm{d}\theta_{ib}(u)}{\mathrm{d}u}+c_{i1}\theta_{ib}(u)=c_{i2} \tag{14-13}$$

式中：u 可以看成一个连续变量；c_{i1} 和 c_{i2} 为待定系数。

设均值生成序列向量为

$$\boldsymbol{Z}_{ib}=\{z_{ib}(u)\}=\{0.5\theta_{ib}(u)+0.5\theta_{ib}(u-1)\};u=2,3,\cdots,m \tag{14-14}$$

在初始条件 $\theta_{ib}(1)=y_{ib}(1)$ 下，灰微分方程的最小二乘解为

$$\theta_{1ib}(u+1)=\left(\theta_{ib}(1)-\frac{c_{i2}}{c_{i1}}\right)\exp(-c_{i1}u)+\frac{c_{i2}}{c_{i1}};u=2,3,\cdots,m \tag{14-15}$$

式中：系数 c_{i1} 和 c_{i2} 为

$$\begin{Bmatrix}c_{i1}\\c_{i2}\end{Bmatrix}=(\boldsymbol{D}_i^{\mathrm{T}}\boldsymbol{D}_i)^{-1}\boldsymbol{D}_i^{\mathrm{T}}(\boldsymbol{Y}_{ib})^{\mathrm{T}};u=2,3,\cdots,m \tag{14-16}$$

且有

$$\boldsymbol{D}_i=\{-\boldsymbol{Z}_{ib},\boldsymbol{I}\}^{\mathrm{T}} \tag{14-17}$$

其中：$\boldsymbol{I}$ 为维数 $m-1$ 的单位向量。

由式(14-15)，可以得到累减生成的第 b 个数据：

$$\lambda_{ib}=\theta_{1ib}(m+1)-\theta_{1ib}(m) \tag{14-18}$$

由式(14-18)可以模拟出 B 个变异强度的生成信息，用向量表示为

$$\boldsymbol{\Theta}_i=\{\lambda_{ib}\} \tag{14-19}$$

采用统计学的直方图方法，由式(14-19)中的生成信息可以建立一个关于变异强度的概率密度函数：

$$\varphi_i=\varphi_i(\lambda_i) \tag{14-20}$$

式中：φ_i 为关于变异强度的概率密度函数；λ_i 为描述变异强度的一个随机变量。

用数学期望估计变异强度：

$$\lambda_{0i}=\int_{\Lambda_i}\lambda_i\varphi_i\mathrm{d}\lambda_i \tag{14-21}$$

式中：λ_{0i} 为估计的变异强度；Λ_i 为 λ_i 的可行域。

14.2.3 基于泊松过程的可靠性函数

对于第 i 个时间区间，在一个评估周期 T 内，设局域时间变量 $t\in[0,T_g]$，基于估计的变异强度，轴承振动性能失效过程的分布律用泊松过程表示为

$$p_i(n_i,t)=\frac{(\lambda_{0i}t)n_i}{n_i!}\exp(-\lambda_{0i}t);n_i=0,1,2,\cdots,N_i \tag{14-22}$$

式中：n_i 为变异因数，表示“振动可能对轴承造成损伤”这一事件发生次数的离散变量；N_i 为事件的发生次数。

轴承振动性能失效过程的累积分布为

$$P_i(t) = \sum_{n_i=1}^{N_i} p_i(n_i,t) \tag{14-23}$$

轴承振动性能的可靠性函数为

$$R_i(t) = 1 - P_i(t) \tag{14-24}$$

与传统的轴承寿命可靠性不同,式(14－24)中的 t 不是寿命变量,而是基于时间变量 τ 的局域时间变量。随着轴承的运行,可以提取出 $\Delta\tau_i$内的 $R_i(t)$,于是获得关于 $R_i(t)$的函数序列为

$$R = (R_1(t), R_2(t), \cdots, R_i(t), \cdots, R_I(t)) \tag{14-25}$$

式中:R 为可靠性函数序列;$R_i(t)$为第 i 个时间区间内的可靠性函数。

令 $t = t_i$,计算 $R_i(t)$的取值,于是得到可靠性的预测值序列:

$$r = (r_1, r_2, \cdots, r_i, \cdots, r_I) \tag{14-26}$$

式中

$$r_i = R_i(t_i) \tag{14-27}$$

其中:r_i为第 i 个时间区间内轴承振动性能可靠性的预测值;t_i为设定的局域计算时间。

根据式(14－27)中可靠性预测值序列随着时间变量 τ 的变化情况,可以及时预测轴承振动性能可靠性的变异过程。

14.3 案例研究

研究案例涉及轴承性能可靠性预测与变异状态监控。

14.3.1 轴承性能可靠性预测案例

这是一个沟道表面磨损引起轴承振动加速度发生变异的模拟案例。实验数据来自美国凯斯西储大学的轴承数据中心网站,该中心拥有一个专用的滚动轴承故障模拟实验台。实验台由电动机、扭矩传感器/译码器和功率测试计等组成。待检测的 SKF6205 轴承支撑着电动机的回转轴。用加速度传感器测量轴承振动加速度,单位为 V。轴承转速为 1797r/min,采样频率为 12kHz,轴承内圈沟道损伤直径 d 分别设定为 $d_1 = 0$mm,$d_2 = 0.1778$mm,$d_3 = 0.5334$mm 和 $d_4 = 0.7112$mm。

所获得的轴承振动信息的时间序列如图 14－1 ~ 图 14－4 所示。可以看出,损伤直径越大,轴承振动越剧烈,失效概率就越大。因此可以通过分析振动性能可靠性的变异来预测轴承内部零件损伤与磨损情况。

将 X_i等分为 4 个子序列,用前 3 个子序列($w = 1 \sim 1200$)建立预测模型,实施可靠性预测;用最后 1 个子序列($w = 1201 \sim 1600$)验证预测效果,并将 4 种损伤直径模拟为轴承经历了 4 个时间区间($i = 1,2,3,4$)的运行所产生的损伤量。

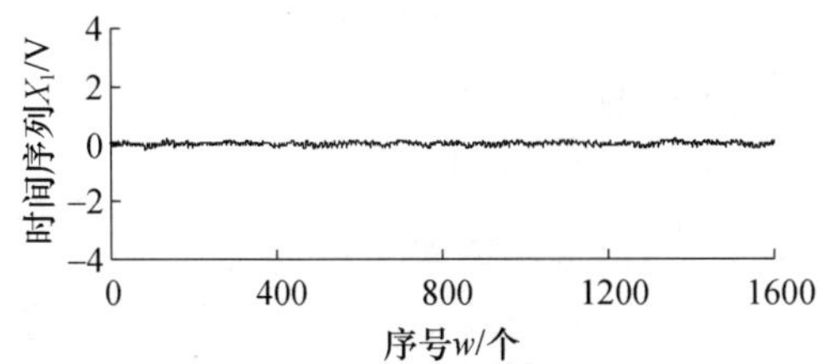

图 14－1　轴承振动时间序列 X_1（损伤直径 $d_1=0\text{mm}$）

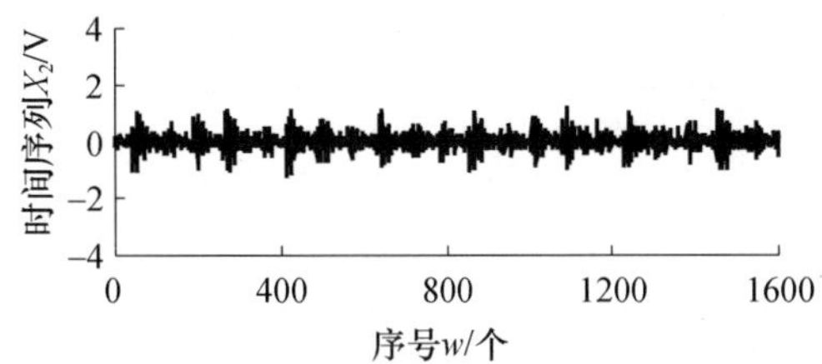

图 14－2　轴承振动时间序列 X_2（损伤直径 $d_2=0.1778\text{mm}$）

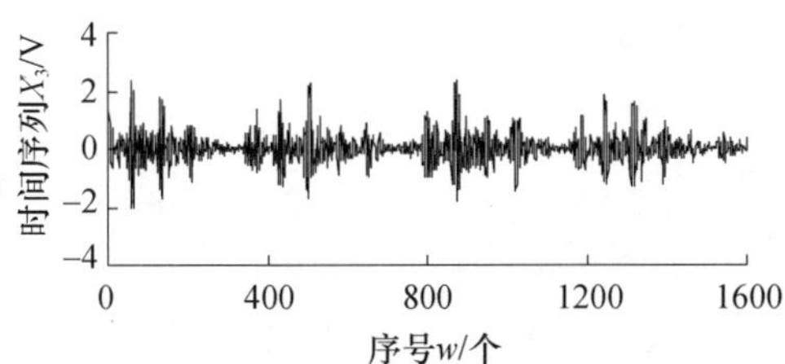

图 14－3　轴承振动时间序列 X_3（损伤直径 $d_3=0.5334\text{mm}$）

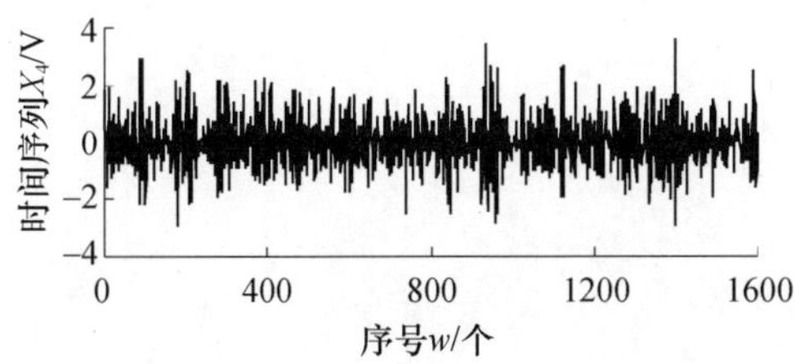

图 14－4　轴承振动时间序列 X_4（损伤直径 $d_4=0.7112\text{mm}$）

在建立预测模型时，取 $G=3$，$W=1200$，$K=400$，$B=400000$，$t_i=T_g=0.033\text{s}$，$I=4$，$c=0.5\text{V}$。

由式(14－1)～式(14－9)得到不同损伤量下变异强度的原始信息向量 $\boldsymbol{\Theta}_{i1}$，由式(14－10)～式(14－21)得到不同损伤量下变异强度的估计值 λ_{0i}，结果见表 14－1。由表 14－1 可知，在给定的损伤量下，轴承振动各个子序列变异强度的

原始信息 $\theta_{ig}(g=1,2,3)$ 有差异，这是随机噪声引起的。通过灰自助法滤波预测出，损伤量越大，变异强度 λ_{0i} 越大。这表明，随着运行时间 τ 的增长，轴承内部零件在各个时间区间 $\Delta\tau_i$ 的损伤现象变得越来越严重，导致变异强度不断增大，最终表现为振动性能的持续恶化，埋下失效隐患。

表 14-1　变异强度的原始信息与估计值

时间区间序号 i	沟道损伤直径 d_i/mm	第 g 个子序列的变异强度的原始信息 θ_{ig}/(1/s)			估计的变异强度 λ_{0i}/(1/s)
		θ_{i1}	θ_{i2}	θ_{i3}	
1	0	0	0	0	0
2	0.1778	969.69	1090.90	939.39	1004.39
3	0.5334	3242.42	2545.45	3515.15	3034.02
4	0.7112	6575.75	6454.54	6000.00	6373.83

由式(14-22)得到轴承振动性能失效过程的分布律 $p_i(n_i,t)$，如图 14-5～图 14-7 所示。

可以看出，随着运行时间 τ 的增长，在不同的运行时间区间 $\Delta\tau_i$ 内，$p_i(n_i,t)$ 的形状与方位各有差异。这是不同的变异强度 λ_{0i} 引起的。这表明变异强度对轴承振动性能的失效过程具有重要的驱动作用。在给定的 $\Delta\tau_i$ 内(d_i 值确定)，随着 n_i 和 t 的增加，$p_i(n_i,t)$ 的峰值减小而宽度增大，表示事件发生的不确定性上升。这意味着局域时间变量和变异因数对轴承振动性能失效过程的无序性有重要影响。

在一个周期 T_g 结束时，事件发生次数达到极限，积累的失效概率最大。

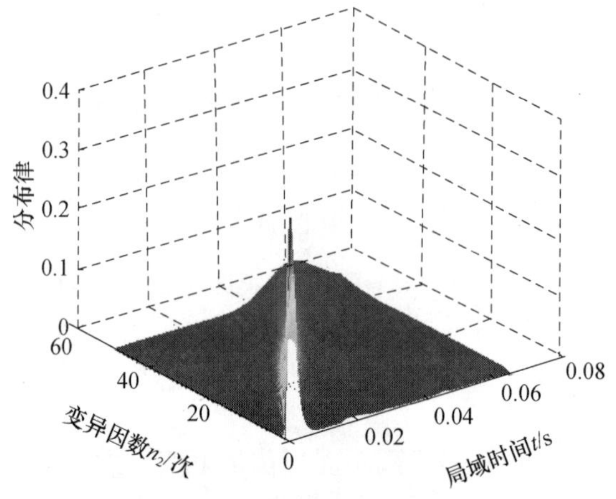

图 14-5　轴承振动性能变异过程的分布律(损伤直径 $d_2=0.1778$mm)

由式(14－27)可以得到在不同损伤量下，轴承运行一个周期的可靠性预测值序列，结果如图14－8所示。可以看出，在经历4个时间区间的运行过程中，随着损伤量的增大，轴承振动性能可靠性呈现非线性下降趋势。具体规律可以划分为3个阶段：当损伤量从0逐渐增大时，可靠性下降较快，属于第1阶段；当损伤量继续增大时，可靠性下降缓慢且有微量波动，属于第2阶段；当损伤量超过一定值时，可靠性下降很快，属于第3阶段。可靠性变异规律形成一个非线性下降的躺椅状曲线。这是变异强度变化造成的，揭示出轴承振动性能时间序列可靠性的内在变异机制。

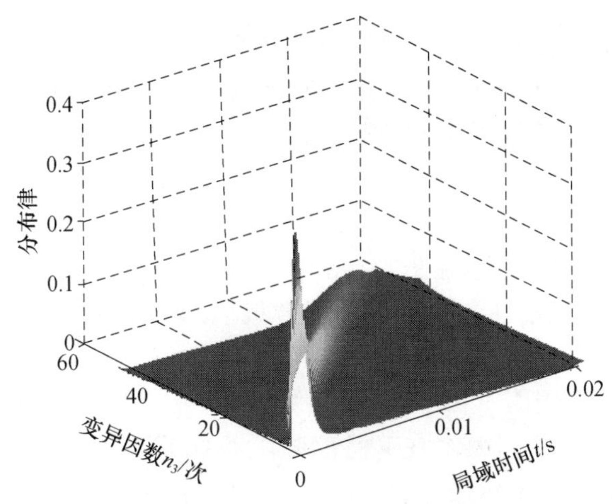

图14－6　轴承振动性能变异过程的分布律(损伤直径d_3＝0.5334mm)

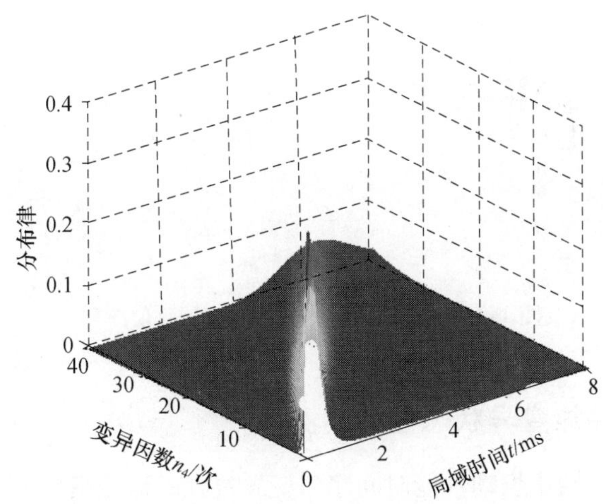

图14－7　轴承振动性能变异过程的分布律(损伤直径d_4＝0.7112mm)

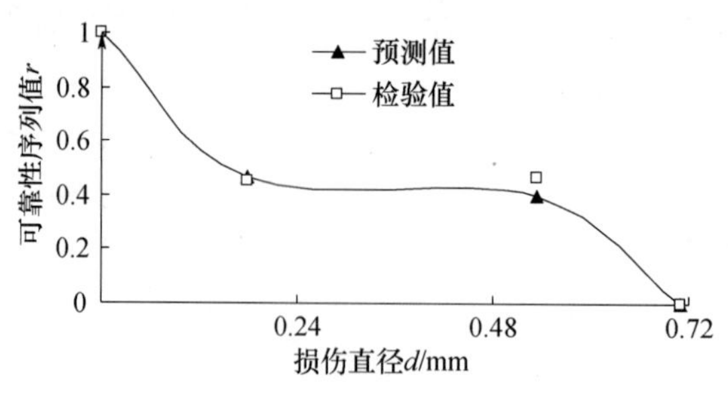

图 14－8　可靠性预测与检验

为了验证可靠性预测值变异规律的正确性，将最后 1 个子序列（图 14－1～图 14－4中 $w=1201\sim1600$）作为检验序列，直接通过计数得到其变异强度的实际值，然后用泊松过程计算对应的可靠性取值。这样获得的结果不是灰自助泊松方法的预测值，即不是对总体真值的预测，而是该子序列自身的可靠性取值，亦即个体的一次随机实现。因此，该结果不能用于预测，只表述当前的瞬间状态，这就可以看作可靠性的检验值，表示在图 14－8 中。不难看出，可靠性预测值与检验值的变化规律相同，一致性很好，二者之间的误差很小，最大绝对误差值为 0.068，最大相对误差值为 14.5%。

图 14－9 是不同阈值 c 下的可靠性预测值序列。可以看出，阈值越小，可靠性越低；反之，可靠性越高。因此，在工程实践中，根据具体系统对轴承振动性能的要求，事先设计出阈值，对轴承振动信息进行实时检测并获取可靠性预测值，可以及时发现失效隐患，避免恶性事故发生。

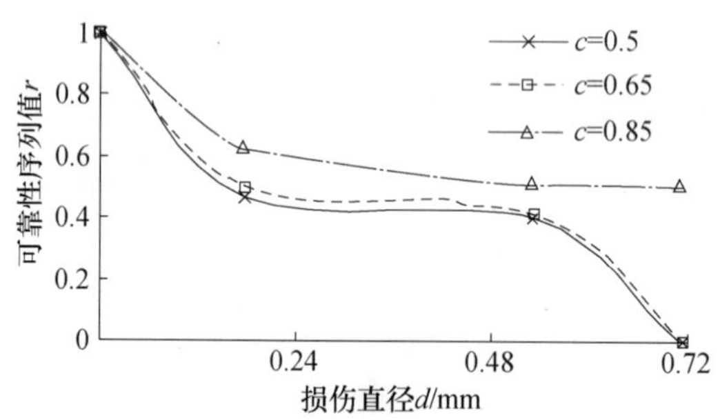

图 14－9　不同阈值下的可靠性预测值序列

14.3.2　轴承性能变异状态监控案例

这是一个模拟轴承振动性能时间序列变异过程的监控案例。在监视某装备运行状态的过程中，按 $I=5$ 个监控评估周期获得滚动轴承振动加速度的时间序列向量 $\boldsymbol{X}$，如图 14－10 所示。

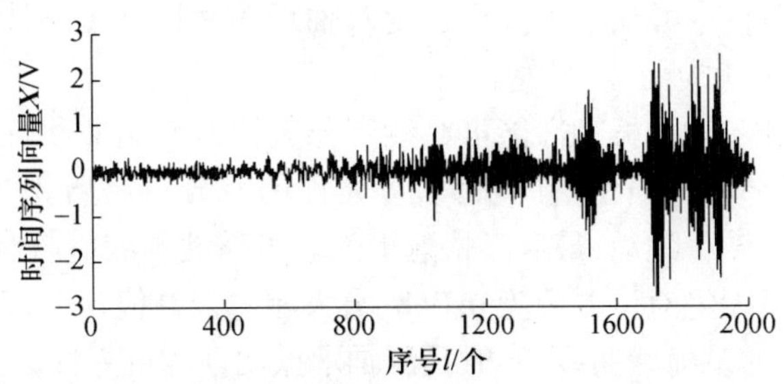

图 14－10　轴承振动加速度的一个时间序列向量 $\boldsymbol{X}$

在建立监控模型时,取 $L=2000$,$I=5$,$G=5$,$W=400$,$K=80$,$B=10000$,$N_i=40$,$c=0.35\mathrm{V}$,T_g取 80 个时间单位,t 取 1 个时间单位。用灰自助泊松方法计算出 5 个监控评估周期(即时间区间 $i=1,2,3,4,5$)中轴承振动加速度的可靠性序列值 r,其躺椅状曲线结果如图 14－11 所示。

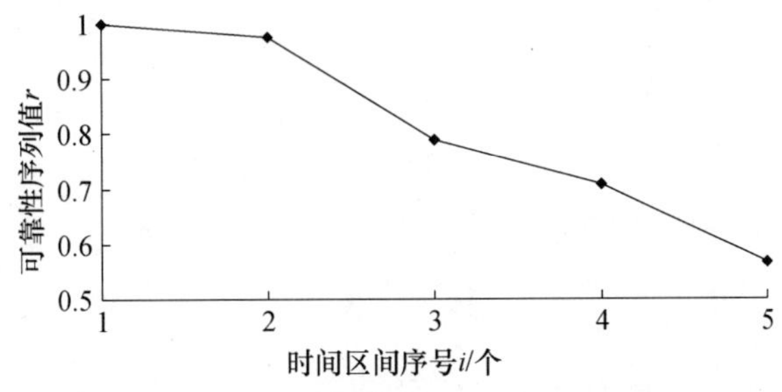

图 14－11　各个时间区间的可靠性取值

对比图 14－10 和图 14－11 可知,在 $i=1$(即 $l=1\sim400$)时间区间,振动很小且平稳,可靠性取值很大,$r_1=1$;在 $i=2$(即 $l=401\sim800$)时间区间,振动开始缓慢增大,但仍比较平稳,可靠性取值开始减小,$r_2=0.975$;在 $i=3$(即 $l=801\sim1200$)时间区间,振动继续增大,开始变得不平稳,可靠性取值很快减小,$r_3=0.791$;在 $i=4$(即 $l=1201\sim1600$)时间区间,振动越来越剧烈,不平稳性继续增大,可靠性取值继续减小,$r_4=0.707$;在 $i=5$(即 $l=1601\sim2000$)时间区间,振动很剧烈,几乎丧失平稳性,可靠性取值很小,$r_5=0.566$。

显然,各个时间区间的可靠性取值,很好地识别出轴承振动加速度的变异状态。因此,所提出的灰自助泊松方法可以有效地监控轴承振动性能时间序列的变异状态。

14.4　本 章 小 结

将灰自助原理融入泊松过程,提出灰自助泊松方法,可以预测滚动轴承振动性能可靠性的变异过程,并揭示出损伤强度对轴承振动性能可靠性变异过程的影响机制。

在服役过程中,轴承振动性能可靠性变异规律呈现出非线性下降的躺椅状曲线。随着轴承内部零件损伤量的增大,可靠性的变异将经历 3 个阶段:先快速下降,再缓慢下降且微量波动,最后又快速下降。可靠性预测值与检验值的一致性很好且误差很小,最大绝对误差值为 0.068,最大相对误差值为 14.5%。

根据可靠性的躺椅状曲线,实时预测轴承振动性能可靠性的变异过程,可以及时发现失效隐患,避免恶性事故发生。

灰自助泊松方法可以有效地监控轴承振动性能时间序列的变异状态。

附　　录

附录 A　基于区间映射的牛顿迭代法源程序

```
%  Maxentropy
% 基于区间映射的牛顿迭代法部分源程序
% 基于(灰色)自助法的最大熵原理
% 估计真值,估计区间,估计概率密度函数,最大熵
% 设定显示数据长度
digits(6);
% 设定最高原点矩 m0
m0 =5;
% 初始化
f0(1:m0) =1;
f(1:m0) =1;
f0 = f0';
f = f';
m =1:m0;
a(1:m0,1:m0) =1;
% 设定积分点数 n =500
n =1000;
% 设定初值 x0(i) = -(i -1)/10000
for i =1:m0
   x0(i) = -(i -1)/10000;
end
x0 =x0';
% 或者 打开原始数据文件 X.txt_Bootstrap.dat,用 Bootstrap 生成
fname ='X.txt_Bootstrap.dat';
% fname ='X0.txt_Bootstrap.dat';
% 或者 打开原始数据文件 X.txt_GBootstrap.dat,用 GBM(1,1)生成
% fname ='Dao_dan.txt_GBootstrap.dat';
% fname ='X0.txt_GBootstrap.dat';
% 设定拉格朗日乘子文件 X_L.txt
```

```
% fnameL ='Dao_dan.txt_L.txt';
fnameL ='X.txt_L.txt';
% 设定各阶原点矩文件 X_M.txt
% fnameM ='Dao_dan.txt_M.txt';
fnameM ='X.txt_M.txt';
% 设定映射参数 a=aa,b=bb 文件 X_ab.txt
% fnameab ='Dao_dan.txt_ab.txt';
fnameab ='X.txt_ab.txt';
% 设定频率直方图的预分组个数,例如 9 组
q0 =9;
xt =dlmread(fname,'r');
% 求原始数据的均值 XXXmean
XXXmean =mean(xt);
nxt =length(xt');
% 求原始数据的最大值和最小值
xmax0 =max(xt);
xmin0 =min(xt);
%
i0 =1:nxt;
% hist(xt',10)
[p0,xp0] =hist(xt',q0);
p0 =p0/nxt;
p(1) =0;
p(q0 +2) =0;
xp(1) =xp0(1) - (xp0(2) - xp0(1));
xp(q0 +2) =xp0(q0) + (xp0(2) - xp0(1));
q =q0 +2;
for j =1:q0
    p(j +1) =p0(j);
    xp(j +1) =xp0(j);
end
% 将直方图横坐标数据 xp 映射到区间[-e,e],并计算映射参数 a=aa,b=bb
xmax =max(xp);
xmin =min(xp);
xxx =exp(1);
aa =2* xxx/(xmax - xmin);
bb =xxx - aa* xmax;
% 存储映射参数 a=aa,b=bb
a1(1) =aa;
```

```
a1(2) =bb;
dlmwrite(fnameab,a1);
xp =aa* xp +bb;
zmin = -xxx;
zmax =xxx;
sum =0;
for i =1:q
    sum =sum +p(i);
end
p =p/sum;
%
for r =1:m0
   sum =0;
   for i =1:q
        sum =sum +xp(i)^r* p(i);
   end
   m(r) =sum;
end
% vpa(m);
%
x =x0;
f =f0;
n1 =1;
w =0;
for i =1:n
    z(i) =zmin + (i -1)/(n -1)* (zmax - zmin);
end
for r =1:m0
   for i =1:n
        g(r,i) =z(i)^r;
   end
end
dn = (zmax - zmin)/(aa* n);
% 设定收敛精度 0.00000000001
while n1 >0.00000000001
    % f(r)
    for i =1:n
        sum =0;
        for j =1:m0
```

```
            sum = sum + x(j)* g(j,i);
        end
        sumxg(i) = sum;
    end
    sum = 0;
    for i = 1:n
        sum = sum + exp(sumxg(i));
    end
    sum = sum* dn;
    for r = 1:m0
        sum1 = 0;
        for i = 1:n
            sum1 = sum1 + g(r,i)* exp(sumxg(i));
        end
        sum1 = sum1* dn;
        f(r) = m(r)* sum - sum1;
    end
    l0 = - log(sum);
    % l0
    % x
    % f
    % a(r,r)
   for r = 1:m0
      for j = 1:m0
          sum = 0;
          for i = 1:n
              sum = sum + exp(sumxg(i))* (g(j,i))* dn;
          end
          sum1 = 0;
          for i = 1:n
              sum1 = sum1 + g(r,i)* exp(sumxg(i))* (g(j,i))* dn;
          end
          a(r,j) = m(r)* sum - sum1;
          % vpa(a)
      end
    end
    %
    % vpa(a)
    x = x0 - (inv(a)* f);
```

```
    % e = x - x0;
    e = f - f0;
    e1 = e';
    n1 = norm(e1,1);
    x0 = x;
    f0 = f;
    w = w + 1;
    % n1
end
% f
% l0
% x
% m
% n1
% w
c0(1) = l0;
for i = 2:m0 + 1
    c0(i) = x(i - 1);
end
% 存储 m + 1 个拉格朗日乘子 c0 - - cm
dlmwrite(fnameL,c0);
% 存储各阶原点矩
dlmwrite(fnameM,m);
% 积累概率 fgf
sum1 = 0;
for i = 1:n
    sum = 0;
    for j = 1:m0
        sum = sum + x(j)* z(i)^j;
    end
    gf(i) = exp(l0 + sum);
    sum1 = sum1 + gf(i)* dn;
    fgf(i) = sum1;
end
% 曲线下总面积 1
'曲线下总面积'
vpa(sum1)
% 求估计真值即数学期望 Xmean
sum1 = 0;
```

```
for i =1:n
    sum =0;
    for j =1:m0
        sum = sum + x(j)* z(i)^j;
    end
    gf(i) =exp(l0 + sum);
    sum1 =sum1 + z(i)* gf(i)* dn;
end
Xmean = sum1/aa - bb/aa;
% Xmean
% XXXmean
%
xp = xp/aa - bb/aa;
z0 = z/aa - bb/aa;
p0 =p/((xmax - xmin)/q);
gf0 =gf;
zdx = z0(2) - z0(1);
% 画图
% subplot(1,2,2);plot(z0,gf0,'k -');xlabel('x');ylabel('f(x)');
plot(z0,gf0,'k -');
% subplot(1,2,2);plot(xp,p0,'k* ',z0,gf0,'k -');xlabel('x');ylabel('f1(x)');
% 计算最大熵 maxEntropy
sum1 =0;
for i =1:n
    sum1 =sum1 +gf0(i)* log(gf0(i))* zdx;
end
maxE = - sum1;
%
% 区间估计
% 设定显著性水平 p0
% p0 =0.0027;
p0 =0.1;
p =p0/2;
% 计算估计区间的上边界 XU
for i =1:n -1
    if p = =0
       XU = zmax/aa - bb/aa;
    else
       if fgf(i) = =1 -p
```

```
            zi = zmin + (i - 1) / (n - 1) * (zmax - zmin);
            XU = zi/aa - bb/aa;
        else
            if  (fgf(i) <1 - p) & (fgf(i +1) >1 - p)
                zi1 = zmin + (i - 1) / (n - 1) * (zmax - zmin);
                zi2 = zmin + i/ (n - 1) * (zmax - zmin);
                zi = (zi1 + zi2) /2;
                XU = zi/aa - bb/aa;
            end
        end
    end
end
% 计算估计区间的下边界 XL
for i =1:n -1
    if p = =0
        XL = zmin/aa - bb/aa;
    else
        if fgf(i) = =p
            zi = zmin + (i - 1) / (n - 1) * (zmax - zmin);
            XL = zi/aa - bb/aa;
            i =n +1;
        else
            if  fgf(i) <p & fgf(i +1) >p
                zi1 = zmin + (i - 1) / (n - 1) * (zmax - zmin);
                zi2 = zmin + i/ (n - 1) * (zmax - zmin);
                zi = (zi1 + zi2) /2;
                XL = zi/aa - bb/aa;
            end
        end
    end
end
zz =0:0.01:1;
% 画图
% subplot(1,2,2);plot(z0,fgf,'k -',x01,zz,'k - -',x0,zz,'k - -');xlabel('x');ylabel('F(x)');
% plot(z0,fgf,'k -');xlabel('x');ylabel('F(x)');
% subplot(1,2,1);plot(i0,xt,'k -',i0,XL,'k - -',i0,XU,'k - -');xlabel('k');ylabel('xk');
% 区间估计的计算置信水平 p
```

```
p = (1 - p0) * 100;

'结果输出:'
% 输出原始数据的最大值和最小值
'原始数据的最小值'
xmin0
'原始数据的最大值'
xmax0
'直方图横坐标数据的最小值'
xmin
'直方图横坐标数据的最大值'
xmax
% 输出 m + 1 个拉格朗日乘子 c0 - cm
'拉格朗日乘子 cj - 1 = :'
vpa(c0)
% 输出各阶原点矩
'各阶原点矩 mj:'
vpa(m)
% 输出原始数据的均值 XXXmean
'原始数据的均值 XXXmean ='
XXXmean
% 输出估计真值
'估计真值 X0 ='
vpa(Xmean)
% 输出给定的显著性水平 p0
'给定的显著性水平 P ='
p0
% 输出区间估计的计算置信水平 p
'p ='
p
% 输出估计区间的上边界 XU
'估计区间的上边界 XU ='
vpa(XU)
% 计算估计区间的下边界 XL
'估计区间的上边界 XL ='
vpa(XL)
% 计算估计区间 U
'估计区间 U'
vpa(XU - XL)
```

```
% 计算最大熵 maxEntropy
'最大熵 maxE'
vpa(maxE)
% 输出映射参数 a = aa,b = bb
'映射参数 a ='
vpa(aa)
'映射参数 b ='
vpa(bb)
```

附录 B　滚动轴承零件参数测量仪主要技术参数

附表 1　滚子轴承零件参数测量仪器

参数	测量仪器	精度
振动加速度有效值	振动测量仪 S0910	0.1dB
Dw	滚子测量仪 D744	1μm
Δ2φ	滚子测量仪 D744	1μm
凸度	滚子凸度仪 ZT-1	0.1μm
圆度	圆度仪 Y9025C	0.01μm
波纹度	圆度仪 Y9025C	0.01μm
粗糙度	粗糙度轮廓仪 CX-1	0.001μm
基面粗糙度	粗糙度轮廓仪 CX-1	0.001μm
基面跳动	滚子摆差测量仪 C742	1μm
Ki	壁厚差仪 H903	1μm
Sdi	内滚道测量仪 D712	1μm
Δ2β	内滚道测量仪 D712	1μm
Li	轴承内滚道凸度仪 ZT-1	0.1μm
内滚道圆度	圆度仪 Y9025C	0.01μm
内滚道波纹度	圆度仪 Y9025C	0.01μm
内滚道粗糙度	粗糙度轮廓仪 CX-1	0.001μm
Sif(挡边)	轴承宽度测量仪 G904	1μm
粗糙度(挡边)	粗糙度轮廓仪 CX-1	0.001μm
Ke	壁厚差仪 H903	1μm
SE	外滚道测量仪 D712	1μm
Δ2α	外滚道测量仪 D712	1μm
Le	轴承外滚道凸度仪 ZT-1	0.1μm
外滚道圆度	圆度仪 Y9025C	0.01μm

(续)

参数	测量仪器	精度
外滚道波纹度	圆度仪 Y9025C	0.01μm
外滚道粗糙度	粗糙度轮廓仪 CX－1	0.001μm

附录 C　30204 型圆锥滚子轴承的实验数据

附表 2　30204 圆锥滚子轴承数据(滚子参数平均值,单位:μm)

序号	1	2	3	4	5	6	7	8	9	10
Dw	0.0118	0.0116	0.0102	0.0108	0.0106	0.0114	0.0057	0.0108	0.0100	0.0114
Δ2φ	0.0022	0.0022	0.0028	0.0025	0.0034	0.0035	0.0023	0.0034	0.0030	0.0037
凸度	4.6000	4.4334	4.1666	4.4334	3.7934	3.9466	3.2466	3.8066	4.0066	3.7400
圆度	0.7414	0.9366	0.8006	0.5746	0.5934	0.6320	0.1642	0.8386	0.6620	0.5114
波纹度	0.4500	0.3480	0.1686	0.2240	0.1086	0.2800	0.1174	0.3094	0.2234	0.1506
粗糙度	0.0426	0.0694	0.0360	0.0369	0.0562	0.0623	0.0333	0.0398	0.0432	0.0310
基面粗糙度	0.4060	0.2905	0.2098	0.2092	0.1901	0.2010	0.2360	0.1911	0.2334	0.2082
基面跳动	0.0050	0.0048	0.0049	0.0044	0.0031	0.0036	0.0053	0.0039	0.0036	0.0034
序号	11	12	13	14	15	16	17	18	19	20
Dw	0.0114	0.0118	0.0115	0.0112	0.0112	0.0114	0.0130	0.0114	0.0114	0.0122
Δ2φ	0.0018	0.0014	0.0017	0.0018	0.0015	0.0019	0.0015	－0.0002	0.0011	0.0019
凸度	4.2866	4.3534	4.0734	4.1400	4.1266	4.2466	4.2334	4.1934	4.3466	4.1800
圆度	0.2646	0.3694	0.3354	0.3126	0.2846	0.3820	0.5260	0.6366	0.5600	0.6646
波纹度	0.0760	0.0480	0.0500	0.0506	0.0620	0.0526	0.1874	0.3166	0.3294	0.2460
粗糙度	0.0361	0.0524	0.0353	0.0478	0.0470	0.0474	0.0317	0.0357	0.0442	0.0299
基面粗糙度	0.1975	0.1506	0.2114	0.1928	0.2094	0.1563	0.2014	0.1794	0.1621	0.2074
基面跳动	0.0043	0.0044	0.0054	0.0046	0.0038	0.0043	0.0033	0.0057	0.0050	0.0045
序号	21	22	23	24	25	26	27	28	29	30
Dw	0.0121	0.0121	0.0115	0.0116	0.0109	0.0124	0.0117	0.0123	0.0114	0.0131
Δ2φ	0.0014	0.0012	0.0014	0.0009	0.0002	0.0012	0.0002	0.0014	0.0005	0.0016
凸度	4.2066	3.7734	4.5400	4.3800	4.6734	4.1134	4.5200	4.6800	4.1466	4.1934
圆度	0.5394	0.5654	0.4646	1.0494	0.8906	1.4006	0.8646	0.9200	0.7080	1.2254
波纹度	0.2226	0.3240	0.2374	0.5266	0.3420	1.0026	0.3940	0.5454	0.3174	0.6466
粗糙度	0.0359	0.0366	0.0338	0.0367	0.0374	0.0435	0.0318	0.0355	0.0296	0.0366
基面粗糙度	0.1947	0.1870	0.1826	0.2498	0.1933	0.2930	0.2682	0.2354	0.1634	0.2833
基面跳动	0.0026	0.0042	0.0038	0.0036	0.0051	0.0042	0.0052	0.0043	0.0056	0.0048

附表 3　30204 圆锥滚子参数(最大值减最小值,单位:μm)

序号	1	2	3	4	5	6	7	8	9	10
Dw	0.0030	0.0020	0.0035	0.0045	0.0040	0.0020	0.0010	0.0020	0.0030	0.0030
Δ2φ	0.0020	0.0035	0.0040	0.0030	0.0030	0.0020	0.0040	0.0030	0.0020	0.0015
凸度	1	0.7000	0.9000	0.7000	0.7000	1	1	1.4000	1	0.9000
圆度	1.3800	2	2.1000	0.6200	3.4500	0.7800	0.5290	3.4700	0.8200	0.9900
波纹度	0.9200	0.4800	0.1800	0.4700	0.2200	0.3300	0.3300	0.7700	0.3400	0.1900
粗糙度	0.0310	0.0440	0.0330	0.0260	0.0480	0.0830	0.0280	0.0160	0.0380	0.0170
基面粗糙度	0.3890	0.3780	0.2940	0.2270	0.2020	0.2270	0.3040	0.1390	0.2830	0.2380
基面跳动	0.0070	0.0090	0.0080	0.0100	0.0040	0.0070	0.0080	0.0040	0.0060	0.0040

序号	11	12	13	14	15	16	17	18	19	20
Dw	0.0030	0.0030	0.0030	0.0020	0.0030	0.0030	0.0030	0.0040	0.0010	0.0030
Δ2φ	0.0020	0.0030	0.0050	0.0020	0.0030	0.0020	0.0020	0.0040	0.0025	0.0020
凸度	0.9000	0.9000	1.2000	1.0000	1.0000	0.9000	0.9000	0.7000	1.1000	0.7000
圆度	0.3900	0.7800	0.9200	0.4200	0.4800	0.6800	0.7000	0.6000	0.9200	0.9300
波纹度	0.2900	0.0600	0.0500	0.0500	0.1600	0.0500	0.1600	0.2400	0.5200	0.3700
粗糙度	0.0290	0.0270	0.0230	0.0380	0.0330	0.0370	0.0310	0.0510	0.0490	0.0110
基面粗糙度	0.2110	0.1170	0.2480	0.1520	0.2040	0.2070	0.2420	0.2750	0.1720	0.1690
基面跳动	0.0070	0.0090	0.0110	0.0090	0.0090	0.0100	0.0060	0.0100	0.0100	0.0080

序号	21	22	23	24	25	26	27	28	29	30
Dw	0.0030	0.0040	0.0030	0.0030	0.0035	0.0010	0.0030	0.0030	0.0030	0.0040
Δ2φ	0.0020	0.0030	0.0020	0.0020	0.0015	0.0020	0.0020	0.0025	0.0010	0.0015
凸度	0.9000	1.6000	0.9000	1.1000	1.4000	0.9000	1.4000	1.4000	1.2000	0.7000
圆度	0.5200	0.8600	0.4400	3.5900	1.7800	1.4800	1.3900	1.4400	0.9700	2.3600
波纹度	0.3700	0.3100	0.2200	0.6300	0.6300	1.4700	1.0500	0.7400	0.5600	1.5200
粗糙度	0.0340	0.0650	0.0240	0.0220	0.0810	0.0110	0.0200	0.0120	0.0120	0.0100
基面粗糙度	0.2820	0.1390	0.1580	0.3530	0.3360	0.4470	0.3120	0.2330	0.0850	0.3320
基面跳动	0.0040	0.0050	0.0060	0.0040	0.0130	0.0060	0.0120	0.0090	0.0200	0.0060

附表 4　30204 圆锥滚子轴承的内滚道数据　　(μm)

序号	Ki	Sdi	Δ2β	Li	圆度	波纹度	粗糙度	Sif(挡边)	挡边粗糙度
1	0.002	0.001	+1	4.0	1.08	0.26	0.078	0.002	0.247
2	0.001	0.002	-4	3.3	0.90	0.29	0.077	0.002	0.148
3	0.002	0.002	-4	2.1	1.06	0.69	0.054	0.001	0.197
4	0.001	0.001	-9	3.3	3.28	1.57	0.091	0.002	0.276

（续）

序号	Ki	Sdi	Δ2β	Li	圆度	波纹度	粗糙度	Sif（挡边）	挡边粗糙度
5	0.002	0.001	−3	4.2	1.28	0.59	0.073	0.002	0.306
6	0.002	0.001	−3	1.6	0.88	0.58	0.087	0.003	0.271
7	0.002	0.001	−7	1.6	1.87	0.83	0.092	0.001	0.123
8	0.002	0.002	−2	1.2	1.16	0.66	0.058	0.001	0.303
9	0.001	0.001	−5	2.1	1.06	0.74	0.102	0.002	0.254
10	0.001	0.001	−1	1.6	0.97	0.74	0.079	0.002	0.368
11	0.002	0.001	−1	2.1	1.01	0.33	0.099	0.002	0.186
12	0.001	0.001	−3	3.5	0.70	0.28	0.081	0.003	0.245
13	0.001	0.001	−3	2.4	1.15	0.58	0.087	0.002	0.293
14	0.003	0.001	1	1.2	0.72	0.31	0.086	0.002	0.385
15	0.001	0.002	0	4.0	1.08	0.23	0.108	0.002	0.229
16	0.002	0.002	2	1.2	0.67	0.22	0.097	0.003	0.298
17	0.001	0.002	8	1.4	1.10	0.24	0.114	0.002	0.280
18	0.002	0.002	6	1.4	0.98	0.21	0.106	0.001	0.290
19	0.002	0.001	7	1.4	1.15	0.18	0.113	0.002	0.440
20	0.002	0.002	4	1.9	1.14	0.19	0.106	0.002	0.446
21	0.001	0.001	3	1.6	1.64	0.26	0.113	0.004	0.270
22	0.002	0.002	6	1.2	0.73	0.23	0.131	0.002	0.170
23	0.001	0.002	6	1.6	0.87	0.26	0.119	0.002	0.461
24	0.001	0.002	7	1.4	1.91	0.62	0.135	0.003	0.314
25	0.001	0.002	6	1.4	1.95	0.57	0.098	0.002	0.235
26	0.002	0.001	5	1.2	1.19	0.34	0.105	0.003	0.268
27	0.001	0.001	7	1.9	0.78	0.34	0.113	0.002	0.210
28	0.001	0.001	7	2.4	1.51	0.45	0.118	0.002	0.183
29	0.001	0.002	8	1.6	1.39	0.27	0.109	0.002	0.190
30	0.002	0.002	2	−2.1	1.39	0.28	0.115	0.002	0.356

附表5　30204圆锥滚子轴承的外滚道数据　（μm）

序号	Ke	SE	Δ2α	Le	圆度	波纹度	粗糙度
1	0.002	0.001	11	3.1	1.74	0.27	0.086
2	0.002	0.001	9	3.3	1.76	0.38	0.054
3	0.002	0.002	16	4.2	2.04	0.95	0.073
4	0.002	0.001	9	4.0	0.80	0.38	0.056

（续）

序号	Ke	SE	Δ2α	Le	圆度	波纹度	粗糙度
5	0.002	0.001	9	3.8	1.46	0.42	0.107
6	0.003	0.001	11	5.2	1.62	0.67	0.099
7	0.002	0.001	13	4.5	1.73	0.36	0.142
8	0.002	0.002	10	8.7	1.76	0.43	0.123
9	0.002	0.002	12	4.5	2.70	1.15	0.060
10	0.002	0.001	15	6.4	1.19	0.70	0.112
11	0.002	0.001	-3	3.5	1.60	0.38	0.090
12	0.003	0.001	-9	2.8	1.47	0.50	0.125
13	0.003	0.001	-9	4.5	1.04	0.51	0.072
14	0.002	0.001	-9	7.8	1.56	0.42	0.064
15	0.002	0.001	-3	3.8	1.19	0.31	0.063
16	0.004	0.001	-4	2.6	1.32	0.41	0.104
17	0.002	0.001	-7	4.7	1.23	0.15	0.088
18	0.001	0.002	-4	4.7	2.23	0.49	0.065
19	0.002	0.002	-8	4.9	0.90	0.24	0.117
20	0.002	0.002	-8	5.2	1.24	0.28	0.066
21	0.003	0.001	-5	3.5	1.77	0.58	0.101
22	0.002	0.002	-4	5.4	1.21	0.21	0.061
23	0.003	0.002	-10	4.9	1.88	0.62	0.106
24	0.003	0.002	-4	3.5	1.34	0.26	0.102
25	0.002	0.002	0	2.4	1.98	0.36	0.101
26	0.002	0.001	-7	4.5	1.30	0.34	0.059
27	0.002	0.002	-2	4.0	1.64	0.44	0.091
28	0.004	0.002	-10	2.6	2.03	0.59	0.065
29	0.003	0.002	-12	2.7	2.73	0.47	0.065
30	0.002	0.001	-5	4.2	0.95	0.20	0.089

附录 D　基于谐波分布的轴承噪声优化系统

1. Optimum 系统说明

Optimum 是一个通用的 SUMT 内点法优化程序，用经典的 Fortran 高级语言编写，优化的一般数学模型为

优化变量

$$X = \{X_j\}, j = 1, 2, \cdots, N$$

使目标函数

$$f(X) = \{f_k\} \to \text{Min}(或\ \text{Max}), k = 1, 2, \cdots, \text{MFK}$$

约束条件为

$$g_i(X) \leqslant 0, i = 1, 2, \cdots, \text{MGK}$$

程序中主要符号的含义已在程序中汉化说明。

对本书第4章而言,Optimum 程序中的目标函数 $FX(\text{MFK}) = f(X)$ 就是多元($N=4$)多次($IU=2$)多项($IZ=14$)式 Z,多项式的项数 IZ 不包括常数项 c_0。$g_i(X)$ 是约束,并且 MFK = 1,MGK = 4。程序中的多项式系数 $AX0(1) = c_0, AX(1,I) = c_I$。($I = 1, 2, \cdots, IZ$)

Optimum 程序的多元多次多项式目标函数和约束条件均由程序自动建立,用户只需根据程序的汉字提示,用键盘输入相应的数值即可。

2. Optimum 源程序代码

```
      PROGRAM Optimum
      DIMENSION  X(15),X0(15),X3(15),XX(15),GX(40),R(40)
     1,BL(15),BU(15),FX(15),AX(15,500),XXP(500),IRR(15,15)
     2,IG(15),IV(15,15),AX0(15)
      CHARACTER  ABC*14,A00*1
      COMMON/CH1/NFX01(15)/CH2/IFVN,EP1,EP2/CH3/S(15,15)
1     WRITE(*,*)'请输入多项式系数文件名(后缀为 AX0):'
      READ(*,20)ABC
20    FORMAT(A)
      WRITE(*,25)ABC
25    FORMAT(3X,'文件名为 :',A)
      WRITE(*,*)'文件名对吗( NO / YES)?'
      READ(*,26)A00
26    FORMAT(A)
      IF(A00.NE.'Y'.AND.A00.NE.'Y')GOTO 1
      WRITE(*,30)
30    FORMAT(/,1X,'请输入设计变量个数 N =')
      READ(*,35)N
35    FORMAT(I2)
      WRITE(*,40)
40    FORMAT(/,1X,'请输入目标函数个数 MFK =')
      READ(*,35)MFK
      WRITE(*,*)'目标函数的极大极小选择 :'
      DO 43 I=1,MFK
```

```
      WRITE(* ,42)I
42    FORMAT(1X,'目标函数 FX',I2,'应取极小值时,输入数据 0;
     1 否则,输入数据 1:')
43    READ(* ,35)NFX01(I)
      WRITE(* ,45)
45    FORMAT(/,1X,'请输入目标函数多项式最高阶次 IU =')
      READ(* ,35)IU
      MGK = N + N
      EP1 =1. E -5
      EP2 =1. E -5
      WRITE(* ,5)N,MGK,MFK
5     FORMAT(10X,2HN = ,I5,10X,4HMGK = ,I5,10X,4HMFK = ,I5,/)
      WRITE(* ,15)EP1,EP2
15    FORMAT(10X,4HEP1 = ,F15.10,10X,4HEP2 = ,F15.10,/)
      CALL IZIUM(N,IRR,IG,IV,IU,IZ)
      CALL DSJ(N,MGK,MFK,X,BL,BU,R,AX,IU,IZ,AX0,ABC)
      CALL SUMT(N,MGK,MFK,X,X0,X3,XX,GX,FX,BL,BU,R,AX
     1,XXP,IV,IU,IZ,AX0,ABC)
      END


      SUBROUTINE FUNC(N,MGK,MFK,X,GX,FX,BL,BU,Y,R,SF,SF0
     1,AX,XXP,IV,IU,IZ,AX0)
      DIMENSION X(N),GX(MGK),BL(N),BU(N),R(MGK),FX(MFK)
     1,AX(MFK,IZ),XXP(IZ),IV(IU,N),AX0(MFK)
      COMMON/CH1/NFX01(15)/CH2/IFVN,EP1,EP2
      CALL FGH(N,MGK,MFK,X,GX,FX,BL,BU,AX,XXP,IV,IU,IZ,AX0)
      IFVN = IFVN +1
      SF =0.
      SG =0.
      DO 100 I =1,MFK
100   SF = SF + FX(I)
      DO 110 J =1,MGK
      IF(GX(J).GE. -1.E -7)GO TO 110
      SG = SG + R(J)/GX(J)
110   CONTINUE
      Y = SF - SG
      IF(IFVN.EQ.1)SF0 = SF
      IF(IFVN -1)170,120,170
```

```
120   WRITE(* ,130)Y,SF,SG
130   FORMAT(/,10X,2HY=,E15.6,8X,3HSF=,E15.10
     2,8X,3HSG=,E15.7)
      WRITE(* ,135)R
135   FORMAT(/,10X,2HR=,/,6(2X,F15.10))
      WRITE(* ,140)X
140   FORMAT(/,10X,2HX,/,6(2X,F15.10))
      WRITE(* ,150)FX
150   FORMAT(5X,'FX=',F15.10)
      DO 165 I=1,MGK
      KX=I
      XG=GX(I)
      WRITE(* ,160)KX,XG
160   FORMAT(/,10X,3HGX(,I2,2H)=,F15.10)
165   CONTINUE
170   RETURN
      END


      SUBROUTINEPENA(N,MGK,MFK,XX,GX,FX,BL,BU,R,Y,T,T0
     1,IJ,SF,SF0,AX,XXP,IV,IU,IZ,AX0)
      DIMENSION XX(N),GX(MGK),BL(N),BU(N),R(MGK),FX(MFK)
     1,AX(MFK,IZ),XXP(IZ),IV(IU,N),AX0(MFK)
      COMMON/CH1/NFX01(15)/CH2/IFVN,EP1,EP2/CH3/S(15,15)
      T0=T-T0
      DO 800 K=1,N
800   XX(K)=XX(K)+T0* S(IJ,K)
      T0=T
      CALL FUNC(N,MGK,MFK,XX,GX,FX,BL,BU,Y,R,SF,SF0,AX,XXP
     1,IV,IU,IZ,AX0)
      RETURN
      END


      SUBROUTINE LINE(N,MGK,MFK,X,XX,GX,FX,BL,BU,R,Y,T,H0,
     1IJ,SF,SF0,Y0,AX,XXP,IV,IU,IZ,AX0)
      DIMENSIONX(N),XX(N),GX(MGK),R(MGK),BL(N),BU(N)
     1,FX(MFK),AX(MFK,IZ),XXP(IZ),IV(IU,N),AX0(MFK)
      COMMON/CH1/NFX01(15)/CH2/IFVN,EP1,EP2/CH3/S(15,15)
```

```
      DO 200 I =1,N
200   XX(I) =X(I)
      HT =H0
      T2 =H0
      T0 =0.
      T1 =0.
      Y1 =Y0
210   CALL PENA(N,MGK,MFK,XX,GX,FX,BL,BU,R,Y2,T2,T0
     1,IJ,SF,SF0,AX,XXP,IV,IU,IZ,AX0)
      DO 220 I =1,MGK
      IF(GX(I).LE. -1.E -15)GO TO 220
      T2 =0.5* T2
      GO TO 210
220   CONTINUE
      IF(Y2.LT.Y1)GO TO 240
      HT = -HT
      T3 =T1
      Y3 =Y1
230   T1 =T2
      Y1 =Y2
      T2 =T3
      Y2 =Y3
240   T3 =T2 +HT
      CALL PENA(N,MGK,MFK,XX,GX,FX,BL,BU,R,Y3,T3,T0
     2,IJ,SF,SF0,AX,XXP,IV,IU,IZ,AX0)
      DO 250 I =1,MGK
      IF(GX(I).LE. -1.E -15)GO TO 250
      HT =0.5* HT
      GO TO 240
250   CONTINUE
      IF(Y2.LE.Y3)GO TO 260
      HT =HT +HT
      GO TO 230
260   CONTINUE
270   IF((ABS(T3 -T1).LT.1.E -6).OR.(ABS(T2 -T3).LT.1.E -6)
     1.OR.(ABS(T2 -T1).LT.1.E -6))  GO TO 350
      C1 = (Y3 -Y1)/(T3 -T1)
      C2 = ((Y2 -Y1)/(T2 -T1) -C1)/(T2 -T3)
      IF(ABS(C2).LT.1.E -10)GO TO 350
```

```
      T4 =0.5* (T1 +T3 -C1/C2)
      IF((T4 -T1)* (T3 -T4).LE.1.E -4)GO TO 350
      CALL PENA(N,MGK,MFK,XX,GX,FX,BL,BU,R,Y4,T4,T0
     1,IJ,SF,SF0,AX,XXP,IV,IU,IZ,AX0)
      IF(ABS(Y2) -1.)280,290,290
280   A =1.
      GO TO 300
290   A =Y2
300   CONTINUE
      IF(ABS((Y2 -Y4)/A).GE.EP1)GO TO 310
      IF(Y2.GE.Y4)GO TO 360
      GO TO 350
310   CONTINUE
      IF((T4 -T2)* HT.LE.0.)GO TO 330
      IF(Y2.LT.Y4)GO TO 320
      T1 =T2
      Y1 =Y2
      T2 =T4
      Y2 =Y4
      GO TO 270
320   T3 =T4
      Y3 =Y4
      GO TO 270
330   CONTINUE
      IF(Y2.LT.Y4)GO TO 340
      T3 =T2
      Y3 =Y2
      T2 =T4
      Y2 =Y4
      GO TO 270
340   T1 =T4
      Y1 =Y4
      GO TO 270
350   T =T2
      Y =Y2
      GO TO 370
360   T =T4
      Y =Y4
370   WRITE(* ,380)T,Y
```

```
380   FORMAT(10X,10H* * * * * * * * * * ,10X,2HT =,E15.8
     1,10X,2HY =,E15.8)
      RETURN
      END


      SUBROUTINE MINM(N,MGK,MFK,X,X0,X3,XX,GX,FX,BL,BU,R
     1,F0,T,H0,SF,SF0,ITE,AX,XXP,IV,IU,IZ,AX0)
      DIMENSION X(N),X0(N),X3(N),XX(N),GX(MGK),BL(N),BU(N)
     1,R(MGK),AX(MFK,IZ),XXP(IZ),IV(IU,N),AX0(MFK),FX(MFK)
      COMMON/CH1/NFX01(15)/CH2/IFVN,EP1,EP2/CH3/S(15,15)
      SDX =1.E +6
900   CONTINUE
      IF(SDX.LE.EP1)GO TO 1030
      ITE = ITE +1
      Y0 = F0
      F1 = F0
      DFM = 0.
      JDFI =1
      DO 920 I =1,N
      IJ = I
      CALL LINE(N,MGK,MFK,X,XX,GX,FX,BL,BU,R,F2,T,H0
     1,IJ,SF,SF0,Y0,AX,XXP,IV,IU,IZ,AX0)
      DO 910 J =1,N
910   X(J) =X(J) +T* S(I,J)
      DF = F1 - F2
      Y0 = F2
      F1 = F2
      IF(DF.LE.DFM)GO TO 920
      DFM = DF
      JDFI = I
920   CONTINUE
      DO 930 I =1,N
      X3(I) =2.* X(I) - X0(I)
      S(N +1,I) =X(I) - X0(I)
930   CONTINUE
      CALL FUNC(N,MGK,MFK,X3,GX,FX,BL,BU,F3,R,SF,SF0
     1,AX,XXP,IV,IU,IZ,AX0)
      SDX =0
```

```
      DO 940 I=1,N
940     SDX=SDX+(X(I)-X0(I))**2
      SDX=SQRT(SDX)
      WRITE(*,945)SDX
945     FORMAT(10X,12H*** SDX*** :,F15.10,/)
       IF(F0-2.*F2+F3.GT.2.*DFM)GO TO 980
       DO 955 I=JDFI,N
       DO 950 J=1,N
950    S(I,J)=S(I+1,J)
955    CONTINUE
       Y0=F2
       CALL LINE(N,MGK,MFK,X,XX,GX,FX,BL,BU,R,F0,T,H0
     1,IJ,SF,SF0,Y0,AX,XXP,IV,IU,IZ,AX0)
       WRITE(*,960)
960    FORMAT(/,10X,10HAAAAAAAAAA)
       DO 970 K=1,N
       X0(K)=X(K)+T*S(N,K)
970    CONTINUE
       GO TO 900
980    CONTINUE
       IF(F3.GE.F2)GO TO 1000
985    F0=F3
       DO 990 I=1,N
       X0(I)=X3(I)
       X(I)=X3(I)
990    CONTINUE
       GO TO 1020
1000   DO 1010 K=1,N
1010   X0(K)=X(K)
       F0=F2
1020   CONTINUE
       GO TO 900
1030   RETURN
       END


       SUBROUTINE SUMT(N,MGK,MFK,X,X0,X3,XX,GX,FX,BL,BU,R
     1,AX,XXP,IV,IU,IZ,AX0,ABC)
       DIMENSION X(N),X0(N),X3(N),XX(N),GX(MGK),BL(N),BU(N)
```

```
     1,R(MGK),FX(MFK),AX(MFK,IZ),XXP(IZ),IV(IU,N),AX0(MFK)
      CHARACTER ABC* 14,A00* 1
      COMMON/CH1/NFX01(15)/CH2/IFVN,EP1,EP2/CH3/S(15,15)
      WRITE(* ,* )'请选择序列递减系数 C(0.1 - -0.9) ='
      READ(* ,2)C
2     FORMAT(F15.6)
      WRITE(* ,* )'输入一维搜索步长 H0(0.1 - -0.00001) ='
      READ(* ,2)H0
      SFM=1.E+6
      F0M=1.E+6
      IFVN=0
      ICYC=0
      ITE=0
      DO 5 I=1,15
      DO 6 J=1,15
6     S(I,J)=0.
5     CONTINUE
      DO 500 K=1,MGK
500   R(K)=R(K)/C
      DO 505 I=1,N
505   X0(I)=X(I)
      DO 515 I=1,N
      DO 510 J=1,N
      IF(I.EQ.J)THEN
      S(I,J)=1.
      END IF
      IF(I.NE.J)THEN
      S(I,J)=0
      END IF
510   CONTINUE
515   CONTINUE
520   ICYC=ICYC+1
      DO 525 I=1,MGK
525   R(I)=C* R(I)
      WRITE(* ,530)ICYC
530   FORMAT(/,10X,'循环次数  ',5HICYC=,3X,I5)
      WRITE(* ,540)R
540   FORMAT(/,10X,2HR=,/,3(2X,E15.8))
550   CALL FUNC(N,MGK,MFK,X,GX,FX,BL,BU,F0,R,SF,SF0
```

```
     1,AX,XXP,IV,IU,IZ,AX0)
      CALL MINM(N,MGK,MFK,X,X0,X3,XX,GX,FX,BL,BU,R,F0
     1,T,H0,SF,SF0,ITE,AX,XXP,IV,IU,IZ,AX0)
      WRITE(* ,560)ITE,F0,SF
560   FORMAT(/,10X,4HITE=,I5,5X,3HF0=,E20.10
     1,5X,3HSF=,E20.10)
      DO 580 I=1,N
      XK=X(I)
      KI=I
      WRITE(* ,570)KI,XK
570   FORMAT(/,3X,2HX(,I2,2H)=,F20.10)
580   CONTINUE
      DO 590 I=1,MGK
      IF(GX(I).GE. -1.E-15)GO TO 680
590   CONTINUE
      IF(ABS(SF).LT..000001)THEN
      S1230=1.
      ELSE
      S1230=SF
      END IF
      IF(ABS(F0).LT..000001)THEN
      F1230=1.
      ELSE
      F1230=F0
      END IF
      IF(ABS((SFM-SF)/S1230).LT.EP2.AND.
     1ABS((F0M-F0)/F1230).LE.EP1)GO TO 650
      SFM=SF
      F0M=F0
      GO TO 520
650   WRITE(* ,600)
600   FORMAT(/,2X,'最优解……')
680   WRITE(* ,690)
690   FORMAT(/,2X,'可行解……')
      IF(ABS(SF0).LE..000001)THEN
      Q=(SF0-SF)
      ELSE
      Q=(SF0-SF)/SF0
      END IF
```

```
      WRITE(* ,700)ICYC
700   FORMAT(/,10X,'循环次数  '6HCYCLE =,I5)
      WRITE(* ,705)IFVN,F0,SF
705   FORMAT(/,12X,5HIFVN =,I5,/,13X,3HF0 =,E20.10,/
     1,13X,3HSF =,E20.10)
      WRITE(* ,710)R
710   FORMAT(/,10X,2HR =,/,3(2X,E15.8))
      WRITE(* ,740)Q,SF0,SF
718   CONTINUE
      WRITE(* ,* )'请输入优化结果数据文件名(后缀最好为 XFG),
     1 以记录结果数据:'
      READ(* ,719)ABC
719   FORMAT(A)
      WRITE(* ,* )'    优化结果文件名为 :',ABC
      WRITE(* ,* )'文件名对吗( NO / YES)?'
      READ(* ,999)A00
999   FORMAT(A)
      IF(A00.NE.'Y'.AND.A00.NE.'Y')GOTO 718
      WRITE(* ,* )'优化结果(X,FX,GX)存入设定盘,
     1 文件名为:',ABC
      OPEN(1,FILE =ABC,STATUS ='NEW')
      WRITE(1,99)N
      WRITE(1,99)MFK
      WRITE(1,99)MGK
99    FORMAT(I3)
      DO 3000 I =1,N
      WRITE(1,3010)BL(I)
      WRITE(1,3010)BU(I)
3000  CONTINUE
3010  FORMAT(F15.6)
      WRITE(* ,* )'                优化变量为'
      DO 730 I =1,N
      XK =X(I)
      KI =I
      WRITE(* ,720)KI,XK
720   FORMAT(31X,2HX(,I2,2H) =,E20.10)
      WRITE(1,722)X(I)
722   FORMAT(F15.6)
730   CONTINUE
```

```
740   FORMAT(/,12X,2HQ=,E20.10,/,10X,4HSF0=,E20.10,/,
     111X,3HSF=,E20.10,//)
      DO 755 I=1,MFK
      IF(NFX01(I).EQ.1)THEN
      FNFX01=-FX(I)
      WRITE(1,742)FNFX01
      ELSE
      WRITE(1,742)FX(I)
      END IF
742   FORMAT(F15.6)
      IF(NFX01(I).EQ.1)THEN
      FNFX01=-FX(I)
      WRITE(*,750)I,FNFX01
      ELSE
      WRITE(*,750)I,FX(I)
      END IF
750   FORMAT(/,15X,11H目标函数为,4X,3HFX(,I2,2H)=,E20.10)
755   CONTINUE
      WRITE(*,760)
760   FORMAT(/,15X,11H约束条件为)
      DO 780 I=1,MGK
      KX=I
      XG=GX(I)
      WRITE(1,762)GX(I)
762   FORMAT(F15.6)
      WRITE(*,770)KX,XG
770   FORMAT(30X,3HGX(,I2,2H)=,E20.10)
780   CONTINUE
      CLOSE(1,STATUS='KEEP')
      RETURN
      END


      SUBROUTINE DSJ(N,MGK,MFK,X,BL,BU,R,AX,IU,IZ,AX0,ABC)
      REAL X(N),R(MGK),BL(N),BU(N),AX(MFK,IZ),AX0(MFK)
      CHARACTER ABC*14
      WRITE(*,*)'下面输入设计变量X(I)的允许上下限
     1XIMIN,XIMAX:'
      DO 2 I=1,N
```

```
      WRITE(* ,12)I
12    FORMAT(1X,10H 设计变量 X,I2,7HMIN=  )
      READ(* ,4)BL(I)
      WRITE(* ,122)I
122   FORMAT(1X,10H 设计变量 X,I2,7HMAX=  )
      READ(* ,4)BU(I)
2     CONTINUE
4     FORMAT(F15.6)
      WRITE(* ,* )'请选择障碍因子 R(0.9 -- 0.0001)='
      READ(* ,4)RI
      DO 11 I=1,MGK
11    R(I)=RI
2000  WRITE(* ,* )'目标函数多项式系数输入选择:'
      WRITE(* ,* )''
      WRITE(* ,* )'    1 软盘数据文件输入'
      WRITE(* ,* )'    2 键盘数据输入'
      WRITE(* ,* )''
      READ(* ,1000)IOPT
1000  FORMAT(I2)
      IF(IOPT.EQ.2)THEN
      DO 1050 J=1,MFK
      WRITE(* ,1030)J
1030  FORMAT(/,5X,'AX0(',I2,',  0)=')
      READ(* ,4)AX0(J)
      DO 1040 I=1,IZ
      WRITE(* ,1035)J,I
1035  FORMAT(/,5X,'AX(',I2,',',I3,')=')
1040  READ(* ,4)AX(J,I)
1050  CONTINUE
      GOTO 1051
      END IF
      IF(IOPT.EQ.1)THEN
      OPEN(1,FILE=ABC,STATUS='OLD')
      DO 13 J=1,MFK
      DO 100 I=1,IZ
100   READ(1,4)AX(J,I)
      READ(1,4)AX0(J)
13    CONTINUE
      CLOSE(1,STATUS='KEEP')
```

```
      ELSE
      GOTO 2000
      END IF
1051  DO 15 I =1,MFK
      DO 14 J =1,IZ
      WRITE(* ,110)I,J,AX(I,J)
110   FORMAT(10X,3HAX(,I2,1H,,I3,2H) =,2X,F15.6)
14    CONTINUE
      WRITE(* ,111)I,AX0(I)
111   FORMAT(10X,'AX(',I2,',  0) =',2X,F15.6,/)
15    CONTINUE
      WRITE(* ,5)
5     FORMAT(1X,'请输入自变量初始值 XI(XIMIN<XI<XIMAX)',/)
      READ(* ,17)(X(I),I=1,N)
17    FORMAT(F15.6)
      WRITE(* ,20)X
20    FORMAT(/,10X,2HX=,/,6(2X,F15.6),/)
      WRITE(* ,25)R
25    FORMAT(/,10X,2HR=,/,3(2X,F15.6),/)
      WRITE(* ,30)BL
30    FORMAT(/,10X,3HBL=,/,6(2X,F15.6),/)
      WRITE(* ,40)BU
40    FORMAT(/,10X,3HBU=,/,6(2X,F15.6),/)
      RETURN
      END


      SUBROUTINE IZIUM(N,IRR,IG,IV,IU,IZ)
      DIMENSION IRR(IU,N),IG(IU),IV(IU,N)
      IZ =0
      DO 10 I =1,IU
      DO 20 J =1,N
      IF(I.EQ.1)THEN
      IRR(I,J) =1
      GO TO 2090
      END IF
      IF(J.EQ.1)THEN
      IRR(I,J) =IG(I -1)
      GO TO 2090
```

```
      END IF
      IRR(I,J) =IG(I -1) - IRR(I -1,J -1)
      IG(I -1) =IRR(I,J)
2090  IG(I) =IG(I) + IRR(I,J)
      IV(I,J) =IG(I)
      IZ = IZ + IRR(I,J)
20    CONTINUE
10    CONTINUE
      RETURN
      END


      SUBROUTINE FGH(N,MGK,MFK,X,GX,FX,BL,BU,AX,XXP,IV
     1,IU,IZ,AX0)
      DIMENSION X(N),GX(MGK),BL(N),BU(N),FX(MFK)
     1,IV(IU,N),AX(MFK,IZ),XXP(IU,IZ),XXPP(500),AX0(MFK)
      COMMON/CH1/NFX01(15)
      DO 30 IZZZ =1,N
      XXP(1,IZZZ) =X(IZZZ)
      XXPP(IZZZ) =X(IZZZ)
30    CONTINUE
      IHH =N +1
      DO 40 IZZZ =2,IU
      IH =1
      DO 35 JZZZ =1,N
      DO 32 KZZZ =IV(IZZZ -1,JZZZ -1) +1,IV(IZZZ -1,N)
      XXP(IZZZ,IH) =XXP(1,JZZZ)* XXP(IZZZ -1,KZZZ)
      XXPP(IHH) =XXP(IZZZ,IH)
      IH =IH +1
      IHH = IHH +1
32    CONTINUE
35    CONTINUE
40    CONTINUE
      DO 150 I =1,MFK
      FX(I) =0.
      DO 100 IZZZ =1,IZ
100   FX(I) =FX(I) +AX(I,IZZZ)* XXPP(IZZZ)
      FX(I) =FX(I) +AX0(I)
      IF(NFX01(I).EQ.1)THEN
```

```
      FX(I) = -FX(I)
      END IF
150   CONTINUE
      DO 210 I =1,MFK
      IF(NFX01(I).EQ.1)THEN
      FNFX01 = -FX(I)
      WRITE(* ,200)I,FNFX01
      ELSE
      WRITE(* ,200)I,FX(I)
      END IF
200   FORMAT(1X,'目标函数 :',3HFX(,I2,2H) =,F15.6,/)
210   CONTINUE
      DO 300 I =1,N
      GX(I) =X(I) -BU(I)
      GX(I +N) =BL(I) -X(I)
      IF(ABS(BU(I)).GT..0000001)THEN
      GX(I) =GX(I)/ABS(BU(I))
      END IF
      IF(ABS(BL(I)).GT..0000001)THEN
      GX(I +N) =GX(I +N)/ABS(BL(I))
      END IF
300   CONTINUE
      RETURN
      END
```

Optimum 程序中的目标函数是一般的多元多次多项式即 Model 程序中的 Xn^m（即 X_n^m）。适当改造后，Optimum 程序可以进行任意类型的多元多次正交多项式的优化。

参考文献

[1] Rao B K N, Pai P S, Nagabhushana T N. Failure diagnosis and prognosis of rolling – element bearings using artificial neural networks: A critical overview. International Journal of COMADEM, 2013, 16(2): 3 – 14.

[2] Bhattacharyya A, Subhash G, Arakere N. Evolution of subsurface plastic zone due to rolling contact fatigue of M – 50 NiL case hardened bearing steel. International Journal of Fatigue, 2014, 59: 102 – 113.

[3] 廖明夫,马振国,邓巍. 某型航空发动机中介轴承外环故障振动分析. 航空动力学报,2011,26(11):2422 – 2426.

[4] 王黎钦,贾虹霞,郑德志,叶振环. 高可靠性陶瓷轴承技术研究进展. 航空发动机,2013,39(2):7 – 13.

[5] Xia Xintao. Forecasting method for product reliability along with performance data. Journal of Failure Analysis and Prevention, 2012, 12(5): 532 – 540.

[6] Mukhopadhyay G, Bhattacharya S. Failure analysis of a cylindrical roller bearing from a rolling mill. Journal of Failure Analysis and Prevention, 2011, 11(4): 337 – 343.

[7] Jiang Xufeng, Liu Fang, Zhao Pengcheng. Failure analysis of rolling bearing based on oil monitoring techniques with mechanics basis. Applied Mechanics and Materials, 2012, 164: 401 – 404.

[8] 楼洪梁,徐现昭,李兴林,等. 滚动轴承寿命及可靠性实验评定方法研究. 中国计量学院学报,2011,22(2):124 – 127.

[9] Shimizu S. A new life theory for rolling bearings – by linkage between rolling contact fatigue and structural fatigue. Tribology Transactions, 2012, 55(5): 558 – 570.

[10] Kostek R. Simulation and analysis of vibration of rolling bearing. Key Engineering Materials, 2014, 588: 257 – 265.

[11] Gao Xuehai, Huang Xiaodiao, Hong Rongjing, et al. A rolling contact fatigue reliability evaluation method and its application to a slewing bearing. Journal of Tribology, 2013, 134(1): 011101 – 011107.

[12] Sinha S K, Pang R, Tang X S. Application of micro – ball bearing on Si for high rolling life – cycle. Tribology International, 2010, 43(1 – 2): 178 – 187.

[13] Morales – Espejel G E, Gabelli A, Ioannides E. Micro – geometry lubrication and life ratings of rolling bearings. Proceedings of the Institution of Mechanical Engineers, Part C: Journal of Mechanical Engineering Science, 2010, 224(12): 2610 – 2626.

[14] Ju Seok Nam, Hyoung Eui Kim, Kyeong Uk Kim. A new accelerated zero – failure test model for rolling bearingsunder elevated temperature conditions. Journal of Mechanical Science and Technology, 2013 27(6): 1801 – 1807.

[15] Siegel D, Ly C, Lee J. Methodology and framework for predicting helicopter rolling element bearing failure. IEEE Transactions on Reliability, 2012, 61(4): 846 – 857.

[16] Soylemezoglu A, Jagannathan S, Saygin C. Mahalanobis taguchi system(MTS) as a prognostics tool for rolling element bearing failures. Journal of Manufacturing Science and Engineering, Transactions of the ASME, 2010, 132(5): 1 – 12.

[17] Arakere Nagaraj K, Pattabhiraman Sriram, Levesque George, Kim Nam H. Uncertainty analysis for rolling contact fatigue failure probability of silicon nitride ball bearings. International Journal of Solids and Structures,

2010,47(18-19):2543-2553.

[18] Xia Xintao. Reliability analysis of zero-failure data with poor information. Quality and Reliability Engineering International,2012,28(8):981-990.

[19] 朱德馨,刘宏昭. 极小样本下高速列车轴承的可靠性评估. 中南大学学报(自然科学版),2013,44(3):963-969.

[20] Nadabaica D C,Nedeff V,Radkowski S,et al. The importance of FFT and BCS spectrums analysis for diagnosis and prediction of rolling bearing failure. Diagnostyka,2013,14(4):3-12.

[21] Ma Zengqiang,Yang Yingna,Zhong Sha. Rolling bearing failure feature extraction based on large parameters stochastic resonance. Journal of Computational Information Systems,2013,9(16):6643-6650.

[22] 陈渭,李军宁,张立波,等. 考虑涡动工况的高速滚动轴承打滑失效分析,机械工程学报,2013,49(6):38-43.

[23] 沈长青,朱忠奎,孔凡让,等. 形态学滤波方法改进及其在滚动轴承故障特征提取中的应用. 振动工程学报,2012,25(4):469-473.

[24] 鲁文波,蒋伟康. 利用声场空间分布特征诊断滚动轴承故障. 机械工程学报,2012,48(13):68-72.

[25] 彭畅,柏林,谢小亮. 基于EEMD、度量因子和快速峭度图的滚动轴承故障诊断方法. 振动与冲击,2012,31(20):143-146.

[26] 胥永刚,孟志鹏,陆明. 基于双树复小波包变换和SVM的滚动轴承故障诊断方法. 航空动力学报,2014,29(1):67-73.

[27] 杨宇,曾鸣,程军圣. 基于局部特征尺度分解和核最近邻凸包分类算法的滚动轴承故障诊断方法. 振动工程学报,2013,26(1):118-126.

[28] Wang Yujing,Kang Shouqiang,Jiang Yicheng,et al. Classification of fault location and the degree of performance degradation of a rolling bearing based on an improved hyper-sphere-structured multi-class support vector machine. Mechanical Systems and Signal Processing,2012,29:404-414.

[29] 丛华,谢金良,张丽霞,等. 基于GA-SVDD的轴承性能退化评估. 装甲兵工程学院学报,2012,26(1):26-30.

[30] 潘玉娜. 滚动轴承的性能退化特征提取及评估方法研究[D]. 上海:上海交通大学,2011.

[31] 肖文斌,陈进,周宇,等. 小波包变换和隐马尔可夫模型在轴承性能退化评估中的应用. 振动与冲击,2011,30(8):32-35.

[32] 申中杰,陈雪峰,何正嘉,等. 基于相对特征和多变量支持向量机的滚动轴承剩余寿命预测. 机械工程学报,2013,49(2):183-189.

[33] Zhang Bin,Zhang Lijun,Xu Jinwu. Remaining useful life prediction for rolling element bearing based on ensemble learning. Chemical Engineering Transactions,2013,33:157-162.

[34] 王英,吕文元,王奕娇,等. 基于随机滤波法的滚动轴承剩余寿命预测. 数学的实践与认识,2013,43(8):189-196.

[35] Cong Feiyun,Chen Jin,Pan Yuna. Kolmogorov-Smirnov test for rolling bearing performance degradation assessment and prognosis. Journal of Vibration and Control,2011,17(9):1337-1347.

[36] Pasaribu H R,Lugt P M. Thecomposition of reaction layers on rolling bearings lubricated with gear oils and its oorrelation with rolling bearing performance. Tribology Transactions,2012,55(3):351-356.

[37] 崔立,郑建荣. 柔性转子滚动轴承系统混沌行为研究. 中国机械工程,2014,25(3):393-398.

[38] Xia Xintao,Shang Yantao. An assessment of the quality-achieving reliability of mechanical products based on information-poor theory. Journal of Testing and Evaluation,2015,40(3):78-92.

[39] Xia Xintao,Mengyanyan. Bootstrap forecasting method of uncertainty for rolling bearing vibration performance based on GM(1,1). The Journal of Grey System,2015,27(2):694-701.

[40] 夏新涛,孟艳艳. 用灰自助泊松方法预测滚动轴承振动性能可靠性的变异过程. 机械工程学报,2015,51(9):97-103.

[41] 夏新涛,尚艳涛,金银平,等. 基于多权重法的机械产品品质实现可靠性分析. 中国机械工程,2013,24(22):481-488.

[42] Xia Xintao,Meng Yanyan. Dynamical Bayesian testing for feature information of time series with poor information using phase-space reconstruction theory. Information Technology Journal,2013,20(12):5713-5718.

[43] Xia Xintao,Jin Yinping. Improved relative-entropy method for eccentricity filtering in roundness measurement based on information optimization. Research Journal of Applied sciences,Engineering & Technology,2013,5(19):4649-4655.

[44] Xia Xintao,Gao Leilei,Chen Jianfeng. Fusion method for true value estimation based on information poor theory. Journal of Computers,2012,7(2):554-562.

[45] Xia Xintao. Information poor relation of inner ring rib roughness with tapered roller bearing vibration. 2011 2nd InternationalConference on Mechanic Automation and Control Engineering,MACE 2011,Inner Mongolia,China,2011/7/15-2011/7/17:5002-5005.

[46] Xia Xintao,Chen Jianfeng. Fuzzy hypothesis testing and time series analysis of rolling bearing quality. Journal of Testing and Evaluation,2011,39(6):1144-1151.

[47] Xia Xintao,Chen Long. Fuzzy chaos method for evaluation of nonlinearly evolutionary process of rolling bearing performance. Measurement:Journal of the International Measurement Confederation,2013,46(3):1349-1354.

[48] 夏新涛,徐永智,金银平,等. 用自助加权范数法评估三参数威布尔分布可靠性最优置信区间. 航空动力学报,2013,28(3):481-488.

[49] Xia Xintao,Jin Yinpin,Xu Yongzhi,et al. Hypothesis testing for reliability with a three-parameter Weibull distribution using minimum weighted relative entropy norm and bootstrap. Journal of Zhejiang University-SCIENCE C(Computers & Electronics),2013,14(2):143-154.

[50] 夏新涛,陈龙,孙小超,等. 一种滚动轴承性能变异的评估方法. 中国:ZL 2011 1 10205385. 1. 2013-01-09.

[51] 夏新涛. 基于无失效数据的评估产品寿命及其可靠性的方法. 中国:ZL 2011 1 0153388. 5. 2014-06-25.

[52] Xia Xintao. Reliability evaluation of failure data with poor information. Journal of Testing and Evaluation,2012,42(5):565-569.

[53] 河南科技大学(夏新涛研制). 扩展不确定度的模糊分析系统(简称:FuzzyU)V1. 0. 中国计算机软件著作权登记证书,2012SR043033. 2012-5-25.

[54] Xia Xintao,Chen Xiaoyang,Zhang Yongzhen,et al. Grey bootstrap method of evaluation of uncertainty in dynamic measurement. Measurement:Journal of the International Measurement Confederation,2008,41(6):687-696.

[55] Xia Xintao,Wang Zhongyu,Sun Liming,et al. Relationship between vibration and noise of rolling bearings via GRA. The Journal of Grey System,2004,16(3):243-250.

[56] 夏新涛,章宝明,徐永智. 滚动轴承性能与可靠性乏信息变异过程评估. 北京:科学出版社,2013.

[57] 夏新涛,陈晓阳,张永振,等. 滚动轴承乏信息实验分析与评估. 北京:科学出版社,2007.

[58] 夏新涛,颉潭成,孙立明,等. 滚动轴承噪声理论与实践. 北京:机械工业出版社,2005.

[59] 夏新涛,李航,郝钢. 无心磨削的理论与实践. 国防工业出版社,2002.

[60] 夏新涛. 滚动轴承磨削谐波控制理论及应用. 兵器工业出版社,2000.

[61] 夏新涛,王中宇,孙立明. 6203-2RZ 轴承振动与噪声关系研究. 中国工程科学,2003,8(5):64-69.

[62] Xia Xintao,Li Yongfei,Qin Yuanyuan,et al. The review of nonlinear dynamic characteristics of rolling bearing

performances based on poor information theory. Advanced Materials Research,2014,1014:98 - 101.

[63] 夏新涛. 滚动轴承振动的谐波控制方法. 中国机械工程,1998,9(7):4 - 7.

[64] 夏新涛,任小忠. 无心磨削系统准动力学谐波控制方法. 中国机械工程,1996,7(4):82 - 83.

[65] 夏新涛. 轴承磨削表面谐波的计算机辅助工艺诊断系统. 轴承,1995(4):12 - 17.

[66] 夏新涛. 四自由度无心磨削振动系统的动态特性研究. 磨床与磨削,1995(1):54 - 57,69.

[67] 夏新涛. 加工圆锥滚子超精研导棍的砂轮截形计算. 轴承,1986(4):15 - 19.

[68] 夏新涛,郑远中. 螺旋导棍的理论廓形及其简化. 轴承,1986(4):15 - 19.

[69] Xia Xintao,Wang Zhongyu,Gao Yongsheng. Estimation of non - statistical uncertainty using fuzzy - set theory. Measurement Science & Technology,2000,11:430 - 435.

[70] Xia Xintao,Shi Baoji,Meng Yanyan,et al. The advances of the prediction of the performance and reliability of rolling bearings with poor information. Advanced Materials Research,2014,1014:94 - 97.

[71] Xia Xintao,Man Weiwei. Evaluation of tapered roller bearing vibration velocity as data series using grey system theory. Advanced Materials Research,2012,443 - 444:97 - 104.

[72] Zhou Qiang,Liu Hongbin,Yin Ying. Investigation on lubrication of magetic fluid of magnetic rubbing pairs in magnetic engine mechanism. Procedding of the 4th China International Symposium on Tribology,2004,11:131 - 135.

[73] Liu Hongbin,Meng Yonggang,Ogata Hideki. Hydrodynamic lubrication analysis of textured surfaces with the domain decomposition method. The 3th International Conference on Tribology,2006,10.

[74] Liu Hongbin,Zhang lei,Shi yongsheng. Dynamic finite element analysis for tapered roller bearings. Applied Mechanics and Materials,2014(533):21 - 26.

[75] Liu Hongbin,Feng Jun,Xing Guoxi,etc. Intensity analysis of pretightening blot of turntable bearing. Mechanical Engineering Research 2013,3(1):68 - 76.